Arduino-Workshops

John Boxall ist seit über 26 Jahren in den Bereichen Elektronikdesign, Vertrieb und E-Commerce tätig. In seiner Freizeit schreibt er Arduino-Tutorials und veröffentlicht regelmäßig Reviews zu Arduino-Projekten und -Zubehör bei *www.tronixstuff.com*.

ARDUINO-WORKSHOPS

Eine praktische Einführung mit 65 Projekten

2., aktualisierte Auflage

John Boxall

dpunkt.verlag

John Boxall

Lektorat: Thomas Rennich
Projektkoordinierung: Anja Weimer
Übersetzung&Satz: G&U Language & Publishing Services GmbH, Flensburg, *www.GundU.com*
Copy-Editing: Alexander Reischert, *www.aluan.de*
Herstellung: Stefanie Weidner, Frank Heidt
Umschlaggestaltung: Helmut Kraus, *www.exclam.de*, nach Vorlage von No Starch Press Inc.
Druck und Bindung: mediaprint solutions GmbH, 33100 Paderborn

Bibliografische Information der Deutschen Nationalbibliothek
Die Deutsche Nationalbibliothek verzeichnet diese Publikation in der Deutschen Nationalbibliografie; detaillierte bibliografische Daten sind im Internet über *http://dnb.d-nb.de* abrufbar.

ISBN:
Print 978-3-86490-918-4
PDF 978-3-96910-788-1
ePub 978-3-96910-789-8
mobi 978-3-96910-790-4

2., aktualisierte Auflage 2022

Wieblinger Weg 17
69123 Heidelberg

Hinweis: Dieses Buch wurde auf PEFC-zertifiziertem Papier aus nachhaltiger Waldwirtschaft gedruckt. Der Umwelt zuliebe verzichten wir zusätzlich auf die Einschweißfolie.

PEFC zertifiziert
Das Papier für dieses Buch stammt aus nachhaltig bewirtschafteten Wäldern und kontrollierten Quellen.
PEFC/04-31-0810 www.pefc.de

Schreiben Sie uns:
Falls Sie Anregungen, Wünsche und Kommentare haben, lassen Sie es uns wissen: *hallo@dpunkt.de*.

5 4 3 2 1 0

Für die beiden Menschen, die stets an mich geglaubt haben:
meine Mutter und meine liebste Kathleen

Inhalt

Inhaltsverzeichnis

3

ERSTE SCHRITTE

4

GRUNDBAUSTEINE

15

16

20

21

22

MOBILFUNKKOMMUNIKATION ... 453

Danksagung

An erster Stelle ein großes Dankeschön an das Arduino-Team: Massimo Banzi, David Cuartielles, Tom Igoe, Gianluca Martino und David Mellis. Ohne eure Vorstellungskraft, eure Ideen und harte Arbeit wäre all dies nicht möglich.

Vielen Dank auch an meinen Fachgutachter Marc Alexander für seine Beiträge, Fachkenntnisse, Vorschläge, Unterstützung, Ideen und die langen Gespräche – und für seine Zähigkeit, ein so umfangreiches Projekt durchzustehen.

Ich möchte auch den folgenden Organisationen für die Bereitstellung von Bildern und für ihre Ermutigung danken: Adafruit Industries, Agilent Technologies, Gravitech, Freetronics, oomlout, Seeed Studio, Sharp Corporation und SparkFun. An Freetronics geht dabei noch ein zusätzliches Dankeschön für die hervorragenden Hardwareprodukte. Außerdem möchte ich bei all jenen danken, die viel Zeit in die Entwicklung der Arduino-Bibliotheken gesteckt und uns allen damit das Leben erleichtert haben.

Hut ab vor dem Team von Fritzing und ein Dankeschön für das wunderbare Open-Source-Programm zur Konstruktion von Schaltplänen, das ich in diesem Buch benutzt habe.

Außerdem möchte ich (ohne besondere Reihenfolge) den folgenden Personen danken, die mir Ermutigung, Anregung und Unterstützung geboten haben: Iraphne Childs, Limor Fried, Jonathan Oxer, Philip Lindsay, Nicole Kilah, Ken Shirriff, Nathan Kennedy, David Jones und Nathan Seidle.

Abschließend geht mein Dank noch an alle Mitarbeiter von No Starch Press, vor allem an Sondra Silverhawk, die mir dieses Buch vorschlug, an Serena Young für die engagierte Bearbeitung des Textes und an Bill Pollock für seine Unterstützung und Anleitung sowie dafür, dass er mich manchmal davon überzeugen konnte, dass es noch bessere Möglichkeiten gibt, um etwas zu erklären.

1 Einführung

Haben Sie sich beim Anblick eines technischen Geräts – etwa bei einem ferngesteuerten Bootsmodell, einer Liftsteuerung, einem Verkaufsautomaten oder einem elektronischen Spielzeug – jemals gefragt, wie es funktioniert? Haben Sie jemals den Wunsch verspürt, einen eigenen Roboter, einen elektronischen Signalgeber für eine Modelleisenbahn oder ein System zu bauen, um Wetterdaten aufzuzeichnen und zu analysieren?

Die Arduino-Platine (die Sie in Abb. 1–1 sehen) bietet Ihnen Gelegenheit, einige Geheimnisse der Elektronik auf praktische Weise zu erforschen. Das ursprünglich von Massimo Banzi und David Cuartielles erfundene System Arduino stellt eine günstige Möglichkeit dar, um interaktive Projekte wie ferngesteuerte Roboter, GPS-Ortungssysteme und elektronische Spiele zu konstruieren.

Seit der Einführung im Jahr 2005 ist das Arduino-Projekt exponentiell zu einem blühenden Geschäft gewachsen. Unterstützt wird es durch eine Community von Personen, die den gemeinsamen Wunsch haben, Neues zu erschaffen. Einzelpersonen und Gruppen, von Interessengruppen über Vereine und lokale Hackergemeinschaften bis zu pädagogischen Einrichtungen, zeigen Interesse am Experimentieren mit Arduino.

Abb. 1–1 *Die Arduino-Platine*

Um einen Eindruck von der Vielfalt der weltweiten Arduino-Projekte zu bekommen, suchen Sie einfach im Internet. Dort finden Sie eine unglaubliche Anzahl von Projekten, Blogs, Erfahrungsberichten und Ideen, die zeigen, was mit dem Arduino alles möglich ist.

Unendliche Möglichkeiten

Ein kurzer Blick in dieses Buch wird Ihnen zeigen, dass Sie den Arduino für etwas so Simples wie das Blinken eines kleinen Lämpchens oder etwas so Kompliziertes wie die Interaktion mit einem Mobiltelefon verwenden können – und viele verschiedene Dinge dazwischen.

Sehen Sie sich zum Beispiel das Wi-Fi Weather Display von Becky Stern an, von dem in Abbildung 1–2 verschiedene Beispiele gezeigt werden. Es verwendet ein Arduino-kompatibles Board mit einer Wi-Fi-Schnittstelle, um die lokale Wettervorhersage zu empfangen. Es zeigt dann die Höchsttemperatur des Tages an und lässt ein farbiges Dreieck aufleuchten, um die Wettervorhersage für den Tag anzuzeigen.

Abb. 1–2 *Verschiedene Beispiele für die Darstellung von Wettervorhersagen*

Dank der einfachen Zugriffsmöglichkeiten auf verschiedene internetbasierte Informationsdienste können Sie damit auch andere Daten als das Wetter anzeigen. Weitere Informationen finden Sie unter *https://www.instructables.com/id/WiFi-Weather-Display-With-ESP8266/*.

Wie wäre es, einen klassischen Computer aus der Vergangenheit zu nachzubauen? Dank der Leistung des internen Prozessors des Arduino können Sie Computer aus vergangenen Zeiten emulieren. Ein Beispiel dafür ist der KIM Uno von Oscar Vermeulen (Abbildung 1–3), der den KIM-1 Computer von 1976 emuliert. Besuchen Sie *https://en.wikipedia.org/wiki/KIM-1*, um mehr zu erfahren.

Abb. 1–3 *Ein Arduino-gesteuerter KIM-1-Emulator*

Wenn Sie dieses Projekt bauen, verstehen Sie, wie die ersten Mikroprozessoren funktionierten, und das gibt Ihnen die Grundlage, um die Computer von heute zu verstehen. Sie können den Kim Uno sehr günstig nachbauen, sodass dieses Projekt ideal ist, um es mit anderen technisch Interessierten zu teilen. Weitere Informationen finden Sie unter *https://obsolescence.wixsite.com/obsolescence/kim-uno-summary-c1uuh/*.

Und dann ist da noch Michalis Vasilakis, der auch Spaß daran hat, seine eigenen Werkzeuge mit geringem Budget zu bauen. Ein großartiges

Beispiel ist sein Arduino Mini CNC-Plotter. Bei diesem Projekt werden ein Arduino, Bauteile aus alten CD-Laufwerken und andere preiswerte Teile verwendet, um ein CNC-Gerät (Computer Numerical Control) zu bauen, das präzise auf einer ebenen Fläche zeichnen kann (siehe Abbildung 1–4). Weitere Informationen finden Sie unter *http://www.ardumotive.com/new-cnc-plotter.html.*

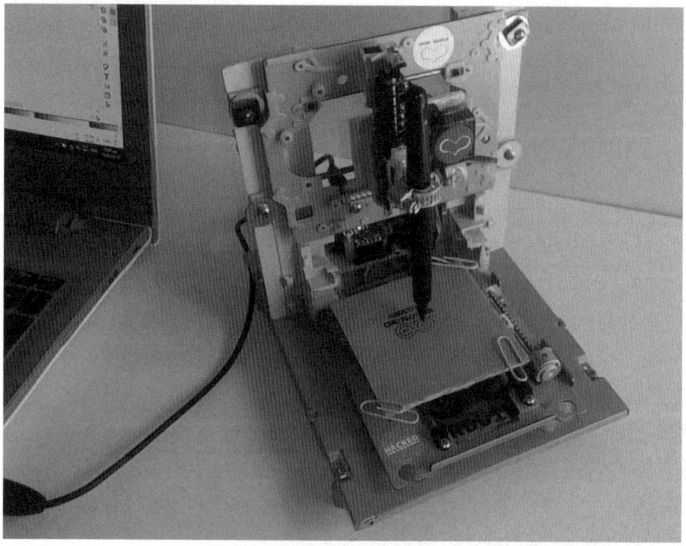

Abb. 1–4 *Der Arduino Mini CNC-Plotter*

Dies sind nur ein paar beliebige Beispiele dafür, was mit einem Arduino alles möglich ist. Sie können Ihre eigenen einfachen Projekte ohne große Schwierigkeiten erstellen - und nachdem Sie dieses Buch durchgearbeitet haben, werden auch komplexere Projekte für Sie in greifbarer Nähe sein.

Die Masse macht's

Wenn Sie sich eher für soziale Kontakte interessieren und gerne in einer Gruppe lernen, suchen Sie im Internet nach einem lokalen Hacker-Club oder einer Gruppe von Enthusiasten, um zu sehen, was die Leute so machen und um Arduino-Gruppen zu finden. Mitglieder von Arduino-Gruppen können z. B. die Welt von Arduino aus der Perspektive eines Künstlers erklären oder gemeinsam an einem kleinen Arduino-kompatiblen Board arbeiten. Diese Gruppen können eine Menge Spaß machen, Sie mit interessanten Leuten zusammenbringen und Sie können Ihr Arduino-Wissen mit anderen teilen.

HINWEIS

Sie können die Skizzendateien auch auf der Website des Buches herunterladen und auch alle Updates: ***https://nostarch.com/arduino-workshop-2nd-edition/.***

Teile und Zubehör

Wie jedes andere elektronische Gerät ist auch der Arduino bei vielen Händlern erhältlich, die eine Vielzahl von Geräten und Zubehör anbieten. Achten Sie beim Einkaufen darauf, dass Sie den Original-Arduino oder ein anderes hochwertiges Modell kaufen.

Andernfalls laufen Sie Gefahr, fehlerhafte oder schlecht funktionierende Ware zu erhalten. Warum sollten Sie Ihr Projekt mit einem minderwertigen Board riskieren, das Sie auf lange Sicht mehr kosten könnte? Eine Liste der autorisierten Arduino-Händler finden Sie unter *http://arduino.cc/en/Main/Buy/.*

Hier folgt eine Liste aktueller Lieferanten (in alphabetischer Reihenfolge), die ich Ihnen für den Kauf von Arduino-bezogenen Teilen und Zubehör empfehle:

- Adafruit Industries *(http://www.adafruit.com/)*
- Arduino Store USA *(https://store.arduino.cc/usa/)*
- PMD Way *(https://pmdway.com/)*
- SparkFun Electronics *(https://sparkfun.com/)*

Sie können eine Liste der in diesem Buch verwendeten Teile herunterladen und auch alle Updates auf der Website zum Buch finden: *https://nostarch.com/arduino-workshop-2nd-edition/.* Alle benötigten Teile sind bei den oben genannten Händlern sowie bei anderen Anbietern, die Sie vielleicht schon kennen, leicht erhältlich.

Aber gehen Sie noch nicht einkaufen. Nehmen Sie sich die Zeit, die ersten Kapitel zu lesen, um eine Vorstellung davon zu bekommen, was Sie benötigen, damit Sie kein Geld für den Kauf unnötiger Dinge verschwenden.

Benötigte Software

Sie sollten in der Lage sein, Ihren Arduino mit so gut wie jedem Computer zu programmieren. Zunächst müssen Sie eine Software installieren, die als integrierte Entwicklungsumgebung (IDE) bezeichnet wird. Um diese Software auszuführen, sollte Ihr Computer über eine Internetverbindung verfügen und eines der folgenden Betriebssysteme haben:

- macOS 10.14 64-bit, oder höher
- Windows 10 Home 32- oder 64-Bit oder höher
- Linux 32- oder 64-Bit (Ubuntu oder ähnlich)

Die IDE wird seit 2005 weiterentwickelt und ist derzeit auf dem Stand von Version 2.x (die genaue Nummer kann sich ändern, aber die Anweisungen in diesem Buch sollten immer noch gelten). Im Vergleich zu Version 1.x verfügt Version 2.x über einige Funktionen, die das Schreiben und Bearbeiten von Sketchen erleichtern, darunter die interaktive Autovervollständigung, eine verbesserte Navigation durch Sketche und benutzerfreundlichere Board- und Bibliotheksmanager. Außerdem können Sie mit einem Live-Debugger Ihren Arduino-Sketch interaktiv starten und stoppen, wenn Sie ihn mit bestimmten Arduino-Boards verwenden. Wenn Sie jedoch neu in der Welt von Arduino sind, brauchen Sie sich um diese Funktionen keine Sorgen zu machen. Denken Sie einfach daran, dass das Arduino-Team und die Community ständig an Verbesserungen arbeiten.

Jetzt ist ein guter Zeitpunkt, um die IDE herunterzuladen und zu installieren. Gehen Sie also zu der Seite, die zu Ihrem Betriebssystem passt, und folgen Sie den Anweisungen. Vergewissern Sie sich, dass Sie auch das passende USB-Kabel für Ihren Arduino haben oder mitkaufen. Auch wenn Sie Ihr Arduino-Board noch nicht haben, können Sie die IDE herunterladen und ausprobieren.

macOS

In diesem Abschnitt finden Sie eine Anleitung zum Herunterladen und Konfigurieren der Arduino IDE unter macOS.

1. Besuchen Sie die Software-Download-Seite *(https://www.arduino.cc/en/software/)* und laden Sie die neueste verfügbare Version der IDE für Ihr Betriebssystem herunter.
2. Doppelklicken Sie auf die *Arduino.dmg*-Datei in Ihrem Download-Ordner. Wenn sich das Installationsfenster öffnet, ziehen Sie das Arduino-Symbol in den Ordner *Programme*.

3. Öffnen Sie die IDE, wie in Abbildung 1–5 gezeigt.

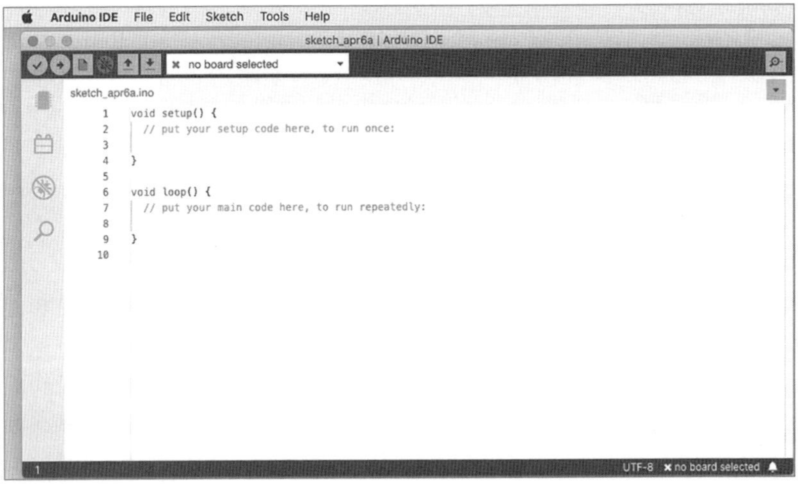

Abb. 1–5 *Die IDE unter macOS*

4. Jetzt konfigurieren Sie die IDE für das Arduino Uno Board. Klicken Sie auf das obere Symbol in der linken Seitenleiste der IDE, um den Board-Manager zu öffnen. Suchen Sie die Option, die den Arduino Uno enthält und klicken Sie auf *Installieren.*
5. Erweitern Sie das Dropdown-Menü am oberen Rand der IDE, das *No Board Selected* lautet, und wählen Sie *Select Other Board & Port.* Wählen Sie dann den Arduino Uno aus der Liste der Boards aus.

Möglicherweise werden Sie aufgefordert, die Command Line Developer Tools von Apple zu installieren.

Jetzt sind Ihre Hardware und Software bereit, für die nächsten Schritte. Fahren Sie nun fort mit »*Sicherheit*«.

Windows 10

In diesem Abschnitt finden Sie eine Anleitung zum Herunterladen und Konfigurieren der IDE unter Windows.

1. Besuchen Sie die Software-Download-Seite *(http://arduino.cc/en/software/)* und laden Sie die neueste verfügbare Version der IDE für Ihr Betriebssystem herunter.
2. Ihre Browser-Software fordert Sie möglicherweise auf, die heruntergeladene Datei zu speichern oder auszuführen. Klicken Sie auf Ausführen, damit die Installation automatisch beginnt, sobald der Download abgeschlossen ist. Andernfalls starten Sie die *Arduino.exe*-Datei in Ihrem

Download-Ordner, um die IDE zu installieren. Wenn Sie fertig sind, starten Sie die IDE.

3. Konfigurieren Sie nun die IDE für das Arduino Uno-Board. Klicken Sie auf das obere Symbol in der linken Seitenleiste der IDE, um den Board-Manager zu öffnen. Suchen Sie die Option, die den Arduino Uno enthält und klicken Sie auf *Installieren*.
4. Erweitern Sie das Dropdown-Menü am oberen Rand der IDE, das *No Board Selected* lautet, und wählen Sie *Select Other Board & Port*. Wählen Sie dann den Arduino Uno aus der Liste der Boards aus.

Nun, da Ihre Arduino IDE eingerichtet ist, können Sie mit »Sicherheit« fortfahren.

Ubuntu Linux

Wenn Sie mit Ubuntu Linux arbeiten, finden Sie hier eine Anleitung zum Herunterladen und Einrichten der Arduino IDE.

1. Besuchen Sie die Software-Download-Seite *(http://arduino.cc/en/software/)* und laden Sie die neueste verfügbare Version der IDE für Ihr Betriebssystem herunter.
2. Wenn Sie dazu aufgefordert werden, wählen Sie Datei speichern und klicken Sie auf OK.
3. Suchen Sie die Arduino .zip-Datei im Archiv-Manager und extrahieren Sie sie, indem Sie sie auf dem Desktop speichern.
4. Navigieren Sie in einem Terminalfenster zu dem extrahierten Ordner und geben Sie *./arduino-ide* ein, um die IDE zu starten.
5. Jetzt können Sie die IDE konfigurieren. Verbinden Sie Ihren Arduino über das USB-Kabel mit Ihrem PC.
6. Wählen Sie *Tools->Port* in der IDE und wählen Sie den Port */dev/ttyACMx*, wobei x eine einzelne Ziffer ist (es sollte nur einen Port mit einem solchen Namen geben).

Sicherheit

Wie bei jedem anderen Hobby oder Handwerk sind Sie für Ihre eigene Sicherheit und die Ihrer Umgebung verantwortlich. Im weiteren Verlauf dieses Buches beschreibe ich Arbeiten mit einfachen Werkzeugen, batteriebetriebenen elektrischen Geräten, scharfen Messern und manchmal auch Lötkolben. Basteln Sie bei der Arbeit an Ihren Projekten niemals an der Stromversorgung herum, sondern überlassen Sie so etwas einem ausgebildeten Elektriker. Denken Sie daran, dass Kontakt mit dem Netzstrom tödlich sein kann.

Ausblick

Sie haben einen Weg vor sich, der sehr interessant ist und viel Spaß bereiten kann. Dabei werden Sie Dinge bauen, die Sie niemals für möglich gehalten haben. In diesem Buch finden Sie 65 Arduino-Projekte, von sehr einfachen bis zu ziemlich komplizierten. Alle sind darauf ausgelegt, Ihnen etwas beizubringen und etwas Nützliches zu konstruieren. Fangen wir also an!

2

Ein genauerer Blick auf den Arduino und die IDE

In diesem Kapitel sehen wir uns die Arduino-Platine sowie die IDE genauer an. Letztere dient dazu, sogenannte *Sketche* (der Arduino-Begriff für ein Programm) zu erstellen und auf den Arduino hochzuladen. Sie lernen den grundlegenden Aufbau von Sketchen und einige einfache Funktionen kennen, die Sie darin verwenden können. Außerdem werden Sie einen ersten Sketch schreiben und hochladen.

Der Arduino

Was genau ist ein Arduino? Laut der Arduino-Website (*http://www.arduino.cc/*) handelt es sich dabei um ...

> *[...] eine Open-Source-Plattform auf der Grundlage einer flexiblen, leicht zu verwendenden Hardware und Software. Sie ist für alle Personen gedacht, die ein Interesse daran haben, interaktive Objekte oder Umgebungen zu gestalten.*

Einfach ausgedrückt, ist der Arduino ein winziges Computersystem, das Sie mit Anweisungen programmieren können, sodass es auf verschiedene Arten von Eingaben reagiert und verschiedene Arten von Ausgaben hervorruft. Das aktuelle Arduino-Modell, der Uno, ist kleiner als eine Handfläche, wie Sie in Abbildung 2–1 sehen.

Abb. 2–1 *Der Arduino Uno ist ziemlich klein.*

Für Uneingeweihte mag der Arduino nicht sehr beeindruckend aussehen, allerdings können Sie damit Geräte bauen, die mit der Umgebung in Wechselwirkung treten. Sie können eine fast unbegrenzte Palette von Eingabe- und Ausgabegeräten wie Sensoren, Indikatoren, Anzeigen, Motoren usw. verwenden und genau die Art von Wechselwirkung programmieren, die Sie für ein funktionierendes Gerät benötigen. Beispielsweise haben Künstler Installationen mit Mustern aus Blinklichtern geschaffen, die auf die Bewegungen von Passanten reagieren. Highschool-Schüler haben autonome Roboter gebaut, die offenes Feuer erkennen und löschen können. Geografen haben Systeme konstruiert, die Temperatur und Feuchtigkeit überwachen und die Messwerte als Textnachricht ans Büro schicken. Wenn Sie im Internet suchen, werden Sie fast endlos viele weitere Beispiele finden.

Als Erstes wollen wir uns die *Hardware* des Arduino Uno (also den »physischen Teil«) genauer ansehen. Machen Sie sich keine Sorgen, wenn Sie manche Einzelheiten noch nicht genau verstehen, denn wir werden uns in späteren Kapiteln ausführlicher damit beschäftigen.

Beginnen wir also mit einem kurzen Rundgang um den Uno. An der linken Seite der Platine fallen gleich die beiden Anschlüsse aus Abbildung 2–2 ins Auge.

Abb. 2–2 *Der USB- und der Stromanschluss*

Links sehen Sie den USB-Anschluss (Universal Serial Bus), über den Sie die Platine mit Ihrem Computer verbinden können. Das dient drei verschiedenen Zwecken: Um die Platine mit Strom zu versorgen, um Ihre Anweisungen auf den Arduino hochzuladen und um Daten zum Computer zu senden und von ihm zu lesen. Rechts liegt der Stromanschluss. Darüber können Sie den Arduino über einen Standardadapter mit der Steckdose verbinden (die Spannung ist natürlich runtergeregelt auf 5 Volt).

Unten rechts finden Sie das Herz der Platine: den Mikrocontroller aus Abbildung 2–3.

Abb. 2–3 *Der Mikrocontroller*

Dieser *Mikrocontroller* ist nicht nur das Herz, sondern auch das Gehirn des Arduino. Es handelt sich um einen winzigen Computer mit einem Prozessor zum Ausführen von Anweisungen, verschiedenen Arten von Arbeitsspeichern, um die Anweisungen von Sketchen festzuhalten, und verschiedenen

Möglichkeiten zum Senden und Empfangen von Daten. Knapp unterhalb des Mikrocontrollers finden Sie zwei Reihen kleiner Anschlussbuchsen (siehe Abb. 2–4).

Abb. 2–4 *Strom- und Analoganschlüsse*

Die linke Reihe bietet Möglichkeiten zum Stromanschluss und für die Verbindung mit einem externen Reset-Schalter. Die rechte umfasst sechs analoge Eingänge, die zur Messung von elektrischen Signalen mit unterschiedlicher Spannung dienen. Außerdem können die Kontakte A4 und A5 verwendet werden, um Daten an andere Geräte zu senden und von ihnen zu empfangen.

An der oberen Kante der Platine befinden sich zwei weitere Anschlussreihen, die Sie in Abbildung 2–5 sehen.

Abb. 2–5 *Die Kontakte für den digitalen Eingang und Ausgang*

Die von 0 bis 13 durchnummerierten Kontakte (Pins) sind digitale Ein-/Ausgänge (I/O). Darüber können Sie erkennen, ob ein elektrisches Signal anliegt, oder ein solches Signal auf Befehl erzeugen. Die Pins 0 und 1 bilden auch den *seriellen Port*, der dazu dient, Signale an andere Geräte zu senden oder von ihnen zu empfangen, beispielsweise an einen/von einem Computer über USB. Die mit einer Tilde (~) beschrifteten Kontakte sind auch in der Lage, ein variables elektrisches Signal abzugeben, was für Beleuchtungseffekte und die Steuerung von Elektromotoren praktisch ist.

Des Weiteren gibt es die sehr nützlichen *Leuchtdioden* (Light Emitting Diodes, LEDs). Diese winzigen Geräte leuchten auf, wenn Strom durch sie hindurchfließt. Der Arduino verfügt über vier LEDs: Die eine mit der Bezeichnung ON liegt ganz rechts und gibt an, ob die Platine Strom hat, die drei anderen sind zu einer Gruppe zusammengefasst (siehe Abb. 2–6).

Die LEDs TX und RX leuchten, wenn Daten über den seriellen Port oder den USB-Anschluss zwischen dem Arduino und den angeschlossenen Geräten übertragen werden. Die LED L ist für Ihre eigenen Zwecke vorgesehen. (Sie ist mit dem digitalen E/A-Kontakt 13 verbunden.) Das kleine, schwarze, viereckige Bauteil links neben den LEDs ist ein winziger Mikrocontroller, der die USB-Schnittstelle steuert, über die der Arduino Daten an einen Computer senden und von ihm empfangen kann. Darum müssen Sie sich normalerweise aber nicht kümmern.

Abb. 2–6 *Die LEDs auf der Platine*

Schließlich gibt es noch den Reset-Schalter aus Abbildung 2–7. Wie bei einem normalen Computer kann auch auf dem Arduino manchmal etwas schiefgehen. Wenn alle anderen Maßnahmen versagen, haben Sie noch die Möglichkeit, das System zurückzusetzen und den Arduino neu zu starten. Dazu dient der einfache Reset-Schalter auf der Platine (siehe Abb. 2–7).

Einer der großen Vorteile des Arduino-Systems ist die leichte Erweiterbarkeit. Es ist ganz einfach möglich, weitere Hardwarefunktionen hinzuzufügen. Auf die beiden Anschlussreihen an den Kanten des Arduino können Sie einen *Shield* aufstecken, eine weitere Platine mit Kontaktstiften, die in die Buchsen der Anschlüsse am Arduino passen. Der Shield aus Abbildung 2–8 beispielsweise enthält eine Ethernet-Schnittstelle, mit deren Hilfe der Arduino mit Netzwerken und dem Internet kommunizieren kann. Außerdem enthält er viel Platz für eigene Schaltungen.

Abb. 2–7 *Der Reset-Schalter*

***Abb. 2–8** Arduino-Shield mit Ethernet-Schnittstelle*

Wie Sie sehen, verfügt auch der Ethernet-Shield über die Anschlussreihen, sodass Sie weitere Shields darauf stapeln können. In Abbildung 2–9 wurde beispielsweise ein Shield mit einer großen numerischen Anzeige, einem Temperatursensor, einem zusätzlichen Datenspeicher und einer großen LED aufgesteckt.

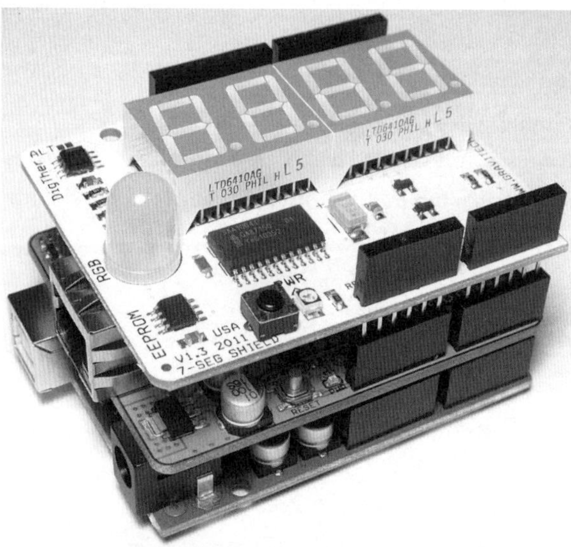

***Abb. 2–9** Shield mit numerischer Anzeige und Temperatursensor*

Sie müssen beachten, welche Shields welche Ein- und Ausgänge nutzen, damit es nicht zu Konflikten kommt. Außerdem ist es möglich, ganz leere Shields zu kaufen, auf denen Sie Ihre eigenen Schaltungen aufbauen. Mehr darüber erfahren Sie in Kapitel 7.

Im ersten Kapitel haben Sie die integrierte Entwicklungsumgebung (IDE) auf Ihrem Computer eingerichtet und diese für Ihren Arduino konfiguriert. Nun werfen Sie einen genaueren Blick auf die IDE und schreiben selbst ein einfaches Programm – auch bekannt als Arduino-Sketch.

Die IDE

Wie Abbildung 2–10 zeigt, sieht die Arduino-IDE wie ein einfaches Textverarbeitungsprogramm aus. Sie besteht aus drei Hauptbereichen: dem Befehls-, dem Text- und dem Meldungsbereich.

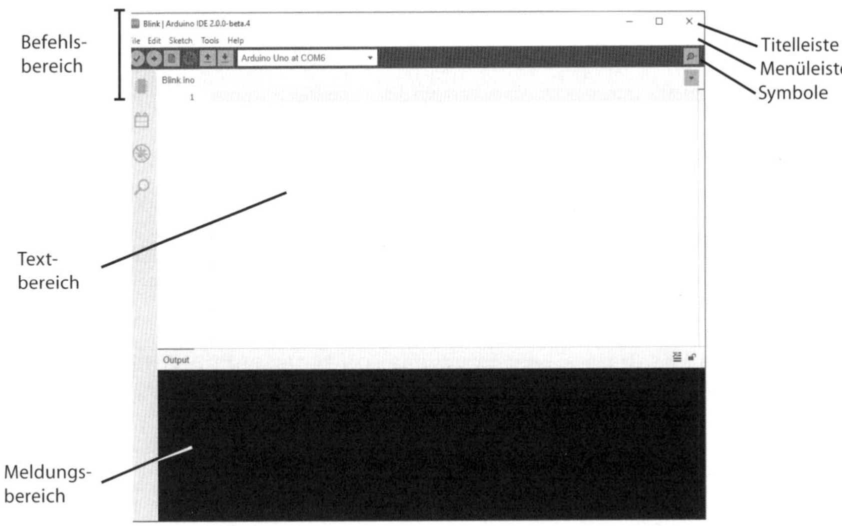

Abb. 2–10 *Die Arduino-IDE*

Der Befehlsbereich

Der Befehlsbereich, den Sie oben in Abbildung 2–10 sehen, enthält die Titelleiste, das Menü und die Symbole. Die Titelleiste zeigt den Dateinamen des jeweiligen Sketches (*Blink*) sowie die Version der IDE an (*Arduino 2.0.0-beta.4*). Darunter finden Sie eine Reihe von Menüelementen (*File*, *Edit*, *Sketch*, *Tools* und *Help*) und Symbole, die im Folgenden beschrieben werden.

Das Menü

Wie bei Textverarbeitungsprogrammen und Editoren können Sie auf die einzelnen Menüelemente klicken, um sich die verfügbaren Optionen anzusehen.

- *File* Enthält die Optionen zum Speichern, Laden und Drucken von Sketchen. Außerdem finden Sie hier eine umfassende Sammlung von Beispielsketchen, die Sie öffnen können, und das Untermenü *Preferences* mit Voreinstellungen.
- *Edit* Enthält die üblichen Befehle zum Kopieren, Einfügen und Suchen, die Sie auch in jeder Textverarbeitung finden.
- *Sketch* Enthält Funktionen zum Überprüfen der Sketche vor dem Hochladen auf die Platine sowie Optionen für Sketchordner und den Import.
- *Tools* Enthält verschiedene Funktionen sowie Befehle zur Auswahl des Platinentyps und des USB-Anschlusses.
- *Help* Enthält Links zu verschiedenen Themen und nennt die Version der IDE.

Die Symbole

Unter der Menüleiste finden Sie sechs Symbole. Wenn Sie mit dem Mauszeiger darüberfahren, werden ihre Namen angezeigt. Von links nach rechts haben wir folgende Symbole:

- *Verify* Klicken Sie hierauf, um zu prüfen, ob der Arduino-Sketch gültig ist oder irgendwelche Programmierfehler enthält.
- *Upload* Hiermit wird der Sketch überprüft und auf die Arduino-Platine hochgeladen.
- *New* Öffnet einen neuen, leeren Sketch in einem neuen Fenster.
- *Debug* Wird bei komplexeren Arduino-Boards für Echtzeit-Debugging benutzt.
- *Open* Öffnet einen gespeicherten Sketch.
- *Save* Speichert den geöffneten Sketch. Hat der Sketch noch keinen Namen, werden Sie dazu aufgefordert, einen anzugeben.
- *Serial Monitor* Öffnet ein neues Fenster zum Übertragen von Daten zwischen Arduino und IDE.

Der Textbereich

Den Textbereich sehen Sie in der Mitte von Abbildung 2–10. Hier schreiben Sie Ihre Sketche. Der Name des aktuellen Sketches wird auf dem Reiter oben links im Textbereich angegeben. (Der Standardname besteht aus dem aktuellen Datum.) Den Inhalt des Sketches geben Sie hier wie in einer Textverarbeitung ein.

Der Meldungsbereich

Den Meldungsbereich sehen Sie unten in Abbildung 2–10. Meldungen der IDE werden auf der schwarzen Fläche angezeigt. Dabei kann es sich um Mitteilungen über die Überprüfung von Sketchen, über Statusmeldungen usw. handeln.

Unten rechts im Meldungsbereich werden der Platinentyp Ihres Arduino sowie der verwendete USB-Anschluss angezeigt – hier *Arduino Duemilanove w/ATmega328 on COM6*.

Ein erster Sketch in der IDE

Abb. 2–11 *Die mit L gekennzeichnete LED auf der Arduino-Platine*

Ein Arduino-Sketch ist ein Satz von Anweisungen, die Sie zusammenstellen, um eine bestimmte Aufgabe zu erledigen; mit anderen Worten: ein *Programm*. In diesem Abschnitt erstellen Sie einen einfachen Sketch, der dafür sorgt, dass eine LED des Arduino (siehe Abb. 2–11) wiederholt blinkt, indem er sie in Abständen von einer Sekunde ein- und ausschaltet. Außerdem laden Sie den Sketch auf die Platine hoch.

HINWEIS

Die einzelnen Befehle in dem hier vorgestellten Beispielsketch müssen Sie noch nicht genau verstehen. Wie wollen Ihnen zunächst nur zeigen, wie einfach es ist, den Arduino etwas tun zu lassen, um Ihr Interesse für die komplizierteren Dinge zu wecken.

Als Erstes schließen Sie den Arduino über das USB-Kabel an den Computer an. Öffnen Sie die IDE, wählen Sie das Board aus (in diesem Fall Arduino Uno) und dann den richtigen USB-Anschluss im Menü. Dadurch wird für eine korrekte Verbindung mit dem Arduino gesorgt.

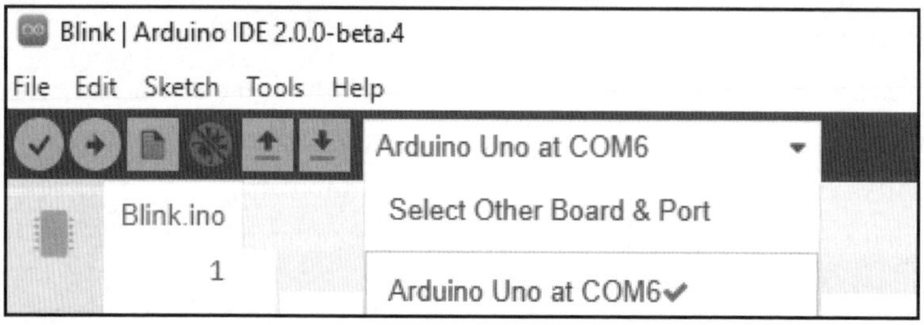

Abb. 2–12 *Das Arduino Uno Board auswählen*

Kommentare

Als Erstes fügen Sie einen Kommentar ein, in dem Sie festhalten, wozu der Sketch dient. *Kommentare* sind Hinweise von beliebiger Länge, die sich an den Leser des Sketches richten. Damit können Sie Anmerkungen für sich selbst und für andere hinterlegen, Anleitung geben und auf verschiedene Einzelheiten hinweisen. Wenn Sie Ihren Arduino programmieren (also Sketche schreiben), sollten Sie stets Kommentare einfügen, um deutlich zu machen, was Sie tun. Das kann sich als sehr hilfreich erweisen, wenn Sie sich später erneut mit dem Sketch befassen.

Um einen einzeiligen Kommentar hinzuzufügen, geben Sie zwei Schrägstriche ein und schreiben den Kommentar dann dahinter:

```
// Blink-LED-Sketch von Mary Smith, erstellt am 07.01.21
```

Die beiden Schrägstriche weisen die IDE an, den darauf folgenden Text beim Überprüfen des Sketches zu ignorieren. (Wie bereits erwähnt, untersucht die IDE bei diesem Vorgang, ob alles korrekt und fehlerfrei geschrieben ist.)

Soll ein Kommentar mehrere Zeilen umfassen, müssen Sie ihn in der ersten dieser Zeilen mit /* einleiten und in der letzten mit */ abschließen:

```
/*
Arduino-Blink-LED-Sketch
von Mary Smith, erstellt am 07.01.21
*/
```

Wie die beiden Schrägstriche, die einen einzeiligen Kommentar einleiten, weisen auch die Zeichenfolgen /* und */ die IDE an, den Text dazwischen zu ignorieren.

Geben Sie mit einer dieser beiden Methoden in einem Kommentar den Zweck des Sketches ein und speichern Sie das Programm über *File > Save as*. Geben Sie einen kurzen Namen für den Sketch ein (z. B. *blinky*) und klicken Sie auf *OK*.

Die Standard-Dateinamenerweiterung für Arduino-Sketche ist *.ino*, was von der IDE automatisch hinzugefügt wird. Der vollständige Name in unserem Beispiel lautet also *blinky.ino* und sollte im Sketchbook angezeigt werden.

Die Einrichtungsfunktion

Der nächste Schritt beim Schreiben eines Sketches besteht immer darin, die Funktion `void setup()` hinzuzufügen. Sie enthält eine Reihe von Anweisungen, die der Arduino einmalig ausführt, wenn er zurückgesetzt oder eingeschaltet wird. Um diese Einrichtungsfunktion zu erstellen, fügen Sie hinter dem Kommentar folgende Zeilen in den Sketch ein:

```
void setup()
{

}
```

Die Hardware steuern

Unser Programm soll die Benutzer-LED auf dem Arduino blinken lassen, die mit dem digitalen Pin 13 verbunden ist. Ein solcher Pin kann entweder ein elektrisches Signal erkennen oder selbst ein solches hervorrufen. In diesem Objekt erzeugen wir ein elektrisches Signal, das die LED zum Leuchten bringt. Das mag sich jetzt etwas kompliziert anhören, aber Sie werden in den kommenden Kapiteln noch Genaueres über die digitalen Pins erfahren. Zunächst einmal fahren Sie einfach damit fort, den Sketch zu schreiben.

Geben Sie zwischen die geschweiften Klammern { und } Folgendes ein:

```
pinMode(13, OUTPUT); // Legt den digitalen Pin 13 als Ausgang fest
```

Die Nummer 13 gibt den Pin an, den Sie ansprechen wollen. Diesen Kontakt setzen Sie auf `OUTPUT`, das heißt, Sie legen ihn als Ausgang fest, an dem Sie ein elektrisches Signal generieren (ausgeben). Wenn Sie dagegen ein eingehendes elektrisches Signal erkennen wollen, müssen Sie `INPUT` verwenden. Beachten Sie, dass die Funktion `pinMode` mit einem Semikolon abgeschlossen wird. Das gilt für alle Funktionen in Arduino-Sketchen.

Speichern Sie den Sketch erneut, damit Sie die hinzugefügten Teile nicht verlieren.

Die Schleifenfunktion

Da wir die LED wiederholt blinken lassen wollen, müssen wir eine Schleifenfunktion (`loop`) erstellen, damit der Arduino eine Anweisung immer und immer wieder ausführt, bis der Strom abgeschaltet oder die Reset-Taste betätigt wird.

Geben Sie den fett gedruckten Code ein, der im folgenden Listing hinter dem Abschnitt von `void setup()` steht, um eine leere Schleifenfunktion zu erstellen. Achten Sie darauf, dass der neue Abschnitt mit einer schließenden geschweiften Klammer (}) endet, und speichern Sie den Sketch.

```
/*
Arduino Blink LED Sketch
by Mary Smith, created 09/09/12
*/

void setup()
{
  pinMode(13, OUTPUT); // Legt den digitalen Pin 13 als Ausgang fest
}

void loop()
{
// Hierhin kommt der Code für die Schleife
}
```

WARNUNG

Die Arduino-IDE führt keine automatische Zwischenspeicherung Ihrer Sketche durch, weshalb Sie regelmäßig speichern sollten!

Als Nächstes geben Sie in `void loop()` die Funktionen ein, die der Arduino ausführen soll.

Schreiben Sie den folgenden Code zwischen die geschweiften Klammern der `loop`-Funktion und klicken Sie dann auf *Verify*, um sicherzustellen, dass Sie dabei keinen Fehler gemacht haben.

```
digitalWrite(13, HIGH);     // Schaltet den digitalen Pin 13 ein
delay(1000);                // Wartet eine Sekunde lang
digitalWrite(13, LOW);      // Schaltet den digitalen Pin 13 aus
delay(1000);                // Wartet eine Sekunde lang
```

Das wollen wir uns im Einzelnen ansehen. Die Funktion digitalWrite() legt die Spannung fest, die an einem digitalen Pin ausgegeben wird, in diesem Fall Pin 13 für die LED. Der zweite Parameter dieser Funktion lautet HIGH, wodurch eine »hohe« Spannung ausgegeben wird. Der Strom fließt von dem Pin zur LED und schaltet diese ein. (Wenn Sie den Parameter auf LOW setzen, wird der Stromfluss zur LED unterbrochen.)

Nachdem die LED eingeschaltet ist, leuchtet sie eine Sekunde lang, was durch delay(1000) erreicht wird. Die Funktion delay() sorgt dafür, dass in dem angegebenen Zeitraum (in unserem Fall also 1000 Millisekunden oder eine Sekunde) nichts geschieht.

Danach wird die Spannung an der LED mit digitalWrite(13, LOW); wieder ausgeschaltet. Abermals warten wir mit delay(1000) eine Sekunde lang. In diesem Zeitraum bleibt die LED ausgeschaltet.

Der vollständige Sketch sieht wie folgt aus:

```
/*
Arduino Blink LED Sketch
by Mary Smith, created 09/09/12
*/

void setup()
{
   pinMode(13, OUTPUT);      // Legt den digitalen Pin 13 als Ausgang fest
}

void loop()
{
   digitalWrite(13, HIGH);  // Schaltet den digitalen Pin 13 ein
   delay(1000);             // Wartet eine Sekunde lang
   digitalWrite(13, LOW);   // Schaltet den digitalen Pin 13 aus
   delay(1000);             // Wartet eine Sekunde lang
}
```

Bevor Sie weiterarbeiten, speichern Sie den Sketch!

Den Sketch überprüfen

Bei der Überprüfung wird untersucht, ob der Sketch auf eine Weise geschrieben ist, die der Arduino verstehen kann. Dazu klicken Sie in der IDE auf *Verify* und warten einen Augenblick. Nach der Überprüfung erscheint im Meldungsbereich eine Mitteilung wie in Abbildung 2-13.

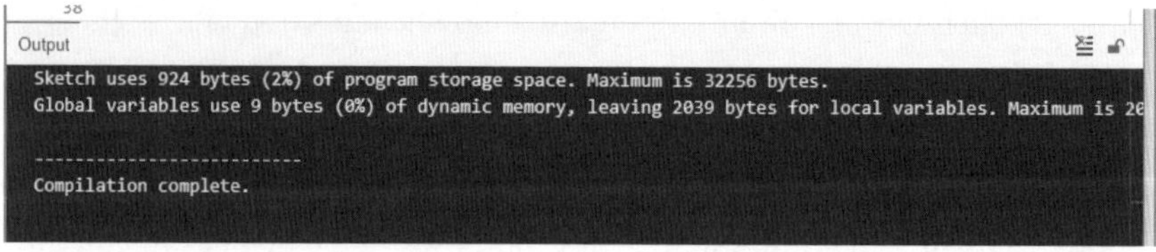

Abb. 2–13 *Der Sketch wurde überprüft.*

Die Meldung »Done compiling« (Kompilierung erfolgt) besagt, dass der Sketch in Ordnung ist und auf den Arduino hochgeladen werden kann. Außerdem wird angezeigt, wie viel Arbeitsspeicher er belegt (hier 924 Byte) und wie viel auf dem Arduino insgesamt zur Verfügung steht (32.256 Byte).

Was aber, wenn der Sketch nicht korrekt ist? Nehmen wir beispielsweise an, Sie haben das Semikolon am Ende der zweiten `delay(1000)`-Funktion vergessen. Wenn Sie auf *Verify* klicken und irgendetwas in Ihrem Sketch nicht stimmt, wird eine Fehlermeldung wie die in Abbildung 2–14 ausgegeben.

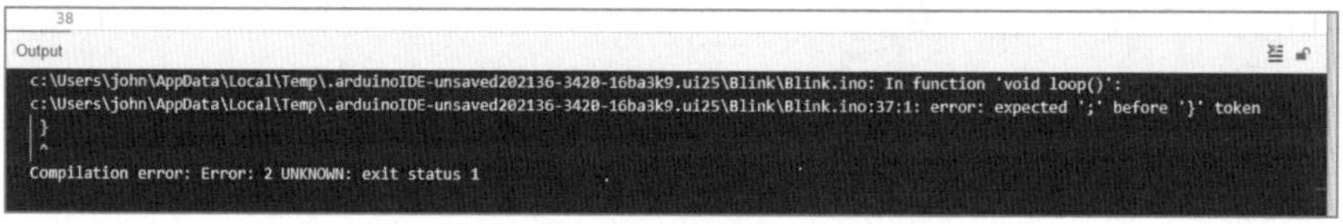

Abb. 2–14 *Ein Überprüfungsfehler im Meldungsbereich*

Die Meldung gibt an, dass der Fehler in der Funktion *void loop* steckt. Außerdem wird angezeigt, dass der Fehler selbst ein fehlendes Semikolon ist mit der Ausgabe `error: expected ';' before '}' token`. Die IDE markiert zudem die Position des Fehlers oder eine Stelle gleich dahinter. Dadurch können Sie den Fehler schnell finden und beheben.

Den Sketch hochladen und ausführen

Wenn Sie sich vergewissert haben, dass der Sketch korrekt ist, speichern Sie ihn. Stellen Sie sicher, dass der Arduino angeschlossen ist, und klicken Sie in der IDE auf *Upload*. Möglicherweise überprüft die IDE den Sketch erneut, lädt ihn dann aber auf den Arduino hoch. Während dieses Vorgangs blinken die LEDs TX und RX auf der Platine (siehe Abb. 2–6), um anzuzeigen, dass Informationen zwischen dem Arduino und dem Computer übertragen werden.

Jetzt schlägt die Stunde der Wahrheit: Der Arduino sollte damit beginnen, den Sketch auszuführen. Wenn alles richtig funktioniert, sollte die LED im Sekundentakt blinken.

Herzlichen Glückwunsch! Sie kennen jetzt die Grundlagen, um Arduino-Sketche erstellen, überprüfen und hochladen zu können.

Den Sketch bearbeiten

Nachdem Sie den Sketch ausgeführt haben, können Sie ihn abwandeln, indem Sie beispielsweise die Verzögerung zum Ein- und Ausschalten der LED ändern. Da die IDE ähnlich funktioniert wie eine Textverarbeitung, können Sie den gespeicherten Sketch einfach öffnen, die Werte anpassen, den Sketch wieder speichern und erneut auf den Arduino hochladen. Um beispielsweise den Blinkrhythmus zu beschleunigen, ändern Sie die beiden `delay`-Funktionen auf einen Wert von `250`, sodass die LED im Viertelsekundentakt aufleuchtet und erlischt.

```
delay(250); // Wartet eine Viertelsekunde lang
```

Laden Sie den Sketch erneut hoch. Die LED sollte jetzt schneller blinken und jeweils eine Viertelsekunde lang ein- und ausgeschaltet sein.

Ausblick

Mit Ihren neuen Kenntnissen darüber, wie Sie Arduino-Sketche schreiben, bearbeiten, speichern und hochladen, sind Sie nun bereit, in den nächsten Kapiteln zu lernen, wie Sie weitere Funktionen einsetzen, Ihre Projekte sauber gestalten, einfache elektronische Schaltkreise konstruieren usw.

3

Erste Schritte

In diesem Kapitel lernen Sie Folgendes:

- Grundlagen einer sauberen Projektgestaltung
- Grundlagen der Elektrizitätslehre
- Funktion von Widerständen, Leuchtdioden, Transistoren, Gleichrichterdioden und Relais
- Verwendung von Steckplatinen für die Konstruktion von Schaltungen
- Verwendung von Integervariablen, `for`-Schleifen und digitalen Ausgängen für verschiedene Arten von LED-Effekten

Als Nächstes werden Sie Ihren Arduino zum Leben erwecken. Dabei geht es um mehr als nur um die Platine als solche. Sie werden lernen, wie Sie Ihre Projekte planen, um Ihre Vorstellungen in die Realität umzusetzen. Anschließend erhalten Sie eine Einführung in die Elektrizitätslehre. Elektrischer Strom ist die Grundlage für alles, was wir in diesem Buch tun, weshalb es wichtig ist, für Ihre eigenen Projekte ein solides Verständnis der Grundlagen mitzubringen. Außerdem sehen wir uns die verschiedenen Bauteile an, die dabei helfen, Projekte in der Praxis zu gestalten. Am Ende werfen wir einen Blick auf einige neue Funktionen, die Bausteine für Arduino-Sketche bilden.

Projekte planen

Wenn Sie damit beginnen, eigene Projekte zu entwickeln, sind Sie vielleicht versucht, den Sketch sofort zu schreiben, gleich nachdem Ihnen die Idee dafür gekommen ist. Es ist jedoch sinnvoll, zunächst einige Vorbereitungen zu treffen. Schließlich kann der Arduino keine Gedanken lesen, sondern benötigt genaue Anweisungen. Wenn Sie winzige Details übersehen, kann es sein, dass der Arduino zwar trotzdem in der Lage ist, die Anweisungen auszuführen, allerdings werden dann die Ergebnisse nicht Ihren Erwartungen entsprechen.

Unabhängig davon, ob Sie ein einfaches Projekt erstellen, das nur ein Lämpchen blinken lässt, oder ob Sie ein automatisches Signal für eine Modelleisenbahn konstruieren, ist ein ausführlicher Plan für den Erfolg unverzichtbar. Gehen Sie bei der Umsetzung von Arduino-Projekten stets nach folgenden grundlegenden Schritten vor:

1. **Legen Sie das Ziel fest.** Bestimmen Sie, was Sie erreichen wollen.
2. **Schreiben Sie den Algorithmus.** Ein *Algorithmus* ist eine Reihe von Anweisungen, die beschreiben, wie das Projekt ausgeführt werden soll. Führen Sie in dem Algorithmus die Schritte auf, die notwendig sind, um das Ziel des Projekts zu erreichen.
3. **Wählen Sie die Hardware aus.** Ermitteln Sie, wie Sie diese Hardware an den Arduino anschließen.
4. **Schreiben Sie den Sketch.** Erstellen Sie eine erste Version des Programms, das dem Arduino sagt, was er tun soll.
5. **Stellen Sie alle Verbindungen her.** Schließen Sie die Hardware, die Schaltungen und alle weiteren erforderlichen Elemente an die Arduino-Platine an.
6. **Testen Sie das Projekt und beheben Sie Fehler.** Funktioniert es? Suchen Sie in dieser Phase nach Fehlern und ihren Ursachen, ob im Sketch, in der Hardware oder im Algorithmus.

Je mehr Zeit Sie auf die Planung des Projekts aufwenden, umso leichter fallen Test und Fehlerbehebung.

HINWEIS

Selbst bei gut geplanten Projekten tritt manchmal eine Krankheit auf, die als »Feature Creep« bezeichnet wird, also als »schleichender Funktionszuwachs«. Das passiert, wenn jemand eine neue Funktion einfällt, die er einem Projekt noch hinzufügen möchte, und deshalb versucht, neue Elemente in eine bereits vorhandene Konstruktion hineinzuzwängen. Wenn Sie ein Design abwandeln müssen, dann versuchen Sie nicht, ihm irgendwelche zusätzlichen

Elemente unterzuschieben oder Änderungen in letzter Minute vorzunehmen, sondern beginnen Sie neu, indem Sie das Ziel neu definieren.

Elektrizität

Da Sie in Ihren Arduino-Projekten elektronische Schaltungen bauen werden, wollen wir uns zunächst mit der Elektrizität beschäftigen. Einfach ausgedrückt, ist *Elektrizität* oder *elektrischer Strom* eine Form von Energie, die wir nutzen und in Wärme, Licht, Bewegung und Kraft umsetzen können. Elektrischer Strom hat drei Haupteigenschaften, die bei unseren Projekten zum Tragen kommen: Stromstärke, Spannung und Leistung.

Stromstärke

Elektrischer Strom fließt (definitionsgemäß) vom positiven Pol einer Stromquelle, etwa einer Batterie, durch den Stromkreis zum negativen Pol. Hierbei handelt es sich um *Gleichstrom*. Daneben gibt es noch *Wechselstrom*, den wir in diesem Buch aber nicht behandeln. In manchen Stromkreisen wird der negative Pol als *Masse* oder *Erdung* bezeichnet (*GND* für *ground*). Die *Stromstärke* wird in *Ampere* (A) gemessen, dabei entspricht 1 A in etwa dem Fluss von $6{,}2415 \times 10^{18}$ Elektronen durch einen einzigen Punkt innerhalb einer Sekunde. Kleinere Stromstärken werden mitunter in Milliampere (mA) angegeben, wobei 1000 mA einer Stromstärke von 1 A entsprechen.

Spannung

Die *Spannung* ist die Differenz zwischen der potenziellen Energie am positiven und negativen Ende des Stromkreises. Gemessen wird sie in *Volt*. Je höher die Spannung, desto schneller bewegt sich der Strom durch den Stromkreis.

Leistung

Die *Leistung* ist ein Maß für die Rate, mit der ein elektrisches Gerät Energie einer Form in die andere umwandelt. Gemessen wird sie in *Watt* (W). So leuchtet beispielsweise eine 100-Watt-Birne heller als eine 60-Watt-Birne, da sie mehr elektrische Energie in Licht umwandelt.

Zwischen Spannung, Stromstärke und Leistung gibt es eine einfache mathematische Beziehung:

```
Leistung (P) = Spannung (U) x Stromstärke (I)
```

Elektronische Bauteile

Nachdem Sie jetzt die Grundlagen der Elektrizitätslehre kennen, wollen wir uns ansehen, wie sich dies auf die verschiedenen elektronischen Bauteile und Geräte auswirkt. Elektronische *Bauteile* sind Einzelteile, die den elektrischen Strom in einem Stromkreis so steuern, wie wir es für unsere Projekte brauchen. So wie die verschiedenen Bauteile in einem Auto zusammenwirken, um Treibstoff, Kraft und Bewegung bereitzustellen, sodass wir fahren können, steuern die elektrischen Bauteile zusammen den Strom und machen ihn für unsere Geräte nutzbar.

Besondere Elemente werde ich in diesem Buch immer dort beschreiben, wo sie zum Einsatz kommen. In den folgenden Abschnitten dagegen lernen Sie die grundlegenden Bauteile kennen.

Widerstände

Mehrere Bauteile, etwa die LEDs des Arduino, benötigen nur eine geringe Stromstärke, gewöhnlich um 10 mA. Wird die Platine mit einer zu hohen Stromstärke beschickt, wandelt sie den Überschuss in Wärme um, was sie letztendlich zerstören kann. Um die Stromstärke zu verringern, die an solchen Bauteilen anliegt, können wir zwischen der Spannungsquelle und der Komponente einen *Widerstand* platzieren. Im normalen Kupferdraht kann der Strom frei fließen, doch in einem Widerstand wird die Bewegung verlangsamt. Ein Teil des Stroms wird in Wärme umgewandelt. Wie groß dieser Anteil ist, hängt vom Widerstandswert ab. Abbildung 3–1 zeigt typische Widerstände.

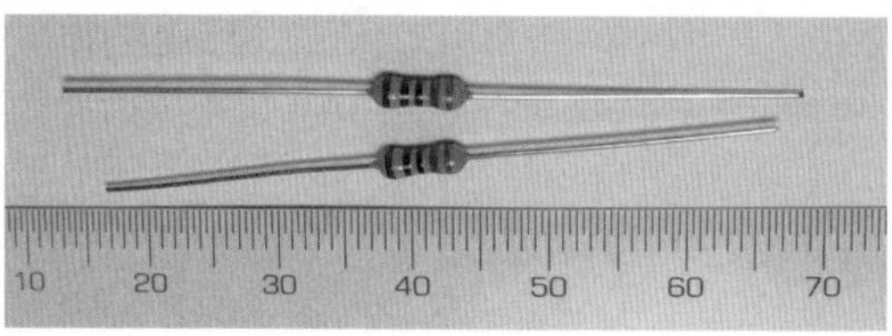

Abb. 3–1 *Typische Widerstände*

Elektrischer Widerstand

Der Widerstandswert eines solchen Bauteils kann fest oder variabel sein. Gemessen wird der elektrische Widerstand in Ohm (Ω), wobei höhere Werte in Kiloohm (kΩ = 1000 Ω) oder Megaohm (MΩ = 1.000.000 Ω) angegeben werden.

Den Widerstandswert ablesen

Widerstände sind sehr klein, weshalb auf diesen der Widerstandswert gewöhnlich nicht in Form von Zahlen abgedruckt ist. Sie können den Widerstandswert mithilfe eines Multimeters messen, aber auch direkt von dem Bauteil ablesen. Oft wird der Wert in Form einer Folge von farbigen Ringen angegeben, die von links nach rechts die folgende Bedeutung haben:

- **Erster Ring:** gibt die erste Stelle des Widerstandswerts an.
- **Zweiter Ring:** gibt die zweite Stelle des Widerstandswerts an.
- **Dritter Ring:** gibt den Multiplikator in Vielfachen von 10 (bei Vier-Ring-Widerständen) oder die dritte Stelle des Widerstandswerts an.
- **Vierter Ring:** gibt den Multiplikator in Vielfachen von 10 für Fünf-Ring-Widerstände an.
- **Fünfter Ring:** gibt die Toleranz (Genauigkeit) an.

Tabelle 3–1 führt die auf Widerständen verwendeten Farben und ihre Bedeutungen auf.

Der fünfte Ring gibt die *Toleranz* des Widerstands an, also das Maß für die Genauigkeit. Da es sehr schwer ist, Widerstände mit exakten Werten herzustellen, können Sie beim Kauf zwischen Varianten mit einem unterschiedlichen prozentualen Fehler wählen. Ein brauner Ring steht für eine Toleranz von 1 %, ein goldenes Band für 5 % und ein silbernes für 10 %.

In Abbildung 3–2 sehen Sie die schematische Darstellung eines Widerstands. Der gelbe, der violette und der orangefarbene Ring werden, wie in Tabelle 3–1 angegeben, nacheinander als die Zahlen 4, 7 und 3 gelesen. Das steht für 47.000 Ω oder kurz 47 kΩ. Der braunfarbene Ring zeigt einen sehr genauen Widerstand an, der bis auf 1 Prozent genau sein sollte.

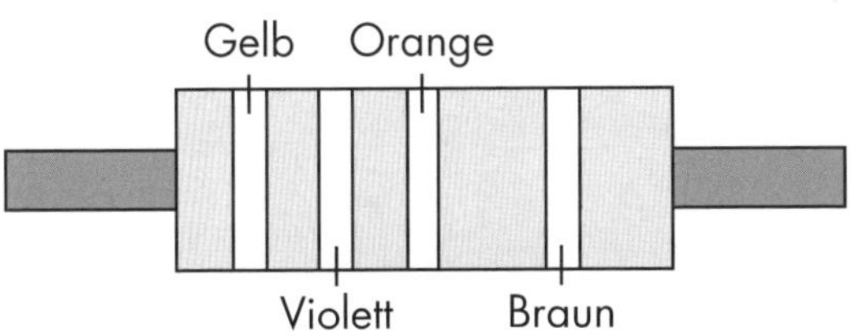

Abb. 3–2 *Beispiel für die Farbkennzeichnung auf einem Widerstand*

Farbe	Wert
Schwarz	0
Braun	1
Rot	2
Orange	3
Gelb	4
Grün	5
Blau	6
Violett	7
Grau	8
Weiß	9

Tab. 3–1 *Werte der farbigen Ringe auf einem Widerstand*

Chipwiderstände

Auf Widerständen für die Montage auf Oberflächen ist anstelle der Farbringe ein Code aus Zahlen und Buchstaben aufgedruckt, wie Sie in Abbildung 3–3 sehen. Die ersten beiden Zahlen bilden dabei eine Zahl, während die dritte angibt, wie viele Nullen darauf folgen. Der Widerstand in Abbildung 3–3 hat also einen Wert von 10.000 Ω oder 10 kΩ.

Abb. 3–3 *Beispiel für einen Widerstand zur Oberflächenmontage*

HINWEIS

Wenn auf einem kleinen Chipwiderstand ein Code aus Zahlen und Buchstaben aufgedruckt ist (beispielsweise O1C), dann suchen Sie in Google nach ***EIA-96 code calculator****, um Nachschlagetabellen für diesen Code zu finden.*

MULTIMETER

Ein Multimeter ist ein enorm praktisches und ziemlich preisgünstiges Messgerät, mit dem Sie Spannungen, Widerstände, Stromstärken und mehr bestimmen können. In Abbildung 3–4 sehen Sie beispielsweise ein Multimeter beim Messen eines Widerstands.

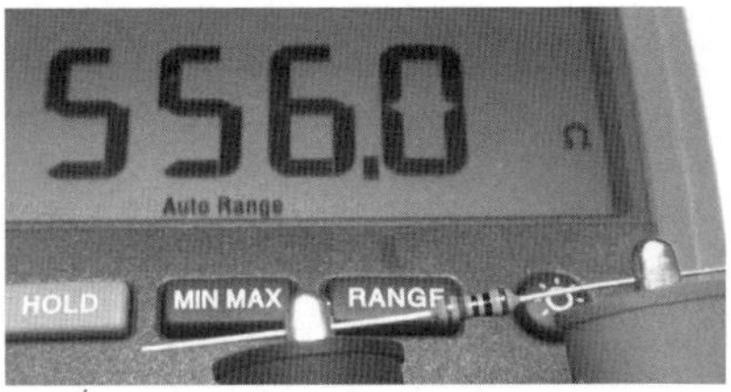

Abb. 3–4 *Multimeter beim Messen eines 560-Ω-Widerstands mit 1 % Toleranz*

Wenn Sie Schwierigkeiten haben, die verschiedenen Codes auf einem farbcodierten Widerstand zu unterscheiden, ist ein Multimeter unerlässlich. Wie andere Werkzeuge sollten Sie auch dieses Messgerät von einem renommierten Händler beziehen, anstatt im Internet nach dem billigsten Modell zu suchen.

Leistungsangabe

Die Leistungsangabe eines Widerstands nennt die Leistung (in Watt), die das Bauteil verträgt, ohne sich zu überhitzen und auszufallen. Bei den Modellen in Abbildung 3–1 handelt es sich um 0,25-Watt-Widerstände, die im Arduino-System am häufigsten verwendete Art. Für die Projekte in diesem Buch benötigen Sie lediglich 0,25-Watt-Widerstände.

Bei der Auswahl von Widerständen müssen Sie das Verhältnis von Leistung, Stromstärke und Spannung berücksichtigen. Je größer Stromstärke oder Spannung, umso größer ist die Leistung des Widerstands.

Gewöhnlich wird bei wachsender Leistung auch die Bauform von Widerständen immer größer. Bei dem Modell in Abbildung 3–5 handelt es sich um einen 5-Watt-Widerstand, der 22 mm lang und 10 mm breit ist.

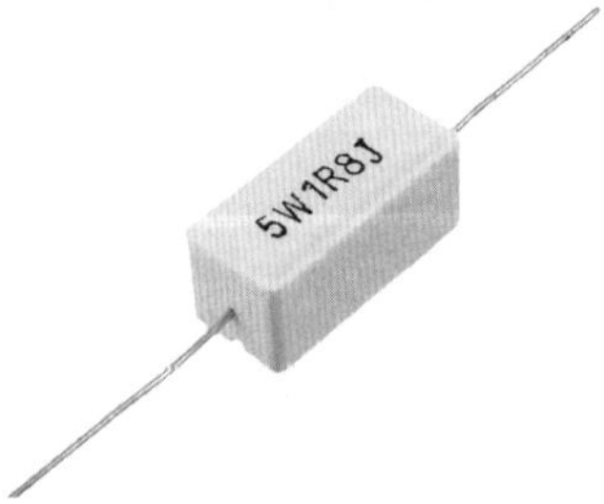

Abb. 3–5 *Ein 5-Watt-Widerstand*

Leuchtdioden (LEDs)

Eine LED ist ein weit verbreitetes, ungemein nützliches Bauteil, das elektrischen Strom in Licht umwandelt. Es gibt Leuchtdioden in unterschiedlichen Formen, Größen und Farben. In Abbildung 3–6 sehen Sie eine typische LED.

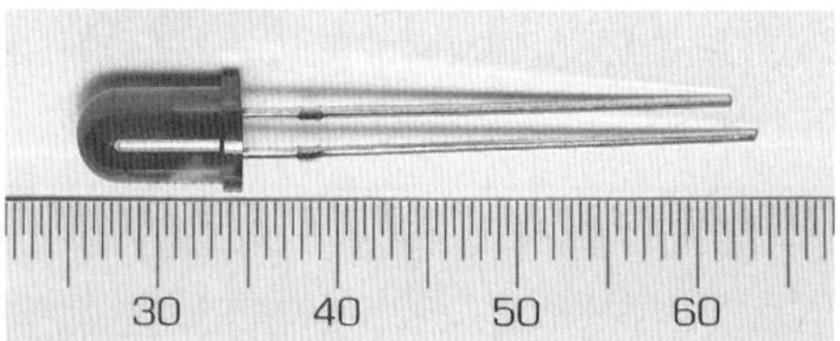

Abb. 3–6 *Rote LED mit einem Durchmesser von 5 mm*

Beim Einbau von Leuchtdioden in einen Stromkreis müssen Sie Obacht geben, da diese Bauteile *gepolt* sind. Das heißt, dass der Strom nur in einer Richtung durch die LED fließen kann. Er tritt an der positiven Seite (*Anode*) ein und an der negativen (*Kathode*) wieder aus, wie Abbildung 3–7 zeigt. Wenn Sie zu viel Strom in falscher Richtung durch eine Diode schicken, wird sie dadurch zerstört.

Zum Glück sind LEDs so aufgebaut, dass Sie die beiden Enden unterscheiden können. Das »Bein« der Anode ist länger und der Rand an der Unterseite ist an der Kathodenseite flach abgeschnitten (siehe Abb. 3–8).

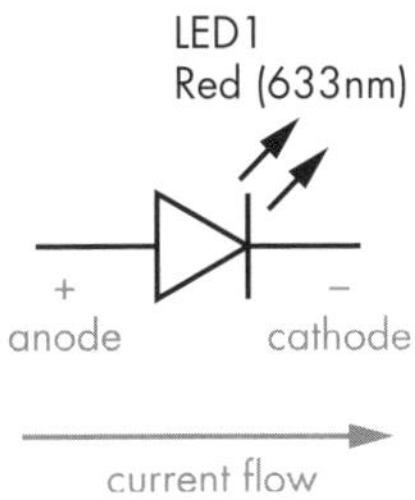

Abb. 3–7 *Stromfluss durch eine LED*

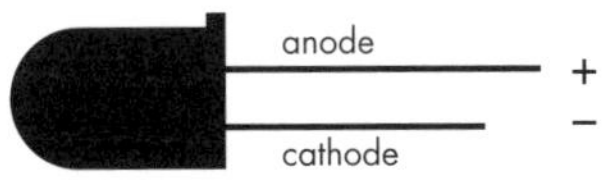

Abb. 3–8 *Durch die äußere Gestaltung der LED lassen sich Anode (langes Bein) und Kathode (abgeflachter Rand) unterscheiden.*

Wenn Sie für ein Projekt LEDs benötigen, müssen Sie die Betriebsspannung und die Stromstärke berücksichtigen. Beispielsweise sind für übliche rote LEDs etwa 1,7 V und 5 bis 20 mA erforderlich. Das stellt uns vor ein kleines Problem, da der Arduino eine feste Ausgabespannung von 5 V mit einer viel höheren Stromstärke liefert. Glücklicherweise können wir die Stärke des Stroms, der die LED erreicht, mit einem *Begrenzungswiderstand* verringern. Welchen Widerstandswert brauchen wir dazu aber? Um das zu berechnen, wenden wir das ohmsche Gesetz an.

Um den erforderlichen Begrenzungswiderstand für eine LED zu bestimmen, verwenden wir die folgende Formel:

$$R = (U_V - U_D) / I$$

Hierbei ist U_V die Versorgungsspannung (der Arduino gibt 5 V ab), U_D die Durchlassspannung (hier 1,7 V) und I die erforderliche Stromstärke für die LED (10 mA). Der Wert von I muss aber in Ampere angegeben werden, weshalb wir 10 mA zunächst in 0,01 A umrechnen.

Wenn wir die angegebenen Werte für unsere LED in die Formel einsetzen, erhalten wir den Widerstand R = 330 Ω. Die LED leuchtet jedoch auch fröhlich vor sich hin, wenn wir sie mit weniger als 10 mA beschicken. Es ist immer eine gute Idee, die Stromstärke zu senken, um empfindliche elektronische Bauteile zu schonen, weshalb wir einen Widerstand von 560 Ω und 1/4 W verwenden. Dadurch gelangt ein Strom von 6 mA zu unseren LEDs.

HINWEIS

Wählen Sie im Zweifelsfall immer einen Widerstand mit einem leicht höheren Wert – besser eine trübe LED als eine kaputte!

DIE DREIECKSDARSTELLUNG DES OHMSCHEN GESETZES

Das ohmsche Gesetz gibt die Beziehung zwischen Stromstärke, Widerstand und Spannung an:

```
Spannung (U) = Widerstand (R) x Stromstärke (I)
```

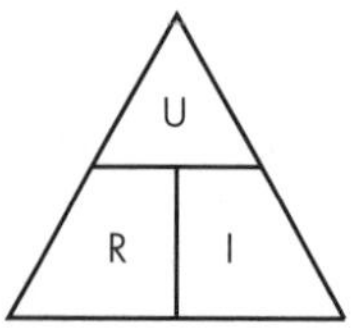

$U = R \times I$
$I = U \div R$
$R = U \div I$

Abb. 3–9 *Die Dreiecksdarstellung des ohmschen Gesetzes*

Wenn Sie zwei dieser Größen kennen, können Sie daraus die dritte berechnen. Eine weit verbreitete Eselsbrücke für das ohmsche Gesetz ist das Dreieck in Abbildung 3–9.

Dieses Dreieck ist ein bequemes Hilfsmittel für die Berechnung von Spannung, Stromstärke oder Widerstand, wenn zwei der drei Werte bekannt sind. Wollen Sie beispielsweise den Widerstand berechnen, decken Sie das **R** *mit dem Finger ab. Was übrig bleibt, ist Spannung dividiert durch Stromstärke. Um die Spannung zu berechnen, decken Sie* **U** *ab, sodass noch Stromstärke mal Widerstand zu sehen ist.*

Steckplatinen

Für unsere wechselnden Schaltungen brauchen wir eine Plattform, die sie zusammenhält und auf der wir sie aufbauen können. Hervorragend für diesen Zweck geeignet sind *Steckplatinen*. Dabei handelt es sich um ein Kunststoffbrett mit Reihen von Einsteckbuchsen, die über elektrische Leiter miteinander verbunden sind. Wie Sie in Abbildung 3–10 sehen, gibt es sie in unterschiedlichen Größen, Formen und Farben.

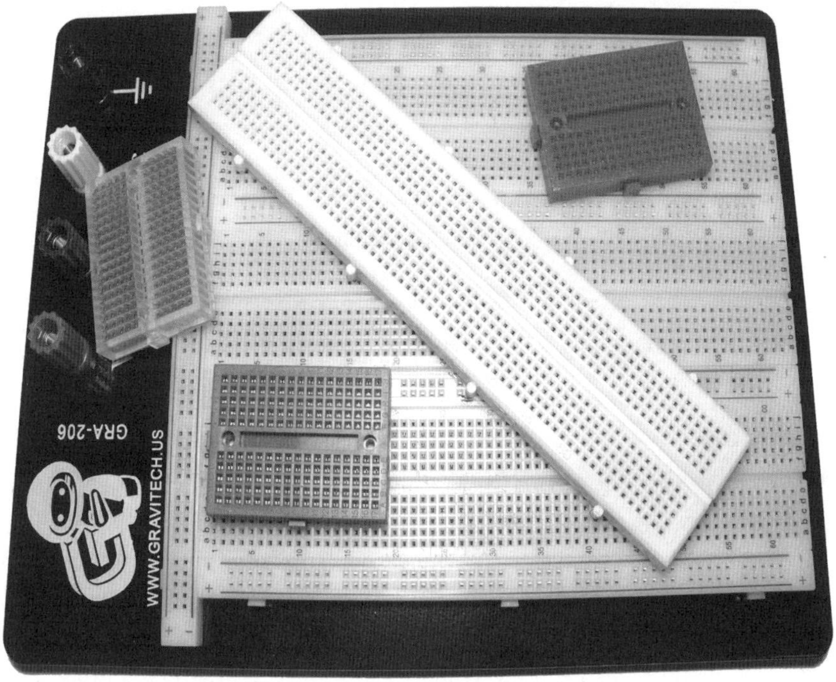

Abb. 3–10 *Steckplatinen in verschiedenen Formen und Größen*

Um eine Steckplatine verwenden zu können, müssen Sie wissen, wie die Buchsen verbunden sind – entlang der kurzen oder der langen Reihen in den einzelnen Abschnitten am Rand und in der Mitte. Das ist je nach Platine unterschiedlich. Beispielsweise sind bei der Platine oben in Abbildung 3–11 jeweils fünf Löcher in vertikaler Richtung verbunden, aber in horizontaler Richtung von den Nachbarn isoliert. Wenn Sie zwei Drähte in Löcher einer vertikalen Reihe stecken, sind sie elektrisch leitfähig verbunden. Die langen Reihen in der Mitte zwischen den horizontalen Abschnitten sind dagegen horizontal verbunden. Häufig werden Sie eine Schaltung an die Versorgungsspannung und an Masse anschließen müssen, und dazu sind diese horizontalen Lochreihen ideal geeignet.

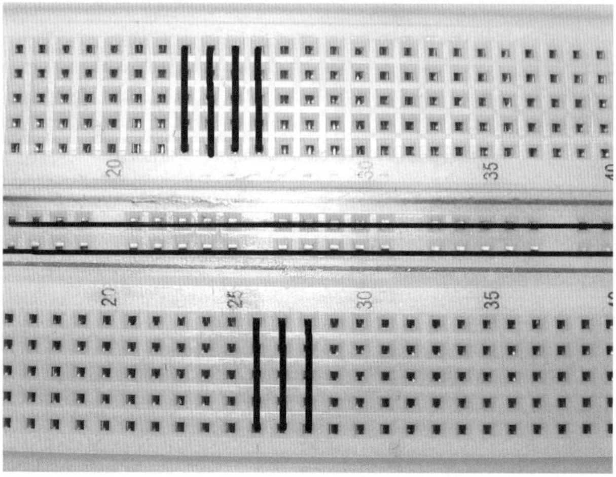

Abb. 3–11 *Interne Verbindungen einer Steckplatine*

Bei komplizierten Schaltungen kann die Steckplatine schnell überfüllt werden, sodass Sie nicht unbedingt in der Lage sind, Bauteile genau dort zu platzieren, wo Sie sie haben wollen. Dieses Problem lässt sich mit kurzen Verbindungsdrähten jedoch leicht lösen. Anbieter, die Steckplatinen verkaufen, haben gewöhnlich auch Sortimente von Drähten verschiedener Länge im Programm (siehe Abb. 3–12).

Abb. 3–12 *Sortiment von Verbindungsdrähten für Steckplatinen*

Projekt Nr. 1: LED-La-Ola

Wir wollen nun praktisch mit LEDs und Widerständen arbeiten. In diesem Projekt sollen fünf LEDs ein Lichtmuster anzeigen, das sich in La-Ola-Form weiterbewegt (ähnlich wie vorn an KITT aus der Fernsehserie *Knight Rider*).

Der Algorithmus

Der Algorithmus für dieses Projekt sieht wie folgt aus:

1. Schalte LED 1 ein.
2. Warte eine halbe Sekunde.
3. Schalte LED 1 aus.
4. Schalte LED 2 ein.
5. Warte eine halbe Sekunde.
6. Schalte LED 2 aus.
7. Fahre fort, bis LED 5 eingeschaltet wird, und kehre den Vorgang dann von LED 5 zu LED 1 um.
8. Wiederhole den Vorgang unendlich oft.

Die Hardware

Für dieses Projekt brauchen Sie folgende Teile:

- fünf LEDs
- fünf 560-Ω-Widerstände
- eine Steckplatine
- Verbindungsdrähte
- Arduino und USB-Kabel

Die LEDs schließen wir über die 560-Ω-Begrenzungswiderstände an die Digitalpins 2 bis 6 an.

Der Schaltplan

Als Nächstes konstruieren wir die Schaltung. Der Aufbau solcher Schaltungen lässt sich auf verschiedene Weise darstellen. Für die ersten Projekte in diesem Buch verwenden wir fotografische Schaltpläne wie in Abbildung 3–13.

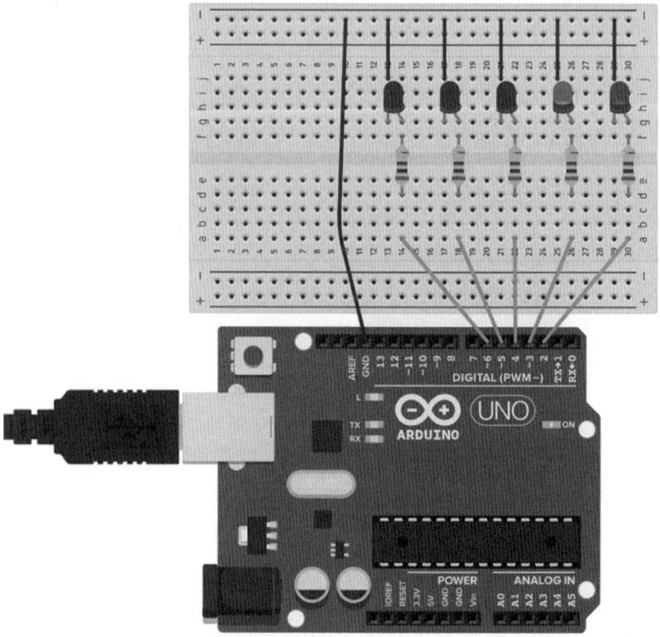

Abb. 3–13 *Schaltplan für Projekt 1*

Wenn Sie die Verdrahtungsskizze mit den Funktionen im Sketch vergleichen, können Sie erkennen, wie die Schaltung funktioniert. Beispielsweise wird bei der Verwendung von `digitalWrite(2, HIGH)` eine hohe Spannung von 5 V an den Digitalpin 2 angelegt. Der Strom verläuft durch den Begrenzungswiderstand über die Anode in die LED, über die Kathode wieder heraus und schließlich zurück zum GND-Anschluss des Arduino, um den Kreis zu schließen. Anschließend verwenden wir `digitalWrite(2, LOW)`, um den Strom und damit die LED wieder abzuschalten.

Der Sketch

Kommen wir jetzt zu unserem Sketch. Geben Sie in der IDE den folgenden Code ein:

```
// Projekt 1: LED-La-Ola
void setup() ❶
{
   pinMode(2, OUTPUT);        // der Steuerpin für LED 1 wird
                              // als Ausgang festgelegt
   pinMode(3, OUTPUT);        // Dito für LED 2 bis LED 5
   pinMode(4, OUTPUT);
```

```
    pinMode(5, OUTPUT);
    pinMode(6, OUTPUT);
}

void loop() ❷
{
    digitalWrite(2, HIGH);      // Schaltet LED 1 ein
    delay(500);                 // Wartet eine halbe Sekunde
    digitalWrite(2, LOW);       // Schaltet LED 1 aus
    digitalWrite(3, HIGH);      // Wiederholt den Vorgang für LED 2 bis 5
    delay(500);
    digitalWrite(3, LOW);
    digitalWrite(4, HIGH);
    delay(500);
    digitalWrite(4, LOW);
    digitalWrite(5, HIGH);
    delay(500);
    digitalWrite(5, LOW);
    digitalWrite(6, HIGH);
    delay(500);
    digitalWrite(6, LOW);
    digitalWrite(5, HIGH);
    delay(500);
    digitalWrite(5, LOW);
    digitalWrite(4, HIGH);
    delay(500);
    digitalWrite(4, LOW);
    digitalWrite(3, HIGH);
    delay(500);
    digitalWrite(3, LOW);
    // Die Schleife loop() kehrt an den Anfang zurück und
    // wird wiederholt ausgeführt
}
```

In `void setup()` an der Stelle ❶ werden die Digital-E/A-Pins als Ausgänge festgelegt, da wir die LEDs bei Bedarf mit Strom versorgen wollen. Mit der Funktion `digitalWrite()` im Abschnitt `void loop()` (❷) schalten wir die einzelnen LEDs ein.

Den Sketch ausführen

Schließen Sie jetzt den Arduino an und laden Sie den Sketch hoch. Nach ein oder zwei Sekunden sollten die LEDs von links nach rechts und zurück aufleuchten. Erfolg ist doch etwas Schönes – genießen Sie ihn!

Wenn nichts geschieht, sollten Sie sofort das USB-Kabel vom Arduino abziehen und prüfen, ob Sie den Sketch richtig eingegeben haben. Falls Sie einen Fehler finden, korrigieren Sie ihn und laden den Sketch erneut hoch. Stimmt der Sketch, blinken die LEDs aber trotzdem nicht, überprüfen Sie die Verkabelung auf der Schaltplatine.

Sie können jetzt zwar mit dem Arduino ein Lichtmuster aus LEDs erzeugen, aber der Sketch ist doch noch recht klobig. Wenn Sie das Lichtsignal beispielsweise schneller hin- und herlaufen lassen wollten, müssten Sie jedes einzelne Vorkommen von `delay(500)` ändern. Es gibt jedoch bessere Möglichkeiten.

Verwenden von Variablen

Um Daten in Computerprogrammen festzuhalten, verwenden wir *Variablen*. Im dem Sketch für Projekt 1 haben wir die Funktion `delay(500)` eingesetzt, damit die LEDs eingeschaltet bleiben. Diese Vorgehensweise ist jedoch nicht sehr flexibel. Wenn wir die Verzögerungszeit ändern wollen, müssen wir jeden Eintrag manuell umschreiben. Besser ist es, eine Variable anzulegen, die den Wert für die Funktion `delay()` festhalten soll.

Geben Sie im Sketch von Projekt 1 über der Funktion `void setup()`, unmittelbar hinter dem einleitenden Kommentar, folgende Zeile ein:

```
int d = 250;
```

Dadurch wird die Zahl 250 der Variable `d` zugewiesen.

Ersetzen Sie anschließend jedes Vorkommen von `500` in dem Sketch durch `d`. Wenn der Sketch jetzt ausgeführt wird, verwendet der Arduino den in `d` gespeicherten Wert für die `delay()`-Funktionen. Wenn Sie Ihren Sketch nach diesen Änderungen hochladen, schaltet sich die LEDs viel schneller ein und aus, da die Verzögerung deutlich kleiner ist.

Das Schlüsselwort `int` deutet schon an, dass die Variable einen *Integer* enthält, also eine Ganzzahl zwischen –32.768 und 32.767. Einfach gesagt, ist ein Integer kein Bruch und weist auch keine Dezimalstellen auf.

Wenn Sie die Verzögerung jetzt ändern wollen, müssen Sie lediglich die Variablendeklaration am Anfang des Sketches bearbeiten. Wenn Sie beispielsweise wie folgt den Wert `100` für die Verzögerung festlegen, läuft die Sache noch schneller:

```
int d = 100;
```

Spielen Sie ein bisschen mit dem Sketch herum, indem Sie beispielsweise die Verzögerungszeiten oder die Abfolge von HIGH und LOW ändern. Bauen Sie die Schaltung aber noch nicht auseinander, da wir sie noch für weitere Projekte in diesem Kapitel gebrauchen werden.

Projekt Nr. 2: Wiederholungen mit for-Schleifen

In einem Sketch müssen Sie häufig eine Funktion wiederholt ablaufen lassen. Dazu könnten Sie die Funktion einfach kopieren und erneut einfügen, aber das wäre umständlich und außerdem eine Verschwendung des Programmspeichers auf dem Arduino. Stattdessen sollten Sie for-Schleifen verwenden. Deren Vorteil besteht darin, dass Sie bestimmen können, wie oft der Code in der Schleife wiederholt werden soll.

Um sich anzusehen, wie eine for-Schleife funktioniert, geben Sie den folgenden Code als neuen Sketch ein:

```
// Projekt 2: Wiederholungen mit for-Schleifen
int d = 100;

void setup()
{
   pinMode(2, OUTPUT);
   pinMode(3, OUTPUT);
   pinMode(4, OUTPUT);
   pinMode(5, OUTPUT);
   pinMode(6, OUTPUT);
}

void loop()
{
for ( int a = 2; a < 7 ; a++ )
   {
      digitalWrite(a, HIGH);
      delay(d);
      digitalWrite(a, LOW);
      delay(d);
   }
}
```

Die for-Schleife wiederholt den Code, der in den geschweiften Klammern unter dem Schlüsselwort steht, so lange, wie eine bestimmte Bedingung wahr ist. Hier verwenden wir die neue Integervariable a, die zu Anfang den

Wert 2 hat. Bei jeder Ausführung des Codes wird der Wert von a mit a++ um 1 erhöht. Die Schleife wird auf diese Weise ausgeführt, solange der Wert von a kleiner als 7 ist (dies ist die Bedingung). Sobald a größer oder gleich 7 ist, fährt der Arduino mit dem Code fort, der hinter der for-Schleife steht.

Wie oft eine for-Schleife ausgeführt werden soll, können Sie auch festlegen, indem Sie von einer höheren zu einer niedrigeren Zahl übergehen. Um das zu veranschaulichen, fügen Sie hinter die erste for-Schleife den folgenden Code in den Sketch von Projekt 2 ein:

```
for ( int a = 5 ; a > 1 ; a-- ) ❶
  {
    digitalWrite(a, HIGH);
    delay(d);
    digitalWrite(a, LOW);
    delay(d);
  }
```

Hier legt die for-Schleife bei ❶ den Wert von a auf 5 fest und zieht dann bei jeder Ausführung der Schleife mithilfe von a-- 1 davon ab. Die Schleife wird durchlaufen, solange der Wert von a größer als 1 ist (a > 1). Fällt der Wert auf oder unter 1, wird die Schleife beendet.

Damit haben wir Projekt 1 mit deutlich weniger Code umgeschrieben. Laden Sie den Sketch hoch und probieren Sie es selbst aus.

Die Helligkeit der LEDs durch Pulsbreitenmodulation ändern

Anstatt die LEDs nur mithilfe von digitalWrite() ein- und auszuschalten, können Sie deren vermeintliche Helligkeit auch ändern, indem Sie die Zeitdauer zwischen dem Ein- und Aus-Zustand mithilfe der *Pulsbreitenmodulation* (PBM) regeln. Damit können Sie die Illusion einer veränderten Helligkeit der LED hervorrufen, indem Sie die LED extrem schnell, etwa 500 Mal die Sekunde, ein- und ausschalten. Die Helligkeit, die wir wahrnehmen, wird durch das Verhältnis der Zeit bestimmt, in der der digitale Ausgangspunkt ein- bzw. ausgeschaltet ist, also die LED leuchtet bzw. nicht leuchtet. Da unser Auge ein schnelleres Flackern als 50 Mal in der Sekunde nicht mehr wahrnehmen kann, scheint es so, als hätte die LED eine konstante Helligkeit.

Je größer das *Tastverhältnis* (die Einschaltzeit des Pins im Vergleich zur Ausschaltzeit in jedem Zyklus), umso höher ist die wahrgenommene Helligkeit der an den digitalen Ausgangs-Pin angeschlossenen LED.

Abbildung 3–14 zeigt verschiedene Tastverhältnisse der Pulsbreitenmodulation. Die grau gefüllten Bereiche stehen für die Zeit, in der das Licht leuchtet. Wie Sie sehen, ist die Einschaltzeit länger, je höher das Tastverhältnis ist.

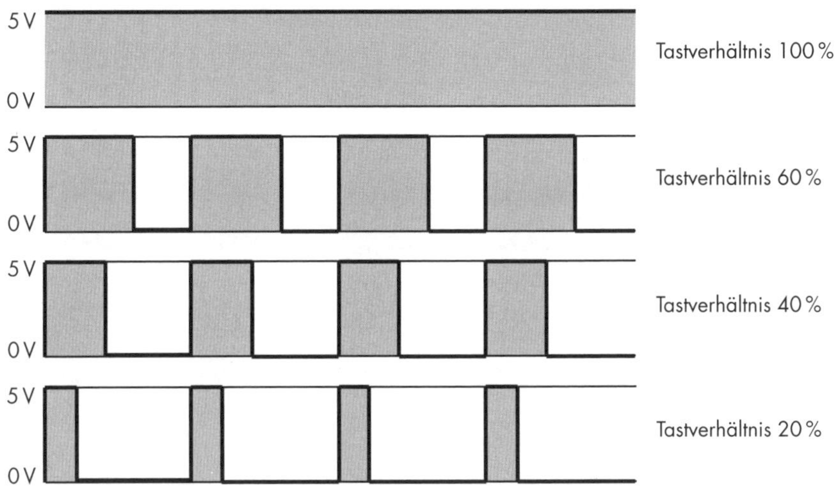

Abb. 3–14 *Unterschiedliche PBM-Tastverhältnisse*

Auf einem regulären Arduino lassen sich nur die Digitalpins 3, 5, 6, 9, 10 und 11 für die Pulsbreitenmodulation verwenden. Wie Sie in Abbildung 3–15 sehen, sind sie auf der Platine mit einer Tilde (~) markiert.

Abb. 3–15 *Die PBM-Pins sind mit einer Tilde gekennzeichnet.*

Um ein PBM-Signal zu erzeugen, verwenden wir die Funktion `analogWrite(x, y)`. Dabei ist `x` die Nummer des Digitalpins und `y` ein Wert für das Tastverhältnis zwischen 0 (0 %) und 255 (100 %).

Projekt Nr. 3: PBM-Beispiel

Das wollen wir an unserer Schaltung aus Projekt 2 ausprobieren. Geben Sie in der IDE den folgenden Sketch ein und laden Sie ihn auf den Arduino hoch:

```
// Projekt 3: PBM-Beispiel
int d = 5;

void setup()
{
  pinMode(3, OUTPUT); // Der LED-Steuerpin ist Nr. 3, er ist PBM-fähig
}

void loop()
{
  for ( int a = 0 ; a < 256 ; a++ )
  {
    analogWrite(3, a);
    delay(d);
  }

  for ( int a = 255 ; a >= 0 ; a-- )
  {
    analogWrite(3, a);
    delay(d);
  }
  delay(200);
}
```

Während das Tastverhältnis ansteigt und sinkt, zeigt die LED an Pin 3 ein »Atmungsverhalten«. Das heißt, sie leuchtet auf, erhöht ihre Helligkeit bis zum Höchstwert und wird dann wieder gedämpft. Spielen Sie mit dem Sketch und mit der Schaltung herum. Beispielsweise können Sie fünf LEDs gleichzeitig oder nacheinander »atmen« lassen.

Weitere elektronische Bauteile

Normalerweise können Sie andere Schaltungen über einen digitalen Ausgang steuern, ohne sich Gedanken darüber machen zu müssen, welche Stromstärke Sie dafür wirklich brauchen. Denken Sie einfach daran, dass jeder einzelne digitale Ausgangspin auf dem Arduino Uno bis zu 40 mA bieten kann, mit 200 mA insgesamt für alle Pins. Es gibt jedoch drei elektronische Bauteile, mit denen Sie die Stromstärke genauer steuern können. Sie bilden unser nächstes Thema.

WARNUNG

Wenn Sie versuchen, höhere Werte als 40 mA an einem einzelnen Pin oder 200 mA insgesamt zu verwenden, können Sie dadurch den Mikrocontroller irreparabel beschädigen.

Transistoren

Das Wort »Transistor« ist in aller Munde, aber die wenigsten haben eine Vorstellung davon, wie ein solches Bauteil wirklich funktioniert. Der Kürze halber werde ich die Erklärung möglichst einfach fassen. Ein Transistor ist in der Lage, Strom einer weit höheren Stärke ein- und auszuschalten, als der Arduino Uno handhaben kann. Allerdings können wir einen Transistor gefahrlos über einen digitalen Ausgangspin des Arduino steuern. Ein weit verbreitetes Beispiel für dieses Bauteil ist der BC548, den Sie in Abbildung 3–16 sehen.

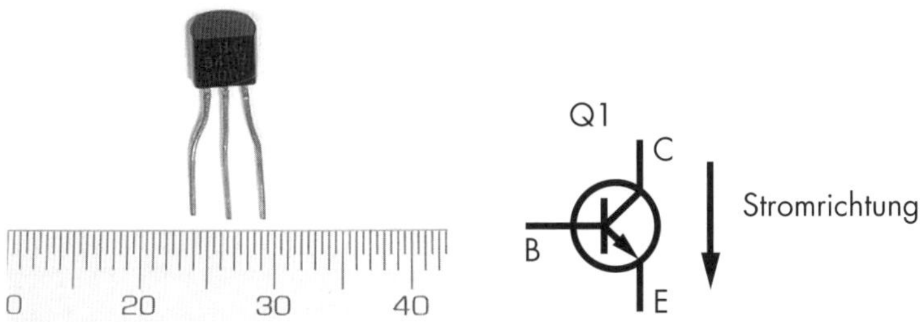

Abb. 3–16 *Ein typischer Transistor: der BC548*

Ähnlich wie Leuchtdioden weisen auch Transistoren Kontakte mit unterschiedlicher Funktion auf, die richtig herum angeschlossen werden müssen. Wenn die flache Seite des BC548 Ihnen zugewandt ist, dann sind die Anschlüsse von links nach rechts *Kollektor* (englisch *Collector* und daher kurz C), *Basis* und *Emitter*. (Bei anderen Transistoren können die drei Kontakte anders angeordnet sein!) Wird an die Basis ein Strom geringer Stärke angelegt, beispielsweise von einem digitalen E/A-Pin des Arduino, kann durch den Kollektor der stärkere Strom fließen, den wir steuern wollen, wird mit dem schwachen Strom von der Basis kombiniert und tritt am Emitter aus. Wenn wir den schwachen Strom an der Basis abschalten, fließt kein Strom mehr durch den Transistor.

Der BC548 kann Strom bis zu 100 mA mit maximal 30 V schalten, was sehr viel mehr ist, als am digitalen Ausgang des Arduino anliegt. In späteren Projekten in diesem Buch werden wir noch andere Transistoren verwenden und die Funktionsweise dieser Bauteile ausführlicher erläutern.

HINWEIS

Machen Sie sich immer mit der Anordnung der Anschlüsse für den Transistor vertraut, den Sie verwenden, da sie bei jedem Modell anders ausfallen kann.

Gleichrichterdioden

Eine *Diode* ist ein sehr einfaches und doch äußerst nützliches Bauteil, durch das Strom nur in einer Richtung fließen kann. Wie Sie in Abbildung 3–17 sehen, ähnelt es rein äußerlich einem Widerstand.

Abb. 3–17 *Eine Gleichrichterdiode vom Typ 1N4004*

In den Projekten dieses Buchs verwenden wir die Gleichrichterdiode vom Typ 1N4004. Strom tritt über die Anode ein und über die Kathode aus, wobei die Kathode durch einen Ring markiert ist. Mit solchen Dioden können Sie Teile von Schaltungen gegen eine Umkehrung der Stromrichtung schützen, doch das hat seinen Preis: Dioden führen zu einem Spannungsabfall um ca. 0,7 V. Die 1N4004 ist zur Handhabung von 1 A und 400 V ausgelegt, also weit höheren Werten, als wir sie verwenden. Es handelt sich bei ihr um eine robuste, weit verbreitete und preiswerte Diode.

Relais

Relais dienen dem gleichen Zweck wie Transistoren, nämlich der Steuerung von viel höheren Stromstärken und Spannungen. Dabei bieten Relais den Vorteil, dass sie von der Schaltung *elektrisch isoliert* sind, was es dem Arduino ermöglicht, sehr hohe Stromstärken und Spannungen zu schalten. Eine Isolierung ist manchmal notwendig, um Schaltkreise vor solch hohen Stromstärken und Spannungen zu schützen, die den Arduino beschädigen könnten. Das Innenleben eines Relais besteht aus zwei sehr interessanten Einzelteilen: einem mechanischen Schaltkontakt und einer Niederspannungsspule (siehe Abb. 3–18).

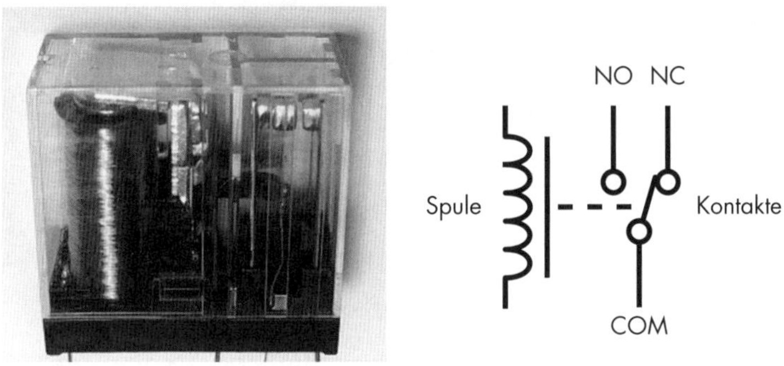

Abb. 3–18 *Das Innenleben eines typischen Relais*

Wird eine Spannung an die Spule angelegt, so wirkt letztere wie ein Elektromagnet. Sie zieht ein Metallstäbchen an, das als Schalter dient, und lässt es wieder los, wenn sie nicht mehr bestromt wird. Je nachdem, ob Spannung an der Spule anliegt oder nicht, ist der Schalter also in Ein- oder Aus-Stellung. Beim Umspringen des Schalters ist ein charakteristisches Klicken zu hören, das Sie vielleicht noch von den Blinkern älterer Autos kennen.

Schaltungen mit höherer Spannung

Nachdem Sie jetzt einige Kenntnisse über Transistoren, Gleichrichterdioden und Relais gewonnen haben, wollen wir alle drei Bauteile verwenden, um höhere Stromstärken und Spannungen zu steuern. Der Aufbau ist ganz einfach, wie Abbildung 3–19 zeigt.

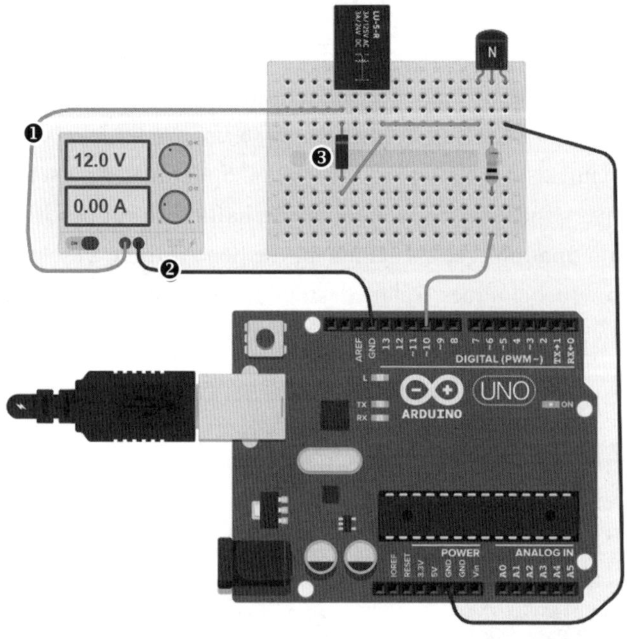

Abb. 3–19 *Relais-Steuerkreis*

Diese einfache Beispielschaltung steuert ein Relais mit einer 12-Volt-Spule. Eine mögliche Verwendung besteht darin, eine Lampe oder ein Kühlgebläse zu steuern, das an die Schaltkontakte des Relais angeschlossen wird. Der Digitalpin 10 des Arduino ist über einen 1-kΩ-Widerstand mit der Basis des Transistors verbunden. Der Transistor steuert die Spule des Relais, indem er sie ein- und ausschaltet. Denken Sie daran, dass die Anschlüsse von links nach rechts *C*, *B* und *E* sind, wenn Sie auf die flache Seite des Transistors blicken. Das Ding auf der linken Seite der Steckplatine ❶ ist eine 12-Volt-Stromquelle für die Relaisspule. Der negative Pol oder die Masse ❷ der Stromquelle, der Emitteranschluss des Transistors und der GND-Anschluss des Arduino sind alle miteinander verbunden. Die 1N4004-Gleichrichterdiode schließlich ist bei ❸ über die Spule des Relais hinweg angeschlossen, wobei sich die Kathode an der positiven Seite der Stromquelle befindet. Um die Kontakte am Relais genau zu bestimmen und das zu steuernde Gerät richtig anzuschließen, ziehen Sie das Datenblatt des Relais zurate.

Die Diode dient zum Schutz der Schaltung. Wenn die Relaisspule ausgeschaltet wird, verbleiben Restladungen in ihr, die sich als Hochspannungsspitzen äußern können. Dank der Diode können sich diese Restladungen über die Spule entladen, wo sie als Wärme abgeleitet werden. Dadurch wird verhindert, dass die Abschaltspitze den Transistor oder den Arduino-Pin beschädigt.

WARNUNG

Wollen Sie Strom aus der Steckdose (220 Volt) mit hoher Stromstärke mithilfe eines Relais steuern, müssen Sie einen professionellen Elektriker zurate ziehen. Selbst der kleinste Fehler kann tödlich enden.

Ausblick

Damit sind wir am Ende von Kapitel 3 angelangt. Ich hoffe, Sie hatten Spaß damit, die Beispiele auszuprobieren und mit den LED-Effekten herumzuspielen. In diesem Kapitel haben Sie die Leuchtdioden auf dem Arduino auf verschiedene Weise zum Blinken gebracht, ein bisschen programmiert und dabei die Funktionen und Schleifen kennengelernt, mit denen Sie die an den Arduino angeschlossenen Bauteile steuern können. Die Lektüre dieses Kapitels bildet die Grundlage für das Verständnis der folgenden.

Auch in Kapitel 4 kommt der Spaß nicht zu kurz: Sie werden an praktischen Projekten arbeiten, nämlich einer Ampel, einem Thermometer und einem Batterieprüfgerät. Blättern Sie um!

4

Grundbausteine

In diesem Kapitel lernen Sie Folgendes:

- Lesen von Schaltplänen, der »Sprache« von elektronischen Schaltungen
- Grundlagen von Kondensatoren
- Arbeiten mit Eingangspins
- Verwenden von arithmetischen Operationen und Testwerten
- Entscheidungen mithilfe von `if`-Anweisungen
- Unterschied zwischen analog und digital
- Messen von analogen Spannungsquellen mit unterschiedlicher Genauigkeit
- Grundlagen von regelbaren Widerständen, piezoelektrischen Summern und Temperatursensoren
- Anwenden des Gelernten durch die Konstruktion einer Ampel, eines Batterieprüfgeräts und eines Thermometers

Der Stoff in diesem Kapitel hilft Ihnen, das wahre Potenzial des Arduino zu erkennen. Sie lernen noch mehr über Elektronik – über weitere Bauteile, über das Lesen von Schaltplänen (den »Landkarten« von elektronischen Schaltungen) und die Art der Signale, die Sie messen können. Außerdem sehen wir uns weitere Funktionen des Arduino an: das Speichern von Werten, die Durchführung mathematischer Operationen, das Fällen von Entscheidungen. Schließlich wenden Sie das Gelernte in praktischen Projekten an.

Schaltpläne

In Kapitel 3 haben wir den Aufbau der Schaltungen anhand von fotografischen Plänen erklärt, auf denen die Steckplatine und die darauf montierten Bauteile zu sehen waren. Das mag zwar wie die einfachste Möglichkeit aussehen, um eine Schaltung darzustellen, aber je mehr Komponenten Sie hinzufügen, umso unübersichtlicher wird dies. Da die Schaltungen, die wir im Folgenden aufbauen, schon etwas komplizierter sind, verwenden wir zu ihrer Darstellung ab jetzt *Schaltpläne* wie den aus Abbildung 4–1.

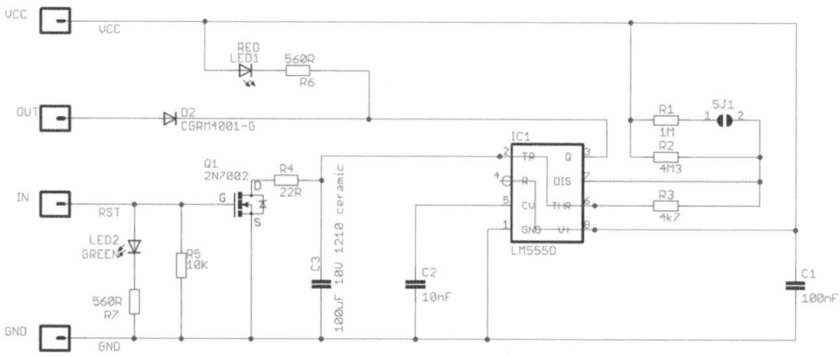

Abb. 4–1 *Beispiel eines Schaltplans*

Schaltpläne sind einfache »Landkarten« elektronischer Schaltungen, die den Weg zeigen, den der Strom durch die einzelnen Bauteile nimmt. Anstelle fotografischer Darstellungen der Elemente und Drähte werden Symbole und Linien verwendet.

Symbole für die Bauteile

Wenn Sie wissen, was die einzelnen Symbole bedeuten, ist das Lesen eines Schaltplans ganz einfach. Als Erstes wollen wir uns die Symbole für die Bauteile ansehen, die wir bereits verwendet haben.

Der Arduino

Abbildung 4–2 zeigt das Symbol für den Arduino. Darin sind alle Anschlüsse eingezeichnet und beschriftet.

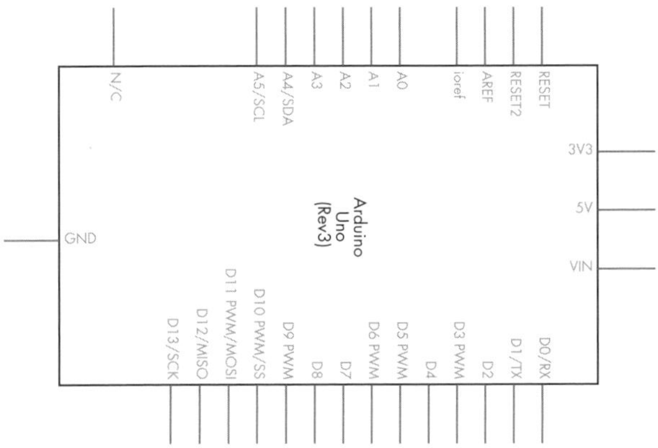

Abb. 4–2 *Das Symbol für den Arduino Uno*

Widerstände

Abb. 4–3 *Das Symbol für einen Widerstand*

Das Symbol für einen Widerstand sehen Sie in Abbildung 4–3.

Es ist sinnvoll, neben dem Symbol auch den Widerstandswert und die Bezeichnung des Bauteils anzugeben (in diesem Beispiel 220 Ω und R1). Das macht es leichter, dem Schaltplan zu folgen – sowohl für andere als auch für Sie selbst. Es kann vorkommen, dass Sie in Schaltplänen auch *R* statt Ω lesen, also beispielsweise eine Angabe wie 220 R.

Gleichrichterdioden

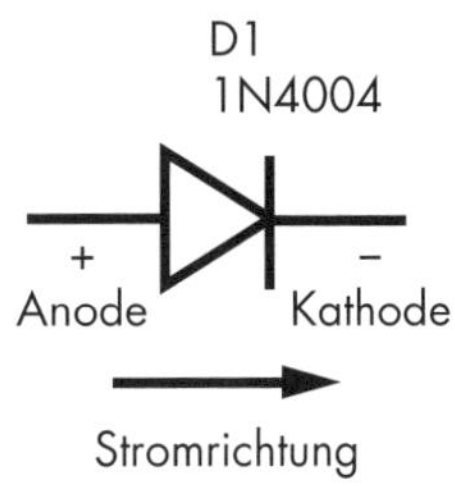

Abb. 4–4 *Das Symbol für eine Gleichrichterdiode*

Das Symbol für eine Gleichrichterdiode sehen Sie in Abbildung 4–4.

Wie Sie in Kapitel 3 gelernt haben, sind Dioden gepolt: Der Strom fließt von der Anode zur Kathode. Auf dem Symbol in Abbildung 4–4 befindet sich die Anode links und die Kathode rechts. Das lässt sich leicht merken, indem Sie sich das Dreieck als eine Pfeilspitze vorstellen, die die Stromrichtung angibt. In die umgekehrte Richtung kann der Strom nicht fließen, da er von der senkrechten Linie »blockiert« wird.

Leuchtdioden

Das Symbol für eine LED sehen Sie in Abbildung 4–5.

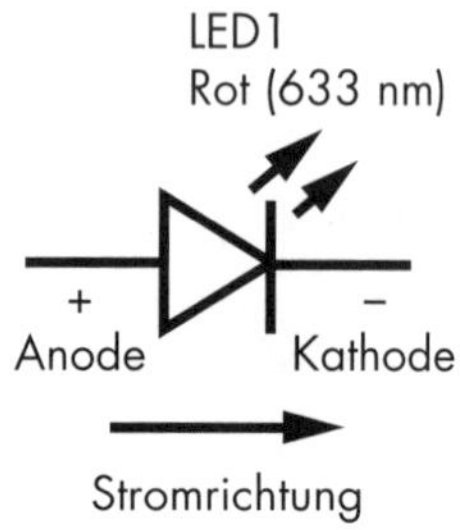

***Abb. 4–5** Das Symbol für eine Leuchtdiode*

Alle Arten von Dioden haben das gleiche Grundsymbol, das aus einem Dreieck und einer senkrechten Linie besteht. Bei LEDs sind jedoch zusätzlich zwei parallele Pfeile zu sehen, die von dem Dreieck wegzeigen. Damit wird das ausgestrahlte Licht symbolisiert.

Transistoren

Das Symbol für einen Transistor sehen Sie in Abbildung 4–6.

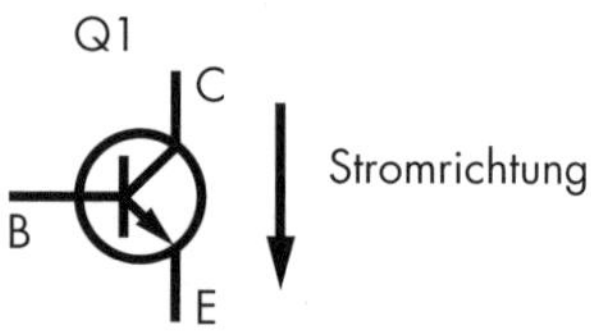

***Abb. 4–6** Das Symbol für einen Transistor*

Die mit *C* beschriftete senkrechte Linie oben am Symbol steht für den Kollektor, die waagerechte Linie auf der linken Seite (*B*) für die Basis und die untere Linie (*E*) für den Emitter. Da der Pfeil innerhalb des Symbols nach unten rechts zeigt, haben wir es hier mit einem *NPN-Transistor* zu tun, bei dem der Strom vom Kollektor zum Emitter fließt. (Bei *PNP-Transistoren* läuft der Strom vom Emitter zum Kollektor.)

Bei der Durchnummerierung von Transistoren verwenden wir den Buchstaben *Q* (wie das *R* für Widerstände).

Relais

Das Symbol für ein Relais sehen Sie in Abbildung 4–7.

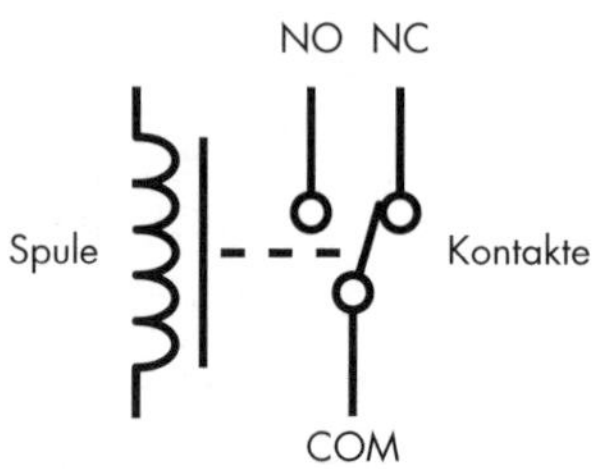

***Abb. 4–7** Das Symbol für ein Relais*

Relaissymbole gibt es in verschiedenen Formen und sie können auch mehr als einen Satz Kontakte aufweisen. Ihnen allen sind aber bestimmte Elemente gemeinsam, nämlich erstens die *Spule*, die als gewundene senkrechte Linie auf der linken Seite dargestellt wird, und zweitens die *Kontakte*. Der Kontakt *COM* (für *common*, also »allgemein« oder »gemeinsam«) dient meistens als Eingang, die Kontakte *NO* (*normally open*, »im Normalzustand geöffnet«) und *NC* (*normally closed*, »im Normalzustand geschlossen«) als Ausgänge.

Das Relaissymbol wird stets im ausgeschalteten Zustand gezeigt, in dem die Spule nicht *bestromt* ist. Damit sind die Anschlüsse *COM* und *NC* miteinander verbunden. Bei bestromter Spule sind *COM* und *NO* verbunden.

Leitungen in Schaltplänen

Sich kreuzende oder miteinander verbundene Drähte werden in Schaltplänen auf eine ganz bestimmte Weise gezeichnet, wie die folgenden Beispiele zeigen.

Nicht verbundene kreuzende Leitungen

Wenn sich zwei Leitungen kreuzen, aber nicht miteinander verbunden sind, wird dies auf die beiden in Abbildung 4–8 dargestellten Weisen dargestellt. Keine davon ist falsch, es handelt sich nur um verschiedene Varianten.

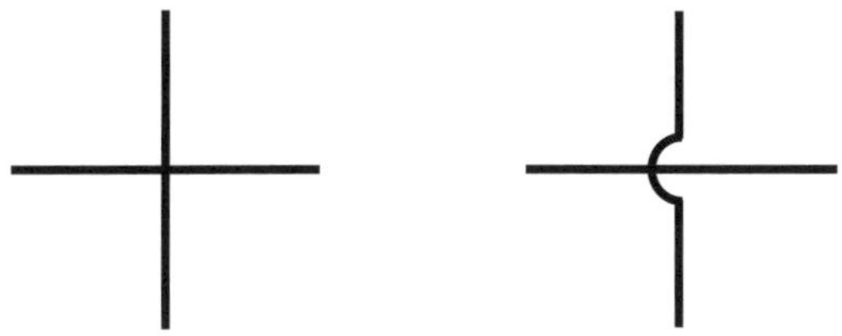

Abb. 4–8 *Nicht verbundene kreuzende Leitungen*

Verbundene Leitungen

Sind Leitungen physisch verbunden, wird der Kreuzungspunkt durch einen *Verbindungspunkt* gekennzeichnet, wie Sie in Abbildung 4–9 sehen.

Abb. 4–9 *Zwei miteinander verbundene Leitungen*

Masseanschluss

Abb. 4–10
*Das **GND**-Symbol*

Ist eine Leitung mit Erde oder Masse verbunden (*GND*), wird dies mit dem Symbol aus Abbildung 4–10 ausgedrückt.

Wenn dieses Symbol in einem Schaltplan am Ende einer Linie steht, heißt dies, dass der Draht physisch an den *GND*-Pin des Arduino angeschlossen ist.

Schaltpläne analysieren

Nachdem Sie jetzt die Symbole für die verschiedenen Bauteile und Verbindungen kennen, wollen wir uns den Schaltplan für Projekt 1 ansehen. Dabei ging es darum, fünf LEDs nacheinander vorwärts und rückwärts aufleuchten zu lassen.

Wenn Sie den Schaltplan aus Abbildung 4–11 mit der Darstellung in Abbildung 3–13 vergleichen, werden Sie mir wahrscheinlich zustimmen, dass der Schaltplan die übersichtlichere Form der Darstellung bildet.

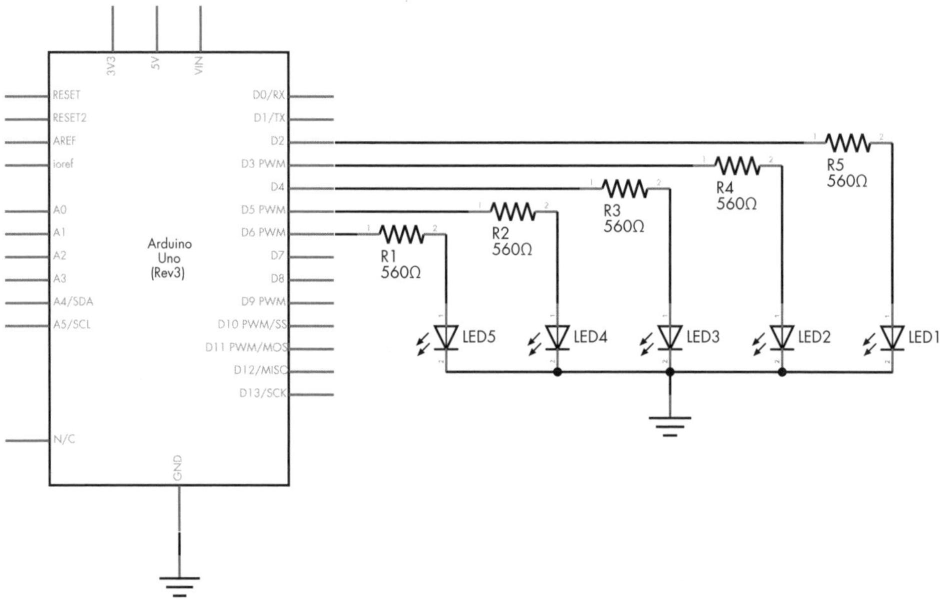

Abb. 4–11 *Schaltplan für Projekt 1*

Von jetzt an werden wir den Aufbau von Schaltungen anhand solcher Schaltpläne beschreiben. Bei der Einführung weiterer Bauteile lernen Sie auch gleich die Symbole dafür kennen.

HINWEIS

*Wenn Sie Schaltpläne am Computer erstellen möchten, probieren Sie dazu das Programm Fritzing aus, das Sie kostenlos auf **http://www.fritzing.org/** erhalten.*

Kondensatoren

Ein *Kondensator* ist ein Gerät, das eine elektrische Ladung speichert. Er besteht aus zwei Metallplatten mit einer Isolierschicht dazwischen, die es ermöglicht, dass sich zwischen den beiden Platten eine elektrische Ladung aufbaut. Fließt kein Strom mehr, verbleibt die Ladung dort und kann aus dem Kondensator austreten (man spricht hier vom *Entladen* des Kondensators), sobald ein neuer Weg eröffnet wird, den der Strom nehmen kann.

Die Kapazität von Kondensatoren

Die *Kapazität* eines Kondensators – also die Ladung, die er bei der anliegenden Spannung aufnehmen kann –, wird in *Farad* angegeben, wobei ein Farad (1 F) schon eine sehr große Menge ist. Daher wird die Kapazität von Kondensatoren meistens in Pico- oder Mikrofarad ausgedrückt. Ein *Picofarad* (pF) entspricht 0,000000000001 F, ein *Mikrofarad* (µF) 0,000001 F. Bei der Fertigung werden Kondensatoren auf eine bestimmte Maximalspannung ausgelegt. In diesem Buch arbeiten wir ausschließlich mit Kondensatoren für geringe Spannung, die nicht mehr als 10 V verkraften können. Es ist jedoch kein Problem, in Schaltungen niedriger Spannungen auch Kondensatoren zu verwenden, die für höhere Spannungen gedacht sind. Übliche Werte sind 10, 16, 25 und 50 V.

Kapazitätswerte ablesen

Den aufgedruckten Wert eines Keramikkondensators abzulesen, erfordert ein wenig Übung, da die Angabe gewissermaßen in einem Code vorliegt. Die ersten beiden Stellen stehen für einen Wert in Picofarad, die dritte gibt den Multiplikator in Vielfachen von Zehn an. Der Kondensator in Abbildung 4–12 beispielsweise ist mit *104* beschriftet. Das steht für eine Zehn, gefolgt von vier Nullen, also 100.000 pF. Dieser Wert kann auch als 100 nF (Nanofarad) oder 0,1 µF (Mikrofarad) ausgedrückt werden.

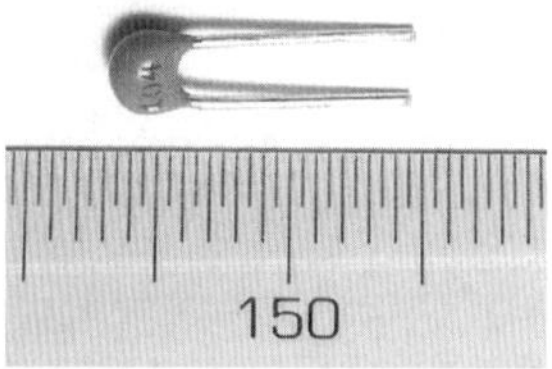

Abb. 4–12 *Ein Keramikkondensator mit einer Kapazität von 0,1 µF*

HINWEIS

Die Umrechnung zwischen den verschiedenen dezimalen Vielfachen kann etwas verwirrend sein. Auf ***http://www.justradios.com/uFnFpF.html*** *finden Sie eine hervorragende Umrechnungstabelle, die Sie sich ausdrucken können.*

Arten von Kondensatoren

In unseren Projekten verwenden wir zwei Typen von Kondensatoren: Keramik- und Elektrolytkondensatoren.

Keramikkondensatoren

Keramikkondensatoren wie der aus Abbildung 4–12 sind sehr klein und können daher nur wenig Ladung aufnehmen. Sie sind nicht gepolt und lassen sich daher in beiden Richtungen verwenden. Das Schaltplansymbol für nicht gepolte Kondensatoren sehen Sie in Abbildung 4–13.

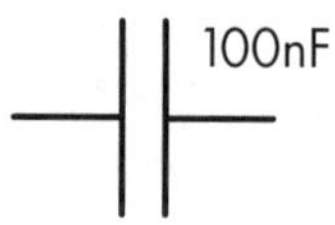

Abb. 4–13 *Das Symbol für einen nicht gepolten Kondensator mit der Angabe der Kapazität oben rechts*

Keramikkondensatoren eignen sich sehr gut für Hochfrequenzschaltungen, da sie aufgrund ihrer geringen Kapazität schnell geladen und entladen werden können.

Elektrolytkondensatoren

Elektrolytkondensatoren wie der aus Abbildung 4–14 haben eine größere Bauform als die Keramikvariante. Sie bieten eine höhere Kapazität, sind aber gepolt. Auf der Ummantelung ist entweder die positive oder die negative Seite markiert. In Abbildung 4–14 können Sie den Streifen mit dem Minussymbol erkennen, der die negative Seite kennzeichnet. Wie bei Widerständen müssen Sie auch bei den Werten von Kondensatoren mit einer gewissen Toleranz rechnen. Das Bauteil in Abbildung 4–14 hat eine Kapazität von 100 µF und eine Toleranz von 20 %.

Das Symbol für Elektrolytkondensatoren sehen Sie in Abbildung 4–15. Das Pluszeichen dient dazu, die Polung anzugeben.

Abb. 4–14 *Elektrolytkondensator*

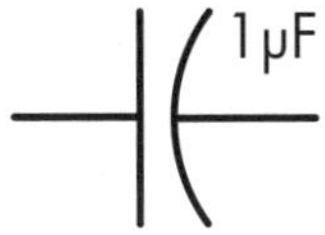

Abb. 4–15 *Symbol für einen gepolten Kondensator*

Elektrolytkondensatoren werden oft verwendet, um größere elektrische Ladungen zu speichern und die Spannung von Stromquellen auszugleichen. Wie kleine Kurzzeitbatterien können sie in der Nähe von Schaltkreisen oder Bauteilen, die in kurzer Zeit hohe Stromstärken von der Quelle beziehen, für eine gleichmäßige Versorgung und für Stabilität sorgen. Das verhindert unerwartete Aussetzer und Rauschen in Schaltungen. Dankenswerterweise sind die Kapazitätswerte von Elektrolytkondensatoren in Klartext auf der Ummantelung aufgedruckt und erfordern keine Dekodierung oder Deutung.

Am Beispiel der LEDs haben Sie schon den grundlegenden Umgang mit den Ausgängen des Arduino kennengelernt. Jetzt ist es an der Zeit, Signale von außen an den Arduino zu senden und die Messwerte an den digitalen Eingängen für Entscheidungen heranzuziehen.

Digitale Eingänge

In Kapitel 3 haben wir die digitalen E/A-Pins als Ausgänge genutzt, um LEDs ein- und auszuschalten. Dieselben Anschlüsse lassen sich aber auch verwenden, um Eingangssignale zu registrieren, beispielsweise um zu erkennen, ob eine Drucktaste betätigt wurde.

Wie die Ausgänge können auch die digitalen Eingänge zwei Zustände aufweisen, *high* und *low*. Die einfachste Form eines digitalen Eingangssignals liefern *Drucktasten* wie die in Abbildung 4–16. Sie können sie unmittelbar in die Steckplatine einsetzen. Wird eine solche Taste gedrückt, kann eine Spannung oder ein Strom durchgehen. An den digitalen Eingangspins können Sie dann messen, ob eine Spannung anliegt, und somit bestimmen, ob die Taste gedrückt wurde.

Abb. 4–16 *Einfache Drucktasten auf einer Steckplatine*

Beachten Sie, wie die Taste unten in der Abbildung in die Steckplatine eingeführt ist und dabei die Zeilen 23 und 25 überbrückt. Bei Betätigung der Taste werden die beiden Reihen verbunden. Das Schaltplansymbol für diese Art von Drucktaste sehen Sie in Abbildung 4–17. Es zeigt die beiden Seiten der Taste. Wird die Taste gedrückt, werden die beiden Hälften verbunden, sodass Spannung bzw. Strom durchgelassen wird. Durchnummeriert werden Tasten mit dem Präfix S.

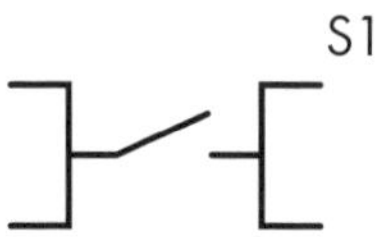

Abb. 4–17 *Das Symbol für eine Drucktaste*

KONTAKTPRELLEN MIT EINEM DIGITALEN SPEICHER-OSZILLOSKOP SICHTBAR MACHEN

Drucktasten weisen ein besonderes Verhalten auf, das sogenannte Kontaktprellen oder kurz Prellen: Sie neigen dazu, mehrmals ein- und auszuschalten, wenn der Benutzer sie ein einziges Mal drückt. Die Metallkontakte im Inneren der Taste sind so winzig, dass sie nach der Freigabe der Taste vibrieren, weshalb es zu den schnellen Schaltvorgängen kommt.

Das Kontaktprellen können Sie mit einem digitalen Speicheroszilloskop sichtbar machen. Dieses Gerät zeigt Spannungsänderungen im Verlauf der Zeit an. In Abbildung 4–18 sehen Sie das Phänomen des Kontaktprellens auf einem solchen Messinstrument.

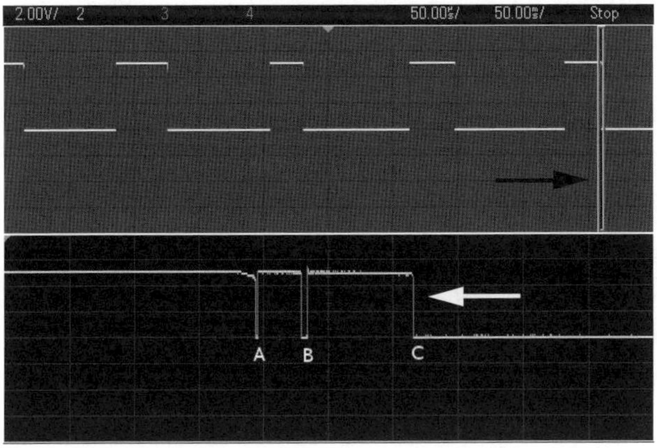

Abb. 4–18 *Kontaktprellen messen*

In der oberen Hälfte der Anzeige aus Abbildung 4–18 sehen Sie, was passiert, wenn die Taste mehrmals gedrückt wird. An den oberen Auslenkungen der Spannungskurve (bei 5 V) befindet sich die Taste im Zustand ***Ein****, sodass die Spannung durchgeht. Unter dem Wort* ***Stop*** *in der Anzeige ist durch die beiden senkrechten Linien und den Pfeil die Stelle markiert, an der die Taste ausgeschaltet wurde. Der Verlauf der Spannung ist in der unteren Hälfte der Abbildung mit gestreckter Zeitachse dargestellt. An Punkt A lässt der Benutzer die Taste los, weshalb die Spannung auf 0 V sinkt. Aufgrund der Vibration der Kontakte steigt die Spannung wieder auf 5 V, bis Punkt B erreicht ist, wo der Kontakt zurückschwingt. Bei Punkt C kommen die Kontakte endlich zur Ruhe, sodass die Spannung auf 0 V fällt und endlich der Zustand* ***low*** *(also* ***Aus****) erreicht ist. Anstatt also das Signal für eine Tastenbetätigung an den Arduino zu senden, haben wir in diesem Fall unbeabsichtigt gleich drei geschickt.*

Projekt Nr. 4: Beispiel für digitale Eingänge

Bei diesem Projekt besteht das Ziel darin, dass eine LED bei Betätigung einer Taste eine halbe Sekunde lang aufleuchtet.

Der Algorithmus

Unser Algorithmus sieht wie folgt aus:

1. Prüfe, ob die Taste gedrückt wurde.
2. Wenn die Taste gedrückt wurde, schalte die LED eine halbe Sekunde lang ein und dann wieder aus.
3. Wenn die Taste nicht gedrückt wurde, tue gar nichts.
4. Wiederhole den Vorgang unendlich oft.

Die Hardware

Für dieses Projekt brauchen Sie folgende Teile:

- eine Drucktaste
- eine LED
- einen 560-Ω-Widerstand
- einen 10-kΩ-Widerstand
- einen 100-nF-Kondensator
- Verbindungsdrähte
- eine Steckplatine
- Arduino und USB-Kabel

Der Schaltplan

Als Erstes bauen wir auf der Steckplatine den Schaltkreis nach dem Schaltplan aus Abbildung 4–19 auf. Beachten Sie, wie der 10-kΩ-Widerstand zwischen *GND* und Digitalpin 7 angeordnet ist. Es handelt sich hierbei um einen *Pulldown*-Widerstand, da er die Spannung an dem Digitalpunkt auf fast 0 V senkt (»herabzieht«). Durch den 100-nF-Kondensator, den der 10-kΩ-Widerstand überspannt, haben wir außerdem eine einfache *Entprellschaltung* gebaut, die das Kontaktprellen der Taste auszufiltern hilft. Wird die Taste gedrückt, geht das Signal am digitalen Pin sofort auf »high«. Beim Loslassen der Taste wird der Pin über den 10-kΩ-Widerstand auf *GND*-Niveau gesenkt, wobei der Kondensator für eine kleine Verzögerung sorgt. Da das Sinken der Spannung auf *GND*-Niveau verlangsamt wird, werden effektiv alle Prellpulse abgedeckt und dadurch die meisten Falschmessungen aufgrund schwankender Spannung und unvorhergesehenen Tastenverhaltens ausgeschlossen.

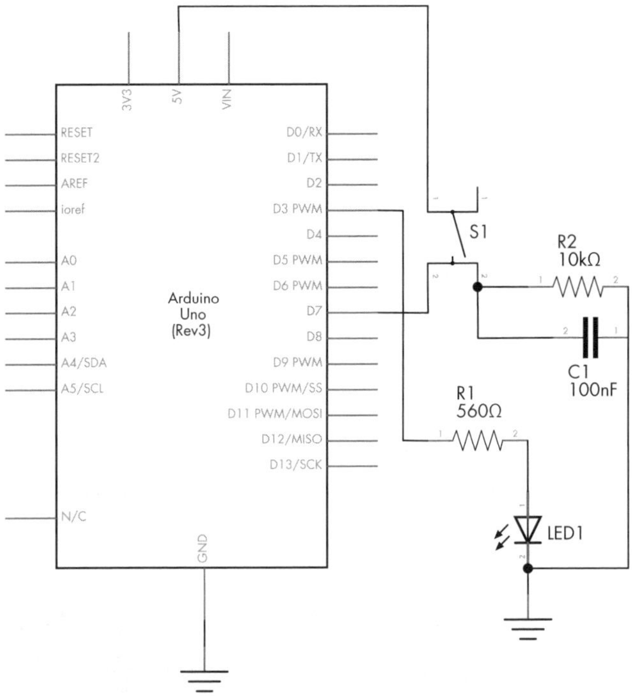

Abb. 4–19 *Schaltplan für Projekt 4*

Da dies das erste Mal ist, dass Sie eine Schaltung nach einem Schaltplan aufbauen, geben wir zusätzlich die folgende schrittweise Anleitung, mit deren Hilfe Sie genauer nachvollziehen können, wie die einzelnen Teile verbunden sind:

1. Bringen Sie die Drucktaste an der Steckplatine an, wie in Abbildung 4–20 gezeigt.

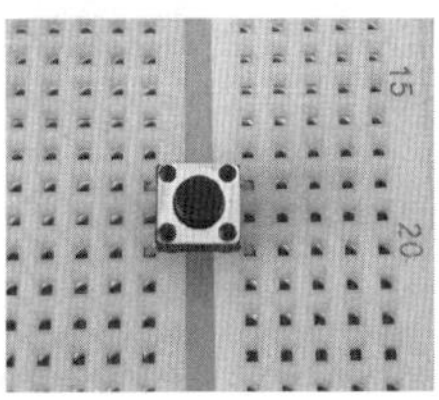

Abb. 4–20 *Die Drucktaste auf der Steckplatine*

2. Drehen Sie die Steckplatine um 90° gegen den Uhrzeigersinn und bauen Sie, wie in Abbildung 4–21 gezeigt, den 10-kΩ-Widerstand, einen kurzen Verbindungsdraht und den Kondensator ein.

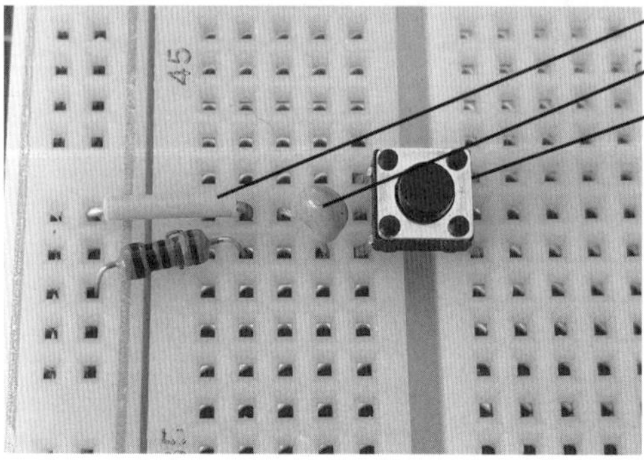

Abb. 4–21 *10-kΩ-Widerstand, Kondensator und Drucktaste*

3. Verbinden Sie das Kabel vom 5-Volt-Anschluss des Arduino mit der linken vertikalen Reihe der Steckplatine und das Kabel vom *GND*-Pin des Arduino mit der vertikalen Reihe rechts daneben (siehe Abb. 4–22).

Abb. 4–22 *Das 5-Volt-Kabel (rot) und das* ***GND****-Kabel (schwarz)*

4. Führen Sie ein Kabel vom Digitalpin 7 des Arduino zur rechten oberen Ecke der Drucktaste auf der Steckplatine (siehe Abbildung 4–23).

***Abb. 4–23** Die Drucktaste mit dem digitalen Eingang verbinden*

5. Stecken Sie die LED mit dem kurzen Bein (der Kathode) in die *GND*-Zeile der Platine und mit dem langen Bein (Anode) in eine Reihe rechts daneben. Bauen Sie anschließend den 560-Ω-Widerstand rechts neben der LED ein (siehe Abbildung 4–24).

***Abb. 4–24** Die LED und den 560-Ω-Widerstand einfügen*

6. Führen Sie ein Kabel von der rechten Seite des 560-Ω-Widerstands zum Digitalpin 12 am Arduino (siehe Abb. 4–25).

Abb. 4–25 *Den LED-Zweig mit dem Arduino verbinden*

Bevor Sie weitermachen, schauen Sie sich noch einmal den Schaltplan an und prüfen, ob Sie die Bauteile korrekt verdrahtet haben. Vergleichen Sie den Plan mit der Schaltung auf der Platine.

Der Sketch

Als Sketch geben Sie den Code von Listing 4–1 ein und laden ihn hoch:

```
// Projekt 4 - Beispiel für digitale Eingänge
#define LED    12   ❶
#define BUTTON 7

void setup()
{
   pinMode(LED, OUTPUT);          // Ausgang für die LED   ❷
   pinMode(BUTTON, INPUT);        // Eingang für die Taste
}

void loop()
{
   if ( digitalRead(BUTTON) == HIGH )
   {
      digitalWrite(LED, HIGH);    // Schaltet die LED ein
      delay(500);                 // Wartet 0,5 s
      digitalWrite(LED, LOW);     // Schaltet die LED aus
   }
}
```

Listing 4–1 *Digitale Eingänge*

Nachdem Sie den Sketch hochgeladen haben, tippen Sie kurz auf die Drucktaste. Die LED sollte jetzt eine halbe Sekunde lang aufleuchten.

Den Sketch verstehen

Als Nächstes sehen wir uns die neuen Elemente in dem Sketch von Projekt 4 detaillierter an – genauer gesagt, `#define`, die Befehle für die digitalen Eingangspins und die Funktion `if`.

Konstanten mit #define erstellen

Vor `void setup()` verwenden wir an der Stelle ❶ `#define`-Anweisungen, um feste Variablen zu erstellen. Wenn der Sketch kompiliert wird, ersetzt die IDE jedes Vorkommen des definierten Worts durch die darauf folgende Zahl. Beispielsweise erkennt die IDE bei ❷ `LED` und ersetzt dies durch die Zahl `3`.

Im Grunde genommen verwenden wir den Befehl `#define` hier, um die Digitalpins für die LED und die Taste im Sketch mit Namen zu versehen. Beachten Sie, dass hinter der Wertangabe in `#define` kein Semikolon steht. Es ist eine gute Idee, Pinnummern und andere feste Werte (etwa eine zeitliche Verzögerung) auf diese Weise zu benennen, denn wenn sie in einem Sketch wiederholt vorkommen, müssen sie so bei einer Änderung nur an einer Stelle bearbeitet werden. In diesem Beispiel wird `LED` dreimal in dem Sketch verwendet. Um den Wert zu ändern, müssen wir lediglich einmal die Definition in der `#define`-Anweisung austauschen.

Digitale Eingangspins messen

Um den Status einer Drucktaste zu bestimmen, definieren wir zunächst in `void setup()` wie folgt einen digitalen E/A-Pin als Eingang:

```
pinMode(BUTTON, INPUT); // Eingang für die Taste
```

Um zu ermitteln, ob die Taste eine Spannung an den digitalen Eingang anlegt (ob sie also gedrückt ist), verwenden wir `digitalRead(`*Pin*`)`, wobei *Pin* für die Nummer des abzulesenden Digitalpins steht. Die Funktion gibt entweder `HIGH` (die Spannung am Pin liegt bei 5 V) oder `LOW` zurück (die Spannung am Pin liegt bei 0 V).

Entscheidungen mit if

Mit `if` können wir in unserem Sketch Entscheidungen fällen und den Arduino anweisen, je nachdem, wie die Entscheidung ausgefallen ist, unterschiedlichen Code auszuführen. Beispielsweise haben wir in Projekt 4 den Code aus Listing 4–2 verwendet:

```
if ( digitalRead(BUTTON) == HIGH )
{
   digitalWrite(LED, HIGH);       // Schaltet die LED ein
   delay(500);                    // Wartet 0,5 s
   digitalWrite(LED, LOW);        // Schaltet die LED aus
}
```

Listing 4–2 *Ein einfaches Beispiel für eine* `if-then`*-Anweisung*

Die erste Zeile in diesem Code beginnt mit `if`, um eine Bedingung zu prüfen. Ist die Bedingung wahr (ist die Spannung also `HIGH`), so bedeutet dies, dass die Taste gedrückt wurde, weshalb der Code in den geschweiften Klammern ausgeführt wird.

Um zu bestimmen, ob die Taste gedrückt worden ist (ob also `digitalRead(BUTTON)` auf `HIGH` gesetzt ist), verwenden wir einen *Vergleichsoperator*, ein doppeltes Gleichheitszeichen (`==`). Wenn wir in dem Sketch `==` durch `!==` (nicht gleich) ersetzen, wird die LED beim Drücken der Taste abgeschaltet. Probieren Sie es aus!

HINWEIS

Ein häufig gemachter Fehler besteht darin, in einer Testanweisung nur ein einzelnes Gleichheitszeiten (`=`*) zu verwenden, was aber »mach dies gleich« bedeutet. Benötigt wird aber ein doppeltes Gleichheitszeichen (*`==`*) für »prüfe, ob es gleich ist«. Möglicherweise erhalten Sie bei diesem Versäumnis keine Fehlermeldung, aber die* `if`*-Anweisung funktioniert dann trotzdem nicht.*

Wenn Sie ein paar Erfolge verzeichnen können, versuchen Sie die Dauer, während der die LED angeschaltet ist, zu ändern. Andernfalls können Sie auch zurück zu Projekt Nr. 3 gehen und dort die Drucktastensteuerung implementieren. (Bitte nehmen Sie die Schaltung nicht auseinander, sie wird noch für das nächste Beispiel gebraucht.)

Mehr Entscheidungsmöglichkeiten mit if-else

Mit `else` können Sie einer `if`-Anweisung noch eine weitere Aktion hinzufügen. Wenn Sie den Code aus Listing 4–1 beispielsweise wie in Listing 4–3 mit zusätzlichem `else` umschreiben, wird die LED eingeschaltet, *wenn* (`if`) die

Taste gedrückt wurde, *anderenfalls* (else) aber ausgeschaltet. Die Verwendung von else zwingt den Arduino dazu, einen anderen Codeausschnitt auszuführen, wenn die in der if-Anweisung geprüfte Bedingung nicht wahr ist.

```
// Listing 4-3
#define LED    3
#define BUTTON 7

void setup()
{
   pinMode(LED, OUTPUT);       // Ausgang für die LED
   pinMode(BUTTON, INPUT);     // Eingang für die Taste
}

void loop()
{
   if ( digitalRead(BUTTON) == HIGH )
   {
      digitalWrite(LED, HIGH);
   }
   else
   {
      digitalWrite(LED, LOW);
   }
}
```

Listing 4-3 *Ergänzung um* else

Boolesche Variablen

Manchmal müssen Sie festhalten, ob sich irgendetwas in einem von zwei möglichen Zuständen befindet, etwa ein/aus oder heiß/kalt. Hierzu eignen sich *boolesche Variablen*, die legendären Computer-»Bits«, deren Wert nur 0 (falsch, false) oder 1 (wahr, true) sein kann. Daher sind boolesche Variablen so nützlich: Sie können nur entweder wahr oder falsch sein. Wie alle anderen Variablen müssen wir sie zunächst deklarieren, bevor wir sie verwenden können:

```
boolean raining = true;     // Erstellt die Variable "raining" und
                            // setzt sie auf true
```

Innerhalb des Sketches können Sie den Zustand der booleschen Variable dann durch eine einfache Neuzuweisung ändern:

```
raining = false;
```

Die Verwendung von booleschen Variablen zur Entscheidungsfindung erfolgt ganz einfach mithilfe einer `if`-Teststruktur. Da boolesche Vergleiche entweder wahr oder falsch ergeben, können dafür wie im folgenden Beispiel die Vergleichsoperatoren herangezogen werden:

```
if ( raining == true )
{
   if ( summer != true )
   {
      // Es regnet, und es ist nicht Sommer
   }
}
```

Logische Vergleichsoperatoren

Um Entscheidungen über zwei oder mehr boolesche Variablen oder andere Zustände zu treffen, können wir verschiedene Operatoren heranziehen. Dazu gehören *not* (`!`), *and* (`&&`) und *or* (`||`).

Not

Der Operator *not* wird durch ein Ausrufezeichen ausgedrückt und dient als Abkürzung, um zu prüfen, ob irgendetwas *nicht wahr* ist. Betrachten Sie dazu das folgende Beispiel:

```
if ( !raining )
{
   // Es regnet nicht (raining == false)
}
```

And

Der logische Operator *and* wird durch `&&` ausgedrückt. Er hilft die Anzahl einzelner `if`-Tests zu verringern. Betrachten Sie dazu das folgende Beispiel:

```
if (( raining == true ) && ( !summer ))
{
   // Es regnet und es ist nicht Sommer
   // (raining == true and summer == false)
}
```

Or

Der logische Operator *or* wird durch `||` ausgedrückt. Seine Verwendung ist ganz einfach. Betrachten Sie dazu das folgende Beispiel:

```
if (( raining == true ) || ( summer == true ))
{
   // Es regnet oder es ist Sommer
}
```

Zwei und mehr Vergleiche

Sie können auch zwei oder mehr Vergleiche in ein und derselben `if`-Anweisung unterbringen, wie das folgende Beispiel zeigt:

```
if ( snow == true && rain == true && !hot )
{
   // Es schneit, es regnet, und es ist nicht heiß
}
```

Die Operationsreihenfolge legen Sie mithilfe von Klammern fest. Im nächsten Beispiel wird zuerst der Vergleich in den Klammern verarbeitet und das Ergebnis, `true` oder `false`, dann mit dem Rest der `if-then`-Anweisung verglichen:

```
if (( snow == true || rain == true ) && hot == false))
{
   // Es regnet oder schneit, und es ist nicht heiß
}
```

Ebenso wie in den Beispielen, in denen der *not*-Operator (`!`) unmittelbar vor einem Wert stand, können Sie auch einfache Tests auf `true` und `false` durchführen, ohne dabei jedes Mal ausdrücklich `== true` oder `== false` schreiben zu müssen. Der folgende Code funktioniert genauso wie das vorhergehende Beispiel:

```
if (( snow || rain ) && !hot )
{
   // Es regnet oder schneit, und es ist nicht heiß
   // ( snow is true OR rain is true ) AND it is not hot
}
```

Wie Sie sehen, kann der Arduino mithilfe von booleschen Variablen und Vergleichsoperatoren eine Menge von Entscheidungen treffen. Wenn Sie zu komplizierteren Projekten übergehen, wird sich diese Möglichkeit als äußerst nützlich erweisen.

Projekt Nr. 5: Eine Verkehrsampel

Wir wollen unsere neuen Kenntnisse jetzt zur Lösung eines hypothetischen Problems einsetzen. Stellen Sie sich vor, Sie sind Stadtplaner in einer ländlichen Gegend und haben ein Problem mit einer einspurigen Brücke über einen Fluss: Dort kommt es jede Woche zu ein oder zwei nächtlichen Unfällen, wenn übermüdete Fahrer über die Brücke rasen, ohne erst anzuhalten und nachzusehen, ob der Weg frei ist. Sie haben schon angeregt, Ampeln zu installieren, aber der Bürgermeister möchte erst eine Vorführung sehen, bevor er das Budget für die Anschaffung der Ampeln absegnet. Nun könnten Sie zwar eine mobile Ampelanlage leihen, aber das wäre zu teuer. Stattdessen bauen Sie mithilfe von LEDs und einem Arduino ein Modell der Brücke mit funktionierenden Ampeln.

Das Ziel

Das Ziel besteht darin, an jedem Ende der einspurigen Brücke eine Dreifarben-Verkehrsampel aufzustellen, sodass der Verkehr immer nur in eine Richtung auf einmal fließen kann. Wenn Sensoren an einem Ende der Brücke erkennen, dass dort ein Auto an einer roten Ampel wartet, springen die Ampeln um, sodass der Verkehr in die entgegengesetzte Richtung fließen kann.

Der Algorithmus

Um die Fahrzeugsensoren an den beiden Enden der Brücke zu simulieren, verwenden wir zwei Drucktasten. Jede Ampel verfügt über eine rote, eine gelbe und eine grüne LED. Zu Anfang soll das System den Verkehr von Westen nach Osten durchlassen, sodass die westliche Ampel Grün zeigt und die östliche Rot.

Wenn sich ein Fahrzeug der Brücke nähert (was wir durch Drücken der Taste simulieren) und die Ampel rot ist, schaltet das System die Ampel auf der gegenüberliegenden Seite von Grün über Gelb auf Rot um und wartet dann einen zuvor festgelegten Zeitraum, damit Fahrzeuge, die sich schon auf der Brücke befinden, noch passieren können. Dann blinkt das gelbe Licht auf der Seite des wartenden Fahrzeugs, um dem Fahrer das Signal zu geben, sich fertig zu machen, und schließlich schaltet die Ampel auf Grün. Sie bleibt grün, bis sich ein Fahrzeug der anderen Seite nähert und sich der Vorgang wiederholt.

Die Hardware

Für dieses Projekt brauchen Sie folgende Teile:

- zwei rote LEDs (LED1 und LED2)
- zwei gelbe LEDs (LED3 und LED4)
- zwei grüne LEDs (LED5 und LED6)
- sechs 560-Ω-Widerstände (R1 bis R6)
- zwei 10-kΩ-Widerstände (R7 und R8)
- zwei 100-nF-Kondensatoren (C1 und C2)
- zwei Drucktasten (S1 und S2)
- eine mittelgroße Steckplatine
- Verbindungsdrähte
- Arduino und USB-Kabel

Der Schaltplan

Da wir nur sechs LEDs steuern und Eingangssignale von zwei Drucktasten empfangen, ist der Aufbau nicht allzu kompliziert. Abbildung 4–26 zeigt den Schaltplan für dieses Projekt.

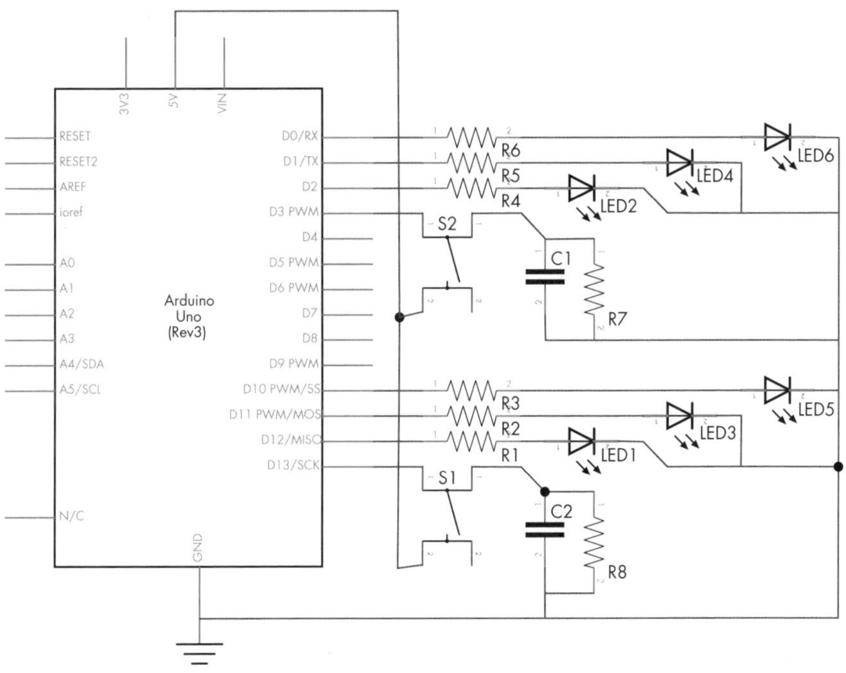

Abb. 4–26 *Schaltplan für Projekt 5*

Im Grunde genommen handelt es sich bei dieser Schaltung um eine erweiterte Version des Drucktasten- und LED-Aufbaus von Projekt 4 mit mehr Widerständen, mehr LEDs und einer weiteren Taste.

Achten Sie darauf, die LEDs in der richtigen Richtung einzubauen: Die Anoden müssen mit den Widerständen verbunden sein, die Kathoden mit dem *GND*-Pin des Arduino (siehe Abb. 4–27).

Abb. 4–27 *Die vollständige Schaltung*

Der Sketch

Kommen wir jetzt zum Sketch. Können Sie erkennen, wie er den Algorithmus umsetzt?

```
// Projekt 5 - Eine Verkehrsampel
// Definiert die Pins, mit denen die Tasten und LEDs verbunden sind:
#define westButton 3   ❶
#define eastButton 13
#define westRed 2
#define westYellow 1
#define westGreen 0
#define eastRed 12
#define eastYellow 11
#define eastGreen 10
#define yellowBlinkTime 500    // Lässt die gelbe LED 0,5 s blinken

boolean trafficWest = true;    // West = true, Ost = false            ❷
int     flowTime = 10000;      // Zeitraum, in dem der Verkehr fließt  ❸
int     changeDelay = 2000;    // Zeitraum zwischen Farbwechseln       ❹
```

```
void setup()
{
   // Richtet die digitalen E/A-Pins ein
   pinMode(westButton, INPUT);
   pinMode(eastButton, INPUT);
   pinMode(westRed, OUTPUT);
   pinMode(westYellow, OUTPUT);
   pinMode(westGreen, OUTPUT);
   pinMode(eastRed, OUTPUT);
   pinMode(eastYellow, OUTPUT);
   pinMode(eastGreen, OUTPUT);

   // Legt den Anfangszustand der LEDs fest, im Westen zuerst grün
   digitalWrite(westRed, LOW);
   digitalWrite(westYellow, LOW);
   digitalWrite(westGreen, HIGH);
   digitalWrite(eastRed, HIGH);
   digitalWrite(eastYellow, LOW);
   digitalWrite(eastGreen, LOW);
}

void loop()
{
   if ( digitalRead(westButton) == HIGH )    // Fordert Verkehrsfluss
                                             // von West nach Ost an
   {


      if ( trafficWest != true )
      // Fährt nur fort, wenn der Verkehr
      // in die entgegengesetzte Richtung fließt (Osten)
      {
         trafficWest = true; // Ändert Verkehrsflussflag von West nach Ost
         delay(flowTime); // Räumt Zeit für den Verkehr ein
         digitalWrite(eastGreen, LOW);    // Schaltet die Ostampel
                                          // von Grün über Gelb auf Rot
         digitalWrite(eastYellow, HIGH);
         delay(changeDelay);
         digitalWrite(eastYellow, LOW);
         digitalWrite(eastRed, HIGH);
         delay(changeDelay);
         for ( int a = 0; a < 5; a++ ) // Gelbe LED blinkt
         {
            digitalWrite(westYellow, LOW);
            delay(yellowBlinkTime);
            digitalWrite(westYellow, HIGH);
            delay(yellowBlinkTime);
```

```
            }
            digitalWrite(westYellow, LOW);
            digitalWrite(westRed, LOW); // Schaltet Westampel von Rot auf Grün
            digitalWrite(westGreen, HIGH);
         }
      }
      if ( digitalRead(eastButton) == HIGH )    // Fordert Verkehrsfluss
                                                // von Ost nach West an
      {
         if ( trafficWest == true )
         // Fährt nur fort, wenn der Verkehr in die entgegengesetzte
         // Richtung fließt (Westen)
         {
            trafficWest = false; // Ändert Verkehrsflussflag von West nach Ost
            delay(flowTime); // Räumt Zeit für den Verkehr ein
            digitalWrite(westGreen, LOW);
            // Schaltet die Ostampel von Grün über Gelb auf Rot
            digitalWrite(westYellow, HIGH);
            delay(changeDelay);
            digitalWrite(westYellow, LOW);
            digitalWrite(westRed, HIGH);
            delay(changeDelay);
            for ( int a = 0 ; a < 5 ; a++ )    // Gelbe LED blinkt
            {
               digitalWrite(eastYellow, LOW);
               delay(yellowBlinkTime);
               digitalWrite(eastYellow, HIGH);
               delay(yellowBlinkTime);
            }
            digitalWrite(eastYellow, LOW);
            digitalWrite(eastRed, LOW); // Schaltet Westampel von Rot auf Grün
            digitalWrite(eastGreen, HIGH);
         }
      }
   }
```

Unser Sketch beginnt bei ❶ mit #define, um die Nummern der digitalen Pins für die LEDs und die beiden Drucktasten mit Bezeichnungen zu versehen. Für die West- und die Ostseite der Brücke gibt es jeweils eine rote, eine gelbe und eine grüne LED sowie eine Taste. Mit der bei ❷ definierten booleschen Variable `trafficWest` halten wir fest, in welche Richtung der Verkehr fließt – bei `true` von Westen nach Osten, bei `false` von Osten nach Westen.

HINWEIS

Beachten Sie, dass wir die Verkehrsrichtung mit einer einzigen Variable festhalten (`trafficWest`*), die entweder* `true` *oder* `false` *ist. Diese Vorgehensweise anstatt der Verwendung von zwei Variablen (eine für Verkehr Richtung Osten, die andere für Verkehr Richtung Westen) bietet den Vorteil, dass nicht versehentlich beide Richtungen wahr sein können. Das hilft uns, Zusammenstöße zu vermeiden!*

Die bei ❸ definierte Integervariable `flowTime` gibt an, wie viel Zeit die Fahrzeuge mindestens haben, um die Brücke zu überqueren. Wenn ein Fahrzeug an einer roten Ampel zum Stehen kommt, wartet das System diesen Zeitraum ab, um dem entgegenkommenden Verkehr die Gelegenheit zu geben, über die Brücke zu fahren. Die bei ❹ definierte Integervariable `changeDelay` enthält den Zeitraum, den die Ampeln brauchen, um von Grün über Geld auf Rot umzuschalten.

Bevor der Sketch in den Abschnitt von `void loop()` eintritt, wird er in `void setup()` für die Verkehrsrichtung von West nach Ost eingerichtet.

Den Sketch ausführen

Wenn der Sketch läuft, tut er zunächst nichts, bis eine der Tasten gedrückt wird. Handelt es sich dabei um die Osttaste, sorgt die folgende Zeile dafür, dass die Ampeln nur dann umgeschaltet werden, wenn der Verkehr in die entgegengesetzte Richtung fließt:

```
if ( trafficWest == true )
```

Der Rest dieses Codeabschnitts besteht aus einer einfachen Abfolge von Wartevorgängen und Ein-/Aus-Schaltbefehlen für die einzelnen LEDs, um den Betrieb von Verkehrsampeln zu simulieren.

Analoge und digitale Signale

In diesem Abschnitt lernen Sie den Unterschied zwischen analogen und digitalen Signalen kennen und erfahren, wie Sie analoge Signale an den analogen Eingangspins messen.

Bis jetzt haben wir in unseren Sketchen nur digitale elektrische Signale verwendet, die ausschließlich zwei diskrete Pegel annehmen können: Wir haben mit `digitalWrite(pin, HIGH)` und `digitalWrite(pin, LOW)` eine

LED zum Blinken gebracht und mit `digitalRead()` gemessen, ob an einem Digitalpin eine Spannung anliegt (`HIGH`) oder nicht (`LOW`). Abbildung 4–28 zeigt den Verlauf eines digitalen Signals, das abrupt zwischen hohem und niedrigem Pegel wechselt.

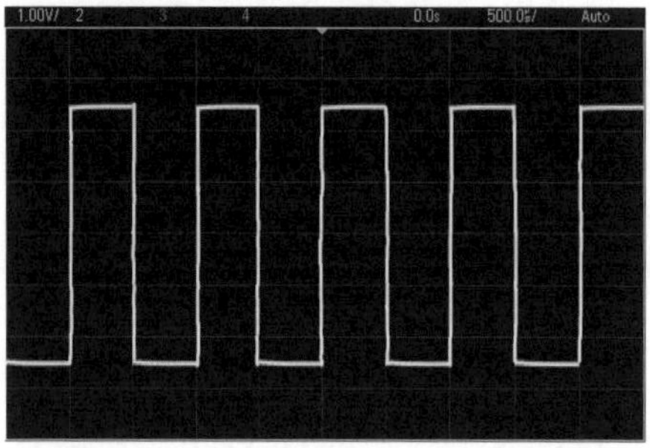

Abb. 4–28 *Ein digitales Signal, wobei die beiden möglichen Pegel in Form von horizontalen Linien dargestellt werden,* `HIGH` *oben und* `LOW` *unten*

Im Gegensatz zu den digitalen Signalen können die analogen unendlich viele Werte zwischen hohem und niedrigem Pegel annehmen. In Abbildung 4–29 sehen Sie als Beispiel ein analoges Signal in Form einer Sinuskurve. Im Verlauf der Zeit wechselt der Spannungspegel fließend zwischen hoch und niedrig.

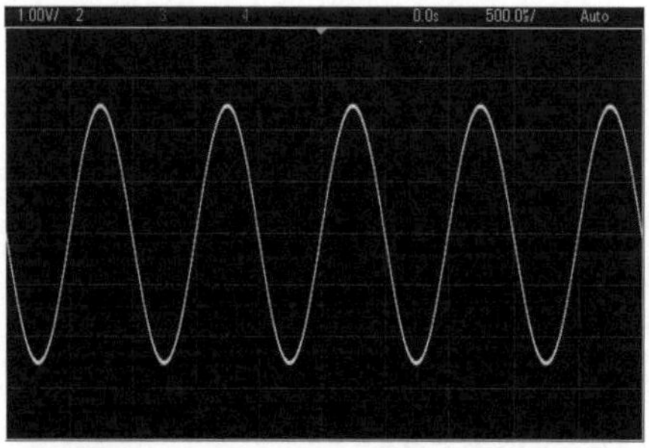

Abb. 4–29 *Ein analoges Signal in Form einer Sinuskurve*

Beim Arduino liegt der hohe Pegel näher an 5 V und der niedrige näher an 0 V oder *GND*. Die Spannungswerte von analogen Signalen können wir am Arduino an den sechs analogen Eingangspins messen, die Sie in Abbildung 4–30 sehen. Dies ist gefahrlos im Bereich zwischen 0 V (*GND*) und maximal 5 V möglich.

Abb. 4–30 *Die analogen Eingangspins am Arduino Uno*

Wenn Sie die Funktion `analogRead()` verwenden, gibt der Arduino proportional zu der an dem abgefragten Analogpin anliegenden Spannung eine Zahl zwischen 0 und 1023 zurück. Im folgenden Beispiel sehen Sie, wie Sie mit `analogRead()` den Wert des Analogpins 0 in der Integervariable a speichern:

```
a = analogRead(0);   // Liest den analogen Eingangspin 0 (A0)
                     // Gibt einen Wert zwischen 0 und 1023 zurück,
                     // was gewöhnlich 0,000 bis 4,995 V entspricht
```

Projekt Nr. 6: Ein Testgerät für Einzelzellenbatterien

Verbreitung und Verwendung der klassischen Batterien sind zwar zurückgegangen, aber in den meisten Haushalten gibt es immer noch einige Geräte, in denen AA-, AAA-, C- oder D-Zellen zum Einsatz kommen, z. B. für Fernbedienungen, Wanduhren oder Kinderspielzeuge. Die Spannung solcher Batterien liegt weit unter 5 V, weshalb wir sie mit unserem Arduino messen können, um den Zustand der Batterie zu ermitteln. In diesem Projekt bauen wir ein Batterietestgerät.

Das Ziel

Einzelzellenbatterien wie AA-Zellen haben im Neuzustand gewöhnlich eine Spannung von 1,6 V, die im Verlauf der Nutzungsdauer abnimmt. Wir wollen die Spannung messen und den Zustand der Batterie optisch über LEDs anzeigen. Dazu rechnen wir das Messergebnis von `analogRead()` in Volt um. Die höchste Spannung, die wir messen können, beträgt 5 V, weshalb wir 5 durch 1024 dividieren (die Anzahl der möglichen Werte), was 0,0048 ergibt. Wenn `analogRead()` beispielsweise 512 zurückgibt, müssen wir diesen Wert mit 0,0048 multiplizieren, wodurch wir auf 2,4576 V kommen.

Der Algorithmus

Der Algorithmus für unseren Batterienprüfer sieht wie folgt aus:

1. Lies von Analogpin 0.
2. Multipliziere den Messwert mit 0,0048, um den Spannungswert in Volt zu erhalten.
3. Ist die Spannung größer oder gleich 1,6 V, dann schalte kurz die grüne LED ein.
4. Ist die Spannung größer als 1,4 V *und* kleiner als 1,6 V, dann schalte kurz die gelbe LED ein.
5. Ist die Spannung kleiner als 1,4 V, dann schalte kurz die rote LED ein.
6. Wiederhole den Vorgang unendlich oft.

Die Hardware

Für dieses Projekt benötigen Sie folgende Teile:

- drei 560-Ω-Widerstände (R1 bis R3)
- einen 2,2-kΩ-Widerstand (R4)
- eine grüne LED (LED1)
- eine gelbe LED (LED2)
- eine rote LED (LED3)
- eine Steckplatine
- Verbindungsdrähte
- Arduino und USB-Kabel

Der Schaltplan

Den Schaltplan für den Einzelzellenprüfer sehen Sie in Abbildung 4–31. Beachten Sie die beiden mit + und - bezeichneten Anschlusspunkte auf der linken Seite. Verbinden Sie sie mit dem *gleichnamigen* Pol der zu prüfenden Batterie, also Plus mit Plus und Minus mit Minus.

WARNUNG

Versuchen Sie auf keinen Fall, einen Wert von mehr als 5 V zu messen. Vertauschen Sie auch nicht die Pole! Dadurch beschädigen Sie den Arduino.

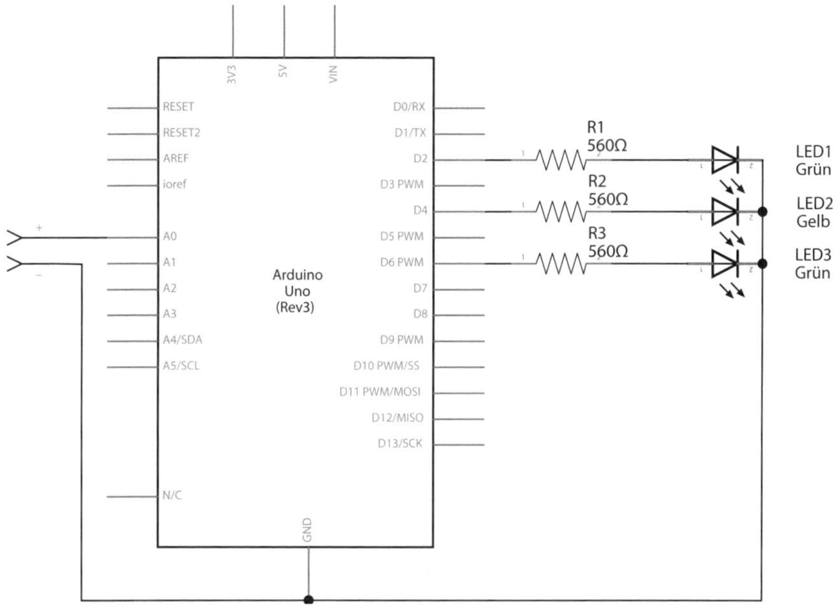

Abb. 4–31 *Schaltplan für Projekt 6*

Der Sketch

Und hier der Sketch: Da analoge Werte sich oft zwischen ganzen Zahlen bewegen, verwenden wir nun einen neuen Variablentyp namens ***float***, welcher Bruch- oder Dezimalwerte enthalten kann.

```
// Projekt 6: Ein Testgerät für Einzelzellenbatterien
#define newLED 2      // Grüne LED "neu"
#define okLED 4       // Gelbe LED "ok"
#define oldLED 6      // Rote LED "alt"

int analogValue = 0;
float voltage = 0;   ❶
int ledDelay = 2000;

void setup()
{
  pinMode(newLED, OUTPUT);
  pinMode(okLED, OUTPUT);
  pinMode(oldLED, OUTPUT);
}

void loop()
{
  analogValue = analogRead(0);     ❷
```

```
    voltage = 0.0048*analogValue;    ❸
    if ( voltage >= 1.6 )            ❹
    {
      digitalWrite(newLED, HIGH);
      delay(ledDelay);
      digitalWrite(newLED, LOW);
    }
    else if ( voltage < 1.6 && voltage > 1.4 )   ❺
    {
      digitalWrite(okLED, HIGH);
      delay(ledDelay);
      digitalWrite(okLED, LOW);
    }
    else if ( voltage <= 1.4 )   ❻
    {
      digitalWrite(oldLED, HIGH);
      delay(ledDelay);
      digitalWrite(oldLED, LOW);
    }
  }
```

In dem Sketch für Projekt 6 liest der Arduino bei ❷ den Wert von Analogpin 0 und wandelt ihn bei ❸ in einen Spannungswert um. Was es mit dem neuen Variablentyp `float` auf sich hat, der bei ❶ auftritt, erfahren Sie im nächsten Abschnitt, welcher nicht nur das Rechnen mit dem Arduino beinhaltet, sondern auch den Vergleichsoperatoren für Zahlenwerte.

Rechnen mit dem Arduino

Wie ein Taschenrechner kann der Arduino arithmetische Operationen wie Multiplikation, Division, Addition und Subtraktion durchführen:

```
a = 100;
b = a + 20;
c = b - 200;
d = c + 80;    // d ist gleich 0
```

Fließkommavariablen

Für Zahlen mit Dezimalstellen können Sie den Variablentyp `float` verwenden. Damit ist es möglich, Zahlen zwischen $3{,}4028235 \times 10^{38}$ und $-3{,}4028235 \times 10^{38}$ zu speichern. Die Genauigkeit ist gewöhnlich auf sechs bis sieben Dezimalstellen beschränkt. In Berechnungen können Sie ganze Zahlen (Integer) und Fließkommazahlen (`float`) mischen. Im folgenden

Beispiel wird erst die Fließkommazahl f zum Integer a addiert und das Ergebnis dann in der float-Variable g gespeichert:

```
int a = 100;
float f;
float g;

f = a / 3; // f = 33.333333
g = a + f; // g = 133.333333
```

Vergleichsoperatoren für Berechnungen

Für die if-Anweisungen und digitalen Eingangssignale in Projekt 5 haben wir Vergleichsoperatoren wie == und != verwendet. Daneben gibt es auch noch folgende Operatoren zum Vergleich von Zahlen und numerischen Variablen:

- < kleiner als
- > größer als
- <= kleiner oder gleich
- >= größer oder gleich

Diese Operatoren haben wir im Sketch von Projekt 6 zum Vergleich von Zahlenwerten in den Zeilen ❹, ❺ und ❻ verwendet.

Die Genauigkeit der Analogmessung durch eine Bezugsspannung verbessern

Wie Sie in Projekt 6 gesehen haben, gibt die Funktion analogRead() einen Wert zurück, der proportional zur Spannung zwischen 0 V und 5 V ist. Der obere Wert (5 V) ist die *Bezugsspannung*, also die höchste Spannung, die der analoge Eingang des Arduino akzeptiert und für die er den höchsten Wert (1023) zurückgibt.

Um die Genauigkeit bei der Messung niedrigerer Spannungen zu erhöhen, können Sie eine geringere Bezugsspannung verwenden. Beträgt die Bezugsspannung 5 V, so stellt analogRead() mit den Werten zwischen 0 und 1023 den gesamten Bereich bis 5 V dar. Wollen wir aber nur Spannungen mit maximal 2 V messen, können wir die Ausgabe des Arduino so ändern, dass nur der Bereich bis 2 V durch die Werte von 0 bis 1023 wiedergegeben wird, was eine genauere Messung ermöglicht. Dazu können Sie sowohl eine externe als auch eine interne Bezugsspannung heranziehen, wie Sie im folgenden Abschnitt erfahren.

Externe Bezugsspannung

Die erste Methode, um eine Bezugs- oder Referenzspannung vorzugeben, bietet der Pin *AREF* (für *a*naloge *Ref*erenz), den Sie in Abbildung 4–32 sehen.

Abb. 4–32 *Der **AREF**-Pin auf dem Arduino Uno*

Um eine neue Bezugsspannung einzuführen, verbinden Sie die Spannungsquelle mit dem *AREF*-Pin und den zugehörigen *GND*-Anschluss mit *GND* auf dem Arduino. Beachten Sie, dass Sie damit nur eine niedrigere und keine höhere Bezugsspannung festlegen können, da eine am Arduino Uno angelegte Spannung nicht höher sein darf als 5 V. Eine einfache Möglichkeit, um eine niedrigere Bezugsspannung einzurichten, besteht darin, aus zwei Widerständen einen *Spannungsteiler* zu bauen, wie Sie in Abbildung 4–33 sehen.

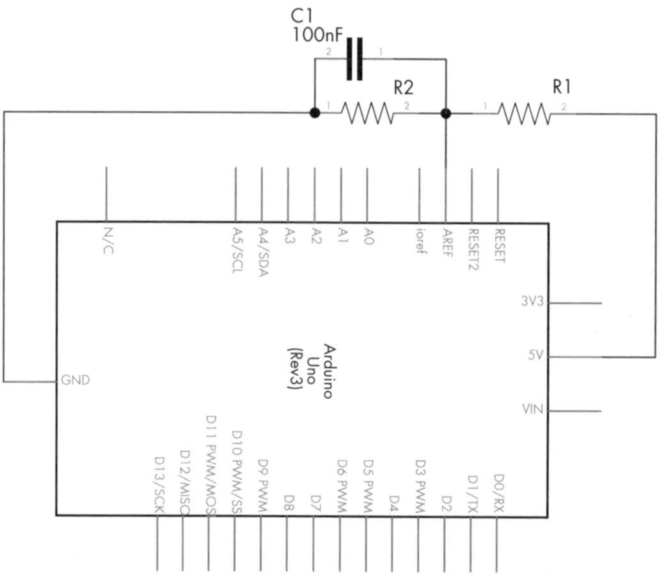

Abb. 4–33 *Spannungsteiler*

Die Werte *R1* und *R2* bestimmen die Bezugsspannung nach folgender Formel:

$$V_{out} = V_{in} \left(\frac{R2}{R1 + R2} \right)$$

Abb. 4–34 *Formel für die Referenzspannung*

Dabei ist V_{out} die Bezugsspannung und V_{in} die Eingangsspannung, in diesem Fall also 5 V. *R1* und *R2* sind die Widerstandswerte in Ohm.

Die einfachste Möglichkeit besteht darin, V_{in} zu halbieren, indem Sie *R1* und *R2* auf denselben Wert setzen, z. B. je 10 kΩ. Dabei sollen Sie Widerstände mit möglichst geringer Toleranz verwenden, z. B. 1 %. Messen Sie die tatsächlichen Widerstandswerte mit einem Multimeter und verwenden Sie diese Werte in den Berechnungen. Außerdem ist es sinnvoll, zwischen *AREF* und *GND* einen 100-nF-Kondensator einzubauen, um ein Rauschen am *AREF* und instabile analoge Messungen zu verhindern.

Bei der Verwendung einer externen Bezugsspannung müssen Sie in den Abschnitt `void setup()` im Sketch folgende Zeile einfügen:

```
analogReference(EXTERNAL); // Wählt den AREF-Pin als Bezugsspannung aus
```

Interne Bezugsspannung

Der Arduino Uno verfügt auch über eine interne 1,1-Volt-Bezugsspannung. Wenn das für Ihren Bedarf geeignet ist, brauchen Sie keine zusätzliche Hardware. Fügen Sie einfach folgende Zeile zu `void setup()` hinzu:

```
analogReference(INTERNAL);     // Wählt die interne
                               // 1,1-Volt-Bezugsspannung aus
```

Regelbare Widerstände

Regelbare Widerstände oder *Potenziometer* (»Poti«) können im Allgemeinen von 0 Ω bis zum Nennwert eingestellt werden. Das Schaltplansymbol sehen Sie in Abbildung 4–35.

Abb. 4–35 *Schaltplansymbol für einen regelbaren Widerstand (Potenziometer)*

Bei einem regelbaren Widerstand finden Sie drei Kontaktstifte: einen in der Mitte und zwei an den Seiten. Wenn Sie die Mittelachse drehen, wird der

Widerstand zwischen der einen Seite und der Mitte erhöht und der Widerstand zwischen der Mitte und der anderen Seite verringert.

Es gibt *linear* und *logarithmisch* regelbare Widerstände. Bei den linearen Modellen ändern sich der Widerstandswert beim Drehen mit konstanter Rate, bei den logarithmischen erst langsam und dann immer schneller. In Audioverstärkerschaltkreisen werden meistens logarithmische Potenziometer verwendet, da sie den Verlauf des menschlichen Hörvermögens nachbilden. Ob ein Potenziometer logarithmisch oder linear ist, können Sie an den Markierungen auf der Rückseite ablesen: Ein A steht in diesem Fall für logarithmisch und ein B für linear.

Dagegen kommen in Arduino-Projekten eher linear regelbare Widerstände wie der aus Abbildung 4–36 zum Einsatz.

Abb. 4–36 *Ein typischer linear regelbarer Widerstand*

Es gibt auch Miniaturversionen von regelbaren Widerständen, sogenannte *Trimmpotenziometer* oder *Trimmer* (siehe Abb. 4–37). Aufgrund ihrer Größe sind sie vor allem für die Widerstandsregelung in »richtigen« Schaltkreisen sehr nützlich. Da sie eingesteckt werden können, eignen sie sich aber auch für die Arbeit auf der Steckplatine.

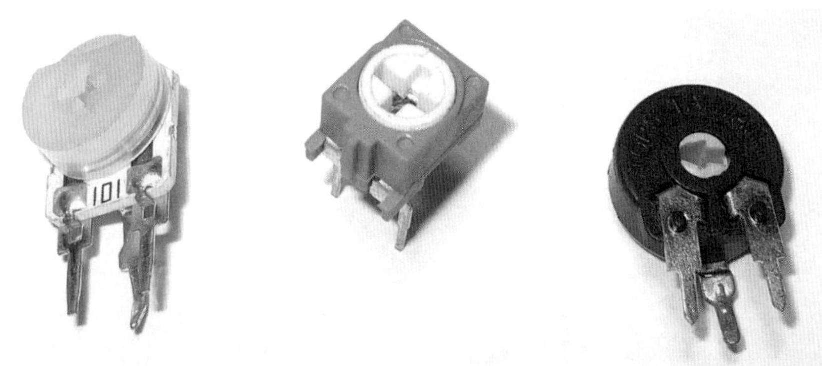

Abb. 4–37 *Verschiedene Modelle von Trimmpotenziometern*

HINWEIS

Schauen Sie sich die verschiedenen Modelle genau an, wenn Sie Trimmpotenziometer kaufen. Wahrscheinlich sind für Ihre Zwecke die Varianten geeignet, die sich mit einem handelsüblichen Schraubendreher einstellen lassen. Außerdem sind die in Abbildung 4–37 gezeigten geschlossenen Typen haltbarer als die billigen Versionen mit offenen Kontakten.

Piezoelektrische Summer

Ein *piezoelektrischer Summer* ist ein kleines rundes Bauteil, mit dem Sie laute und nervtötende Töne erzeugen können – ideal für Alarmanlagen oder um Spaß zu haben. Abbildung 4–38 zeigt ein typisches Beispiel, den TDK PS1240, neben einer Münze, um Ihnen einen Eindruck von der Größe zu geben.

Im Gehäuse eines Piezosummers befindet sich ein sehr dünnes Plättchen, das sich beim Anlegen eines elektrischen Stroms bewegt. Bei Wechselstrom (ein ... aus ... ein ... aus ...) vibriert das Plättchen, was Schallwellen erzeugt.

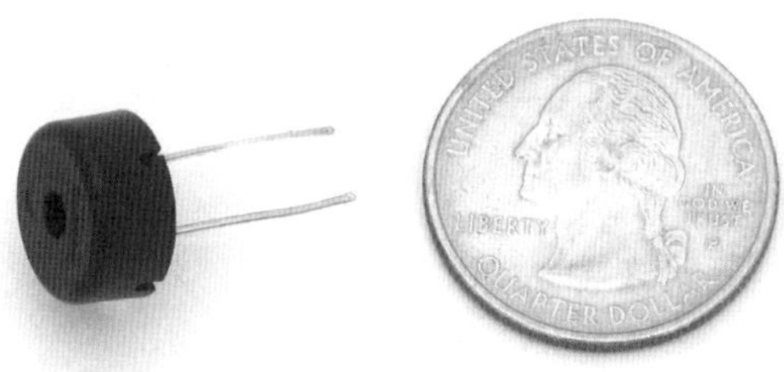

Abb. 4–38 *Der Piezosummer TDK PS1240*

Da sich Piezosummer wie LEDs ein- und ausschalten lassen, können Sie sie auf ganz einfache Weise in Arduino-Projekten verwenden. Diese Elemente sind nicht gepolt, sondern können in beliebiger Richtung eingebaut werden.

Das Schaltplansymbol

Das Schaltplansymbol für einen Piezosummer sieht wie ein Lautsprecher aus (siehe Abb. 4–39), was es sehr leicht erkennbar macht.

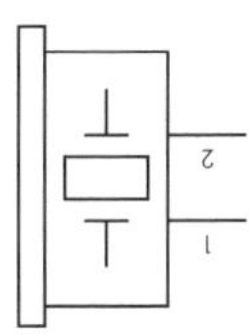

Abb. 4–39 *Das Schaltplansymbol für einen Piezosummer*

HINWEIS

Beim Einkauf der Piezosummer für dieses Projekt müssen Sie darauf achten, dass Sie einen Typ erwischen, der ***nur aus dem Piezoelement*** *besteht. Es gibt auch Modelle, die zwar so aussehen wie das Bauteil in Abbildung 4–38, aber über einen Tonsteuerungsschaltkreis im Gehäuse verfügen. Da wir den Ton direkt vom Arduino aus steuern wollen, können wir diesen Summertyp nicht gebrauchen.*

Projekt Nr. 7: Einen Piezosummer ausprobieren

Wenn Sie einen Piezosummer zur Hand haben und ausprobieren wollen, schließen Sie ihn zunächst zwischen Arduino-GND und den digitalen Pins D3 bis einschließlich D0 an. Laden Sie anschließend den folgenden Sketch auf Ihren Arduino hoch:

```
// Projekt 7: Einen Piezosummer ausprobieren
#define PIEZO 3   // Pin 3 ist PBM-fähig und eignet sich
                  // für die Tonsteuerung
int del = 500;

void setup()
{
   pinMode(PIEZO, OUTPUT);
}

void loop()
{
   analogWrite(PIEZO, 128);   // Tastverhältnis 50%   ❶
   delay(del);
   digitalWrite(PIEZO, LOW);  // Schaltet den Piezosummer aus
   delay(del);
}
```

In diesem Sketch nutzen wir eine Pulsbreitenmodulation am Digitalpin 3. Um die Lautstärke zu ändern, geben Sie bei ❶ ein anderes Tastverhältnis in der Funktion `analogWrite()` an (zurzeit steht es auf 128, also 50 %).

Wollen Sie die Maximallautstärke des Summers erhöhen, müssen Sie eine höhere Spannung anlegen. Sie ist zurzeit auf 5 V beschränkt, aber bei 9 V oder 12 V ist der Summer viel lauter. Da Sie höhere Spannungen nicht vom Arduino beziehen können, brauchen Sie eine externe Stromquelle für den Summer, etwa eine 9-Volt-Batterie, und müssen einen Transistor als elektronischen Schalter verwenden, um die Versorgung des Summers zu regeln. Die erforderliche Schaltung dafür sehen Sie in Abbildung 4–40. Den Sketch für dieses Projekt müssen Sie dazu nicht verändern.

Der mit `12 V` beschriftete Teil des Schaltplans stellt den Pluspol der externen Spannungsquelle dar. Den Minuspol müssen Sie mit dem *GND*-Pin des Arduino verbinden.

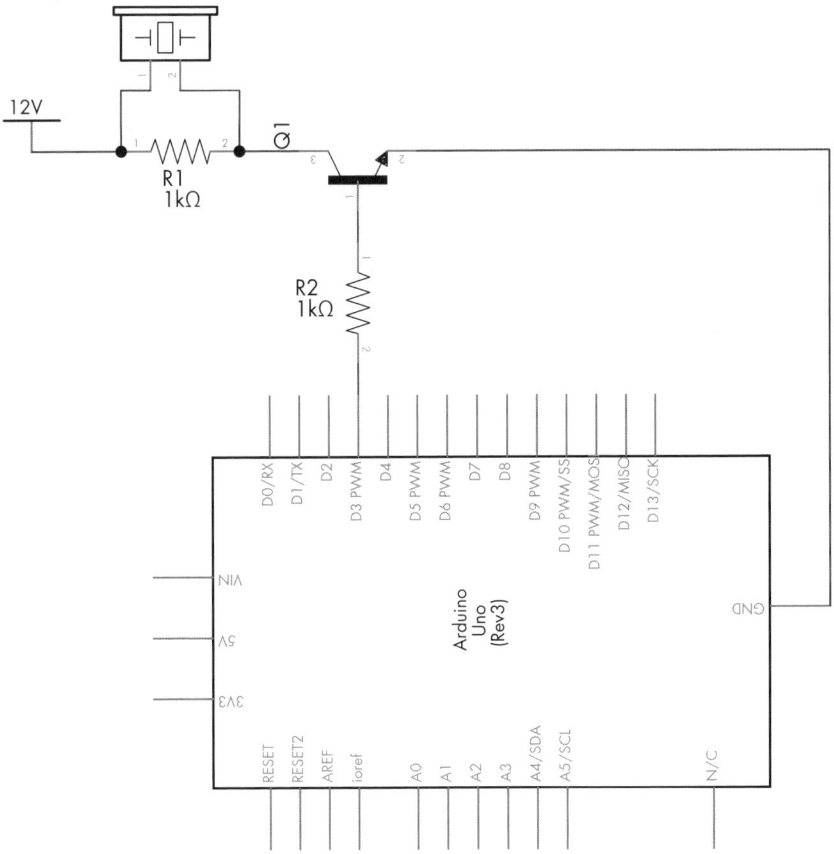

Abb. 4–40 *Schaltplan für Projekt 7*

Projekt Nr. 8: Ein Thermometer mit Ampelanzeige

Abb. 4–41 *Der Temperatursensor TMP36*

Temperatur kann durch ein analoges Signal dargestellt werden. Zur Messung verwenden wir den Temperatursensor TMP36 mit Spannungsausgang von Analog Devices (*http://www.analog.com/tmp36/*), den Sie in Abbildung 4–41 sehen.

Der TMP36 sieht so aus wie der Transistor BC548, den wir schon in der Relaissteuerschaltung von Kapitel 3 verwendet haben. Er gibt eine Spannung proportional zur Temperatur aus, sodass Sie mit einer einfachen Berechnung die vorliegende Temperatur bestimmen können. Beispielsweise beträgt die Ausgangsspannung bei 25 °C 750 mV. Jede Temperaturänderung um 1 °C führt zu einer Spannungsänderung von 10 mV. Der TMP36 kann Temperaturen zwischen −40 °C und +125 °C messen.

Die Funktion `analogRead()` gibt einen Wert zwischen 0 und 1023 zurück, der einer Spannung zwischen 0 mV und knapp unter 5000 mV (5 V) entspricht. Wenn Sie den Rückgabewert von `analogRead()` mit 5000/1024 multiplizieren, erhalten Sie den vom Sensor ausgegebenen Spannungswert. Anschließend subtrahieren wir davon 500 (dies ist ein Versatz, den der TMP36 nutzt, um auch Temperaturen unter null angeben zu können) und teilen das Ergebnis durch zehn, wodurch wir die Temperatur in Grad Celsius bekommen. (Wenn Sie mit Fahrenheit arbeiten wollen, multiplizieren Sie den Celsius-Wert mit 1,8 und addieren 32 zum Ergebnis.)

Das Ziel

In diesem Projekt bauen wir auf der Grundlage des TMP36 ein Thermometer mit Ampelanzeige. Bei Temperaturen unter 20 °C soll eine blaue LED aufleuchten, zwischen 20 und 26 °C eine grüne und über 26 °C eine rote.

Die Hardware

Für dieses Projekt brauchen Sie folgende Teile:

- drei 560-Ω-Widerstände (R1 bis R3)
- eine rote LED (LED1)
- eine grüne LED (LED2)
- eine blaue LED (LED3)
- einen Temperatursensor TMP36
- eine Steckplatine
- Verbindungsdrähte
- Arduino und USB-Kabel

Der Schaltplan

Der Aufbau der Schaltung ist einfach. Wenn Sie auf die beschriftete Seite des TMP36 blicken, gehört der linke Anschluss an den 5-Volt-Ausgang, der mittlere (der Spannungsausgang) an den Analogeingang und der rechte an *GND* (siehe Abb. 4–42).

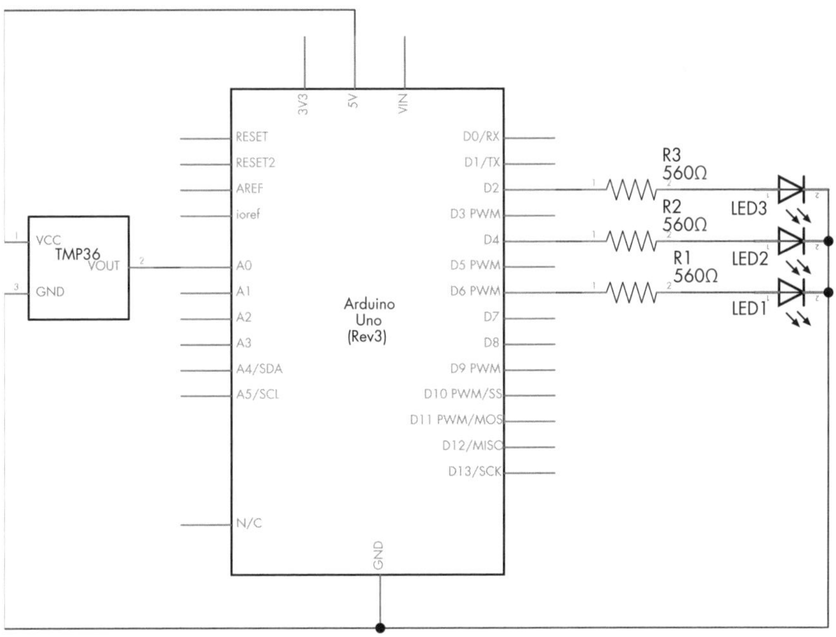

Abb. 4–42 *Schaltplan für Projekt 8*

Der Sketch

Hier sehen Sie den Sketch:

```
// Projekt 8: Ein Thermometer mit Ampelanzeige

// Definiert die Pins, mit denen die LEDs verbunden sind:
#define HOT 6
#define NORMAL 4
#define COLD 2

float voltage = 0;
float celsius = 0;
float hotTemp = 26;
float coldTemp = 20;
float sensor = 0;

void setup()
{
   pinMode(HOT, OUTPUT);
   pinMode(NORMAL, OUTPUT);
   pinMode(COLD, OUTPUT);
}

void loop()
{
   // Liest den Temperatursensor ab und rechnet das Ergebnis
   // in Celsiuswerte um
   sensor = analogRead(0);   ❶
   voltage = (sensor*5000)/1024;     // Rechnet Sensorrohwert in mV um
   voltage = voltage-500;            // Entfernt Versatz
   celsius = voltage/10;             // Rechnet mV- in Celsiuswert um

   // Reagiert je nach Temperaturbereich
   if ( celsius < coldTemp )   ❷
   {
      digitalWrite(COLD, HIGH);
      delay(1000);
      digitalWrite(COLD, LOW);
   }
   else if ( celsius > coldTemp && celsius <= hotTemp )   ❸
   {
      digitalWrite(NORMAL, HIGH);
      delay(1000);
      digitalWrite(NORMAL, LOW);
```

```
        }
        else
        {
            // Temperatur ist > hotTemp
            digitalWrite(HOT, HIGH);
            delay(1000);
            digitalWrite(HOT, LOW);
        }
    }
```

In diesem Sketch wird als Erstes die Spannung vom Sensor TMP36 abgelesen und dann bei ❶ in Celsius-Temperaturwerte umgerechnet. Danach vergleicht er mit den `if-else`-Funktionen bei ❷ und ❸ die vorliegende Temperatur mit den Werten für heiß und kalt und schaltet die jeweils zugehörige LED ein. Mit `delay(1000)` wird verhindert, dass die Leuchtdioden hektisch blinken, wenn die Temperatur schnell zwischen zwei Bereichen wechselt. Sie können mit dem Thermometer experimentieren, indem Sie kühle Luft darüber blasen, um die Temperatur zu senken, oder indem Sie mit zwei Fingern den TMP36-Sensor reiben, um Wärme zu erzeugen.

Ausblick

Damit sind wir am Ende von Kapitel 4 angelangt. Sie haben jetzt eine Menge weiterer Möglichkeiten kennengelernt, darunter digitale Ein- und Ausgänge, neue Arten von Variablen und verschiedene mathematische Funktionen. Im nächsten Kapitel werden Sie noch mehr mit LEDs arbeiten, lernen, wie Sie eigene Funktionen schreiben können, ein Computerspiel und einen elektronischen Würfel konstruieren usw.

5

Funktionen

In diesem Kapitel lernen Sie Folgendes:

- Erstellen eigener Funktionen
- Entscheidungen mit `while` und `do-while`
- Übertragen von Daten zwischen dem Arduino und dem seriellen Monitor
- Umgang mit `long`-Variablen

Sie lernen eigene Funktionen zu erstellen, um Ihre Arduino-Sketche mit weniger Aufwand zu schreiben und leichter lesbar zu machen. Außerdem können Sie damit modularen, wiederverwendbaren Code erstellen, was bei zukünftigen Projekten Zeit zu sparen hilft. Des Weiteren erfahren Sie, wie Sie Entscheidungen zur Steuerung von Codeblöcken fällen können, und lernen einen neuen Typ von Integervariable kennen, nämlich `long`. Um das Gelernte anzuwenden, konstruieren Sie mithilfe selbst geschriebener Funktionen eine neue Art von Thermometer.

Eine *Funktion* besteht aus einem Satz von Anweisungen, den Sie an beliebigen Stellen in Ihren Sketchen einsetzen können. In der Arduino-Sprache stehen zwar schon viele vorgefertigte Funktionen zur Verfügung, doch manchmal ist darunter nicht die passende für das vorliegende Problem zu finden. Es kann auch sein, dass Sie einen Teil eines Sketches immer wieder ausführen müssen, was aber eine Verschwendung von Arbeitsspeicher darstellt. In beiden Fällen wären Sie wahrscheinlich froh, wenn Sie eine

Funktion zur Hand hätten, die das tut, was Sie vorhaben. Die gute Nachricht lautet, dass es eine solche Funktion tatsächlich gibt – nämlich eine, die Sie selbst schreiben!

Projekt Nr. 9: Eine Funktion zur Wiederholung einer Aktion erstellen

Um Aktionen bei Bedarf zu wiederholen, können Sie einfache Funktionen schreiben. Beispielsweise schaltet die folgende Funktion die eingebaute LED zweimal ein (bei ❶ und ❸) und aus (bei ❷ und ❹):

```
void blinkLED()
{
   digitalWrite(13, HIGH);    ❶
   delay(1000);
   digitalWrite(13, LOW);     ❷
   delay(1000);
   digitalWrite(13, HIGH);    ❸
   delay(1000);
   digitalWrite(13, LOW);     ❹
   delay(1000);
}
```

Das folgende Listing zeigt, wie diese Funktion in einem Sketch eingesetzt wird, den Sie auf den Arduino hochladen können:

```
// Projekt 9: Eine Funktion zur Wiederholung einer Aktion erstellen

#define LED 13
#define del 200

void setup()
{
   pinMode(LED, OUTPUT);
}

void blinkLED()
{
   digitalWrite(LED, HIGH);
   delay(del);
   digitalWrite(LED, LOW);
   delay(del);
   digitalWrite(LED, HIGH);
```

```
    delay(del);
    digitalWrite(LED, LOW);
    delay(del);
}

void loop()
{
    blinkLED();        ❶
    delay(1000);
}
```

Wenn bei ❶ die Funktion `blinkLED()` in `void loop()` aufgerufen wird, führt der Arduino die Befehle aus, die im Abschnitt `void blinkLED()` stehen. Damit haben Sie eine eigene Funktion geschrieben und an der Stelle eingesetzt, wo sie gebraucht wurde.

Projekt Nr. 10: Eine Funktion mit einstellbarem Blinkvorgang erstellen

Die Funktion, die wir im letzten Abschnitt erstellt haben, ist sehr eingeschränkt. Was tun wir, wenn wir die Anzahl der Blinkvorgänge und die Verzögerung einstellen wollen? Das ist kein Problem, denn wir können eine Funktion auch so erstellen, dass wir die Werte ändern können:

```
void blinkLED(int cycles, int del)
{
    for ( int z = 0 ; z < cycles ; z++ )
    {
        digitalWrite(LED, HIGH);
        delay(del);
        digitalWrite(LED, LOW);
        delay(del);
    }
}
```

Die neue Variante der Funktion `void blinkLED()` nimmt zwei Integerwerte entgegen: `cycles` (die Anzahl der Blinkvorgänge) und `del` (die Verzögerungszeit zwischen Ein- und Ausschalten der LED). Soll die LED also zwölfmal mit einer Verzögerung von je 100 ms blinken, verwenden wir `blinkLED(12, 100)`. Geben Sie den folgenden Sketch in der IDE ein, um mit dieser Funktion zu experimentieren:

```
// Projekt 10: Eine Funktion mit einstellbarem Blinkvorgang erstellen

#define LED 13

void setup()
{
   pinMode(LED, OUTPUT);
}

void blinkLED(int cycles, int del)
{
   for ( int z = 0 ; z < cycles ; z++ )
   {
      digitalWrite(LED, HIGH);
      delay(del);
      digitalWrite(LED, LOW);
      delay(del);
   }
}

void loop()
{
   blinkLED(12, 100);        ❶
   delay(1000);
}
```

Bei ❶ werden unserer selbst geschriebenen Funktion `blinkLED()` die Werte 12 für `cycles` (die Anzahl der Blinkvorgänge) und 100 für `del` (die Verzögerung) übergeben. Daher blinkt die LED zwölfmal im Abstand von 100 ms.

Funktionen zur Rückgabe von Werten

Funktionen können nicht nur als Parameter eingegebene Werte annehmen (wie `void blinkLED()` in Projekt 10), sondern auch Werte ausgeben. So hat `analogRead()` in Projekt 8 beim Messen eines analogen Eingangs einen Wert zwischen 0 und 1023 ausgegeben.

Bis jetzt haben alle Funktionen, die wir gesehen haben, mit dem Wort void angefangen. Das sagt dem Arduino, dass die Funktion nichts, also Leere zurückgibt. Sie können jedoch auch Funktionen erstellen, die in der Lage sind, jeden beliebigen Wert zurückzugeben. Wenn Sie beispielsweise eine Funktion haben wollen, die einen Integer-Wert zurückgibt, würden Sie diese mit int erstellen. Im Fall von Fließkommazahlen wird float benutzt.

Erstellen Sie nun ein paar nützliche Funktion, die auch tatsächlich Werte zurückgeben. Nehmen Sie zum Beispiel diese Funktion, die Celsius in Fahrenheit umrechnet:

```
float convertTemp(float celsius)
{
   float fahrenheit = 0;
   fahrenheit = (1.8 * celsius) + 32;
   return fahrenheit;
}
```

In der ersten Zeile definieren wir den Funktionsnamen (`convertTemp`), den Rückgabetyp (`float`) und jegliche Variablen, die wir der Funktion übergeben (`float celsius`). Wenn wir beispielsweise 40 °C in Fahrenheit umrechnen und das Ergebnis in der `float`-Variable `tempf` speichern wollen, müssen wir `convertTemp` wie folgt aufrufen:

```
tempf = convertTemp(40);
```

Dadurch wird der Wert `40` in die `convertTemp`-Variable `celsius` aufgenommen und in der Berechnung `fahrenheit = (1.8 * celsius) + 32` dieser Funktion verwendet. Das Ergebnis wird dann in der Zeile `return fahrenheit` in der Variable `tempf` zurückgegeben.

Projekt Nr. 11: Ein Thermometer mit Blinkcodeanzeige

Nachdem Sie jetzt wissen, wie Sie eigene Funktionen schreiben können, wollen wir dies am Beispiel eines Thermometers in die Tat umsetzen, das den Temperatursensor TMP36 aus Kapitel 4 und die eingebaute LED des Arduino nutzt. Bei Temperaturen unter 20 °C soll die LED zweimal blinken, zwischen 20 und 26 °C viermal und über 26 °C sechsmal.

Den Sketch gestalten wir modular, indem wir ihn in einzelne Funktionen aufteilen. Dadurch wird der Sketch leichter verständlich und wir können die Funktionen wiederverwenden. Das Thermometer führt zwei Hauptaufgaben durch: Es misst die Temperatur und ordnet sie einer Kategorie zu und es lässt die LED so oft blinken, wie es die Temperatur verlangt.

Die Hardware

Es ist nur wenig Material erforderlich:

- ein TMP36-Temperatursensor
- eine Steckplatine
- Verbindungsdrähte
- Arduino und USB-Kabel

Der Schaltplan

Der Schaltplan ist sehr einfach, wie Abbildung 5–1 zeigt.

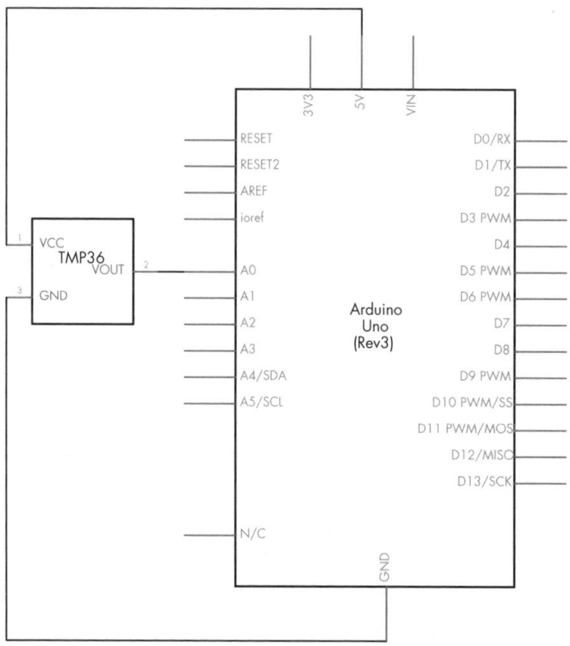

Abb. 5–1 *Schaltplan für Projekt 11*

Der Sketch

Für diesen Sketch schreiben wir zwei Funktionen. Die erste liest den Wert des TMP36, rechnet ihn in Celsius um und gibt je nachdem, wie oft die LED blinken soll, den Wert 2, 4 oder 6 zurück. Dazu wandeln wir den Sketch aus Projekt 8 ab.

Als zweite Funktion verwenden wir `blinkLED()` aus Projekt 9. Die Schleife in `void loop` ruft die Funktionen nacheinander auf und hält dann zwei Sekunden lang an, bevor sie den Vorgang von vorn beginnt.

HINWEIS

Denken Sie daran, die geänderten Projektsketche unter einem anderen Dateinamen zu speichern, damit Sie die früheren Versionen nicht unbeabsichtigt löschen!

Geben Sie als Sketch folgenden Code in der IDE ein:

```
// Projekt 11: Ein Thermometer mit Blinkcodeanzeige

#define LED 13

int blinks = 0;

void setup()
{
   pinMode(LED, OUTPUT);
}

int checkTemp()
{
   float voltage = 0;
   float celsius = 0;
   float hotTemp = 26;
   float coldTemp = 20;
   float sensor = 0;
   int result;
   // Liest den Temperatursensor ab und rechnet das Ergebnis
   // in Celsiuswerte um

   sensor = analogRead(0);
   voltage = (sensor*5000)/1024;    // Rechnet Sensorrohwert in mV um
   voltage = voltage-500;           // Entfernt Versatz
   celsius = voltage/10;            // Rechnet mV- in Celsiuswert um

   // Reagiert je nach Temperaturbereich
   if (celsius < coldTemp)
   {
      result = 2;
   }
   else if (celsius >= coldTemp && celsius <= hotTemp)
   {
      result = 4;
   }
   else
   {
      result = 6; // Temperatur ist > hotTemp
```

```
    }
    return result;
}

void blinkLED(int cycles, int del)
{
    for ( int z = 0 ; z < cycles ; z++ )
    {
        digitalWrite(LED, HIGH);
        delay(del);
        digitalWrite(LED, LOW);
        delay(del);
    }
}

void loop()
{
    blinks = checkTemp();
    blinkLED(blinks, 500);
    delay(2000);
}
```

Da wir eigene Funktionen verwenden, müssen wir in `void loop ()` nichts anderes tun, als sie aufzurufen und die Verzögerung einzustellen. Die Funktion `checkTemp()` gibt einen Wert in der Integervariable `blinks` zurück, und daraufhin lässt `blinkLED()` die LED im Abstand von 500 ms so oft blinken, wie `blinks` angibt. Danach hält der Sketch zwei Sekunden lang an, bevor der Vorgang wiederholt wird.

Laden Sie den Sketch hoch und beobachten Sie die LED, um das Thermometer in Aktion zu erleben. Wie in anderen Projekten auch können Sie schauen, ob sich die Temperatur ändern lässt, indem Sie entweder den Sensor anpusten oder ihn zwischen Ihren Fingern halten.

Daten vom Arduino im seriellen Monitor anzeigen

Bis jetzt haben wir Sketche an den Arduino gesendet und uns die Ausgabe über LEDs anzeigen lassen (sei es die Temperatur oder die Ampelsignale). Mit Blinkzeichen können Sie sehr leicht Rückmeldung vom Arduino einholen, allerdings ist deren Informationsgehalt nicht sehr hoch. In diesem Abschnitt lernen Sie, wie Sie Daten vom Arduino über die Kabelverbindung im Fenster *Serial Monitor* der IDE anzeigen und von der Computertastatur aus Daten an den Arduino übertragen können.

Der serielle Monitor

Um den seriellen Monitor zu öffnen, starten Sie die IDE und klicken in der Symbolleiste auf das Symbol aus Abbildung 5–2. Anschließend wird das Fenster *Serial Monitor* geöffnet, das Sie in Abbildung 5–3 sehen.

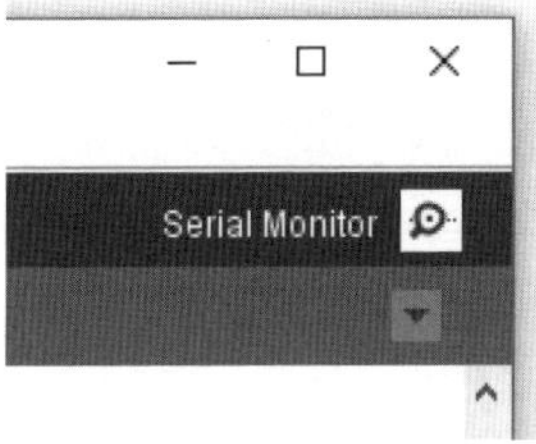

Abb. 5–2 *Das Symbol für den seriellen Monitor in der IDE*

Wie Sie in Abbildung 5–3 sehen, zeigt der serielle Monitor oben ein Eingabefeld an, das aus einer einzelnen Eingabezeile sowie einer Sendeschaltfläche besteht, und darunter ein Ausgabefenster, in dem die Daten vom Arduino dargestellt werden. Wenn das Kontrollkästchen *Autoscroll* aktiviert ist, wird immer nur die jüngste Ausgabe angezeigt. Sobald der Bildschirm voll ist, werden ältere Daten vom sichtbaren Teil des Bildschirms verschoben, um Platz für die neuen zu machen. Ist *Autoscroll* nicht aktiviert, müssen Sie über den vertikalen Rollbalken zu den aktuellen Daten wechseln.

Abb. 5–3 *Der serielle Monitor*

Den seriellen Monitor starten

Bevor Sie den seriellen Monitor nutzen können, müssen Sie ihn aktivieren, indem Sie die folgende Funktion in `void setup()` zu Ihrem Sketch hinzufügen:

```
Serial.begin(9600);
```

Der Wert `9600` ist die Geschwindigkeit, mit der die Daten zwischen Computer und Arduino übertragen werden, angegeben in *Baud*. Dieser Wert muss der Geschwindigkeitseinstellung entsprechen, die unten rechts im seriellen Monitor angezeigt wird (siehe Abb. 5–3).

Text an den seriellen Monitor senden

Um Text an den seriellen Monitor zu senden und im Ausgabefenster anzuzeigen, verwenden Sie `Serial.print`:

```
Serial.print("Arduino for Everyone!");
```

Dadurch wird der Text, der zwischen den Anführungszeichen steht, an das Ausgabefenster des seriellen Monitors gesendet.

Damit jeglicher nachfolgende Text auf der nächsten Zeile beginnt, verwenden Sie `Serial.println`:

```
Serial.println("Arduino for Everyone!");
```

Den Inhalt von Variablen anzeigen

Auf dem seriellen Monitor können Sie auch die Inhalte von Variablen anzeigen. Das folgende Beispiel zeigt diesen Vorgang für die Variable `results`:

```
Serial.println(results);
```

Der Inhalt von float-Variablen wird standardmäßig mit zwei Nachkommastellen angezeigt. Um das zu ändern, können Sie die Anzahl der gewünschten Dezimalstellen in Form einer Zahl zwischen 0 und 6 als zweiten Parameter hinter dem Variablennamen angeben. Um beispielsweise `results` mit vier Dezimalstellen anzuzeigen, schreiben Sie Folgendes:

```
Serial.print(results, 4);
```

Projekt Nr. 12: Die Temperatur im seriellen Monitor anzeigen

Mit dem Aufbau aus Projekt 8 wollen wir die Temperaturdaten nun im Fenster *Serial Monitor* in Celsius und in Fahrenheit anzeigen. Dazu erstellen wir eine Funktion, die die Temperaturwerte ermittelt, und eine andere, die sie im seriellen Monitor darstellt.

Geben Sie in der IDE folgenden Code ein:

```
// Projekt 12: Die Temperatur im seriellen Monitor anzeigen

float celsius = 0;
float fahrenheit = 0;

void setup()
{
   Serial.begin(9600);
}

void findTemps()    ❶
{
   float voltage = 0;
   float sensor = 0;

   // Liest den Temperatursensor ab und rechnet das Ergebnis
   // in Celsius- und Fahrenheitwerte um
   sensor = analogRead(0);
   voltage = (sensor * 5000) / 1024;  // Rechnet Sensorrohwert in mV um
   voltage = voltage - 500;           // Entfernt Versatz
   celsius = voltage / 10;            // Rechnet mV- in Celsiuswert um
   fahrenheit = (1.8 * celsius) + 32; // Rechnet Celius in Fahrenheit um
}

void displayTemps()    ❷
{
   Serial.print("Temperature is ");
   Serial.print(celsius, 2);
   Serial.print(" deg. C / ");
   Serial.print(fahrenheit, 2);
   Serial.println(" deg. F");
   // Wir verwenden hier .println, damit der nächste Wert
   // auf einer eigenen Zeile angezeigt wird
}

void loop()
{
   findTemps();
   displayTemps();
   delay(1000);
}
```

In diesem Sketch passiert eine ganze Menge, aber da wir die beiden Funktionen `findTemps()` bei ❶ und `displayTemps()` bei ❷ erstellt haben, sieht die Sache schon übersichtlicher aus. Diese Funktionen werden in `void loop()` aufgerufen, sodass die Schleife ganz einfach ist. Hier können Sie ganz deutlich Gründe dafür erkennen, eigene Funktionen zu schreiben: Dadurch werden Ihre Sketche leichter verständlich, der Code wird modularer und lässt sich möglicherweise wiederverwenden.

Nachdem Sie den Sketch hochgeladen haben, warten Sie einige Sekunden lang und öffnen dann den seriellen Monitor. Dort wird jetzt die Temperatur Ihrer Umgebung wie in Abbildung 5–4 angezeigt.

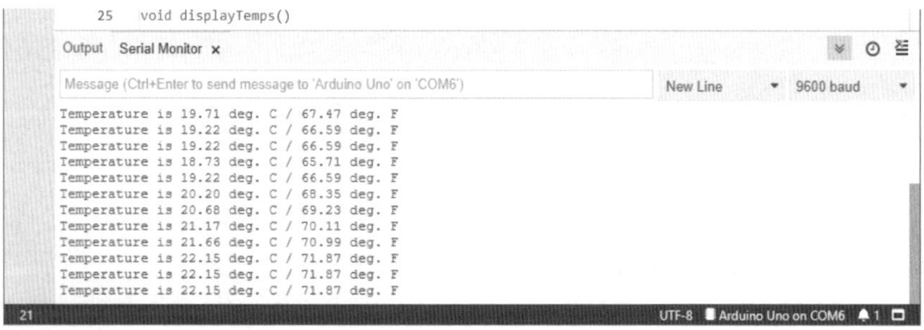

Abb. 5–4 *Das Ergebnis von Projekt 12*

Debugging im seriellen Monitor

Den seriellen Monitor können Sie auch zum *Debuggen* Ihres Sketches nutzen (also um Fehler aufzuspüren und zu beheben). Wenn Sie in den Sketch einfache `Serial.println()`-Anweisungen aufnehmen, die Ihnen mitteilen, welche Stelle des Sketches gerade ausgeführt wird, können Sie verfolgen, wie der Arduino eine Anweisung nach der anderen abarbeitet. Beispielsweise können Sie in die Funktion `findTemps()` folgende Zeile aufnehmen, um die Meldung auszugeben, dass der Arduino gerade diese Funktion ausführt:

```
Serial.println("now in findTemps()");
```

Entscheidungen mit while-Anweisungen

Mit `while`-Anweisungen können Sie Vorgänge in einem Sketch wiederholt ausführen lassen, solange eine bestimmte Bedingung wahr ist.

while

Die Bedingung wird daher immer geprüft, *bevor* der Code in der `while()`-Anweisung ausgeführt wird. Beispielsweise wird bei `while ( temperature > 30 )` erst nachgeschaut, ob der Wert von `temperature` größer als 30 ist. Für die Bedingung können Sie innerhalb der Klammern auch jeden anderen beliebigen Vergleichsoperator verwenden.

Der folgende Code veranlasst den Arduino, bis 10 zu zählen (was 10 s dauert) und dann mit seinem Programm fortzufahren:

```
int a = 0; // Eine Integervariable
while ( a < 10 )
{
   a = a + 1;
   delay(1000);
}
```

Zu Anfang dieses Sketches wird die Variable `a` auf `0` gesetzt. Anschließend addiert das Programm 1 zu dem Wert von `a`, wartet eine Sekunde lang (`delay(1000)`) und wiederholt den Prozess, bis `a` den Wert `10` hat (`while ( a < 10 )`). Sobald `a` gleich `10` ist, ergibt der Vergleich in der `while`-Anweisung `false`, weshalb der Arduino mit dem Code fortfährt, der in dem Sketch hinter den Klammern der `while`-Schleife steht.

do-while

Anders als bei `while` erfolgt die Prüfung der Bedingung bei einer `do-while`-Struktur *nach* der Ausführung des Codes in der Anweisung:

```
int a = 0; // Eine Integervariable
do
{
   delay(1000);
   a = a + 1;
} while ( a < 100 );
```

Hier wird der Code zwischen den geschweiften Klammern ausgeführt, *bevor* die Bedingung (`while ( a < 100 )`) geprüft wird. Daher wird die Schleife mindestens einmal ausgeführt, auch wenn die Bedingung nicht erfüllt ist. Ob Sie `while` oder `do-while` verwenden, entscheiden Sie jeweils bei der Gestaltung Ihres Projekts.

Daten vom seriellen Monitor an den Arduino senden

Um Daten vom seriellen Monitor an den Arduino senden zu können, müssen wir dafür sorgen, dass der Arduino den *seriellen Puffer* abhört, also den Teil des Arduino, der über die seriellen Pins (Digitalpin 0 und 1) Daten von außen empfängt. Diese Pins sind über den USB-Schaltkreis und das Kabel auch mit Ihrem Computer verbunden. Der serielle Puffer enthält die Daten, die von der Eingabezeile des seriellen Monitors eingehen.

Projekt Nr. 13: Eine Zahl mit 2 multiplizieren

Um die Übertragung von Daten über den seriellen Monitor zu veranschaulichen, sehen wir uns den folgenden Sketch an. Er nimmt eine einzelne Ziffer vom Benutzer entgegen, multipliziert sie mit 2 und zeigt das Ergebnis im Ausgabefenster des seriellen Monitors an. Nachdem Sie den Sketch hochgeladen haben, öffnen Sie den seriellen Monitor und wählen *No Line Ending* im Drop-down-Menü aus. Wenn Sie Daten in den seriellen Monitor eingeben, müssen Sie `CTRL-ENTER` und nicht nur `ENTER` drücken, um die Übertragung an den Arduino durchzuführen.

```
// Projekt 13: Eine Zahl mit 2 multiplizieren

int number;

void setup()
{
   Serial.begin(9600);
}

void loop()
{
   number = 0;         // Setzt number auf 0, um einen neuen Wert
                       // empfangen zu können
   Serial.flush();     // Leert den seriellen Puffer, bevor wieder
                       // gewartet wird
   while (Serial.available() == 0)   ❶
   {
      // Tut nichts, bis etwas im seriellen Puffer ankommt
   }
   while (Serial.available() > 0)    ❷
   {
      number = Serial.read() - '0';
```

```
        // Liest die Zahl im seriellen Puffer und stellt sie in number
        // und entfernt den ASCII-Textversatz '0' für null.
    }
    // Zeigt die eingegebene Zahl und das Ergebnis der Multiplikation an
    Serial.print("You entered: ");
    Serial.println(number);
    Serial.print(number);
    Serial.print(" multiplied by two is ");
    number = number * 2;
    Serial.println(number);
}
```

Der Test Serial.available() in der ersten while-Anweisung bei ❶ gibt 0 zurück, wenn der Benutzer im seriellen Monitor nichts eingegeben hat. Die Anweisung teilt dem Arduino also mit: »Tue nichts, bis der Benutzer irgendetwas eingibt.« Die nächste while-Anweisung bei ❷ erkennt die Zahl im seriellen Puffer und wandelt den Textcode, als der die Daten dargestellt werden, in eine echte Integerzahl um. Anschließend zeigt der Arduino diese Zahl und das Ergebnis der Multiplikation an.

Die Funktion Serial.flush() zu Beginn des Sketches leert den seriellen Puffer für den Fall, dass sich noch unerwartete Daten darin befinden, und bereitet ihn für den Empfang der nächste verfügbaren Daten vor. Abbildung 5–5 zeigt das Fenster des seriellen Monitors nach Ausführung des Sketches.

Abb. 5–5 *Beispiel der Ein- und Ausgabe von Projekt 13*

Sie können jetzt zwar über den seriellen Monitor numerische Daten eingeben und vom Arduino verarbeiten lassen, aber die Verwendung von Integervariablen schränkt den Bereich der verfügbaren Zahlen ein. Um diesen Bereich zu vergrößern, können Sie long-Variablen nutzen, wie Sie im folgenden Abschnitt lernen werden.

long-Variablen

Damit der serielle Monitor auch mehr als einstellige Zahlen akzeptiert, müssen wir dem Sketch noch weiteren Code hinzufügen, wie Sie in Kürze sehen werden. Bei der Arbeit mit großen Zahlen jedoch stellt der Variablentyp `int` eine Einschränkung dar, da er nur Werte bis höchstens 32.767 fassen kann. Zum Glück können wir diese Einschränkung jedoch mit dem Variablentyp `long` überwinden. Eine `long`-Variable ist eine ganze Zahl zwischen –2.147.483.648 und 2.147.483.647. Damit bietet sich uns ein sehr viel größerer Bereich als bei `int`-Variablen (–32.768 bis 32.767).

Projekt Nr. 14: long-Variablen verwenden

Wir wollen den seriellen Monitor nun zur Übergabe von `long`-Variablen und mehrstelligen Zahlen verwenden. Der folgende Sketch akzeptiert eine Zahl aus vielen Stellen, multipliziert sie mit 2 und gibt das Ergebnis an den seriellen Monitor zurück:

```
// Projekt 14: long-Variablen verwenden

long number = 0;
long a = 0;

void setup()
{
   Serial.begin(9600);
}

void loop()
{
   number = 0;        // Setzt number auf 0, um einen neuen Wert
                      // empfangen zu können
   Serial.flush();    // Leert den seriellen Puffer, bevor wieder
                      // gewartet wird
   while (Serial.available() == 0)
   {
      // Tut nichts, bis etwas im seriellen Puffer ankommt.
      // Wenn etwas hineinkommt, gibt Serial.available an,
      // wie viele Zeichen im Puffer auf Verarbeitung warten
   }
   // Ein Zeichen der seriellen Daten ist verfügbar,
   // die Berechnung beginnt
   while (Serial.available() > 0)
```

```
        {
          // Verschiebt alle bisherigen Stellen um eine Position nach links,
          // während sich Daten im Puffer befinden, d.h., 1 wird zu 10.
          number = number * 10;
          // Liest die nächste Ziffer im Puffer und entfernt das Zeichen 0,
          // um sie in eine echte Ganzzahl umzuwandeln
          a = Serial.read() - '0';
          // Addiert diesen Wert a zu der angesammelten Zahl
          number = number + a;
          // Sieht eine kurze Verzögerung vor, sodass weitere Daten in
          // Serial.available gelangen können
          delay(5);
        }
        Serial.print("You entered: ");
        Serial.println(number);
        Serial.print(number);
        Serial.print(" multiplied by two is ");
        number = number * 2;
        Serial.println(number);
      }
```

In diesem Beispiel machen es die beiden `while`-Schleifen möglich, dass der Arduino mehrstellige Zahlen vom seriellen Monitor annimmt. Wenn der Benutzer die erste Ziffer eingibt (die linke Stelle der gesamten Zahl), wird sie in eine Zahl umgewandelt und dann zur Summenvariable `number` addiert. Gibt es nur eine Ziffer, fährt der Sketch mit dem Code hinter der Schleife fort. Wird eine weitere Ziffer eingegeben (z. B. die 2 von 42), wird die bisherige Summe mit 10 multipliziert, um die erste Stelle nach links zu verschieben, und dann die neue Ziffer addiert. Dieser Vorgang wiederholt sich, bis die rechte Stelle zur Summe addiert wurde.

Abbildung 5–6 zeigt die Ein- und Ausgabe dieses Sketches.

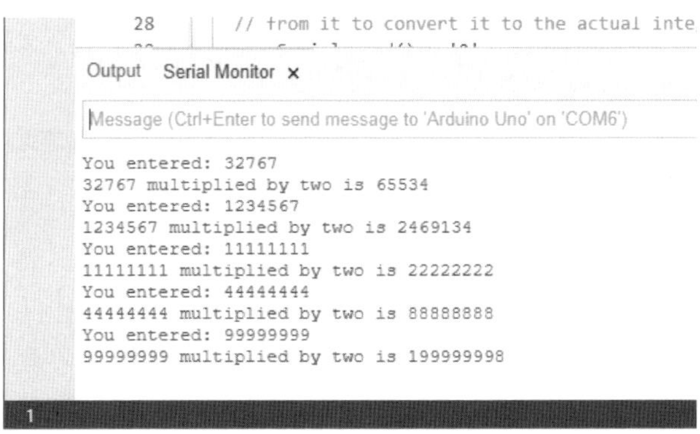

Abb. 5–6 *Beispiel der Ein- und Ausgabe von Projekt 14*

Ausblick

Die Fähigkeit, Ihre eigenen Funktionen zu erstellen, ist äußerst wichtig, da sie Sketches vereinfacht und sowohl Mühe als auch Zeit spart. Im nächsten Kapitel werden Sie viel Gebrauch von dieser Fähigkeit machen und lernen, wie Sie Mathematik besser auf Ihrem Arduino einsetzen können, beispielsweise indem Sie ein Spiel entwickeln.

6

Zahlen, Variablen und arithmetische Operationen

In diesem Kapitel lernen Sie Folgendes:

- Erzeugung von Zufallszahlen
- Bau elektronischer Würfel
- Binärzahlen
- Verwendung von Schieberegister-ICs (integrierte Schaltkreise) zur Erweiterung der digitalen Ausgangspins
- Erstellen eines Quizspiels zum Thema Binärzahlen
- Arrays aus Variablen
- Ausgaben von Zahlen mit Siebensegmentanzeigen
- Verwenden der mathematischen Modulo-Funktion
- Bau eines Digitalthermometers
- Bitweise Arithmetik
- Erstellen von festen und laufenden Bildern auf LED-Matrixanzeigen

Hier lernen Sie eine breite Palette an nützlichen neuen Funktionen kennen, die Ihre Möglichkeiten für Projekte erweitern. Dazu gehören Zufallszahlen, mathematische Funktionen und die Speicherung von Variablen in geordneten Listen, sogenannten *Arrays*. Außerdem erfahren Sie, wie Sie

LED-Anzeigemodule in numerischer und in Matrixform zur Ausgabe von Daten und einfachen Bildern einsetzen können. Um das Gelernte anzuwenden, konstruieren Sie ein Spiel und ein Digitalthermometer.

Zufallszahlen generieren

Für Spiele und besondere Effekte kann es sehr nützlich sein, wenn ein Programm in der Lage ist, Zufallszahlen zu erzeugen. Beispielsweise können Sie Zufallszahlen nutzen, um mit dem Arduino ein Würfel- oder Lotteriespiel zu spielen, um Lichteffekte mit LEDs hervorzurufen oder um optische und akustische Effekte für ein Arduino-Quizspiel zu gestalten. Leider kann der Arduino von sich aus keine reinen Zufallszahlen erzeugen. Sie müssen ihm helfen, indem Sie ihm einen *Startwert* angeben, also eine willkürlich ausgewählte Anfangszahl für die Berechnungen, die eine Zufallszahl ausgeben.

Zufallszahlen aus dem Umgebungsstrom generieren

Die einfachste Möglichkeit, auf dem Arduino eine Zufallszahl zu erstellen, besteht darin, ein Programm zu schreiben, dass die Spannung an einem der freien (nicht belegten) analogen Pins abliest (z. B. Analogpin 0). Das ist etwa mit folgender Zeile in `void setup()`möglich:

```
randomSeed(analogRead(0))
```

Auch wenn an den Analogpin nichts angeschlossen ist, sorgt die statische Elektrizität in der Umgebung doch für eine winzige messbare Spannung mit zufälligem Betrag. Wir können diese Umgebungsspannung messen und als Startwert nutzen, um mit `random(lower, upper)` eine Zufallszahl zu erzeugen, und einer Integervariable zuweisen. Mit den Parametern `lower` und `upper` werden dabei die Unter- und die Obergrenze für den Wertebereich der Zufallszahl festgelegt. Um beispielsweise eine Zufallszahl zwischen 100 und 1000 zu generieren, schreiben Sie Folgendes:

```
int a = 0;
a = random(100, 1001);
```

Wir gaben als Obergrenze nicht 1000, sondern 1001 an, da die Obergrenze *ausschließlich* ist, das heißt, der angegebene Wert ist nicht im Wertebereich enthalten.

Um eine Zufallszahl zwischen 0 und einer beliebigen Zahl zu erzeugen, reicht es jedoch, nur die Obergrenze anzugeben. Für eine Zufallszahl zwischen 0 und 6 schreiben Sie also:

```
a = random(7);
```

Der Beispielsketch aus Listing 6–1 erzeugt Zufallszahlen zwischen 0 und 1000 sowie zwischen 10 und 50:

```
int r = 0;

void setup()
{
   randomSeed(analogRead(0));
   Serial.begin(9600);
}

void loop()
{
   Serial.print("Random number between zero and 1000 is: ");
   r = random(0, 1001);
   Serial.println(r);
   Serial.print("Random number between ten and fifty is: ");
   r = random(10, 51);
   Serial.println(r);
   delay(1000);
}
```

Listing 6–1 *Zufallszahlengenerator*

Abbildung 6–1 zeigt das Ergebnis im seriellen Monitor.

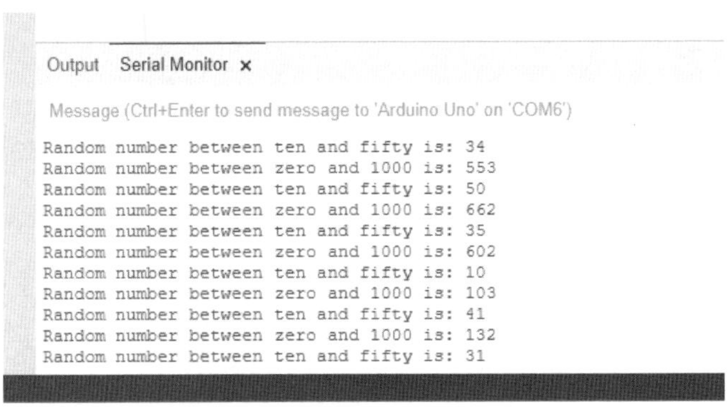

Abb. 6–1 *Die Ausgabe von Listing 6–1*

Nun wissen Sie, wie Sie Zufallszahlen erzeugen können. Als Nächstes wollen wir diese neuen Kenntnisse gleich in die Tat umsetzen, indem wir einen elektronischen Würfel konstruieren.

Projekt Nr. 15: Einen elektronischen Würfel erstellen

Unser Ziel besteht darin, willkürlich eine von sechs LEDs zum Leuchten zu bringen, um den Wurf eines Würfels zu simulieren. Dazu erzeugen wir eine Zufallszahl zwischen 1 und 6 und schalten dann die LED der entsprechenden Nummer ein. Für die Aufgabe, eine der sechs LEDs zufällig auszuwählen und eine bestimmte Zeit lang aufleuchten zu lassen, erstellen wir eine Funktion. Wenn der Arduino, auf dem der Sketch läuft, eingeschaltet oder zurückgesetzt wird, soll er eine bestimmte Zeit lang in schneller Folge zufällige LEDs einschalten und den Lichtwechsel dann verlangsamen, bis die endgültige LED leuchtet. Die LED, die der Zufallszahl entspricht, bleibt dann eingeschaltet, bis der Arduino zurückgesetzt oder ausgeschaltet wird.

Die Hardware

Um den Würfel zu bauen, brauchen Sie folgende Teile:

- sechs LEDs beliebiger Farbe (LED1 bis LED6)
- einen 560-Ω-Widerstand
- eine mittelgroße Steckplatine
- Verbindungsdrähte
- Arduino und USB-Kabel

Der Schaltplan

Da immer nur eine LED auf einmal leuchtet, reicht ein Widerstand zur Strombegrenzung zwischen den Kathoden der LEDs und dem *GND*-Anschluss. Abbildung 6–2 zeigt den Schaltplan für den Würfel.

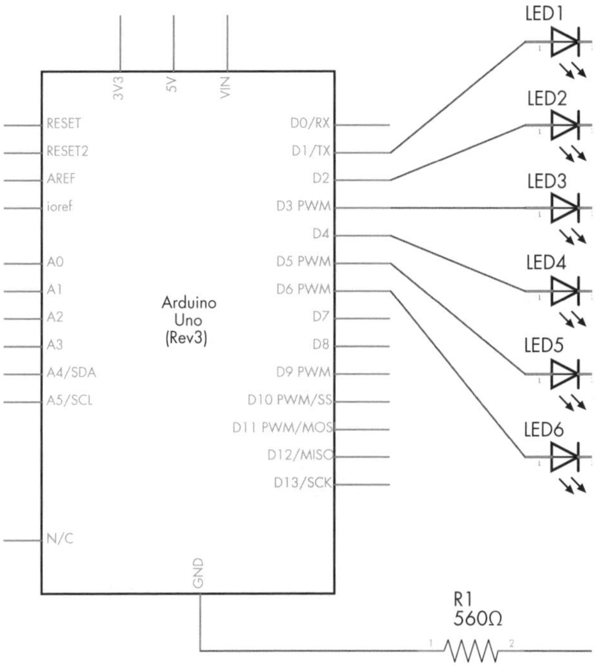

Abb. 6-2 *Schaltplan für Projekt 15*

Der Sketch

Der Sketch für den Würfel sieht wie folgt aus:

```
// Projekt 15: Einen elektronischen Würfel erstellen

void setup()
{
  randomSeed(analogRead(0));           // Gibt den Anfangswert für die
                                       // Erzeugung der Zufallszahlen vor
  for ( int z = 1 ; z < 7 ; z++ )      // Legt die LEDs an den Pins 1-6
                                       // als Ausgänge fest
  {
    pinMode(z, OUTPUT);
  }
}

void randomLED(int del)
{
  int r;
  r = random(1, 7);         // Generiert eine Zufallszahl zwischen 1 und 6
  digitalWrite(r, HIGH);    // Legt Spannung an die entsprechende LED
                            // an einem der Digitalpins 1–6 an
```

```
    if (del > 0)
    {
      delay(del);               // Lässt die LED die übergebene
                                // Verzögerungszeit ❶ lang leuchten
    }
    else if (del == 0)  ❷
    {
      do                        // Lässt die LED dauerhaft leuchten,
                                // wenn die Verzögerung 0 übergeben wird
      {}
      while (1);        ❸
    }
    digitalWrite(r, LOW);       // Schaltet die LED aus
  }

  void loop()
  {
    int a;
    // Bringt willkürliche LEDs zum Leuchten, damit der Vorgang
    // spannender aussieht
    for ( a = 0 ; a < 100 ; a++ )
    {
      randomLED(50);
    }
    // Verlangsamt den Leuchtrhythmus
    for ( a = 1 ; a <= 10 ; a++ )  ❹
    {
      randomLED(a * 100);
    }
    // Hält bei der LED an, die der endgültigen Zufallszahl entspricht
    randomLED(0);
  }
```

Um die digitalen Ausgabepins in `void setup()` zu aktivieren, verwenden wir hier eine Schleife. Die Funktion `randomLED()` nimmt einen Integerwert entgegen, der in der Funktion `delay()` bei ❶ dazu herangezogen wird, die LED die angegebene Zeit lang eingeschaltet zu lassen. Beträgt der bei ❷ empfangene Wert für die Verzögerung `0`, hält die Funktion die LED unbegrenzt am Leuchten, denn bei ❸ steht:

```
do {} while (1);
```

Da 1 stets 1 ist, wird diese Schleife endlos durchlaufen.

Um zu »würfeln«, setzen wir den Arduino zurück, womit der Sketch neu startet. Damit das willkürliche Aufleuchten der LEDs immer langsamer wird, bis schließlich der endgültige Wert angezeigt wird, lassen wir bei ❹ zunächst 100 Mal jeweils eine zufällig ausgewählte LED 50 ms lang leuchten. Danach verlangsamen wir diesen Rhythmus, indem wir die Verzögerung zwischen dem Aufblitzen der Leuchtdioden von 100 auf 1000 ms erhöhen und die Leuchtdauer auf 100 ms. Damit simulieren wir die Verlangsamung der Würfelbewegung, bevor er zum Stillstand kommt und den endgültigen Wert anzeigt. An dieser Stelle gibt der Arduino das Ergebnis des Würfelvorgangs wieder, indem er mit der folgenden letzten Zeile eine der LEDs zum Leuchten bringt:

```
randomLED(0);
```

Den Sketch ändern

Dieses Projekt können Sie auf verschiedene Weise abändern. Beispielsweise können Sie weitere sechs LEDs hinzufügen, um zwei Würfel auf einmal zu werfen, oder das Ergebnis durch die Anzahl der Blinkvorgänge der eingebauten LED anzeigen. Lassen Sie Ihre Fantasie spielen, um mit Ihren neuen Fertigkeiten Spaß zu haben!

Schnellkurs in Binärzahlen

Die meisten Kinder lernen das Zählen im Dezimalsystem (Basis 10), Computer (und der Arduino) aber verwenden das Binärsystem (Basis 2).

Binärzahlen

Binärzahlen werden nur aus den Ziffern 1 und 0 zusammengesetzt, z. B. 10101010. Jede der Stellen steht dabei für 2^n, wobei *n* die Positionsnummer ist (die Nummerierung verläuft von rechts nach links und beginnt mit 0). Die Produkte aus dem Inhalt und der Zweierpotenz der einzelnen Stellen werden dann addiert, was den Gesamtwert der Zahl ergibt.

Betrachten Sie als Beispiel die Binärzahl 10101010 in Tabelle 6-1. Um sie in eine Dezimalzahl umzurechnen, müssen wir die dezimalen Entsprechungen der einzelnen Stellen addieren, die in der unteren Zeile der Tabelle aufgeführt sind:

```
128 + 0 + 32 + 0 + 8 + 0 + 2 + 0
```

Das Ergebnis lautet 170. Eine Binärzahl mit acht Stellen (oder *Bits*) enthält ein *Byte* Daten. Ein Byte Daten kann einen numerischen Wert zwischen 0 und 255 haben. Das Bit ganz links wird als das *signifikanteste Bit* (Most

Significant Bit, MSB) bezeichnet, das ganz rechts als das *am wenigsten signifikante Bit* (Least Significant Bit, LSB).

2^7	2^6	2^5	2^4	2^3	2^2	2^1	2^0	
1	0	1	0	1	0	1	0	binär
128	64	32	16	8	4	2	1	dezimal

Tab. 6–1 *Beispiel für die Umrechnung von Binär- in Dezimalzahlen*

Binärzahlen eignen sich hervorragend für die Speicherung ganz bestimmter Arten von Daten, z. B. der Ein/Aus-Muster für LEDs, Wahr/falsch-Einstellungen und für den Status digitaler Ausgänge. Sie bilden das Grundformat aller Arten von Daten in Computern.

Bytevariablen

Eine Möglichkeit zur Speicherung von Binärzahlen besteht in der Verwendung von *Bytevariablen*. Der folgende Beispielcode legt die Bytevariable `outputs` an:

```
byte outputs = B11111111;
```

Das `B` weist den Arduino an, die nachfolgende Zahl als Binär- und nicht als Dezimalzahl zu lesen (also als binäre Entsprechung von 255 und nicht als einen Wert von mehr als elf Millionen). Mit Listing 6–2 können Sie das noch weiter veranschaulichen.

```
byte a;

void setup()
{
   Serial.begin(9600);
}

void loop()
{
   for ( int count = 0 ; count < 256 ; count++ )
   {
      a = count;
      Serial.print("Base-10 = ");
      Serial.print(a, DEC);                ❶
```

```
        Serial.print(" Binary = ");
        Serial.println(a, BIN);              ❷
        delay(1000);
    }
}
```

Listing 6–2 *Veranschaulichung von Binärzahlen*

Über die Funktion `Serial.print()` geben wir den Inhalt der Bytevariablen mit `DEC` als Dezimalzahl aus (❶) und mit `BIN` als Binärzahl (❷). Nach dem Hochladen des Sketches wird die Ausgabe im seriellen Monitor angezeigt (siehe Abbildung 6–3).

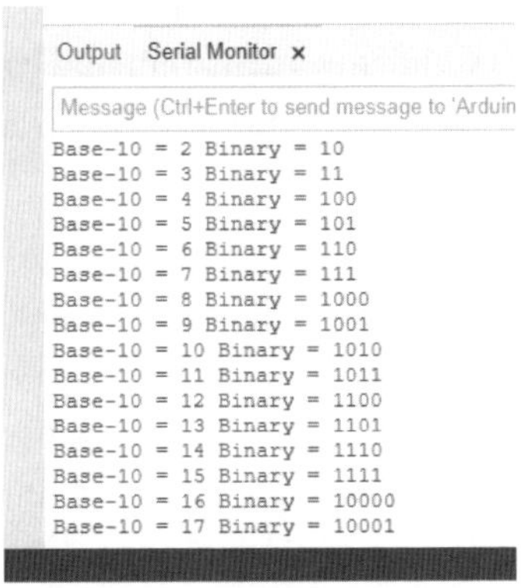

Abb. 6–3 *Ausgabe von Listing 6–2*

Erweitern der digitalen Ausgänge mit Schieberegistern

Die Platine des Arduino verfügt über 13 Digitalpins, die wir als Ausgänge nutzen können, aber manchmal reichen 13 einfach nicht aus. Um weitere Ausgänge hinzuzufügen, können wir ein *Schieberegister* verwenden und haben dabei auf dem Arduino immer noch genug Platz für weitere Ausgänge. Ein Schieberegister ist ein integrierter Schaltkreis (Integrated Circuit, IC) mit acht digitalen Ausgangspins, die durch die Übertragung eines Datenbytes gesteuert werden. In unseren Projekten verwenden wir das Schieberegister 74HC595 aus Abbildung 6–4.

Abb. 6–4 *Der Schieberegister-IC 74HC595*

Das Schieberegister 74HC595 verfügt über acht digitale Ausgänge, die wie die digitalen Ausgangspins des Arduino verwendet werden können. Der IC selbst belegt drei Pins auf dem Arduino, sodass wir unter dem Strich fünf Ausgangspins hinzubekommen.

Das Prinzip hinter einem Schieberegister ist einfach: Wir senden ihm ein Byte Daten, also acht Bits, wobei jedes Bit einem der Ausgangspins entspricht. Von links nach rechts gesehen, stehen die Bits für die Pins in der Reihenfolge von der höchsten zur niedrigsten Nummer. Das Bit ganz links stellt also Ausgangspin 7 des Registers dar, das Bit ganz rechts Pin 0. Wenn wir also zum Beispiel `B10000110` senden, werden die Ausgänge 7, 2 und 1 eingeschaltet und die Ausgänge 0 und 3 bis 6 ausgeschaltet. Das gilt so lange, bis das nächste Datenbyte eintrifft oder der Strom abgeschaltet wird.

Sie können auch mehrere Schieberegister miteinander verbinden, um jeweils weitere acht digitale Ausgangspins zu gewinnen, während am Arduino immer noch lediglich drei Pins belegt sind. Dadurch eignen sich Schieberegister hervorragend, wenn Sie viele LEDs steuern müssen. Das wollen wir nun ausprobieren, indem wir eine Anzeige für Binärzahlen konstruieren.

Projekt Nr. 16: Eine Binärzahlenanzeige aus LEDs bauen

In diesem Projekt verwenden wir acht LEDs, um die Binärzahlen von 0 bis 255 anzuzeigen. In unserem Sketch zählen wir mit einer `for`-Schleife von 0 bis 255 und senden jeden Wert an das Schieberegister, das die binären Entsprechungen der einzelnen Zahlen über LEDs ausgibt.

Die Hardware

Sie brauchen folgende Teile:

- einen Schieberegister-IC 74HC595
- acht LEDs (LED1 bis LED8)
- acht 560-Ω-Widerstände (R1 bis R8)
- eine Steckplatine
- Verbindungsdrähte
- Arduino und USB-Kabel

Der Schaltplan

Abbildung 6–5 zeigt das Schaltplansymbol für den 74HC595.

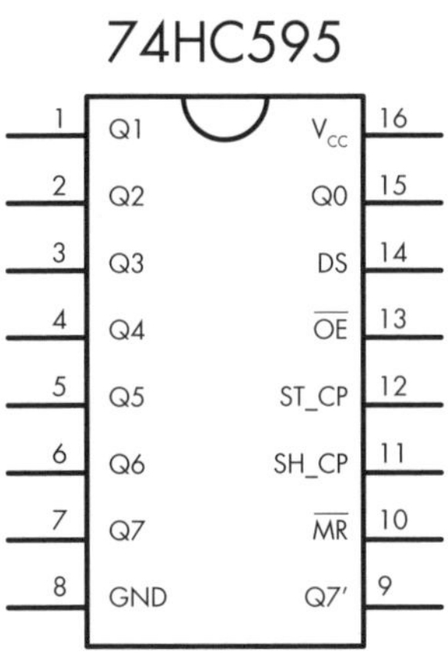

Abb. 6–5 *Das Schaltplansymbol des 74HC595*

Das Schieberegister verfügt über 16 Kontakte:

- Die Pins 15 sowie 1 bis 7 sind die Ausgangspins, die wir steuern (bezeichnet mit *Q0* bis *Q7*).
- *Q7* gibt das erste Bit aus, das an das Schieberegister gesendet wird, *Q0* das letzte.
- Pin 8 ist mit Masse verbunden.
- Pin 9 ist der Datenausgang (*data out*) und wird verwendet, um ggf. Daten an andere angeschlossene Schieberegister zu senden.
- Pin 10 ist stets mit einem 5-Volt-Stromanschluss verbunden (z. B. dem 5-Volt-Anschluss am Arduino).
- Die Pins 11 und 12 heißen *clock* (Takt) und *latch* (Auffangregister).
- Pin 13 ist *output enable* und wird gewöhnlich mit Masse verbunden.

- Pin 14 dient als Eingang für Bitdaten vom Arduino.
- Pin 16 ist zur Stromversorgung gedacht (5 V vom Arduino)

Damit Sie erkennen können, wie herum die Pins nummeriert sind, befindet sich an einem Ende des Schieberegister-ICs eine halbkreisförmige Einkerbung (siehe Abb. 6–4). Sie liegt zwischen den Pins 1 und 16.

Die Pins sind gegen den Uhrzeigersinn rund um den IC durchnummeriert, wie Sie in dem Schaltplan für unsere Binärzahlenanzeige in Abbildung 6–6 erkennen können.

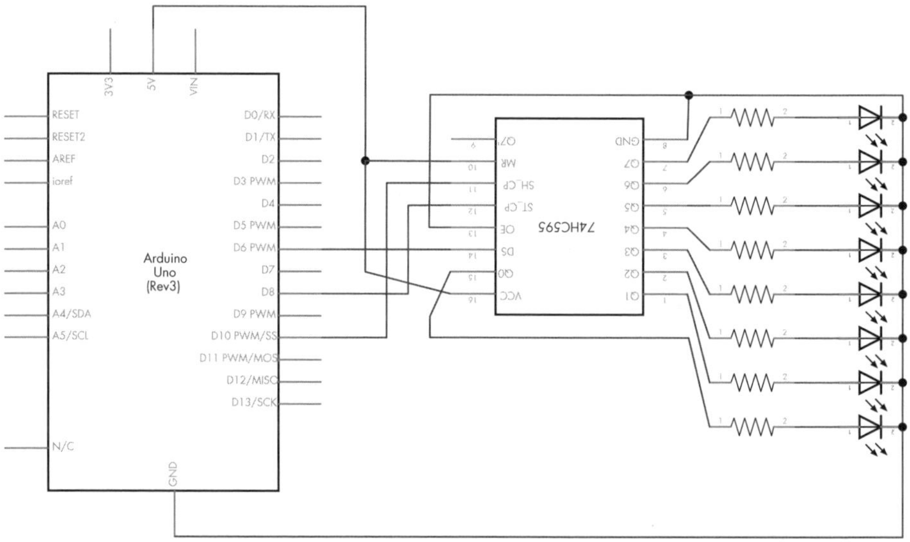

Abb. 6–6 *Schaltplan für Projekt 16*

HINWEIS

Lassen Sie die Schaltung aufgebaut. Wir benötigen sie noch für das nächste Projekt.

Der Sketch

Hier sehen Sie den Sketch:

```
// Projekt 16: Eine Binärzahlenanzeige aus LEDs bauen

#define DATA 6       // Digitalpin 6 an Pin 14 des 74HC595
#define LATCH 8      // Digitalpin 8 an Pin 12 des 74HC595
#define CLOCK 10     // Digitalpin 10 an Pin 11 des 74HC595
```

```
void setup()
{
  pinMode(LATCH, OUTPUT);
  pinMode(CLOCK, OUTPUT);
  pinMode(DATA, OUTPUT);
}

void loop()
{
  int i;
  for ( i = 0; i < 256; i++ )
  {
    digitalWrite(LATCH, LOW);
    shiftOut(DATA, CLOCK, MSBFIRST, i);
    digitalWrite(LATCH, HIGH);
    delay(200);
  }
}
```

In diesem Sketch legen wir die drei Pins, die mit dem Schieberegister verbunden sind, in `void setup()` als Ausgänge fest und durchlaufen in `void loop()` eine Schleife, die wiederholt von 0 bis 255 zählt. In dieser Schleife läuft auch das eigentliche Zauberkunststück ab. Wenn wir darin ein Byte an Daten (z. B. 240, also `B11110000`) an das Schieberegister senden, geschehen drei Dinge:

- Der Latch-Pin 12 wird auf `LOW` gesetzt (das heißt, vom digitalen Ausgangspin 8 des Arduino aus wird ein Signal mit niedrigem Pegel daran angelegt). Das dient als Vorbereitung dazu, den Ausgangspin 12 auf `HIGH` zu setzen, um die Daten an den Ausgangspins zu übernehmen, nachdem `shiftOut` seine Arbeit erledigt hat.
- Wir senden das Datenbyte (z. B. `B11110000`) vom digitalen Ausgangspin 6 des Arduino zum Schieberegister und teilen der Funktion `shiftOut` mit, in welcher Richtung sie die Daten im Byte interpretieren soll. Bei `LSBFIRST` werden die LEDs 1 bis 4 eingeschaltet und die anderen aus, bei `MSBFIRST` leuchten die LEDs 5 bis 8, während die anderen ausgeschaltet sind.
- Schließlich wird der Latch-Pin 12 auf `HIGH` gesetzt (es werden 5 V angelegt). Dadurch wird dem Schieberegister mitgeteilt, dass alle Bits eingegangen und bereit sind. Nun werden die Ausgänge umgeschaltet, um die empfangenen Daten widerzuspiegeln.

Projekt Nr. 17: Ein Binärzahlenquiz konstruieren

In diesem Projekt nutzen wir Zufallszahlen, den seriellen Monitor und die Schaltung aus Projekt 16, um ein Quizspiel zum Thema Binärzahlen zu bauen. Der Arduino zeigt über die LEDs zufällige Binärzahlen an, woraufhin der Benutzer die dezimale Entsprechung im seriellen Monitor eingeben muss. Anschließend kann er im seriellen Monitor ablesen, ob die Antwort richtig war. Das Spiel geht dann mit einer neuen Zahl weiter.

Der Algorithmus

Der Algorithmus lässt sich in drei Funktionen zerlegen. `displayNumber()` zeigt eine Binärzahl mithilfe der LEDs an, `getAnswer()` empfängt die eingegebene Zahl vom seriellen Monitor und zeigt sie dem Benutzer an, und `checkAnswer()` schließlich vergleicht die vom Benutzer eingegebene und die zufällig generierte Zahl und zeigt an, ob die Antwort richtig oder falsch war. Hat der Benutzer falsch geraten, wird außerdem die richtige Zahl angezeigt.

Der Sketch

Der Sketch generiert eine Zufallszahl zwischen 0 und 255, zeigt sie mithilfe der LEDs an, fordert den Benutzer zu einer Antwort auf und präsentiert das Ergebnis schließlich im seriellen Monitor. Alle in diesem Sketch verwendeten Funktionen haben Sie schon gesehen, sodass der Code trotz seines Umfangs vertraut wirken sollte. Um ihn etwas genauer unter die Lupe zu nehmen, haben wir Kommentare eingefügt und werden außerdem im Anschluss noch einige Bemerkungen dazu verlieren.

```
// Projekt 17: Ein Binärzahlenquiz konstruieren

#define DATA 6         // Verbindung mit Pin 14 am 74HC595
#define LATCH 8        // Verbindung mit Pin 12 am 74HC595
#define CLOCK 10       // Verbindung mit Pin 11 am 74HC595

int number = 0;
int answer = 0;

void setup()   ❶
{
  pinMode(LATCH, OUTPUT);      // Richtet die Pins am 74HC595 ein
  pinMode(CLOCK, OUTPUT);
  pinMode(DATA, OUTPUT);
  Serial.begin(9600);
  randomSeed(analogRead(0));  // Initialisiert den Zufallszahlengenerator
```

```
    displayNumber(0);           // Setzt die LED-Anzeige zurück
}

void displayNumber(byte a)    ❷
{
    // Sendet ein Byte, das auf den LEDs angezeigt werden soll
    digitalWrite(LATCH, LOW);
    shiftOut(DATA, CLOCK, MSBFIRST, a);
    digitalWrite(LATCH, HIGH);
}

void getAnswer()    ❸
{
    // Empfängt die Antwort vom Spieler
    int z = 0;
    Serial.flush();
    while (Serial.available() == 0)
    {
        // Tut nichts, bis etwas im seriellen Puffer ankommt
    }
    // Ein Zeichen der seriellen Daten ist verfügbar, die Berechnung beginnt
    while (Serial.available() > 0)
    {
        // Verschiebt alle bisherigen Stellen um eine Position nach links,
        // während sich Daten im Puffer befinden, d.h., 1 wird zu 10.
        answer = answer * 10;
        // Liest die nächste Ziffer im Puffer und entfernt das Zeichen 0,
        // um sie in eine echte Ganzzahl umzuwandeln
        z = Serial.read() - '0';
        // Addiert diese Stelle zu der angesammelten Zahl
        answer = answer + z;
        // Sieht eine kurze Verzögerung vor, sodass weitere Ziffern in
        // Serial.available eingehen können
        delay(5);
    }
    Serial.print("You entered: ");
    Serial.println(answer);
}

void checkAnswer()    ❹
{
    // Prüft die Antwort des Spielers und zeigt das Ergebnis an
    if (answer == number) // Richtig!
    {
        Serial.print("Correct! ");
        Serial.print(answer, BIN);
        Serial.print(" equals ");
```

```
        Serial.println(number);
        Serial.println();
    }
    else // Falsch
    {
        Serial.print("Incorrect, ");
        Serial.print(number, BIN);
        Serial.print(" equals ");
        Serial.println(number);
        Serial.println();
    }
    answer = 0;
    delay(10000); // Räumt dem Spieler Zeit ein, die Antwort zu überprüfen
}

void loop()
{
    number = random(256);
    displayNumber(number);
    Serial.println("What is the binary number in base-10? ");
    getAnswer();
    checkAnswer();
}
```

Sehen wir uns nun genauer an, wie der Sketch funktioniert. Bei ❶ werden die digitalen Ausgangspins zur Verwendung des Schieberegisters eingerichtet. Außerdem wird der serielle Monitor gestartet und ein Anfangswert für den Zufallszahlengenerator festgelegt. Dann nimmt die selbst geschriebene Funktion `displayNumber()` bei ❷ ein Datenbyte entgegen und sendet es an das Schieberegister, das dieses Byte in Binärform über die angeschlossenen LEDs anzeigt (wie in Projekt 16). Bei ❸ übernimmt die eigene Funktion `getAnswer()` die Zahl, die der Benutzer im seriellen Monitor eingegeben hat (wie in Projekt 14), und zeigt sie an (siehe Abb. 6–7).

Anschließend vergleicht die Funktion `checkAnswer()` bei ❹ die vom Spieler eingegebene und mit `getAnswer()` angerufene Zahl mit der Zufallszahl, die der Sketch in `void loop()` erstellt hat. Danach wird dem Spieler angezeigt, ob die Antwort richtig oder falsch war, wobei auch die entsprechenden Binär- und Dezimalzahlen ausgegeben werden. In der Hauptschleife `void loop()` schließlich, in der das Programm abläuft, erzeugt der Arduino die binäre Zufallszahl für das Quiz und ruft die Funktionen auf, um sie anzuzeigen, die Antwort des Spielers abzurufen und zu prüfen.

In Abbildung 6–7 sehen Sie, wie das Spiel im seriellen Monitor abläuft.

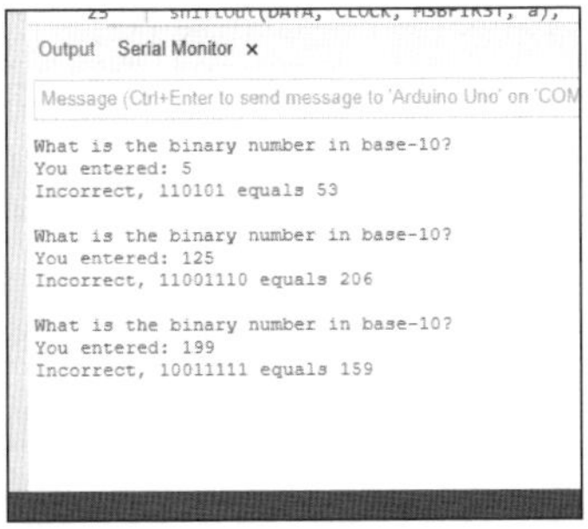

Abb. 6–7 *Projekt 17 in Aktion*

Arrays

Ein *Array* ist ein Satz von Variablen oder Werten, die zu einer Gruppe zusammengefasst sind, sodass sie als Ganzes angesprochen werden können. Wenn Sie mit großen Mengen zusammenhängender Daten zu tun haben, ist es sinnvoll, sie mithilfe von Arrays zu ordnen.

Arrays definieren

Die einzelnen Inhalte eines Arrays werden als *Elemente* bezeichnet. Nehmen Sie beispielsweise an, Sie haben sechs `float`-Variablen, die die Temperaturwerte von Messungen während der letzten sechs Stunden enthalten. Anstatt ihnen allen eigene Namen zu verleihen, können Sie wie folgt das Array `temperatures` mit sechs Elementen definieren:

```
float temperatures[6];
```

Es ist auch möglich, ein Array gleich bei der Definition mit Werten zu füllen. In diesem Fall müssen wir die Größe nicht angeben. Betrachten Sie dazu das folgende Beispiel:

```
float temperatures[]={11.1, 12.2, 13.3, 14.4, 15.5, 16.6};
```

Hier haben wir darauf verzichtet, die Größe des Arrays in den eckigen Klammern festzulegen, da sie aus der Anzahl der eingefügten Werte in den geschweiften Klammern geschlossen werden kann. Es sei angemerkt, dass Arrays, egal welcher Größe, lediglich einen Variablentyp enthalten können.

Auf Werte in Arrays verweisen

Die Elemente in einem Array werden von links und beginnend mit 0 durchnummeriert. Das Array `temperatures[]` enthält also die Elemente 0 bis 5.

Um auf einen einzelnen Wert in einem Array zu verweisen, geben wir die Nummer des Elements in den eckigen Klammern an. Um beispielsweise das erste Element von `temperatures[]` ((das zurzeit den Wert 11,1 hat)) in 12,34 zu ändern, schreiben wir Folgendes:

```
temperatures[0] = 12.34;
```

In Arrays lesen und schreiben

Listing 6–3 zeigt, wie Sie Werte in ein Array aus fünf Elementen schreiben und darin lesen können. Die erste `for`-Schleife in diesem Sketch schreibt eine Zufallszahl in die einzelnen Elemente des Arrays, die zweite ruft die Elemente ab und zeigt ihre Werte im seriellen Monitor an.

```
void setup()
{
   Serial.begin(9600);
   randomSeed(analogRead(0));
}

int array[5]; // Definiert das Array aus fünf Integerelementen

void loop()
{
   int i;
   Serial.println();
   for ( i = 0 ; i < 5 ; i++ )    // Schreibt in das Array
   {
      array[i] = random(10);      // Zufallszahl zwischen 0 bis 9
   }
   for ( i = 0 ; i < 5 ; i++ )    // Zeigt den Inhalt des Arrays an
   {
      Serial.print("array[");
      Serial.print(i);
      Serial.print("] contains ");
      Serial.println(array[i]);
   }
   delay(5000);
}
```

Listing 6–3 *Beispiel zum Lesen und Schreiben in Arrays*

Abbildung 6–8 zeigt die Ausgabe dieses Sketches im seriellen Monitor.

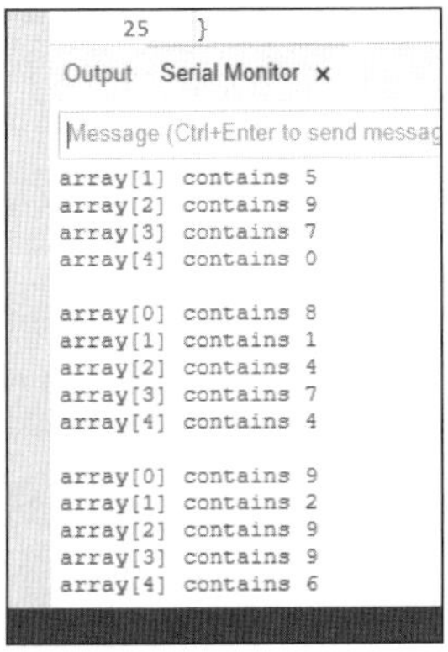

Abb. 6–8 *Die Ausgabe von Listing 6–3*

Nachdem Sie nun mit Binärzahlen, Schieberegistern und Arrays umgehen können, ist es an der Zeit, Ihre Kenntnisse in die Tat umzusetzen. Im nächsten Abschnitt bauen wir einige digitale Ziffernanzeigen auf.

Siebensegmentanzeigen

LEDs sind eine schöne Sache, aber mit einzelnen Lämpchen lassen sich nur bestimmte Arten von Daten ausgeben. In diesem Abschnitt werden wir daher mit numerischen Darstellungen in Form von Siebensegmentanzeigen arbeiten, wie Sie sie in Abbildung 6–9 sehen.

Abb. 6–9 *Siebensegmentanzeigen*

Diese Elemente sind ideal für die Darstellung von Zahlen geeignet, weshalb Sie sie auf Weckern, Tachos und anderen numerischen Anzeigen finden. Ein einzelnes Anzeigemodul besteht aus acht LEDs. Es gibt sie auch in verschiedenen Farben. Um die Anzahl der Anschlüsse an einem solchen Bauteil zu verringern, werden entweder alle Anoden oder alle Kathoden der LEDs zu einer *gemeinsamen Anode* oder *gemeinsamen Kathode* zusammengefasst. In unserem Projekt verwenden wir Module mit gemeinsamer Kathode.

Die LEDs eines Anzeigemoduls sind mit *A* bis *G* und *DP* (für den Dezimalpunkt) bezeichnet. Es gibt einen Anodenpin für jedes Segment und einen gemeinsamen Kathodenanschluss für alle Kathoden. Die Struktur einer Siebensegmentanzeige ist immer wie in Abbildung 6–10 definiert: LED-Segment A befindet sich oben, B rechts davon usw. Wenn Sie beispielsweise die Ziffer 7 darstellen möchten, müssen Sie die Segmente A, B und C bestromen.

Je nach Hersteller können die Pinbelegungen von Siebensegmentanzeigen schwanken, allerdings folgen sie immer dem Grundmuster aus Abbildung 6–10. Beziehen Sie vom Händler immer auch das Datenblatt des Moduls, damit Sie nicht erst langwierig herausfinden müssen, welche Pins zu welchem Segment gehören.

Für unsere Siebensegmentanzeigen verwenden wir das Schaltplansymbol aus Abbildung 6–11.

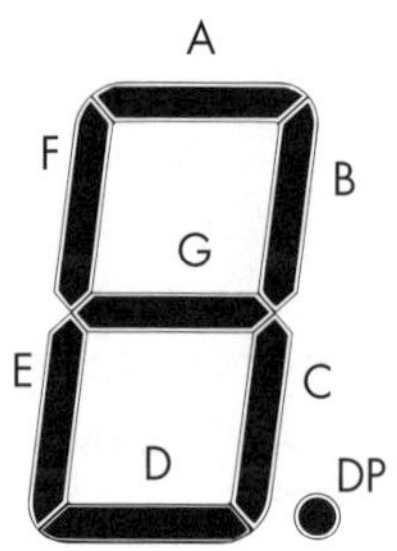

***Abb. 6–10** LED-Zuordnung einer typischen Siebensegmentanzeige*

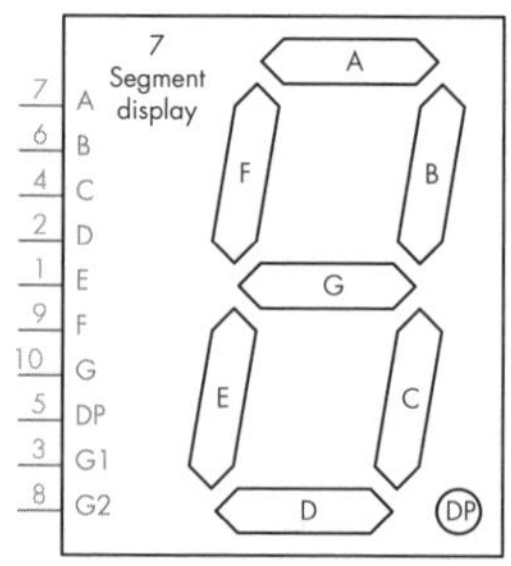

***Abb. 6–11** Schaltplansymbol für eine Siebensegmentanzeige*

Die LEDs steuern

Die LED-Anzeige steuern wir mithilfe der Methoden aus Projekt 17, indem wir die Pins A bis DP mit den Ausgängen Q0 bis Q7 eines Schieberegisters verbinden. Um zu bestimmen, welche Segmente sie ein- und ausschalten müssen, um eine bestimmte Zahl oder einen Buchstaben darzustellen, ziehen Sie Tabelle 6–2 zurate.

Die erste Zeile der Tabelle gibt die Ausgangspins des Schieberegisters an, die die Segmente in der zweiten Zeile steuern. Alle weiteren Zeilen zeigen die Zeichen, die angezeigt werden können, sowie die zugehörigen Binär- und Dezimalwerte, die Sie dazu an das Schieberegister senden müssen.

SR	Q0	Q1	Q2	Q3	Q4	Q5	Q6	Q7	
Segment	**A**	**B**	**C**	**D**	**E**	**F**	**G**	**DP**	**Dezimal**
0	1	1	1	1	1	1	0	0	252
1	0	1	1	0	0	0	0	0	96
2	1	1	0	1	1	0	1	0	218
3	1	1	1	1	0	0	1	0	242
4	0	1	1	0	0	1	1	0	102
5	1	0	1	1	0	1	1	0	182
6	1	0	1	1	1	1	1	0	190
7	1	1	1	0	0	0	0	0	224
8	1	1	1	1	1	1	1	0	254
9	1	1	1	1	0	1	1	0	246
A	1	1	1	0	1	1	1	0	238
B	0	0	1	1	1	1	1	0	62
C	1	0	0	1	1	1	0	0	156
D	0	1	1	1	1	0	1	0	122
E	1	0	0	1	1	1	1	0	158
F	1	0	0	0	1	1	1	0	142

Tab. 6–2 *Darstellungsmatrix für eine Siebensegmentanzeige*

Die erste Zeile der Tabelle gibt die Ausgangspins des Schieberegisters an, die die Segmente in der zweiten Zeile steuern. Alle weiteren Zeilen zeigen die Zeichen, die angezeigt werden können, sowie die zugehörigen Binär- und Dezimalwerte, die Sie dazu an das Schieberegister senden müssen.

Um beispielsweise wie in Abbildung 6–12 die Ziffer 7 anzuzeigen, müssen wir die LED-Segmente A, B und C einschalten, die den Ausgängen Q0, Q1 und Q2 des Schieberegisters entsprechen. Daher müssen wir das Byte `B11100000` an das Register senden (wenn `shiftOut` auf `LSBFIRST` gesetzt ist), damit die ersten drei Ausgänge und damit die gewünschten LEDs eingeschaltet werden.

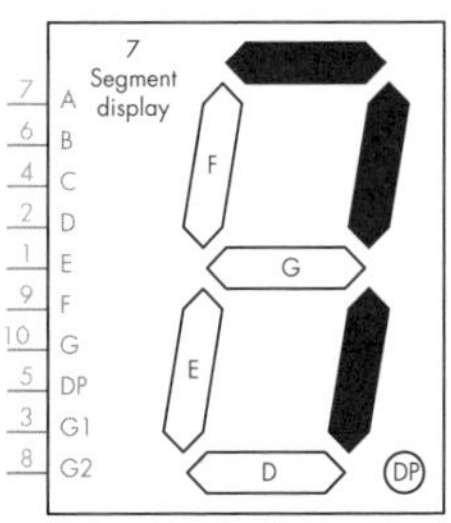

Abb. 6–12 *Anzeige der Ziffer 7*

Im nächsten Beispiel bauen wir eine Schaltung, die nacheinander die Ziffern 0 bis 9 und dann die Buchstaben A bis F anzeigt. Anschließend wird die Folge mit eingeschaltetem Dezimalpunkt wiederholt.

Projekt Nr. 18: Eine einstellige Anzeige konstruieren

In diesem Projekt bauen wir eine Schaltung mit einer einstelligen Anzeige auf.

Die Hardware

Sie benötigen folgende Teile:

- ein Schieberegister-IC 74HC595
- eine Siebensegmentanzeige mit gemeinsamer Kathode
- acht 560-Ω-Widerstände (R1 bis R8)
- eine große Steckplatine
- Verbindungsdrähte
- Arduino und USB-Kabel

Der Schaltplan

Den Schaltplan sehen Sie in Abbildung 6–13.

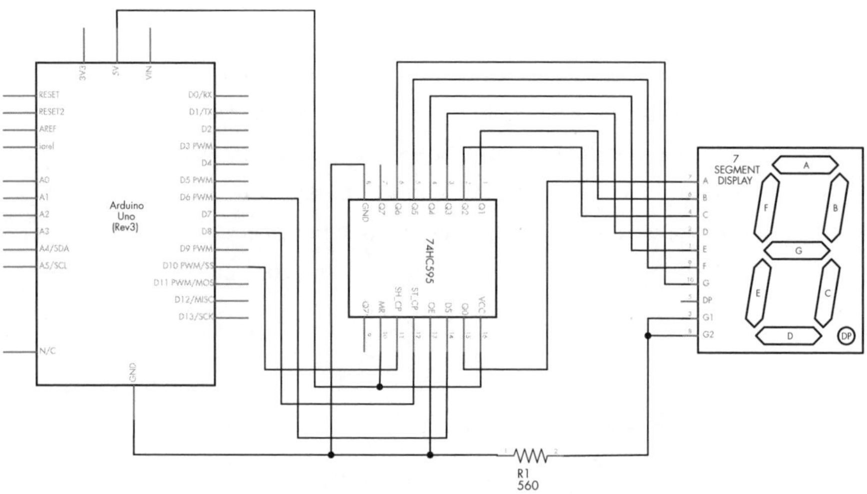

Abb. 6–13 *Schaltplan für Projekt 18*

Beim Anschluss der Siebensegmentanzeige an das Schieberegister müssen die LED-Pins A bis G mit den Pins Q0 bis Q6 und DP mit Q7 verbunden werden.

Der Sketch

Im Sketch für Projekt 18 speichern wir die Dezimalwerte (aus Tab. 6–2) im Array `int digits[]`. In `void loop` senden wir diese Werte nacheinander an das Schieberegister (❶) und wiederholen den Vorgang dann mit eingeschaltetem Dezimalpunkt, indem wir jeweils 1 zu dem gesendeten Wert addieren (❷).

```
// Projekt 18: Eine einstellige Anzeige konstruieren

#define DATA 6       // Verbindung mit Pin 14 am 74HC595
#define LATCH 8      // Verbindung mit Pin 12 am 74HC595
#define CLOCK 10     // Verbindung mit Pin 11 am 74HC595

// Richtet das Array mit den Segmenten für 0 bis 9 und A bis F ein
// (aus Tab. 6–2)
int digits[] = {252, 96, 218, 242, 102, 182, 190, 224, 254, 246, 238, 62,
                156, 122, 158, 142};

void setup()
{
   pinMode(LATCH, OUTPUT);
   pinMode(CLOCK, OUTPUT);
   pinMode(DATA, OUTPUT);
}

void loop()
{
   int i;
   for ( i = 0 ; i < 16 ; i++ )    // Zeigt 0-9, A-F an
   {
      digitalWrite(LATCH, LOW);
      shiftOut(DATA, CLOCK, LSBFIRST, digits[i]);      ❶
      digitalWrite(LATCH, HIGH);
      delay(250);
   }
   for ( i = 0 ; i < 16 ; i++ )    // Zeigt 0-9, A-F mit Dezimalpunkt an
   {
      digitalWrite(LATCH, LOW);
      shiftOut(DATA, CLOCK, LSBFIRST, digits[i]+1);   ❷
      // +1 dient dazu, das Bit für den Dezimalpunkt einzuschalten
      digitalWrite(LATCH, HIGH);
      delay(250);
   }
}
```

Siebensegmentanzeigen sind hell und gut ablesbar. Abbildung 6–14 zeigt die Ziffer 9 mit Dezimalpunkt, wie sie von diesem Sketch ausgegeben wird.

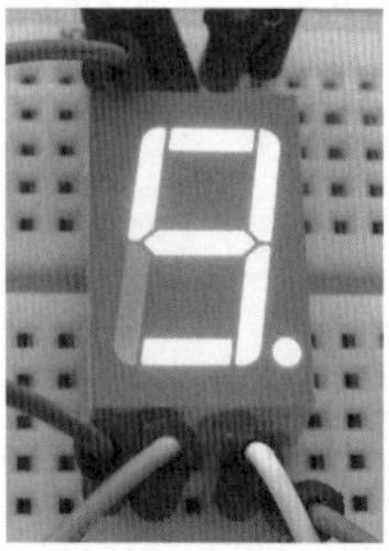

Abb. 6–14 *Eine der in Projekt 18 angezeigten Ziffern*

Zweistellige Zahlen anzeigen

Um weitere digitale Ausgänge steuern zu können, müssen Sie ein weiteres Schieberegister hinzufügen. Verbinden Sie Pin 9 des 74HC595 (der seine Daten vom Arduino empfängt) mit Pin 14 des zweiten Schieberegisters. Jetzt müssen wir zwei Datenbytes senden, von denen das erste das zweite Register steuert und das zweite das erste. Betrachten Sie dazu folgendes Beispiel:

```
digitalWrite(LATCH, LOW);
shiftOut(DATA, CLOCK, MSBFIRST, 254);   // Daten für zweiten 74HC595
shiftOut(DATA, CLOCK, MSBFIRST, 254);   // Daten für ersten 74HC595
digitalWrite(LATCH, HIGH);
```

Projekt Nr. 19: Zwei Siebensegmentanzeigen steuern

In diesem Projekt lernen Sie, wie Sie zwei Siebensegmentanzeigen steuern, um zweistellige Zahlen auszugeben.

Die Hardware

Sie benötigen folgende Teile:

- zwei Schieberegister-IC 74HC595
- zwei Siebensegmentanzeigen mit gemeinsamer Kathode
- sechszehn 560-Ω-Widerstände (R1 bis R16)
- eine große Steckplatine
- Verbindungsdrähte
- Arduino und USB-Kabel

Der Schaltplan

Den Schaltplan sehen Sie in Abbildung 6–15.

Beachten Sie, dass die Daten- und Taktpins der beiden Schieberegister untereinander und dann mit dem Arduino verbunden sind. Die Datenleitung verläuft vom Digitalpin 6 des Arduino zum ersten Schieberegister und dann von dessen Pin 9 zu Pin 14 des zweiten.

Um Zahlen zwischen 0 und 99 darstellen zu können, brauchen wir einen komplizierteren Sketch. Bei Zahlen unter 10 können wir einfach die Zahl und dann eine 0 senden, sodass die rechte Anzeige die Zahl ausgibt und die linke nichts. Für Zahlen ab 10 müssen wir jedoch die beiden einzelnen Stellen bestimmen und getrennt an die beiden Schieberegister senden. Dazu verwenden wir die mathematische Modulo-Funktion.

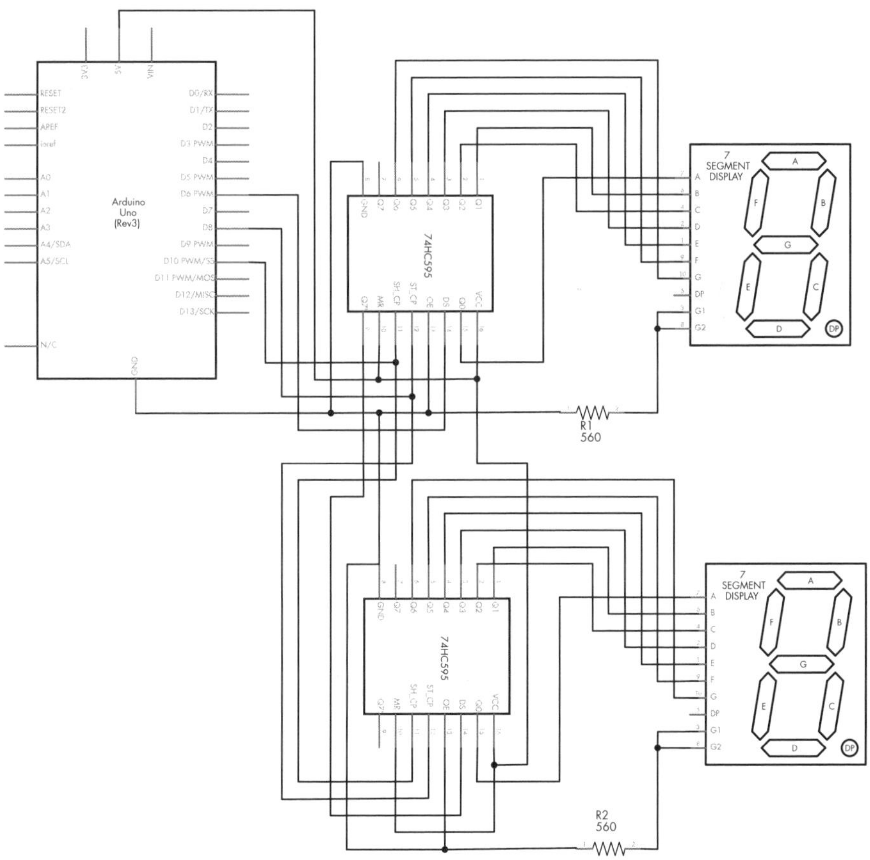

Abb. 6–15 *Schaltplan für Projekt 19*

Modulo

Modulo ist eine Funktion, die den Rest einer Division zurückgibt. Beispielsweise ergibt 10 modulo 7 (oder kurz: 10 mod 7) 3, weil bei der Division von 10 durch 7 der Rest 3 übrig bleibt. Als Symbol für eine Modulo-Operation verwenden wir das Prozentzeichen. Das folgende Beispiel zeigt, wie diese Funktion in einem Sketch angewandt werden kann:

```
int a = 8;
int b = 3;
c = a % b;
```

In diesem Beispiel hat c den Wert 2. Diese Modulo-Funktion setzen wir nun ein, um die rechte Stelle einer zweistelligen Zahl zu bestimmen.

Um die Anzeige von ein- und zweistelligen Zahlen zu automatisieren, schreiben wir die Funktion `displayNumber()`. Wollen wir beispielsweise die Zahl 23 anzeigen, müssen wir als Erstes die linke Stelle isolieren, indem wir 23 durch 10 teilen, was 2 ergibt (und einen Bruchteil, den wir ignorieren). Anschließend bestimmen wir die rechte Stelle mit 23 modulo 10, was 3 ergibt.

```
// Projekt 19: Zwei Siebensegmentanzeigen steuern

#define DATA 6          // Verbindung mit Pin 14 am 74HC595
#define LATCH 8         // Verbindung mit Pin 12 am 74HC595
#define CLOCK 10        // Verbindung mit Pin 11 am 74HC595

void setup()
{
   pinMode(LATCH, OUTPUT);
   pinMode(CLOCK, OUTPUT);
   pinMode(DATA, OUTPUT);
}

// Richtet das Array mit den Segmenten für 0 bis 9 und A bis F ein
// (aus Tab. 6-2)
int digits[] = {252, 96, 218, 242, 102, 182, 190, 224, 254, 246, 238, 62,
               156, 122, 158, 142};

void displayNumber(int n)
{
   int left, right=0;
   if (n < 10)    ❶
   {
      digitalWrite(LATCH, LOW);
```

```
        shiftOut(DATA, CLOCK, LSBFIRST, digits[n]);
        shiftOut(DATA, CLOCK, LSBFIRST, 0);
        digitalWrite(LATCH, HIGH);
    }
    else if (n >= 10)
    {
        right = n % 10;     // Rest der Division der anzuzeigenden Zahl
                            // durch 10 ❷
        left = n / 10;      // Quotient aus der anzuzeigenden Zahl und 10
        digitalWrite(LATCH, LOW);
        shiftOut(DATA, CLOCK, LSBFIRST, digits[right]);
        shiftOut(DATA, CLOCK, LSBFIRST, digits[left]);
        digitalWrite(LATCH, HIGH);
    }
}

void loop()    ❸
{
    int i;
    for ( i = 0 ; i < 100 ; i++ )
    {
        displayNumber(i);
        delay(100);
    }
}
```

Bei ❶ prüft die Funktion, ob die anzuzeigende Zahl kleiner als 10 ist. Wenn ja, werden die Daten für die Zahl und eine Leerstelle an die Schieberegister gesendet. Bei Zahlen ab 10 werden ihre Stellen bei ❷ mithilfe von Division und Modulo getrennt und dann separat an die Register übertragen. Schließlich richten wir in `void loop()` bei ❸ die Funktion zur Anzeige der Zahlen von 0 bis 99 ein und rufen sie auf.

Projekt Nr. 20: Ein Digitalthermometer konstruieren

In diesem Projekt ergänzen wir die Schaltung mit zweistelliger Zahlenanzeige aus Projekt 19 um den Temperatursensor TMP36 aus Kapitel 4, um ein Digitalthermometer zu bauen. Der Algorithmus ist einfach: Wir lesen die vom TMP36 zurückgegebenen Spannungswerte ab (mit den Methoden aus Projekt 12) und rechnen sie in Grad Celsius um.

Die Hardware

Sie benötigen folgende Teile:

- die Schaltung mit zweistelliger Zahlenanzeige aus Projekt 19
- einen Temperatursensor TMP36

Schließen Sie den mittleren Anschluss des TMP36 an den Analogpin 5 an, den linken an 5 V und den rechten an *GND*. Jetzt ist der Sensor bereit zur Messung.

Der Sketch

Der Sketch sieht wie folgt aus:

```
// Projekt 20: Ein Digitalthermometer konstruieren

#define DATA 6                          // Verbindung mit Pin 14 am 74HC595
#define LATCH 8                         // Verbindung mit Pin 12 am 74HC595
#define CLOCK 10                        // Verbindung mit Pin 11 am 74HC595

int temp = 0;
float voltage = 0;
float celsius = 0;
float sensor = 0;
int digits[]={252, 96, 218, 242, 102, 182, 190, 224, 254, 246, 238, 62,
             156, 122, 158, 142};

void setup()
{
  pinMode(LATCH, OUTPUT);
  pinMode(CLOCK, OUTPUT);
  pinMode(DATA, OUTPUT);
}

void displayNumber(int n)
{
  int left, right = 0;
  if (n < 10)
  {
    digitalWrite(LATCH, LOW);
    shiftOut(DATA, CLOCK, LSBFIRST, digits[n]);
    shiftOut(DATA, CLOCK, LSBFIRST, digits[0]);
    digitalWrite(LATCH, HIGH);
  }
  if (n >= 10)
  {
    right = n % 10;
    left = n / 10;
```

```
        digitalWrite(LATCH, LOW);
        shiftOut(DATA, CLOCK, LSBFIRST, digits[right]);
        shiftOut(DATA, CLOCK, LSBFIRST, digits[left]);
        digitalWrite(LATCH, HIGH);
    }
}

void loop()
{
    sensor = analogRead(5);
    voltage = (sensor * 5000) / 1024; // Rechnet Sensorrohwert in mV
    voltage = voltage - 500;          // um Entfernt Spannungsversatz
    celsius = voltage / 10;           // Rechnet mV- in Celsiuswert
    temp = int(celsius);              // um Ändert den Fließkommawert
                                      // für die Temperatur
                                      // in einen Integerwert
displayNumber(temp);
    delay(500);
}
```

Der Sketch ist einfach und nutzt Code aus früheren Projekten, nämlich `displayNumber()` aus Projekt 19 und die Temperaturberechnungen aus Projekt 12. Die Funktion `delay(500)` in der zweitletzten Zeile verhindert, dass die Anzeige bei schwankender Temperatur zu schnell wechselt.

Ausblick

In diesem Kapitel haben Sie eine Menge grundlegender Fähigkeiten erworben, die Sie in Ihren eigenen Projekten immer wieder benötigen werden. LED-Anzeigen sind relativ robust, weshalb Sie ruhig mit ihnen herumexperimentieren können, um verschiedenartige Effekte zu erzeugen. Den Darstellungsmöglichkeiten sind jedoch Grenzen gesetzt, weshalb wir im nächsten Kapitel eine wesentlich detailliertere zur Anzeige von Text und Grafiken nutzen wollen.

7

Den Arduino erweitern

In diesem Kapitel:

- lernen Sie die große Vielfalt der Arduino-Shields kennen
- erstellen Sie Ihr eigenes Arduino-Shield mit Hilfe eines ProtoShields
- sehen Sie, wie Arduino-Bibliotheken die verfügbaren Funktionen erweitern können
- verwenden Sie ein Speicherkartenmodul, um Daten aufzuzeichnen, die in einer Tabellenkalkulation analysiert werden können
- bauen Sie ein Gerät zur Temperaturaufzeichnung
- lernen Sie, wie man eine Stoppuhr mit `micros()` und `millis()` erstellt
- erfahren Sie mehr über Arduino-Interrupts und ihre Verwendung

Eine weitere Möglichkeit, die Fähigkeiten Ihres Arduinos zu erweitern, ist die Verwendung von Shields. Ein Shield ist eine Platine, die über Pins mit den Buchsen an den Seiten eines Arduinos verbunden wird. Im ersten Projekt dieses Kapitels lernen Sie, wie Sie Ihr eigenes Shield bauen können. Im Laufe der Zeit, wenn Sie mit Elektronik und dem Arduino experimentieren, können Sie Ihre Schaltungen dauerhafter herstellen, indem Sie sie auf einem ProtoShield aufbauen, einer leeren Leiterplatte, auf der Sie eigene Schaltungen realisieren können.

Als nächstes stelle ich Ihnen ein Speicherkartenmodul vor. Wir werden es in diesem Kapitel verwenden, um ein Temperaturprotokoll zu erstellen, das die Temperatur über einen bestimmten Zeitraum aufzeichnet. Das Shield wird dazu verwendet, Daten vom Arduino aufzuzeichnen, die dann zur Analyse an einen anderen Ort übertragen werden.

Sie lernen die Funktionen `micros()` und `millis()` kennen, die sehr nützlich sind, um die Zeit zu messen, wie Sie im Stoppuhr-Projekt sehen werden. Schließlich werden wir uns mit Interrupts beschäftigen.

Shields

Sie können die Funktionalität Ihrer Arduino-Platine durch das Anbringen von Shields erweitern. Auf dem Markt sind hunderte von Shields erhältlich, die miteinander kombiniert oder auch gestapelt werden können, um miteinander zu arbeiten. Ein beliebtes Projekt kombiniert beispielsweise ein Shield für GPS mit einem Shield für eine microSD-Speicherkarte, um ein Gerät zu bauen, das die Position im Laufe der Zeit aufzeichnet und speichert, z. B. um den Fahrweg eines Autos oder den Verlauf eines neuen Wanderweges aufzuzeichnen. Andere Projekte umfassen Ethernet-Netzwerkadapter, mit denen der Arduino auf das Internet zugreifen kann (Abbildung 7–1).

Abb. 7–1 *Ein Ethernet-Shield auf einem Arduino Uno*

Mit GPS-Satellitenempfängern können Sie den Standort des Arduino verfolgen (Abbildung 7–2). Mit MicroSD-Speicherkartenschnittstellen kann der Arduino Daten auf einer Speicherkarte speichern (Abbildung 7–3).

Abbildung 7–4 zeigt einen Aufbau mit einem Arduino Uno, einem microSD-Memory-Card-Shield, auf dem Daten gespeichert werden können, einem Ethernet Shield für die Verbindung zum Internet und einem LCD Shield zur Anzeige von Informationen.

Abb. 7–2 *GPS-Empfänger-Shield (mit separatem GPS-Modul) auf einem Arduino Uno*

Abb. 7–3 *Shield für microSD-Karten*

Abb. 7–4 *Drei gestapelte Shields auf einem Arduino Uno*

WARNUNG

Wenn Sie Shields übereinander stapeln, achten Sie darauf, dass kein Shield die gleich digitalen oder analogen Pins verwendet, die schon von einem anderen Shield benutzt werden. Wenn Sie Pins zwischen Shields teilen, die denselben Pin bzw. dieselben Pins für unterschiedliche Funktionen verwenden, können Sie Ihre ganze Konstruktion beschädigen, seien Sie also vorsichtig. Die Anbieter der einzelnen Shields sollten Informationen darüber bereitstellen, welche Pins von ihren Shields verwendet werden.

ProtoShield

Sie können eine Vielzahl von Shields online kaufen oder mit Hilfe eines ProtoShields Ihre eigenen bauen. Ein ProtoShield ist eine leere Platine, die Sie verwenden können, um Ihre eigenen Arduino Shields zu entwickeln. ProtoShields gibt es vormontiert oder als Bausatz, ähnlich dem in Abbildung 7–5 gezeigten Modell.

Ein ProtoShield eignet sich auch gut als Basis für ein lötfreies Breadboard, da es einen kleinen Baustein innerhalb der Fläche Ihres Arduino-Projekts bietet (wie in Abbildung 7–6 dargestellt). Kleinere lötfreie Breadboards passen in die Reihen der Anschlüsse und können vorübergehend mit Knetmasse oder dauerhaft mit doppelseitigem Klebeband auf der Platine befestigt werden. ProtoShields können auch als dauerhafte Basis für Schaltungen dienen, die auf einem Breadboard getestet wurden.

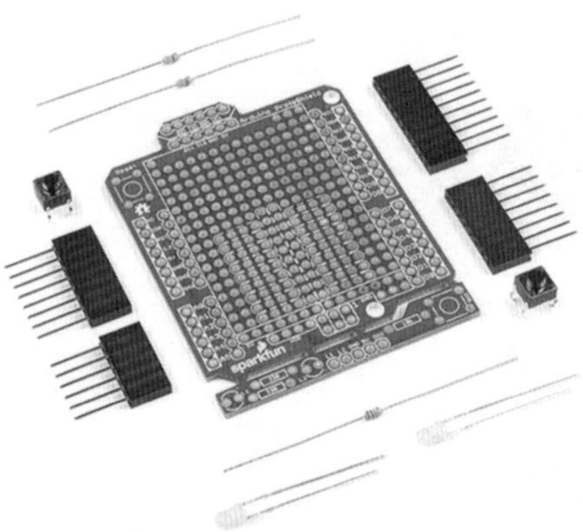

Abb. 7–5 *ProtoShield-Bausatz*

Abb. 7–6 *Ein Beispiel für ein kleines Projekt auf dem lötfreien Breadboard eines ProtoShields*

Das Konstruieren eigener Schaltungen auf einem ProtoShield erfordert etwas Vorausplanung. Sie müssen die Schaltung entwerfen und dann das Layout der Komponenten so planen, wie sie auf dem ProtoShield sitzen werden. Zum Schluss löten Sie die fertige Schaltung auf Ihr eigenes Shield, aber Sie sollten sie immer zuerst auf einem lötfreien Breadboard testen, um sicherzustellen, dass sie funktioniert. Einige ProtoShields werden mit einer PDF-Schaltplandatei geliefert, die Sie herunterladen und ausdrucken können und die speziell zum Zeichnen Ihres Projekt-Schaltplans gedacht ist.

Projekt 21: Ein individuelles Shield erstellen

In diesem Projekt werden Sie ein maßgeschneidertes Shield mit zwei LEDs und Widerständen zur Reduzierung des Stroms erstellen. Mit diesem individuellen Shield können Sie ganz einfach mit LEDs an digitalen Ausgängen experimentieren.

Die Hardware

Folgende Hardware wird für dieses Projekt benötigt:

- Ein leeres Arduino ProtoShield mit Stiftleisten zum Stapeln
- Zwei LEDs in einer beliebigen Farbe
- Zwei 560-Ω-Widerstände
- Zwei 10-kΩ-Widerstände
- Zwei Drucktasten
- Zwci 100-nF-Kondensatoren

Der Schaltplan

Der Schaltplan ist in Abbildung 7–7 dargestellt.

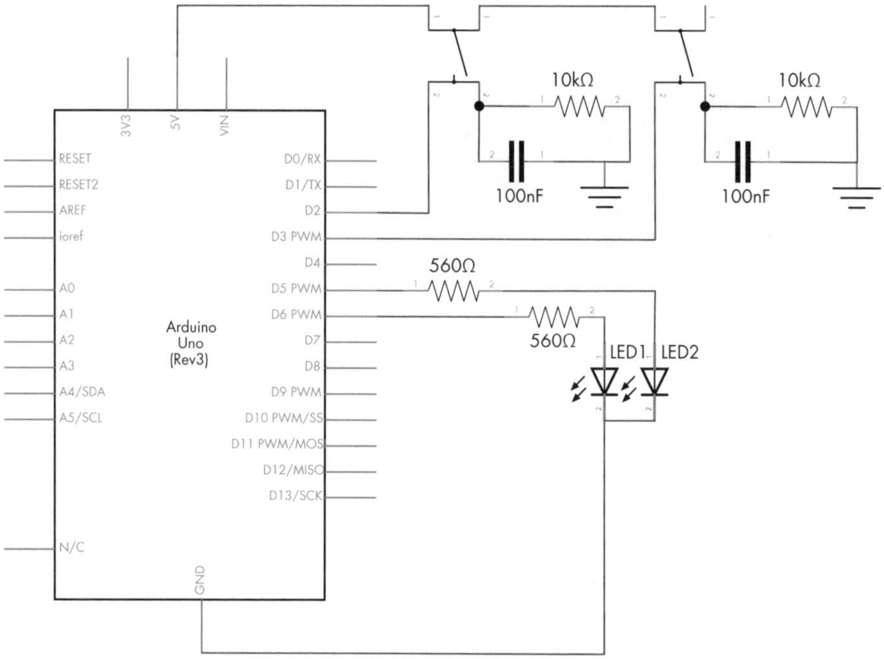

Abb. 7–7 Schaltplan für Projekt 21

Das Layout des ProtoShields

Der nächste Schritt besteht darin, sich mit dem Layout der Bohrungen auf dem ProtoShield vertraut zu machen. Die Reihen und Spalten entsprechen im Allgemeinen denen eines lötfreien Breadboards. Die ProtoShields können jedoch variieren, also nehmen Sie sich die Zeit, um herauszufinden, wie die Bohrungen verbunden sind.

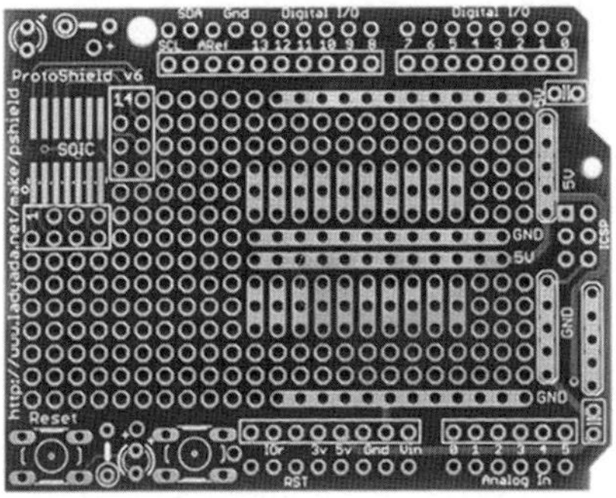

Abb. 7–8 Ein leeres ProtoShield von oben

Auf dem in Abbildung 7–8 gezeigten ProtoShield sind einige Bohrungen miteinander verbunden, wie Sie an den durchgezogenen Linien erkennen können, aber viele Bohrungen nicht. So ein Design gibt Ihnen viel Flexibilität bei der Verwendung Ihres ProtoShields.

Beachten Sie die beiden Gruppen von Bohrungen, die von Rechtecken entlang der Ober- und Unterseite des ProtoShields umgeben sind: Hier werden die Steckverbinder angelötet, mit denen das ProtoShield in das Arduino-Board eingesteckt werden kann.

Das Design

Sie müssen die in Abbildung 7–7 gezeigte Schaltung in ein geeignetes Layout für Ihr ProtoShield umwandeln. Eine gute Möglichkeit, dies zu tun, besteht darin, Ihre Schaltung auf Millimeterpapier zu entwerfen, wie in Abbildung 7–9 gezeigt. Sie können dann die angeschlossenen Bohrungen auf dem Millimeterpapier markieren und einfach experimentieren, bis Sie ein Layout gefunden haben, das für Ihren speziellen ProtoShield geeignet ist. Wenn Sie kein Millimeterpapier haben, können Sie Ihr eigenes unter *http://www.printfreegraphpaper.com/* erstellen und ausdrucken.

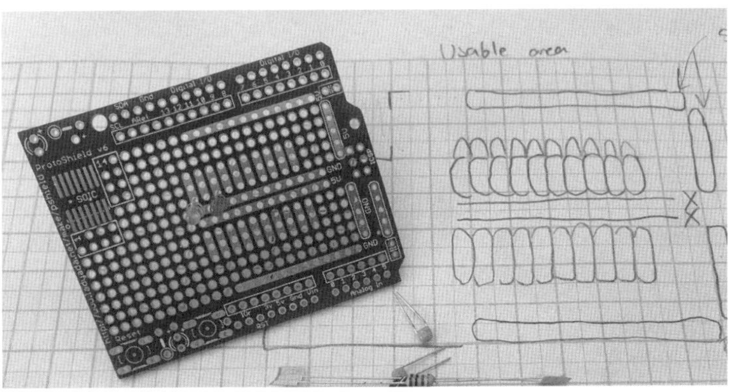

Abb. 7–9 Planung des benutzerdefinierten Shields

Nachdem Sie den Plan für Ihre Schaltung gezeichnet haben, stecken Sie die Bauteile versuchsweise auf dem ProtoShield auf, um sich zu vergewissern, dass sie auch passen und dass die Platine nicht überfüllt ist. Wenn Sie Platz für einen Reset-Schalter haben, sollten Sie ihn vorsehen, da der Shield den Zugang zur Reset-Taste des Arduino blockiert.

Die Bauteile festlöten

Wenn Sie mit dem Aufbau Ihrer Schaltung auf dem ProtoShield zufrieden sind und geprüft haben, dass er funktioniert, können Sie die Bauteile festlöten. Der Umgang mit einem Lötkolben ist gar nicht so schwer, und für diese Art von Arbeit brauchen Sie auch keine teure Ausrüstung. Ein einfacher Lötkolben mit einer Nennleistung von 25 bis 40 W, wie Sie ihn in Abbildung 7–10 sehen, reicht aus.

Abb. 7–10 *Ein Lötkolben*

HINWEIS

*Wenn Sie noch keine Erfahrung mit Lötarbeiten haben, sollten Sie die Anleitung in Comicform von **http://mightyohm.com/soldercomic/** herunterladen und lesen.*

Wenn Sie die Bauteile einlöten, müssen Sie sie möglicherweise mit einer kleinen Menge Lötzinn und abgeschnittenen Drähten überbrücken, wie in Abbildung 7–11 gezeigt.

Überprüfen Sie jede Lötverbindung, denn Fehler lassen sich leichter finden und beheben, bevor Sie das Projekt fertig stellen. Wenn es an der Zeit ist, die vier Sockel- oder Stiftleisten einzulöten, richten Sie sie aus, indem Sie ein vorhandenes Shield verwenden, um die neuen Stifte zu fixieren, wie in Abbildung 7–12 gezeigt.

Abbildung 7–13 zeigt das fertige Produkt: einen selbst konstruierten Arduino-Shield mit acht LEDs.

Wenn Sie die Bauteile einlöten, müssen Sie sie möglicherweise mit einer kleinen Menge Lötzinn und abgeschnittenen Drähten überbrücken, wie in Abbildung 7–11 gezeigt.

Abb. 7–11 *Eine Lötbrücke*

Abb. 7–12 *Anlöten der Pfostenleisten*

Abb. 7–13 *Der fertige Shield*

Testen des ProtoShields

Bevor Sie weitermachen, sollten Sie die Tasten und LEDs des ProtoShields testen. Der Sketch in Listing 7–1 verwendet zwei Tasten, um die LEDs ein- und auszuschalten.

```
// Listing 7-1: ProtoShield-Test
void setup()
{
   pinMode(2, INPUT);
   pinMode(3, INPUT);
   pinMode(5, OUTPUT);
   pinMode(6, OUTPUT);
}
void loop()
{
   if (digitalRead(2) == HIGH)
{
   digitalWrite(5, HIGH);
   digitalWrite(6, HIGH);
}
   if (digitalRead(3) == HIGH)
{
```

```
        digitalWrite(5, LOW);
        digitalWrite(6, LOW);
    }
}
```

Listing 7–1 *Die Taster und Lampen des Protoshields testen*

Sketche durch Bibliotheken erweitern

Genauso wie ein Arduino Shield unsere Hardware ergänzen kann, kann eine Bibliothek nützliche Funktionen für unsere Sketche liefern. Diese Funktionen können es uns ermöglichen, spezifische Hardware für das Shield eines Herstellers zu verwenden. Jeder kann eine Bibliothek erstellen, so wie die Hersteller verschiedener Arduino Shields oft ihre eigenen Bibliotheken schreiben, die zu ihrer Hardware passen.

Die Arduino-IDE enthält bereits eine Reihe von vorinstallierten Bibliotheken. Um diese in Ihre Sketche einzubinden, wählen Sie *Sketch->Include Library*. Sie sollten die Sammlung der vorinstallierten Bibliotheken mit Namen wie Ethernet, LiquidCrystal, Servo und so weiter vorfinden. Viele dieser Namen sind selbsterklärend. (Wenn eine Bibliothek für ein Projekt in diesem Buch erforderlich ist, wird sie auf diesen Seiten ausführlich erläutert).

Wenn Sie neue Hardware kaufen, müssen Sie in der Regel die dazugehörigen Bibliotheken von der Website des Hardwareherstellers oder über einen Link herunterladen und installieren. Es gibt zwei Methoden, um eine Arduino-Bibliothek zu installieren: das Herunterladen der Bibliothek in einer ZIP-Datei oder die Verwendung des Arduino Library Manager. Sehen wir uns an, wie beide Methoden funktionieren, indem wir die Bibliothek herunterladen, die für das MicroSD Card-Shield benötigt wird (Abbildung 7–3).

Eine Arduino-Bibliothek als ZIP-Datei herunterladen

Lassen Sie uns zunächst versuchen, eine Bibliothek im ZIP-Format herunterzuladen und zu installieren. Sie werden die erweiterte Bibliothek herunterladen, die von Speicherkartenmodulen verwendet wird, damit Sie Daten auf microSD- und SD-Karten lesen und schreiben können:

1. Gehen Sie auf *https://github.com/greiman/SdFat/* und klicken Sie auf Code. Vergewissern Sie sich, dass HTTPS ausgewählt ist und klicken Sie dann auf *Download ZIP*, wie in Abbildung 7–14 gezeigt.

Abb. 7–14 *Download-Seite der Bibliothek*

2. Nach einem Moment erscheint die Datei *SdFat-master.zip* in Ihrem Ordner Downloads, wie in Abbildung 7–15 gezeigt. Wenn Sie einen Apple-Rechner verwenden, wird die ZIP-Datei möglicherweise automatisch extrahiert.

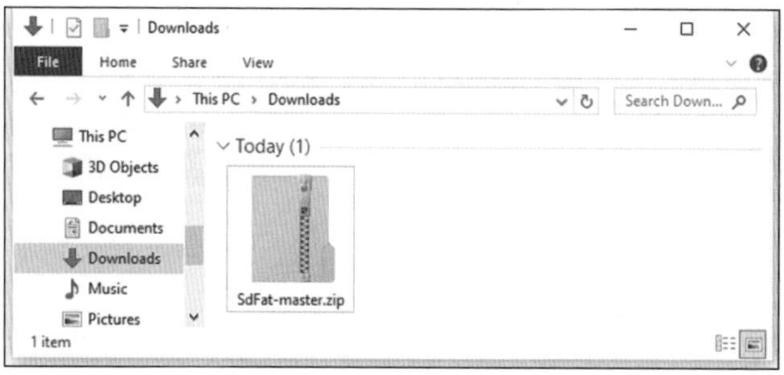

Abb. 7–15 *Ordner Downloads mit SdFat-master.zip*

3. Öffnen Sie die Arduino-IDE und wählen Sie *Sketch->Include Library -> Add .ZIP Library*, wie in Abbildung 7–16 gezeigt.

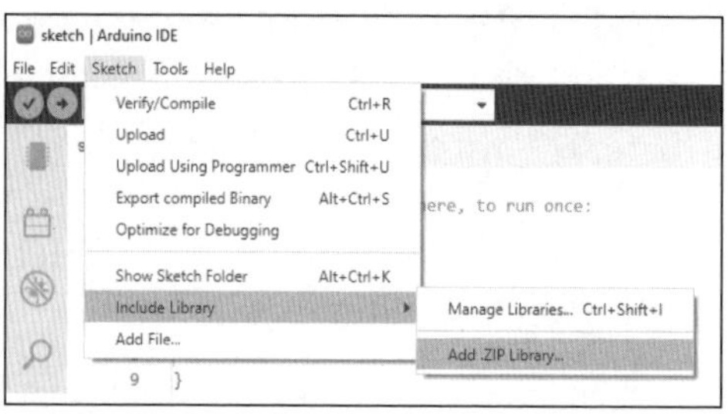

Abb. 7–16 *Starten der Bibliotheksinstallation*

Es wird ein Dateimanager-Dialog angezeigt, wie in Abbildung 7–17 dargestellt. Navigieren Sie zu Ihrem Ordner Downloads (oder wo immer Sie die ZIP-Datei gespeichert haben) und klicken Sie auf Öffnen.

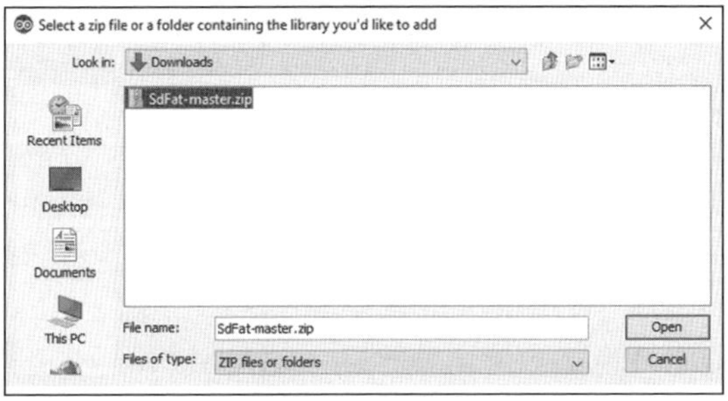

Abb. 7–17 *Die ZIP-Datei finden*

Die Arduino-IDE wird sich nun um die Installation der Bibliothek kümmern. Nach einigen Augenblicken werden Sie durch eine Meldung im IDE-Ausgabefenster darüber informiert, dass die Bibliothek installiert wurde, wie in Abbildung 7–18 zu sehen ist.

Abb. 7–18 *Erfolgreiche Installation der Arduino-Bibliothek*

4. Sie können überprüfen, ob die SdFat-Bibliothek installiert wurde und verfügbar ist, indem Sie den Bibliotheksmanager der IDE durchsuchen. Klicken Sie dazu auf das Symbol für den Bibliotheksverwalter in der vertikalen Gruppe auf der linken Seite der IDE und suchen Sie dann mit Hilfe der Box am oberen Rand oder scrollen Sie nach unten, bis Sie Ihre Bibliothek sehen. In Abbildung 7–19 sehen Sie, dass SdFat im Bibliotheksverwalter angezeigt wird.

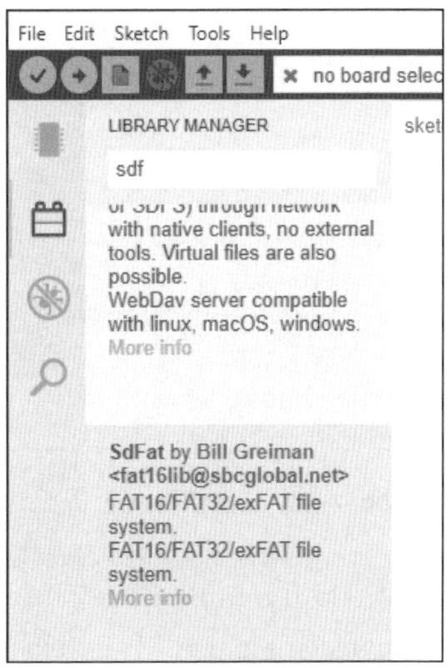

Abb. 7–19 *Erfolgreiche Installation der SdFat-Bibliothek*

Eine Arduino-Bibliothek mit dem Library Manager importieren

Die alternative Methode, eine Arduino-Bibliothek zu installieren, ist der in der Arduino-IDE integrierte Library Manager. Dabei handelt es sich um ein Tool, mit dem Sie auf ein Online-Verzeichnis von Bibliotheken zugreifen können, die für die Öffentlichkeit zur Verfügung stehen und vom Arduino-Team freigegeben wurden, oder die einfach nur sehr beliebt sind. In der Regel greifen Sie auf den Library Manager zu, wenn Sie von einem Hardware-Lieferanten dazu angewiesen werden.

Als Beispiel laden wir die Arduino-Bibliothek FastLED herunter, die von einem beliebten Typ von RGB-LEDs verwendet wird.

Öffnen Sie dazu die Arduino IDE, falls Sie dies noch nicht getan haben, und öffnen Sie dann den Bibliotheksmanager. Geben Sie FastLED in die Box am oberen Rand des Managers ein, wie in Abbildung 7–20 gezeigt. Während Sie tippen, zeigt der Manager die Bibliotheken an, die mit Ihren Suchdaten übereinstimmen, und Sie können sehen, dass die gewünschte Bibliothek angezeigt wird.

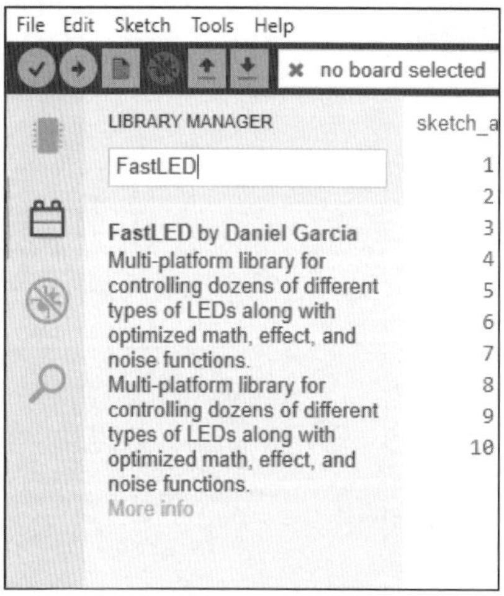

Abb. 7–20 *Durchsuchen des Bibliotheksmanagers*

Sobald die Bibliothek gefunden und im Library Manager angezeigt wird, bewegen Sie den Mauszeiger über die Beschreibung der Bibliothek. Möglicherweise haben Sie die Möglichkeit, eine Versionsnummer auszuwählen. In der Regel wird standardmäßig die neueste Version angezeigt, sodass Sie einfach auf Installieren klicken und warten müssen, bis die Installation abgeschlossen ist. Der Fortschritt der Installation wird im Ausgabefenster angezeigt, wie in Abbildung 7–21 zu sehen ist.

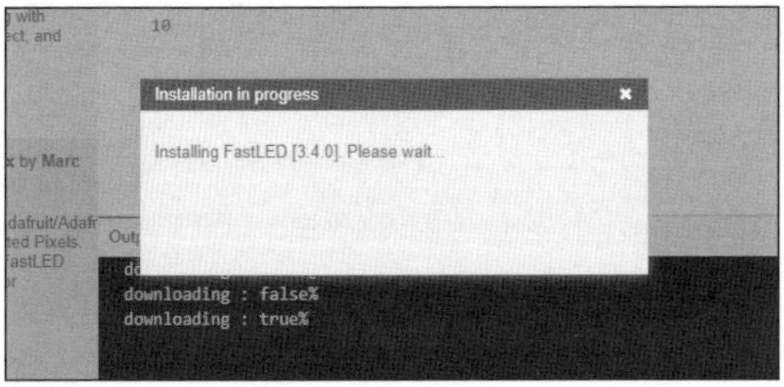

Abb. 7–21 Installationsvorgang der Bibliothek

Sie können überprüfen, ob die Bibliothek installiert wurde, indem Sie die zuvor in diesem Kapitel beschriebene Methode anwenden.

SD-Speicherkarten

Wenn Sie SD- oder microSD-Karten mit Ihrem Arduino verwenden, können Sie Daten von vielen Quellen aufzeichnen, wie z. B. vom Temperatursensor TMP36, den wir in Kapitel 4 verwendet haben. Sie können die Karten auch verwenden, um Webserverdaten oder andere Dateien zu speichern, die Ihr Projekt verwendet. Um die gesammelten Daten aufzuzeichnen und zu speichern, können Sie eine Speicherkarte wie die in Abbildung 7–22 gezeigte verwenden.

Abb. 7–22 Eine microSD-Karte mit 16 GB Kapazität

Sowohl microSD-, als auch SD-Speicherkarten sind kompatibel mit Ihrem Arduino.

HINWEIS

Wenn Ihre Speicherkarte nicht ganz neu ist, müssen Sie sie formatieren, bevor Sie sie verwenden können. Um die Karte zu formatieren, stecken Sie sie in einen Computer und folgen Sie den Anweisungen Ihres Betriebssystems zum Formatieren von Speicherkarten.

Das Kartenmodul anschließen

Bevor Sie die Speicherkarte verwenden können, müssen Sie sechs Drähte vom Kartenlesemodul an Ihren Arduino anschließen. Beide Kartenleser-Typen (microSD und SD) haben die gleichen Pins, die wie in Abbildung 7–23 gezeigt beschriftet werden sollten.

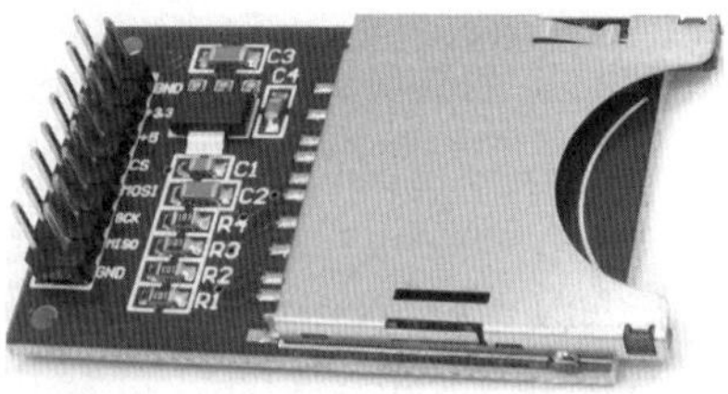

Abb. 7–23 *SD-Kartenmodul*

Stellen Sie die Verbindungen zwischen Ihrem Arduino und dem Kartenleser her, wie in Tabelle 7–1 gezeigt.

Modulpins	an Arduino-Pin	Funktionen des Modulpins
5 V oder Vcc	5 V	Stromversorgung
GND	GND	GND
CS	D10	Chipauswahl
MOSI	D11	Dateneingang Arduino
MISO	D12	Datenausgang Arduino
SCK	D13	Takt

Tab. 7–1 *Verbindungen zwischen Kartenmodul und Arduino*

Ihre SD-Karte testen

Nachdem Sie das Kartenmodul mit dem Arduino verbunden haben – und Sie eine neue oder neu formatierte Karte haben – ist es nun an der Zeit, sicherzustellen, dass die sie korrekt funktioniert. Führen Sie dazu die folgenden Schritte aus:

1. Setzen Sie die Speicherkarte in das Kartenmodul ein. Verbinden Sie dann das Modul mit dem Arduino und den Arduino über das USB-Kabel mit Ihrem PC.
2. Öffnen Sie die IDE und wählen Sie *File->Examples->SdFat->SdInfo*. Dadurch wird ein Beispielsketch geladen.
3. Scrollen Sie im Sketch nach unten zu Zeile 36 und ändern Sie den Wert von const int chipSelect von 4 auf 10, wie in Abbildung 7–24 gezeigt. Dies ist notwendig, da der verwendete Pin je nach Hardware der SD-Karte variiert. Laden Sie nun diesen Sketch auf Ihren Arduino.

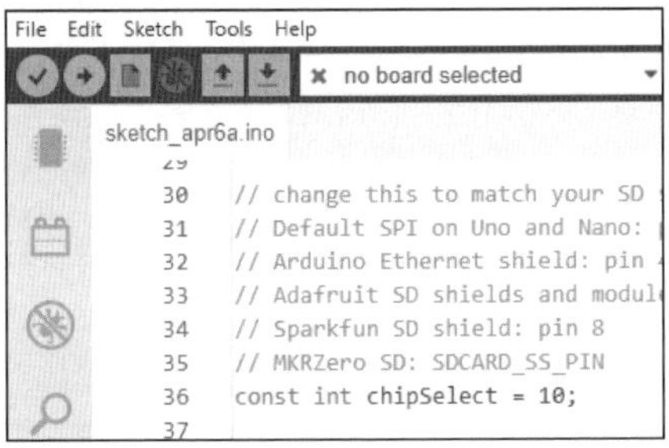

Abb. 7–24 *Ändern des Testsketches*

4. Öffnen Sie nun den seriellen Monitor, stellen Sie ihn auf 9.600 Baud ein, drücken Sie eine beliebige Taste auf der Tastatur und drücken Sie die Eingabetaste. Nach einem kurzen Moment sollten Sie einige Daten über die microSD-Karte sehen, wie in Abbildung 7–25 dargestellt.

```
Initializing SD card...Wiring is correct and a card is present.

Card type:         SDHC
Clusters:          490192
Blocks x Cluster:  64
Total Blocks:      31372288

Volume type is:    FAT32
Volume size (Kb):  15686144
Volume size (Mb):  15318
Volume size (Gb):  14.96

Files found on the card (name, date and size in bytes):
SYSTEM~1/     2019-09-24 16:52:30
  INDEXE~1      2019-09-24 16:52:30 76
```

Abb. 7–25 *Ergebnisse eines erfolgreichen Speicherkartentests*

Wenn die Testergebnisse nicht im seriellen Monitor angezeigt werden, versuchen Sie Folgendes:

- Trennen Sie das USB-Kabel von Ihrem Arduino, entfernen Sie die microSD-Karte und setzen Sie sie wieder ein.
- Vergewissern Sie sich, dass die Kabelanschlüsse mit denen in Tabelle 7–1 übereinstimmen.
- Vergewissern Sie sich, dass die Baudrate des seriellen Monitor 9.600 beträgt und dass Sie ein normales Arduino Uno-kompatibles Board verwenden. Beim Mega und einigen anderen Board-Modellen befinden sich die SPI-Pins an anderen Stellen.
- Formatieren Sie Ihre Speicherkarte neu.
- Wenn alles andere nicht hilft, versuchen Sie es mit einer neuen Speicherkarte eines Markenherstellers.

Vergewissern Sie sich außerdem, dass das gesamte Projekt vom USB-Anschluss und/oder der Stromversorgung getrennt ist, bevor Sie die Speicherkarte einlegen oder entfernen.

Projekt 22: Daten auf die Speicherkarte schreiben

In diesem Projekt nutzen Sie eine Speicherkarte, um Daten zu speichern, insbesondere eine Multiplikationstabelle.

Der Sketch

Um Daten auf die Speicherkarte zu schreiben, schließen Sie Ihr Shield an, legen Sie eine microSD-Karte ein und geben Sie dann den folgenden Sketch ein und laden ihn hoch:

```
// Projekt 22: Daten auf die Speicherkarte schreiben

int b = 0;

#include <SD.h>

void setup()
{
   Serial.begin(9600);
   Serial.print("Initializing SD card...");
   pinMode(10, OUTPUT);

   // Prüft, ob die microSD-Karte vorhanden und verwendbar ist
   if (!SD.begin(8))
   {
```

```
        Serial.println("Card failed, or not present");
        // Hält die Ausführung des Sketches an
        return;
    }
    Serial.println("microSD card is ready");
}

void loop()
{
    // Erstellt die Datei, in die geschrieben werden soll    ❶
    File dataFile = SD.open("DATA.TXT", FILE_WRITE);
    // Schreibt in die Datei, wenn sie bereit ist
    if (dataFile)
    {   ❷
        for ( int a = 0 ; a < 11 ; a++ )
        {
            dataFile.print(a);
            dataFile.print(" multiplied by two is ");
            b = a * 2;
            dataFile.println(b, DEC);    ❸
        }   ❹
        dataFile.close();    // Schließt die Datei, wenn das System mit ❺
                             // der Bearbeitung fertig ist (obligatorisch)
    }
    // Zeigt eine Fehlermeldung an, wenn die Datei nicht bereit ist
    else
    {
        Serial.println("error opening DATA.TXT");
    }   ❻
    Serial.println("finished");
    do {} while (1);
}
```

Dieser Sketch erstellt die Textdatei `DATA.txt` auf der microSD-Karte, die Sie in Abbildung 7–26 sehen.

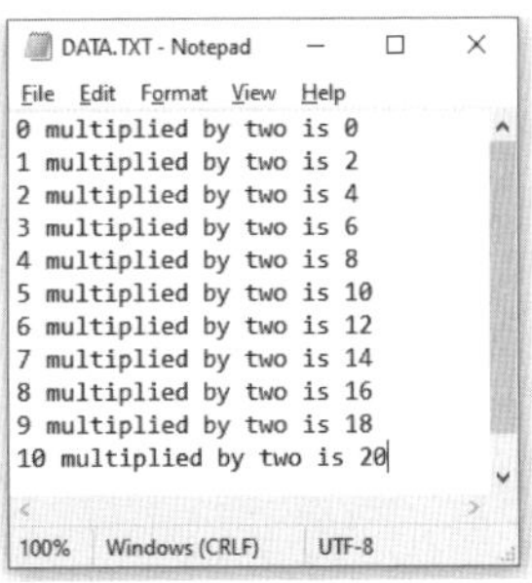

Abb. 7–26 *Die in Projekt 22 erstellte Datei*

Schauen wir uns nun den `void loop()`-Abschnitt genauer an, um zu sehen, wie die Textdatei erstellt wird. Der Code in `void loop()` zwischen ❶ und ❷ sowie zwischen ❹ und ❻ erstellt die Datei und öffnet sie zum Schreiben. Mit dem folgenden Code fügen wir Text in sie ein: `dataFile.print()`oder `dataFile.println()`.

Dieser Code funktioniert auf die gleiche Weise wie beispielsweise `Serial.println()`, sodass Sie den Text genauso schreiben können wie im seriellen Monitor. Bei ❶ geben wir den Namen der Textdatei an, der aus maximal acht Zeichen, einem Punkt und einer Erweiterung aus drei Zeichen bestehen muss, z. B. `DATA.txt`.

Bei ❸ verwenden wir als zweiten Parameter `DEC`, um festzulegen, dass es sich bei der Variable um eine Dezimalzahl handelt, die auch als solche in die Textdatei geschrieben werden soll. Hätten wir stattdessen eine float-Variable verwendet, müssten wir noch eine Stelle für die Anzahl der Nachkommastellen angeben (bis maximal sechs).

Bei ❺ sind wir mit dem Schreiben der Datei fertig, weshalb wir sie mit `dataFile.close()` schließen. Wenn wir das vergessen, ist der Computer nicht in der Lage, die Textdatei zu lesen.

Projekt Nr. 23: Ein Gerät zur Temperaturaufzeichnung konstruieren

Da Sie jetzt wissen, wie Sie Daten aufzeichnen können, wollen wir mit dem in Kapitel 4 eingeführten Temperatursensor TMP36 acht Stunden lang jede Minute die Temperatur messen und die Ergebnisse auf eine microSD-Karte schreiben.

Die Hardware

Sie benötigen folgende Teile:

- einen Temperatursensor TMP36
- einen microSD-Shield und eine microSD-Karte
- eine Steckplatine
- Verbindungsdrähte
- Arduino und USB-Kabel

Führen Sie die microSD-Karte in den Shield ein und montieren Sie den Shield auf dem Arduino. Verbinden Sie den linken Kontakt (5 V) des TMP36 mit dem 5-Volt-Anschluss des Arduino, den mittleren mit einem Analogpin und den rechten mit *GND*.

Der Sketch

Geben Sie folgenden Sketch ein und laden Sie ihn hoch:

```
// Projekt 23: Ein Gerät zur Temperaturaufzeichnung konstruieren

#include <SD.h>
float sensor, voltage, celsius;

void setup()
{
   Serial.begin(9600);
   Serial.print("Initializing SD card...");
   pinMode(10, OUTPUT);
   // Prüft, ob die microSD-Karte vorhanden und verwendbar ist
   if (!SD.begin(8))
   {
      Serial.println("Card failed, or not present");
      // Hält die Ausführung des Sketches an
      return;
   }
   Serial.println("microSD card is ready");
}

void loop()
{
   // Erstellt die Datei, in die geschrieben werden soll
   File dataFile = SD.open("DATA.TXT", FILE_WRITE);
   // Schreibt in die Datei, wenn sie bereit ist
   if (dataFile)
   {
      for ( int a = 0 ; a < 481 ; a++ )     // 8 h haben 480 min
      {
         sensor = analogRead(0);
         voltage = (sensor * 5000) / 1024;  // Rechnet die
                                            // Sensorrohdaten in mv um
         voltage = voltage - 500;
         celsius = voltage / 10;
         dataFile.print(" Log: ");
         dataFile.print(a, DEC);
         dataFile.print(" Temperature: ");
         dataFile.print(celsius, 2);
```

```
            dataFile.println(" degrees C");
            delay(599900); // Wartet knapp eine Minute
        }
        dataFile.close(); // Obligatorisch
        Serial.println("Finished!");
        do {} while (1);
    }
}
```

Der Sketch braucht etwas länger als acht Stunden, um durchzulaufen, aber Sie können diesen Zeitraum ändern, indem Sie den Wert in `delay(599900)` bearbeiten.

Wenn der Sketch komplett abgearbeitet ist, nehmen Sie die microSD-Karte heraus, stecken Sie an einem Computer ein und öffnen die Protokolldatei in einem Texteditor, wie Sie in Abbildung 7–27 sehen.

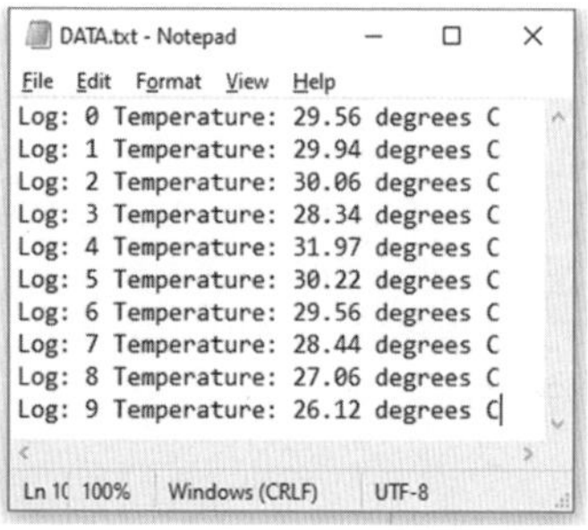

Abb. 7–27 *Das Ergebnis von Projekt 23*

Für eine genauere Analyse der erfassten Daten sollten Sie die in die Protokolldatei geschriebenen Textzeilen mit Leerzeichen oder Doppelpunkten abgrenzen, damit die Datei problemlos in eine Kalkulationstabelle importiert werden kann. Sie können beispielsweise die Datei in OpenOffice Calc oder Excel importieren um eine Kalkulationstabelle wie in Abbildung 7–28 zu bekommen.

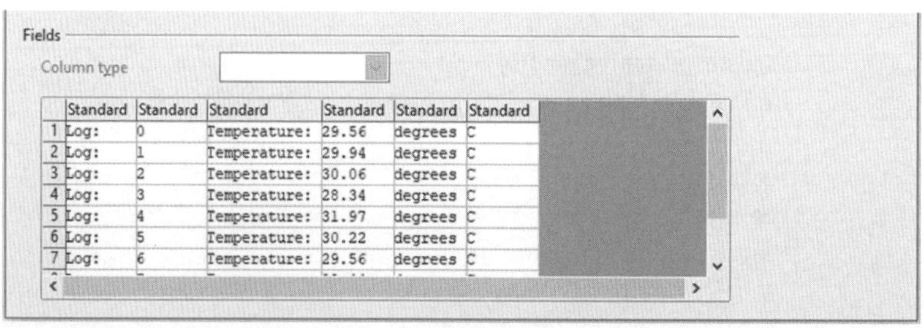

Abb. 7–28 *Daten als Arbeitsblatt importieren*

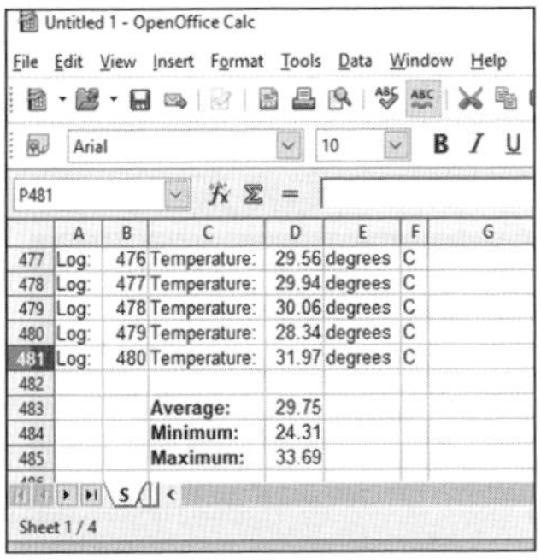

Abb. 7–29 *Temperaturanalyse*

Dieses Beispiel können Sie entsprechend dem Bedarf Ihrer eigenen Datenanalyseprojekte beliebig abwandeln. Nach den hier gezeigten Grundprinzipien können Sie jede Form von Daten aufzeichnen, die das Arduino-System ausgibt.

Zeitmessung mit millis() und micros()

Wenn der Arduino einen Sketch ausführt, zeichnet er auch die vergangene Zeit in Milli-und Mikrosekunden auf. Eine Millisekunde ist eine Tausendstelsekunde (0,001 s), eine Mikrosekunde eine Millionstelsekunde (0,000001 s). Damit können Sie die Zeit messen, die bei der Ausführung von Sketchen vergeht.

Die folgenden Funktionen geben Ihnen Zugriff auf die Zeitwerte, um sie in einer Variable vom Typ `unsigned long` zu speichern:

```
unsigned long a,b;
a = micros();
b = millis();
```

Aufgrund der Beschränkungen, die für den Typ `unsigned long` gelten, wird der Wert auf 0 zurückgesetzt, sobald 4.294.967.295 erreicht ist. Damit ist es möglich, die Zeit mit `millis()` 50 Tage lang zu zählen und mit `micro()` 70 Minuten lang. Außerdem werden die `micros()`-Werte aufgrund einer Einschränkung des Arduino-Prozessors nur in Viererschritten angegeben.

Damit wollen wir jetzt ermitteln, wie lange der Arduino braucht, um einen Digitalpin von `LOW` auf `HIGH` zu schalten und umgekehrt. Dazu lesen wir `micros()` vor und nach der Funktion `digitalWrite()`, ermitteln die Differenz und zeigen sie auf dem seriellen Monitor an. Als Hardware brauchen Sie dazu nur den Arduino und ein Kabel.

Geben Sie den Sketch aus Listing 7–2 ein und laden Sie ihn hoch.

```
unsigned long start, finished, elapsed;

void setup()
{
   Serial.begin(9600);
   pinMode(3, OUTPUT);
   digitalWrite(3, LOW);
}

void loop()
{
   start = micros();  ❶
   digitalWrite(3, HIGH);
   finished = micros();  ❷
   elapsed = finished – start;  ❸
   Serial.print("LOW to HIGH: ");
   Serial.print(elapsed);
   Serial.println(" microseconds");
   delay(1000);

   start = micros();  ❹
   digitalWrite(3, LOW);
   finished = micros();
   elapsed = finished - start;
   Serial.print("HIGH to LOW: ");
   Serial.print(elapsed);
   Serial.println(" microseconds");
   delay(1000);
}
```

Listing 7–2 *Die Dauer des Pegelwechsels an den digitalen Pins mit* `micros()` *messen*

Der Sketch misst `micros()` bei ❶ und ❷, bevor und nachdem die `digitalWrite(HIGH)`-Funktion ausgeführt wird, berechnet die Differenz und zeigt sie bei ❸ auf dem seriellen Monitor an. Dies wird ab ❹ für die umgekehrte Funktion wiederholt.

Öffnen Sie jetzt den seriellen Monitor, um sich das Ergebnis anzusehen (siehe Abb. 7–30).

```
HIGH to LOW 8 microseconds
LOW to HIGH: 8 microseconds
HIGH to LOW 8 microseconds
LOW to HIGH: 8 microseconds
HIGH to LOW 8 microseconds
LOW to HIGH: 8 microseconds
HIGH to LOW 8 microseconds
LOW to HIGH: 8 microseconds
HIGH to LOW 8 microseconds
LOW to HIGH: 8 microseconds
HIGH to LOW 8 microseconds
LOW to HIGH: 8 microseconds
HIGH to LOW 8 microseconds
```

Abb. 7–30 *Die Ausgabe von Listing 7–2*

Da die Auflösung vier Mikrosekunden beträgt, bedeutet ein Wert von 8 ms, dass der Zeitraum länger als 4 ms, aber kleiner oder gleich 8 ms ist.

Projekt Nr. 24: Eine Stoppuhr konstruieren

Da wir jetzt die Zeit messen können, die zwischen zwei Ereignissen vergeht, sind wir in der Lage, mithilfe des Arduino eine einfache Stoppuhr zu bauen. Sie soll über zwei Tasten verfügen: Die eine löst den Zählvorgang aus oder setzt ihn zurück, die andere beendet ihn und zeigt die verstrichene Zeit an. Der Sketch prüft kontinuierlich den Zustand der beiden Tasten. Beim Drücken der Starttaste wird ein `millis()`-Wert gespeichert, beim Drücken der zweiten Taste ein weiterer. Die selbst geschriebene Funktion `displayResult()` rechnet die Angabe für die verstrichene Zeit von Millisekunden in Stunden, Minuten und Sekunden um. Schließlich wird die Zeit auf dem seriellen Monitor angezeigt.

Die Hardware

Für dieses Projekt brauchen Sie folgende Teile:

- zwei Drucktasten (S1 und S2)
- zwei 10-kΩ-Widerstände (R1 und R2)
- eine Steckplatine
- Verbindungsdrähte
- Arduino und USB-Kabel

Der Schaltplan

Den Schaltplan sehen Sie in Abbildung 7–31.

HINWEIS

Da Sie die Schaltung noch für das nächste Projekt brauchen werden, sollten Sie sie nicht gleich wieder auseinanderbauen!

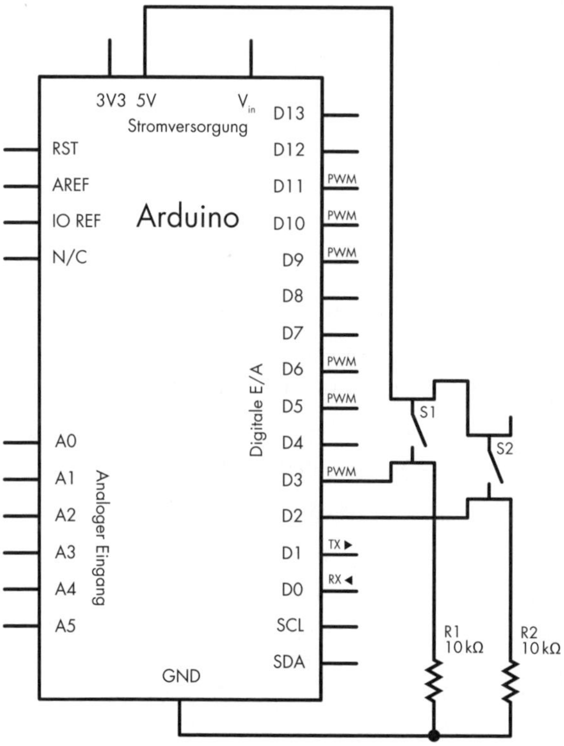

Abb. 7–31 *Schaltplan für Projekt 24*

Der Sketch

Geben Sie folgenden Sketch ein und laden Sie ihn hoch:

```
// Projekt 24: Eine Stoppuhr konstruieren

unsigned long start, finished, elapsed;

void setup()
{
  Serial.begin(9600);
```

```
   pinMode(2, INPUT);    // Startaste    ❶
   pinMode(3, INPUT);    // Stopptaste
   Serial.println("Press 1 for Start/reset, 2 for elapsed time");
}

void displayResult()
{
   float h, m, s, ms;
   unsigned long over;

   elapsed = finished - start;    ❷

   h = int(elapsed / 3600000);
   over = elapsed % 3600000;
   m = int(over / 60000);
   over = over % 60000;
   s = int(over / 1000);
   ms = over % 1000;

   Serial.print("Raw elapsed time: ");
   Serial.println(elapsed);
   Serial.print("Elapsed time: ");
   Serial.print(h, 0);
   Serial.print("h ");
   Serial.print(m, 0);
   Serial.print("m ");
   Serial.print(s, 0);
   Serial.print("s ");
   Serial.print(ms, 0);
   Serial.println("ms");
   Serial.println();
}

void loop()
{
   if (digitalRead(2) == HIGH)    ❸
   {
      start = millis();
      delay(200);    // Zum Entprellen
      Serial.println("Started...");
   }
   if (digitalRead(3) == HIGH)    ❹
   {
      finished = millis();
      delay(200);    // Zum Entprellen
      displayResult();
   }
}
```

Unsere Stoppuhr funktioniert nach einem einfachen Grundprinzip. Bei ❶ richten wir die digitalen Eingangspins für die Start- und die Stopptaste ein. Wird die Starttaste gedrückt, merkt sich der Arduino bei ❸ den Wert von `millis()`, um später, nach Betätigung der Stopptaste bei ❹, die verstrichene Zeit ermitteln zu können. Diese Berechnung und die Anzeige im seriellen Monitor erfolgen bei ❷ in der Funktion `displayResult()`.

Das Ergebnis wird wie in Abbildung 7–32 auf dem seriellen Monitor ausgegeben.

```
Started...
Press 1 for Start/reset, 2 for elapsed time
Raw elapsed time: 4368
Elapsed time: 0h 0m 4s 368ms

Raw elapsed time: 13662
Elapsed time: 0h 0m 13s 662ms

Raw elapsed time: 392366
Elapsed time: 0h 6m 32s 366ms

Raw elapsed time: 5052371
Elapsed time: 1h 24m 12s 371ms

Raw elapsed time: 5077826
Elapsed time: 1h 24m 37s 826ms
```

Abb. 7–32 *Die Ausgabe von Projekt 24*

Interrupts

In der Welt des Arduino ist ein *Interrupt* im Grunde genommen ein Signal, das es ermöglicht, eine Funktion in einem Sketch jederzeit aufzurufen, beispielsweise wenn sich der Zustand eines digitalen Eingangspins ändert oder wenn ein Timer-Ereignis ausgelöst wird. Interrupts eignen sich ideal dazu, um Funktionen aufzurufen, mit denen der normale Ablauf eines Sketches unterbrochen wird, z. B. beim Drücken einer Taste. Diese Interrupt-Funktionen werden oft auch *Interrupt-Handler* genannt.

Wird ein Interrupt ausgelöst, so wird der normale Ablauf des Programms in `void loop()` vorübergehend angehalten, die Interrupt-Funktion aufgerufen und ausgeführt. Nach Beendigung dieser Funktion wird die Hauptschleife genau dort wieder aufgenommen, wo sie angehalten wurde.

Interrupt-Funktionen sollten kurz und einfach sein und schnell wieder beendet werden. Wenn die Interrupt-Funktion irgendetwas tut, was auch die

Hauptschleife gerade macht, dann wird die Hauptschleife vorübergehend überbrückt. Nehmen wir an, die Hauptschleife sendet regelmäßig *Hello* an den seriellen Port, und nun wird eine Interrupt-Funktion ausgelöst, die --- sendet. Dann kommt am seriellen Port *H---ello*, *He---llo*, *Hel---lo*, *Hell---o* oder *Hello---* heraus.

Auf dem Arduino Uno stehen zwei Interrupts für die digitalen Pins 2 und 3 zur Verfügung. Bei korrekter Einrichtung überwacht der Arduino die Spannung an diesen Pins. Wenn sich diese auf eine ganz bestimmte Weise ändert (z. B. wenn eine Taste gedrückt wird), wird ein Interrupt ausgelöst, der dazu führt, dass eine zugehörige Funktion ausgelöst wird. Das könnte etwas sein wie: »Hör auf, mich zu drücken!«

Interrupt-Modi

Ein Interrupt kann durch die folgenden vier Änderungen (oder *Modi*) ausgelöst werden:

- `LOW`: Am Interrupt-Pin liegt keine Spannung an.
- `CHANGE`: Die Stromversorgung ändert sich, der Strom wird entweder abgeschaltet oder eingeschaltet.
- `RISING`: Die Spannung steigt vom ausgeschalteten Zustand auf 5 V.
- `FALLING`: Die Spannung sinkt von 5 V zum ausgeschalteten Zustand.

Um beispielsweise zu ermitteln, ob eine Taste, die an einen Interrupt-Pin angeschlossen ist, gedrückt wurde, können wir den Modus `RISING` verwenden. Wenn Sie in Ihrem Garten einen elektrischen Sensordraht verlegt haben (der an 5 V und an den Interrupt-Pin angeschlossen ist), können Sie mit dem Modus `FALLING` erkennen, ob jemand den Draht berührt und die Verbindung unterbrochen hat.

HINWEIS

Die Funktionen `delay()` *und* `Serial.available()` *funktionieren nicht in Funktionen, die über einen Interrupt aufgerufen worden sind.*

Interrupts einrichten

Um Interrupts zu konfigurieren, müssen wir in `void setup()` Folgendes schreiben:

```
attachInterrupt(0, Funktion, Modus);
attachInterrupt(1, Funktion, Modus);
```

Dabei steht 0 für Digitalpin 2 und 1 für Digitalpin 3, *Funktion* für den Namen der Funktion, die beim Auslösen des Interrupts aufgerufen werden soll, und *Modus* für einen der vier Auslösemodi.

Interrupts aktivieren und deaktivieren

Es kann sein, dass Sie die Interrupts an einigen Stellen im Sketch nicht verwenden wollen. Dann können Sie sie wie folgt ausschalten:

```
detachInterrupt(digitalPinToInterrupt(pin))
```

Anschließend können Sie sie wie folgt wieder einschalten:

```
interrupts();      // Interrupts reaktivieren
```

Interrupts arbeiten schnell und sind sehr empfindlich, weshalb sie sich hervorragend für zeitkritische Anwendungen wie beispielsweise »Not-Aus-Schalter« von Projekten eignen.

Projekt Nr. 25: Interrupts verwenden

Um die Nutzung von Interrupts zu veranschaulichen, verwenden wir die Schaltung von Projekt 24. Dabei lassen wir die eingebaute LED im 500-ms-Takt blinken, und in dieser Zeit werden beide Interrupt-Pins überwacht. Beim Drücken der Taste an Interrupt 0 wird der Wert von `micros()` auf dem seriellen Monitor angezeigt, bei der Betätigung der Taste an Interrupt 1 der von `millis()`.

Der Sketch

Geben Sie den folgenden Sketch ein und laden Sie ihn hoch:

```
// Projekt 25: Interrupts verwenden

#define LED 13

void setup()
{
   Serial.begin(9600);
   pinMode(13, OUTPUT);
   attachInterrupt(0, displayMicros, RISING);
   attachInterrupt(1, displayMillis, RISING);
}

void displayMicros()   ❶
```

```
{
   Serial.write("micros() = ");
   Serial.println(micros());
}

void displayMillis()    ❷
{
   Serial.write("millis() = ");
   Serial.println(millis());
}

void loop()    ❸
{
   digitalWrite(LED, HIGH);
   delay(500);
   digitalWrite(LED, LOW);
   delay(500);
}
```

Der Sketch lässt in `void loop()` bei ❸ die eingebaute LED blinken. Wird Interrupt 0 ausgelöst, so wird die Funktion `displayMicros()` bei ❶ ausgelöst, bei Interrupt 1 ist es die Funktion `displayMillis()` bei ❷. Nachdem die jeweilige Funktion ausgeführt ist, nimmt der Sketch den Code in `void loop` wieder auf.

Öffnen Sie den seriellen Monitor und drücken Sie die beiden Tasten, um sich die Werte von `millis()` und `micros()` wie in Abbildung 7–33 anzusehen.

```
millis() = 3769
micros() = 4595052
millis() = 5483
micros() = 6328740
millis() = 7155
micros() = 7673876
millis() = 8339
micros() = 8874420
millis() = 9511
micros() = 10024460
millis() = 10618
micros() = 11339048
millis() = 11942
micros() = 12413384
millis() = 12880
micros() = 13292308
millis() = 13809
micros() = 14309052
```

Abb. 7–33 *Die Ausgabe von Projekt 25*

Ausblick

In diesem Kapitel haben Sie noch weitere Handwerkszeuge und Möglichkeiten an die Hand bekommen, um eigene Projekte zu erstellen und zu verbessern. In den kommenden Kapiteln werden wir mit weiteren Arduino-Shields arbeiten und microSD-Karten auch für andere Aufgaben verwenden, bei denen Daten aufgezeichnet werden müssen.

8

Numerische LED-Anzeigen und Matrizen

In diesem Kapitel werden Sie:

- Numerische LED-Anzeigen auf Basis des MAX7219 verwenden
- Ihren eigenen digitalen Stoppuhr-Timer konstruieren
- MAX7219-basierte LED-Matrix-Module verwenden
- eine LED-Laufschrift-Anzeige konstruieren

Obwohl numerische LED-Anzeigen (wie z. B. die in modernen digitalen Weckern) nicht gerade zu den Spitzenreitern der Anzeigetechnik gehören, sind sie gut ablesbar und – was noch wichtiger ist – mit unseren Arduino-Boards einfach zu verwenden.

In Kapitel 6 haben Sie gelernt, wie man ein- und zweistellige numerische LED-Anzeigen verwendet. Wenn Sie jedoch mehr als zwei Ziffern auf einmal verwenden, kann es unübersichtlich werden – es gibt viel mehr Verdrahtung, mehr Steuer-ICs und so weiter, um die Sie sich kümmern müssen. Glücklicherweise gibt es einen beliebten IC, der bis zu 64 LEDs (acht Ziffern einer numerischen Anzeige) mit nur drei Steuerdrähten von unserem Arduino aus steuern kann: der LED-Treiber-IC MAX7219 von Maxim Integrated.

Der MAX7219 ist sowohl in einem Gehäusetyp für Bohrungen, d.h. mit Metallfüßen, die in eine Leiterplatte oder ein lötfreies Breadboard passen (Abbildung 8–1), als auch in einem Gehäusetyp für SMD-Montage (Abbildung 8–2) erhältlich.

Abb. 8–1 *Der MAX7219 als separates IC*

Abb. 8–2 *Der MAX7219 in einem Gehäuse für die SMD-Montage*

In diesem Kapitel lernen Sie, wie Sie mit dem MAX7219 bis zu acht numerische LED-Ziffern ansteuern können. Außerdem lernen Sie, wie Sie mit dem MAX7219 interessante LED-Matrix-Module ansteuern, die Lauftextanzeigen darstellen können.

Numerische LED-Anzeigen

Numerische LED-Anzeigen, die den MAX7219 verwenden, gibt es in vielen Formen und Größen, normalerweise mit vier bis acht Ziffern auf dem Modul. Für unsere Beispiele verwenden wir ein achtstelliges Modul, das leicht erhältlich ist und ein gutes Preis-Leistungs-Verhältnis bietet (siehe Abbildung 8–3).

Abb. 8–3 *Das LED-Modul mit acht Ziffern*

Diese Module verwenden die SMD-Version des MAX7219 (siehe Abbildung 8–2) auf der Rückseite. Die Module enthalten in der Regel einige integrierte Stiftleisten, an die Sie die Steuerleitungen anschließen können.

Falls Sie dies noch nicht getan haben, löten Sie diese an Ihr Modul, wie in Abbildung 8–4 gezeigt.

Abb. 8–4 *Integrierte Stiftleisten an einem achtstelligen LED-Modul*

Bevor Sie die numerische Anzeige verwenden können, müssen Sie fünf Drähte sowohl mit der Anzeige als auch mit dem Arduino verbinden. Dies können Sie ganz einfach tun, indem Sie Überbrückungsdrähte von männlich zu weiblich mit den Stiftleisten verbinden, die Sie auf die Platine gelötet haben. Stellen Sie die Verbindungen wie in Tabelle 8–1 gezeigt her.

Modulpin	Arduino-Pin	Funktion des Modulpins
Vcc	5V	Stromversorgung (+)
GND	GND	Stromversorgung (-) oder Masse
DIN	D12	Dateneingang
CS	D10	Chipauswahl
CLK	D11	Takt

Tab. 8–1 *Verbindungen zwischen dem Display-Modul und dem Arduino*

Die Bibliothek installieren

Es gibt mehrere Arduino-Bibliotheken für den MAX7219. Diese Bibliotheken variieren je nach Konfiguration des verwendeten Displaymoduls. Wir werden die LedControl-Bibliothek verwenden. Sie müssen die ZIP-Datei der Bibliothek von *https://github.com/wayoda/LedControl/* herunterladen. Klicken Sie auf Clone oder Download und dann auf Download ZIP, wie in Abbildung 8–5 gezeigt.

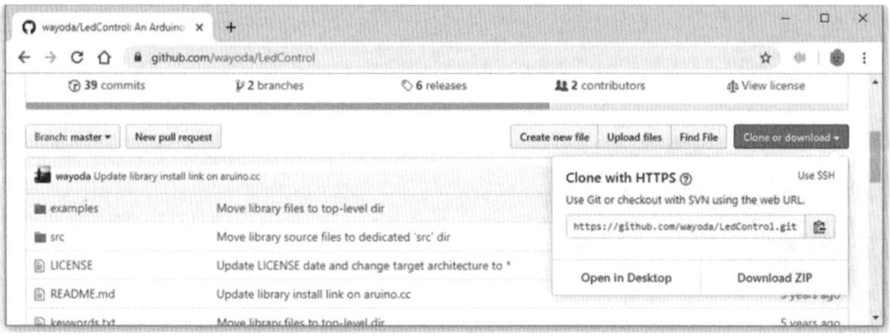

Abb. 8–5 *Herunterladen der LedControl-Bibliothek*

Sobald Sie die ZIP-Datei haben, installieren Sie sie wie in Kapitel 7 beschrieben. Um das Display-Modul zu verwenden, werden wir zunächst einen Demo-Sketch untersuchen, der die erforderlichen Funktionen verwendet. Geben Sie den in Listing 8–1 gezeigten Basis-Sketch ein und laden Sie ihn hoch.

```
// Listing 8-1
❶ #include "LedControl.h"   // benötigt Bibliothek
LedControl lc = LedControl(12, 11, 10, 1);
void setup()
{
❷  lc.shutdown(0, false);  // Display einschalten
  lc.setIntensity(0, 3);  // Helligkeit einstellen
  lc.clearDisplay(0);     // Bildschirm löschen
}

void loop()
{
  // Zahlen mit Dezimalpunkt
  for (int a = 0; a < 8; a++)
  {
❸    lc.setDigit(0, a, a, true);
    delay(500);
    lc.clearDisplay(0) ;  // Bildschirm löschen
  }
  // Striche
  for (int a = 0; a < 8; a++)
  {
❹    lc.setChar(0, a, '-', false);
```

```
    delay(500);
    lc.clearDisplay(0) ;  // Bildschirm löschen
  }
  // Zahlen ohne Dezimalpunkt
  for (int a = 0; a < 8; a++)
  {
    lc.setDigit(0, a, a, false);
    delay(500);
    lc.clearDisplay(0) ;  // Bildschirm löschen
  }
❺ // Ausgabe "abcdef"
  lc.setDigit(0, 5, 10, false);
  lc.setDigit(0, 4, 11, false);
  lc.setDigit(0, 3, 12, false);
  lc.setDigit(0, 2, 13, false);
  lc.setDigit(0, 1, 14, false);
  lc.setDigit(0, 0, 15, false);
  delay(500);
  lc.clearDisplay(0) ;     // Bildschirm löschen
}
```

Listing 8–1 *Sketch zur Demonstrierung des Display-Moduls*

Werfen wir einen Blick darauf, wie der Sketch in Listing 8–1 funktioniert. Bei ❶ fügen wir den notwendigen Code ein, um die Bibliothek für das Display-Modul zu laden. Die Funktion `LedControl()` hat vier Parameter:

```
LedControl lc = LedControl(12, 11, 10, 1);
```

Die ersten drei geben an, welche digitalen Pins angeschlossen sind (siehe Tabelle 8–1), und der vierte Parameter ist die Anzahl der an den Arduino angeschlossenen Displaymodule – in diesem Fall eines. (Sie können mehr als ein Modul in Reihe schalten.)

Bei ❷ haben wir drei Funktionen, die Aspekte des Displays steuern. Die erste schaltet das Display ein oder aus:

```
lc.shutdown(0, false);
```

Der erste Parameter ist das Display. Wir verwenden 0, weil nur ein Display angeschlossen ist. Wenn Sie mehrere Displays angeschlossen haben, ist das zweite Display das Display 1, das dritte das Display 2 usw. Der zweite

Parameter gibt an, ob das Display ein- oder ausgeschaltet ist: `false` für *on*, `true` für *off*.

Die zweite Funktion wird verwendet, um die Helligkeit der LEDs im Display einzustellen:

```
lc.setIntensity(0, 3);
```

Der erste Parameter ist die Nummer des Displays. Der zweite ist die Helligkeit, die zwischen 0 und einschließlich 15 liegen kann.

Die dritte Funktion schaltet einfach alle LEDs aus:

```
lc.clearDisplay(0);
```

Diese Funktion eignet sich hervorragend, um zuvor angezeigte Daten zu löschen.

Bei ❸ zeigen wir mit setDigit() eine Ziffer auf dem Bildschirm an:

```
lc.setDigit(0, a, b, true);
```

Der erste Parameter ist die Nummer der Anzeige. Der zweite Parameter ist die Position der Ziffer auf dem Display. Bei einer achtstelligen Anzeige reicht dieser Wert von 7 (der ganz linken Ziffer) bis 0 (der ganz rechten Ziffer). Der dritte Parameter ist die tatsächliche Zahl, die angezeigt werden soll (0 bis 9). Wenn Sie 10 bis 16 verwenden, können Sie die Buchstaben A bis F anzeigen, wie wir es bei 5 getan haben. Der vierte Parameter schließlich steuert den Dezimalpunkt: `true` für *on* und `false` für *off*.

Sie können auch die Zeichen A bis F, H, L, P, Bindestrich, Punkt und Unterstrich mit `setChar()` schreiben, wie bei ❹:

```
lc.setChar(0, a, ,-', false);
```

Die Parameter sind die gleichen, außer dass Sie das Zeichen in einfache Anführungszeichen setzen.

Nachdem wir nun alle Befehle für die Anzeige von Zahlen und Zeichen auf dem Display durchgelesen haben, können wir sie in die Tat umsetzen.

Projekt Nr. 26: Digitale Stoppuhr

In Projekt 24 in Kapitel 7 haben Sie etwas über Zeitmessung gelernt, und Sie haben gerade gelernt, wie man ein Anzeigemodul verwendet. Jetzt können Sie diese Konzepte kombinieren und eine digitale Stoppuhr bauen. Dieses Projekt ist zwar nicht so genau wie die olympische Zeitmessung, aber es macht Spaß und ist nützlich. Ihre Stoppuhr wird Millisekunden, Sekunden, Minuten und bis zu neun Stunden anzeigen können.

Sie müssen das ProtoShield (oder eine vergleichbare Schaltung), wie in Kapitel 7 beschrieben, mit der numerischen Anzeige verbinden, die Sie bereits in diesem Kapitel verwendet haben. Dann laden Sie einfach den folgenden Sketch hoch:

```
// Projekt 26 – Digitale Stoppuhr
#include "LedControl.h"   // benötigt Bibliothek
LedControl lc = LedControl(12, 11, 10, 1);
unsigned long starting, finished, elapsed;
void setup()
{
  pinMode(2, INPUT);        // die Starttaste
  pinMode(3, INPUT);        // die Stopptaste
  lc.shutdown(0, false);   // Display einschalten
  lc.setIntensity(0, 3);  // Helligkeit einstellen
  lc.clearDisplay(0);     // Bildschirm löschen
  starting = millis();
}

❶ void displayResultLED()
{
  float h, m, s, ms;
  int m1, m2, s1, s2, ms1, ms2, ms3;
  unsigned long over;
  finished = millis();
  elapsed = finished - starting;

❷   h = int(elapsed / 3600000);
  over = elapsed % 3600000;
  m = int(over / 60000);
  over = over % 60000;
  s = int(over / 1000);
  ms = over % 1000;

❸   // Stunden anzeigen
  lc.setDigit(0, 7, h, true);
```

```
  // Minuten anzeigen
  m1 = m / 10;
  m2 = int(m) % 10;
  lc.setDigit(0, 6, m1, false);
  lc.setDigit(0, 5, m2, true);

  // Sekunden anzeigen
  s1 = s / 10;
  s2 = int(s) % 10;
  lc.setDigit(0, 4, s1, false);
  lc.setDigit(0, 3, s2, true);

  // Millisekunden anzeigen (1/100 s)
  ms1 = int(ms / 100);
  ms2 = (int((ms / 10)) % 10);
  ms3 = int(ms) % 10;
  lc.setDigit(0, 2, ms1, false);
  lc.setDigit(0, 1, ms2, false);
  lc.setDigit(0, 0, ms2, false);
}

void loop()
{
❹  if (digitalRead(2) == HIGH)  // Zähler zurücksetzen
  {
    starting = millis();
    delay(200);                 // zur Entprellung


  }
❺  if (digitalRead(3) == HIGH)  // Zählung für fünf Sekunden anzeigen,
dann fortsetzen
  {
    finished = millis();
    delay(5000);                // for debounce
  }
  displayResultLED();
}
```

Einen Moment nach dem Hochladen des Sketches legt die Anzeige den Zähler an, wie in Abbildung 8–6 zu sehen ist.

Abb. 8–6 *Die Stoppuhr bei der Arbeit*

Genau wie in Projekt 24 verwenden wir in diesem Sketch `millis()`, um die verstrichene Zeit zu verfolgen. Wir haben die Zeitberechnung und die Anzeige in der Funktion `void displayResultLED()` ❶ untergebracht.

Bei ❷ können Sie sehen, wie die verstrichene Zeit in Millisekunden in Stunden, Minuten, Sekunden und Millisekunden heruntergebrochen wird. Anschließend wird jede Stelle der Anzeige von links nach rechts mit den entsprechenden Zeitwerten gefüllt, beginnend mit Stunden ❸. Die Steuerung der Stoppuhr ist einfach: Wenn der Benutzer die an den digitalen Eingang 2 angeschlossene Taste drückt, wird der Zähler auf Null zurückgesetzt, indem die Startzeit mit dem aktuellen Wert gleichgesetzt wird, der von `millis()` ❹ zurückgegeben wird. Wenn Sie die an den digitalen Eingang 3 angeschlossene Taste ❺ drücken, wird die Anzeige angehalten; diese Funktion ist ideal, um eine Runde abzulesen. Beachten Sie jedoch, dass die Zählung weiterläuft und die Anzeige nach etwa fünf Sekunden wieder aufgenommen wird.

Dieses Projekt kann leicht abgeändert werden, um Daten in einem einfacheren Format anzuzeigen – z. B. Stunden, Minuten und Sekunden – oder um für längere Zeiträume, z. B. bis zu 24 Stunden, verwendet zu werden. Aber lassen Sie uns nun zu einem komplexeren Projekt mit LED-Matrix-Anzeigen übergehen.

Projekt Nr. 27: LED-Matrix-Module verwenden

Der MAX7219 kann bis zu 64 LEDs steuern. Diese haben im letzten Projekt Zahlen angezeigt. In diesem Projekt werden wir Module verwenden, die die LEDs in einer 8 × 8-Matrix anordnen, die sich ideal für interessantere Anwendungen eignet, z. B. für die Anzeige von stehendem oder laufendem Text.

LED-Matrix-Module werden in der Regel entweder als einzelne Module oder in Sets von vier Stück verkauft; beide sind in Abbildung 8–7 dargestellt.

Möglicherweise werden sie auch als Bausätze angeboten; die Kostenersparnis ist jedoch vernachlässigbar, sodass Sie mit den vormontierten Versionen Zeit sparen. Die LED-Anzeigen passen auf die Sockelstifte des Moduls, wie in Abbildung 8–8 gezeigt, sodass Sie die Farben leicht wechseln können.

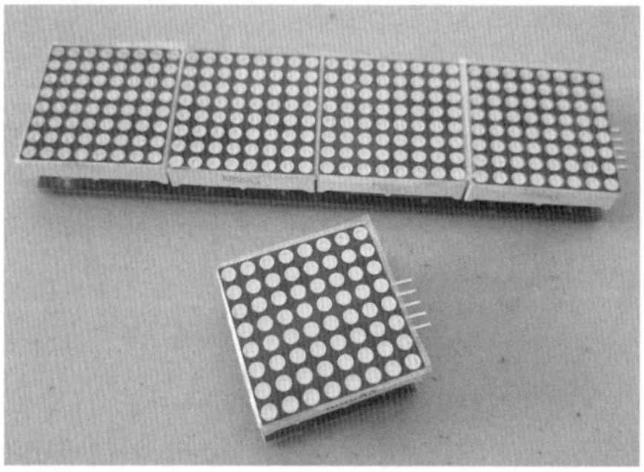

Abb. 8–7 *LED-Matrix-Module*

Abb. 8–8 *Eine herausnehmbare LED-Matrix*

Seien Sie vorsichtig, wenn Sie die LED-Matrix in das Modul einsetzen, denn einige LED-Matrizen haben Stifte, die sich leicht verbiegen. Die Erfahrung hat gezeigt, dass Sie noch Stiftleisten an die Matrix-Module anlöten müssen. Diese Stifte sind jedoch in der Regel im Lieferumfang des Moduls enthalten und passen genau, wie in Abbildung 8–9 gezeigt.

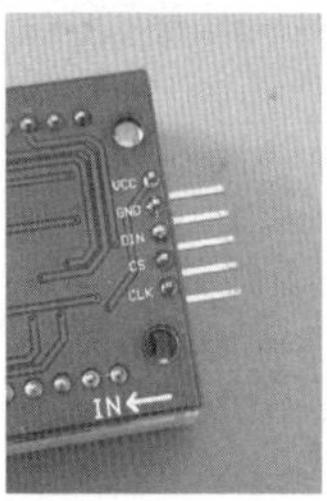

Abb. 8–9 *Anschlussstifte an einem Matrixmodul*

Auch hier müssen Sie, bevor Sie die Matrixmodule verwenden können, fünf Drähte an das Modul und den Arduino anschließen, genau wie bei der numerischen Anzeige. Stellen Sie die Verbindungen wie in Tabelle 8–2 gezeigt her.

Bezeichnung des Modulpins	Arduino-Pin	Funktion des Modulpins
Vcc	5V	Stromversorgung (+)
GND	GND	Stromversorgung (-) oder Masse
DIN	D11	Dateneingang
CS	D9	Chipauswahl
CLK	D13	Taktsignal

Tab. 8–2 *Verbindungen zwischen dem Matrix-Modul und dem Arduino*

Installieren der Bibliothek

Für den MAX7219 gibt es mehrere Arduino-Bibliotheken, die je nach Konfiguration des verwendeten Display-Moduls variieren. Die Bibliothek können Sie als ZIP-Datei hier herunterladen: *https://github.com/bartosz-bielawski/LEDMatrixDriver/*. Klicken Sie auf Clone oder auf Download und danach auf Download ZIP, wie in Abbildung 8–10 dargestellt.

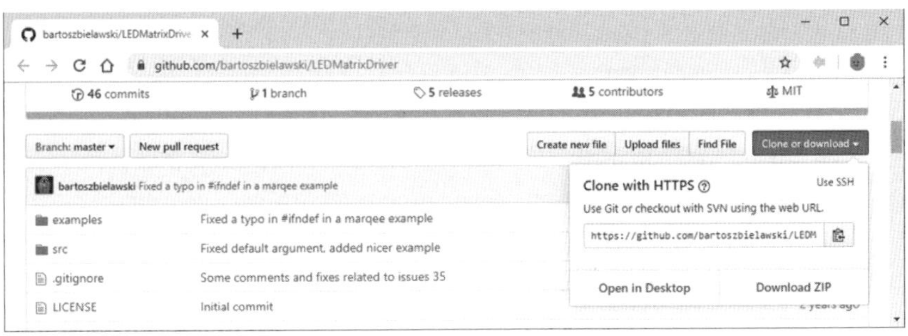

Abb. 8–10 *Herunterladen der LEDMatrixDriver-Bibliothek*

Nachdem Sie die ZIP-Datei heruntergeladen haben, installieren Sie sie wie in Kapitel 7 beschrieben. Geben Sie den folgenden Sketch ein und laden Sie ihn hoch. (An dieser Stelle möchte ich Sie daran erinnern, dass der gesamte Code in diesem Buch unter *https://nostarch.com/arduino-workshop-2nd-edition/* heruntergeladen werden kann).

HINWEIS

Wenn Sie ein einzelnes Matrixmodul verwenden, ändern Sie den Wert von const int LEDMATRIX_ SEGMENTS = 4 in Zeile 4 von 4 auf 1.

```
// Projekt 27 - Verwendung von LED-Matrix-Modulen
❶ #include <LEDMatrixDriver.hpp>
const uint8_t LEDMATRIX_CS_PIN = 9;
// Anzahl der Matrixmodule, die Sie anschließen
const int LEDMATRIX_SEGMENTS = 4;
const int LEDMATRIX_WIDTH = LEDMATRIX_SEGMENTS * 8;
LEDMatrixDriver lmd(LEDMATRIX_SEGMENTS, LEDMATRIX_CS_PIN);
// Anzuzeigender Text
❷ char text[] = "** LED MATRIX DEMO! ** (1234567890) ++
\"ABCDEFGHIJKLMNOPQRSTUVWXYZ\" ++ <$%/=?'.@,> --";
// Scrollgeschwindigkeit (kleiner = schneller)
❸ const int ANIM_DELAY = 30;
void setup() {
❹ // Initialisierung der Anzeige
  lmd.setEnabled(true);
  lmd.setIntensity(2);    // 0 = niedrig, 10 = hoch
}
int x = 0, y = 0; // oben links beginnen
// Schriftdefinition
❺ byte font[95][8] = { {0, 0, 0, 0, 0, 0, 0, 0},      // SPACE
  {0x10, 0x18, 0x18, 0x18, 0x18, 0x00, 0x18, 0x18}, // EXCL
  {0x28, 0x28, 0x08, 0x00, 0x00, 0x00, 0x00, 0x00}, // QUOT
  {0x00, 0x0a, 0x7f, 0x14, 0x28, 0xfe, 0x50, 0x00}, // #
  {0x10, 0x38, 0x54, 0x70, 0x1c, 0x54, 0x38, 0x10}, // $
  {0x00, 0x60, 0x66, 0x08, 0x10, 0x66, 0x06, 0x00}, // %
  {0, 0, 0, 0, 0, 0, 0, 0},                         // &
  {0x00, 0x10, 0x18, 0x18, 0x08, 0x00, 0x00, 0x00}, // '
  {0x02, 0x04, 0x08, 0x08, 0x08, 0x08, 0x08, 0x04}, // (
  {0x40, 0x20, 0x10, 0x10, 0x10, 0x10, 0x10, 0x20}, // )
  {0x00, 0x10, 0x54, 0x38, 0x10, 0x38, 0x54, 0x10}, // *
  {0x00, 0x08, 0x08, 0x08, 0x7f, 0x08, 0x08, 0x08}, // +
  {0x00, 0x00, 0x00, 0x00, 0x00, 0x18, 0x18, 0x08}, // COMMA
  {0x00, 0x00, 0x00, 0x00, 0x7e, 0x00, 0x00, 0x00}, // -
```

```
{0x00, 0x00, 0x00, 0x00, 0x00, 0x00, 0x06, 0x06}, // DOT
{0x00, 0x04, 0x04, 0x08, 0x10, 0x20, 0x40, 0x40}, // /
{0x00, 0x38, 0x44, 0x4c, 0x54, 0x64, 0x44, 0x38}, // 0
{0x04, 0x0c, 0x14, 0x24, 0x04, 0x04, 0x04, 0x04}, // 1
{0x00, 0x30, 0x48, 0x04, 0x04, 0x38, 0x40, 0x7c}, // 2
{0x00, 0x38, 0x04, 0x04, 0x18, 0x04, 0x44, 0x38}, // 3
{0x00, 0x04, 0x0c, 0x14, 0x24, 0x7e, 0x04, 0x04}, // 4
{0x00, 0x7c, 0x40, 0x40, 0x78, 0x04, 0x04, 0x38}, // 5
{0x00, 0x38, 0x40, 0x40, 0x78, 0x44, 0x44, 0x38}, // 6
{0x00, 0x7c, 0x04, 0x04, 0x08, 0x08, 0x10, 0x10}, // 7
{0x00, 0x3c, 0x44, 0x44, 0x38, 0x44, 0x44, 0x78}, // 8
{0x00, 0x38, 0x44, 0x44, 0x3c, 0x04, 0x04, 0x78}, // 9
{0x00, 0x18, 0x18, 0x00, 0x00, 0x18, 0x18, 0x00}, // :
{0x00, 0x18, 0x18, 0x00, 0x00, 0x18, 0x18, 0x08}, // ;
{0x00, 0x10, 0x20, 0x40, 0x80, 0x40, 0x20, 0x10}, // <
{0x00, 0x00, 0x7e, 0x00, 0x00, 0xfc, 0x00, 0x00}, // =
{0x00, 0x08, 0x04, 0x02, 0x01, 0x02, 0x04, 0x08}, // >
{0x00, 0x38, 0x44, 0x04, 0x08, 0x10, 0x00, 0x10}, // ?
{0x00, 0x30, 0x48, 0xba, 0xba, 0x84, 0x78, 0x00}, // @
{0x00, 0x1c, 0x22, 0x42, 0x42, 0x7e, 0x42, 0x42}, // A
{0x00, 0x78, 0x44, 0x44, 0x78, 0x44, 0x44, 0x7c}, // B
{0x00, 0x3c, 0x44, 0x40, 0x40, 0x40, 0x44, 0x7c}, // C
{0x00, 0x7c, 0x42, 0x42, 0x42, 0x42, 0x44, 0x78}, // D
{0x00, 0x78, 0x40, 0x40, 0x70, 0x40, 0x40, 0x7c}, // E
{0x00, 0x7c, 0x40, 0x40, 0x78, 0x40, 0x40, 0x40}, // F
{0x00, 0x3c, 0x40, 0x40, 0x5c, 0x44, 0x44, 0x78}, // G
{0x00, 0x42, 0x42, 0x42, 0x7e, 0x42, 0x42, 0x42}, // H
{0x00, 0x7c, 0x10, 0x10, 0x10, 0x10, 0x10, 0x7e}, // I
{0x00, 0x7e, 0x02, 0x02, 0x02, 0x02, 0x04, 0x38}, // J
{0x00, 0x44, 0x48, 0x50, 0x60, 0x50, 0x48, 0x44}, // K
{0x00, 0x40, 0x40, 0x40, 0x40, 0x40, 0x40, 0x7c}, // L
{0x00, 0x82, 0xc6, 0xaa, 0x92, 0x82, 0x82, 0x82}, // M
{0x00, 0x42, 0x42, 0x62, 0x52, 0x4a, 0x46, 0x42}, // N
{0x00, 0x3c, 0x42, 0x42, 0x42, 0x42, 0x44, 0x38}, // O
{0x00, 0x78, 0x44, 0x44, 0x48, 0x70, 0x40, 0x40}, // P
{0x00, 0x3c, 0x42, 0x42, 0x52, 0x4a, 0x44, 0x3a}, // Q
{0x00, 0x78, 0x44, 0x44, 0x78, 0x50, 0x48, 0x44}, // R
{0x00, 0x38, 0x40, 0x40, 0x38, 0x04, 0x04, 0x78}, // S
```

```
  {0x00, 0x7e, 0x90, 0x10, 0x10, 0x10, 0x10, 0x10}, // T
  {0x00, 0x42, 0x42, 0x42, 0x42, 0x42, 0x42, 0x3e}, // U
  {0x00, 0x42, 0x42, 0x42, 0x42, 0x44, 0x28, 0x10}, // V
  {0x80, 0x82, 0x82, 0x92, 0x92, 0x92, 0x94, 0x78}, // W
  {0x00, 0x42, 0x42, 0x24, 0x18, 0x24, 0x42, 0x42}, // X
  {0x00, 0x44, 0x44, 0x28, 0x10, 0x10, 0x10, 0x10}, // Y
  {0x00, 0x7c, 0x04, 0x08, 0x7c, 0x20, 0x40, 0xfe}, // Z
};

❻ void drawString(char* text, int len, int x, int y)
{
  for ( int idx = 0; idx < len; idx ++ )
  {
    int c = text[idx] - 32;

    //stoppen, wenn Zeichen außerhalb des sichtbaren Bereichs liegt
    if ( x + idx * 8  > LEDMATRIX_WIDTH )
      return;

    // nur zeichnen, wenn Zeichen sichtbar ist
    if ( 8 + x + idx * 8 > 0 )
      drawSprite( font[c], x + idx * 8, y, 8, 8 );
  }
}

❼ void scrollText()
{
  int len = strlen(text);
  drawString(text, len, x, 0);
  lmd.display();

  delay(ANIM_DELAY);

  if ( --x < len * -8 ) {
    x = LEDMATRIX_WIDTH;
  }
}
```

```
void loop()
{
  scrollText();
}
```

Ein oder zwei Augenblicke nach dem Hochladen des Sketches sollten Sie sehen, wie der Text von rechts nach links über Ihre LED-Anzeigemodule läuft.

Sehen wir uns nun an, wie dieser Sketch funktioniert. Es gibt eine Menge Code, aber lassen Sie sich davon nicht abschrecken. Bei ❶ beginnen wir mit dem Aufruf der erforderlichen Funktionen, um die Bibliothek zu verwenden und die Anzeigen einzurichten. Bei ❷ enthält ein Array von Zeichen den Text, der auf den Display-Modulen angezeigt werden soll. Sie können dies später ändern, wenn Sie möchten. Sie können auch die Geschwindigkeit des Bildlaufs anpassen, indem Sie den Wert bei ❸ ändern: je kleiner die Zahl, desto schneller die Bildlaufgeschwindigkeit.

Bei ❹ haben wir zwei Funktionen. Mit dieser Funktion schalten Sie das Display ein oder aus:

```
lmd.setEnabled(true);
```

Und diese Funktion stellt die Helligkeit der LEDs im Anzeigemodul ein:

```
lmd.setIntensity(x);
```

Die Funktion setIntensity() nimmt Werte zwischen 0 (dunkel) und 9 (hell) an.

Die vom Display verwendete Schriftart wird in dem riesigen Array bei ❺ definiert. Wir werden im nächsten Abschnitt darauf zurückkommen. Schließlich sind die Funktionen `drawstring()` ❻ und `scrollText()` ❼ für den Betrieb der Anzeige erforderlich.

Die Display-Schriftart bearbeiten

Sie können ganz einfach festlegen, welche Zeichen auf dem Display verwendet werden können, indem Sie die Daten im Array `Byte Font` ❺ ändern. Erinnern Sie sich zunächst daran, dass jedes Matrixmodul aus acht Reihen mit acht LEDs besteht. Das bedeutet, dass Ihnen 64 LEDs für jedes von Ihnen erstellte Zeichen zur Verfügung stehen.

Jede LED-Reihe ist durch eine hexadezimale Zahl definiert, und acht dieser hexadezimalen Zahlen stehen für ein Zeichen. Zum Beispiel ist der Buchstabe N definiert durch:

```
{0x00, 0x42, 0x42, 0x62, 0x52, 0x4a, 0x46, 0x42}, // N
```

Um das Zeichen zu zeigen, wandeln wir die hexadezimalen Zahlen in binäre Zahlen um. Ein Beispiel: Der Buchstabe N wird von hexadezimal in binär umgewandelt:

```
0 0 0 0 0 0 0 0 = 0x00
0 1 0 0 0 0 1 0 = 0x42
0 1 0 0 0 0 1 0 = 0x42
0 1 1 0 0 0 1 0 = 0x62
0 1 0 1 0 0 1 0 = 0x52
0 1 0 0 1 0 1 0 = 0x4a
0 1 0 0 0 1 1 0 = 0x46
0 1 0 0 0 0 1 0 = 0x42
```

Sie können sehen, wie die 1en das Zeichen vor einem Feld von 0en darstellen, wobei die 1en eingeschaltete LEDs sind und die 0en ausgeschaltete LEDs sind. Um also Ihre eigenen Zeichen zu erstellen, kehren Sie den Prozess einfach um. Ein netter Smiley kann zum Beispiel so dargestellt werden:

```
0 1 1 1 1 1 1 0 = 0x7e
1 0 0 0 0 0 0 1 = 0x81
1 0 1 0 0 1 0 1 = 0xa5
1 0 0 0 0 0 0 1 = 0x81
1 0 1 0 0 1 0 1 = 0xa5
1 0 0 1 1 0 0 1 = 0x99
1 0 0 0 0 0 0 1 = 0x81
0 1 1 1 1 1 1 0 = 0x7e
```

Dies würde in dem Array wie folgt dargestellt werden:

```
{0x7e,0x81,0xa5,0x81,0xa5,0x99,0x81,0x7e} // Smiley
```

Sie können entweder eine bestehende Zeile im Font-Array durch Ihre neuen Daten ersetzen oder Ihre Daten am Ende des Arrays als weiteres Element hinzufügen. Wenn Sie eine weitere Zeile hinzufügen, müssen Sie den ersten Parameter in der Byte-Deklaration so erhöhen, dass er der Anzahl der definierten Zeichen entspricht (in diesem Fall 96):

```
byte font[96][8]
```

Wahrscheinlich fragen Sie sich jetzt, wie Sie in der Skizze auf Ihren benutzerdefinierten Zeichensatz verweisen können. Die Anzeigebibliothek verwendet die Zeichenreihenfolge in der ASCII-Tabelle, die Sie unter *https://www.arduino.cc/en/Reference/ASCIIchart/* finden.

Wenn Sie nach dem letzten Zeichen in der Skizze (das standardmäßig Z ist) ein weiteres Zeichen hinzufügen, ist das nächste Zeichen in der Tabelle [. Um also drei Smileys über das Display zu scrollen, würden Sie die Zeile mit dem anzuzeigenden Text folgendermaßen festlegen:

```
char text[] = „[ [ [ [ „;
```

Ein Beispiel für diese Ausgabe sehen Sie in Abbildung 8–11.

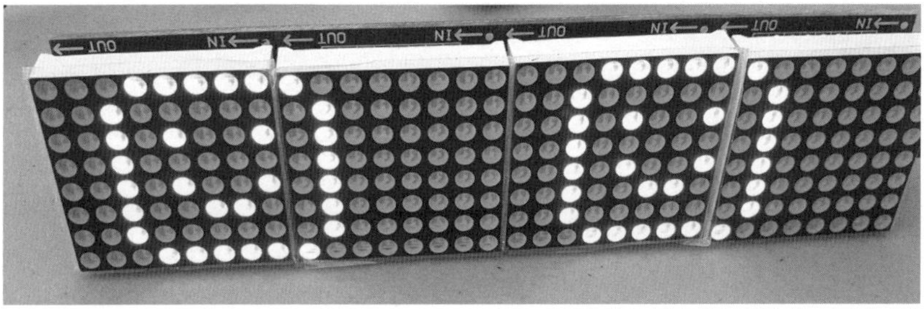

Abb. 8–11 *Benutzerdefinierte Zeichen zur Anzeige von Smileys verwenden*

Ausblick

Jetzt, wo Sie wissen, wie man sie benutzt, wird die Arbeit mit numerischen und Matrix-LED-Anzeigen ein Kinderspiel. Es gibt jedoch noch mehr Arten von Anzeigen. Im nächsten Kapitel erfahren Sie mehr über eine weitere Art von Anzeigen: Flüssigkristallanzeigen.

9

Flüssigkristallanzeigen

In diesem Kapitel lernen Sie Folgendes:

- Anzeige von Text und numerischen Daten mit LCD-Zeichenmodulen
- Gestalten eigener Zeichen zur Wiedergabe auf LCD-Zeichenmodulen
- Anzeige von Text und Daten auf großen LCD-Grafikmodulen
- Erstellen einer grafischen Darstellung des von einem Thermometer gemessenen Temperaturverlaufs

Manchmal ist es erforderlich, dem Benutzer an anderer Stelle als dem Monitor des Desktop-Computers Informationen anzuzeigen. Eine der einfachsten und vielseitigsten Möglichkeiten dazu bieten LCD-Module (Liquid Crystal Display, Flüssigkristallanzeige). Auf LCD-Zeichenmodulen können Sie Text, selbst gestaltete Zeichen und numerische Daten wiedergeben, auf LCD-Grafikmodulen Bilder.

LCD-Module

LCD-Module, die Zeichen wie Text und Zahlen anzeigen, sind die preiswertesten und am einfachsten zu verwendenden aller LCDs. Sie sind in verschiedenen Größen erhältlich, die sich an der Anzahl der Zeilen und Spalten für die Anzeige von Zeichen orientieren. Einige verfügen über eine Hintergrundbeleuchtung und ermöglichen es Ihnen, die Farbe der Zeichen und die Hintergrundfarbe zu wählen. Jedes LCD mit einer HD44780- oder KS0066-kompatiblen Schnittstelle und einer 5-V-Hintergrundbeleuchtung sollte mit Ihrem Arduino funktionieren. Das erste LCD, das wir verwenden werden, ist ein LCD-Modul mit 16 Zeichen und 2 Zeilen und einer Hintergrundbeleuchtung, wie in Abbildung 9–1 gezeigt.

Abb. 9–1 *Beispiel eines LCD-Moduls mit Trimmpoti und Stiftleiste*

Der Trimmpoti (der variable Widerstand für das LCD) hat einen Wert von 10 kΩ und dient zum Einstellen des Display-Kontrasts. Wenn die Stiftleiste nicht bereits in die Reihe der Bohrungen entlang der Oberseite des LCDs eingelötet wurde, müssen Sie dies tun, um das Einsetzen in das Breadboard zu vereinfachen.

Die Bohrungen entlang der Oberseite des LCDs sind mit 1 bis 16 nummeriert. Nummer 1 liegt am nächsten an der Ecke des Moduls und ist in dem in Abbildung 9–2 gezeigten Schaltplan als VSS (verbunden mit GND) gekennzeichnet. Wir werden uns bei allen LCD-Beispielen in diesem Buch auf diesen Schaltplan beziehen. In einigen seltenen Fällen kann es vorkommen, dass Sie eine LCD-Anzeige mit 4,2 V statt 5 V Hintergrundbeleuchtung haben. (Erkundigen Sie sich bei Ihrem Anbieter, wenn Sie sich nicht sicher sind.) In diesem Fall schalten Sie eine 1N4004-Diode in Reihe zwischen die 5 V des Arduino und den Pin LCD LED+.

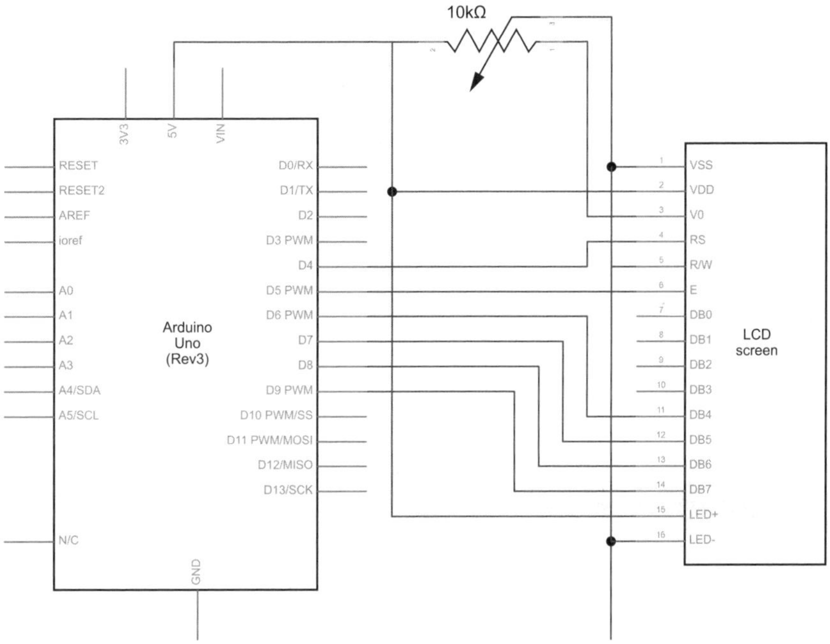

Abb. 9–2 *Grundlegender LCD-Schaltplan*

Ein LCD in einem Sketch verwenden

Um das in Abbildung 9–1 gezeigte LCD zu verwenden, werden wir zunächst die erforderlichen Funktionen und deren Funktionsweise anhand einiger einfacher Beispiele untersuchen. Bevor Sie weitermachen, müssen Sie die erforderliche Arduino-Bibliothek über den Library Manager installieren. Suchen und installieren Sie mit der in Kapitel 7 beschriebenen Methode die Bibliothek *LiquidCrystal by Arduino, Adafruit*. Dann können Sie den in Listing 9–1 gezeigten einfachen Sketch eingeben und hochladen.

```
// Listing 9-1
#include <LiquidCrystal.h>
LiquidCrystal lcd(4, 5, 6, 7, 8, 9);  // pins for RS, E, DB4, DB5, DB6,
DB7
void setup()
{
   lcd.begin(16, 2);
   lcd.clear();
}
void loop()
{
```

```
    lcd.setCursor(0, 5);
    lcd.print("Hello");
    lcd.setCursor(1, 6);
    lcd.print("world!");
    delay(10000);
}
```

Listing 9–1 *Sketch zur LCD-Demonstration*

Abbildung 9–3 zeigt das Ergebnis von Listing 9–1.

Abb. 9–3 *LCD-Demonstration »Hello world!«*

Sehen wir uns nun an, wie der Sketch in Listing 9–1 funktioniert. Zunächst müssen wir eine Zeile hinzufügen, deren Zweck es ist, die Bibliothek für LCD-Module einzubinden (die automatisch mit der Arduino IDE installiert wird). Dann müssen wir der Bibliothek mitteilen, welche Pins mit dem Arduino verbunden sind. Dazu fügen wir die folgenden Zeilen vor der Methode `void setup()` ein:

```
#include <LiquidCrystal.h>
LiquidCrystal lcd(4, 5, 6, 7, 8, 9); // Pins für RS, E, DB4, DB5, DB6, DB7
```

Die in der Funktion `LiquidCrystal` eingegebenen Zahlen stimmen mit den auf dem LCD beschrifteten Pins überein. Wenn Sie sich über die Pinbelegung Ihres LCDs nicht sicher sind, wenden Sie sich an den Anbieter.

Wenn Sie andere digitale Pins am Arduino verwenden müssen, passen Sie die Pin-Nummern in der zweiten Zeile dieses Codes an.

Als nächstes teilen wir dem Arduino in `void setup()` die Größe des LCDs in Spalten und Zeilen mit. So teilen wir dem Arduino beispielsweise mit, dass der LCD-Bildschirm 2 Zeilen mit je 16 Zeichen hat:

```
lcd.begin(16, 2);
```

Text anzeigen

Nach Abschluss des LCD-Setups löschen Sie die Anzeige des LCDs mit folgendem Befehl:

```
lcd.clear();
```

Anschließend positionieren Sie den Cursor, der den Ausgangspunkt für den Text bildet, wie folgt:

```
lcd.setCursor(x, y);
```

Dabei gibt x die Spalte an (0 bis 15) und y die Zeile (0 oder 1). Um jetzt beispielsweise das Wort »Text« anzuzeigen, müssen Sie Folgendes eingeben:

```
lcd.print("text");
```

Damit sind Sie in der Lage, Text zu positionieren. Als Nächstes wollen wir Variablendaten anzeigen.

Variablen und Zahlen anzeigen

Um den Inhalt von Variablen auf dem LCD-Bildschirm anzuzeigen, verwenden Sie folgende Zeile:

```
lcd.print(variable);
```

Bei Fließkommavariablen können Sie angeben, wie viele Dezimalstellen ausgegeben werden sollen. Beispielsweise wird der Arduino im folgenden Beispiel mit lcd.print(pi, 3) angewiesen, den Wert von Pi auf drei Dezimalstellen genau anzuzeigen, wie Sie in Abb. 9–4 sehen:

```
float pi = 3.141592654;
lcd.print("pi: ");
lcd.print(pi, 3);
```

Abb. 9–4 *Anzeige einer Fließkommazahl auf einem LCD-Bildschirm*

Integerwerte können Sie auch in Hexadezimal- und in Binärform ausgeben, wie Listing 9–2 zeigt.

```
int zz = 170;
lcd.setCursor(0, 0);
lcd.print("Binary: ");
lcd.print(zz, BIN);    // Zeigt 170 in Binärform an
```

```
lcd.setCursor(0, 1);
lcd.print("Hexadecimal: ");
lcd.print(zz, HX);      // Zeigt 170 in Hexadezimalform an
```

Listing 9–2 *Funktionen zur Anzeige von Binär- und Hexadezimalzahlen*

Das LCD-Modul zeigt den Text wie in Abb. 9–5 an.

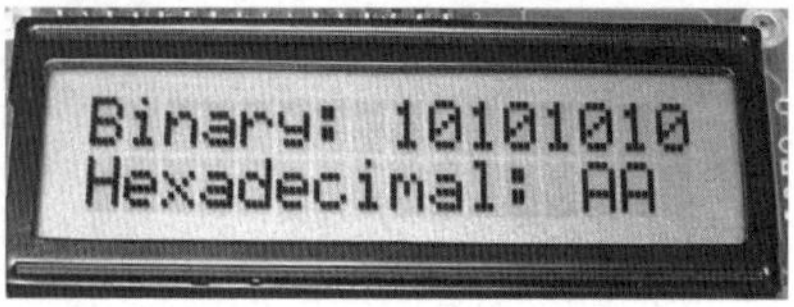

Abb. 9–5 *Das Ergebnis von Listing 9–2*

Projekt Nr. 28: Eigene Zeichen definieren

Neben den über die Tastatur verfügbaren Standardbuchstaben, -ziffern und -symbolen können Sie pro Sketch auch bis zu acht eigene Zeichen definieren. Im LCD-Modul besteht jedes Zeichen aus acht Zeilen zu je fünf Punkten oder *Pixeln*. In Abb. 9–6 sehen Sie eine Detailaufnahme.

Abb. 9–6 *Jedes Zeichen besteht aus acht Zeilen zu je fünf Pixeln.*

Um ein eigenes Zeichen anzeigen zu können, müssen Sie es erst in Form eines *Arrays* definieren. Für unseren Smiley können wir das folgende Array verwenden:

```
byte a[8] = { B00000,
              B01010,
              B01010,
              B00000,
              B00100,
              B10001,
              B01110,
              B00000 };
```

Jede Zahl in diesem Array spricht ein einzelnes Pixel der Anzeige an. Mit 0 wird das entsprechende Pixel ausgeschaltet, mit 1 eingeschaltet. Die Elemente im Array stellen die Pixelzeilen der Anzeige dar, wobei das oberste Elemente für die oberste Zeile steht, das nächste für die zweite usw.

HINWEIS

Es kann sehr hilfreich sein, eigene Zeichen auf kariertem Papier zu entwerfen. Jedes ausgefüllte Kästchen müssen Sie dann im Array durch eine 1 darstellen und jedes leere durch eine 0.

In diesem Beispiel sind alle Pixel der obersten Zeile ausgeschaltet, da das erste Element `B00000` lautet. In der zweiten Zeile wird mit `B01010` jedes zweite Pixel eingeschaltet, wobei die Einsen für die oberen Teile der Augen stehen. Mit allen weiteren Zeilen und Pixeln wird das Zeichen weiter ausgefüllt.

Als Nächstes weisen Sie das Array mit der folgenden Funktion in `void setup()` der ersten von acht Möglichkeiten für eigene Zeichen zu:

```
lcd.createChar(0, a); // Weist das Array a[8] dem eigenen Zeichen Nr. 0 zu
```

Um das Zeichen anzuzeigen, fügen Sie in `void loop()` folgende Zeile ein:

```
lcd.write(0);
```

Insgesamt brauchen wir zur Anzeige unseres eigenen Zeichens folgenden Code:

```
// Projekt 28: Eigene Zeichen definieren
#include <LiquidCrystal.h>
LiquidCrystal lcd(4, 5, 6, 7, 8, 9); // pins for RS, E, DB4, DB5, DB6, DB7

byte a[8] = { B00000,
              B01010,
              B01010,
              B00000,
              B00100,
              B10001,
              B01110,
              B00000 };

void setup()
{
   lcd.begin(16, 2);
   lcd.createChar(0, a);
}
```

```
void loop()
{
   lcd.write(byte(0)); // Schreibt das eigene Zeichen Nr. 0
                       // an die nächste Cursorposition
}
```

Abb. 9–7 zeigt die Wiedergabe unseres Smileys auf dem LCD-Bildschirm.

Abb. 9–7 *Das Ergebnis von Projekt 28*

LCD-Zeichenmodule lassen sich einfach verwenden und bieten auch eine gewisse Vielseitigkeit. Mit unseren bisherigen Kenntnissen können wir damit zum Beispiel ein ausgefeiltes Digitalthermometer konstruieren, indem wir den LCD-Bildschirm mit der Temperaturmessung von Projekt 20 kombinieren. Wenn Sie jedoch sehr viele Daten oder grafische Elemente darstellen wollen, brauchen Sie ein *LCD-Grafikmodul*.

LCD-Grafikmodule

LCD-Grafikmodule sind größer und teurer als die Zeichenmodule, aber auch vielseitiger. Damit können Sie nicht nur Text anzeigen, sondern auch Linien, Punkte und Kreise usw. zeichnen, um grafische Effekte zu erzielen. In diesem Buch verwenden wir ein Modul mit 128 × 160 Pixeln und einer ST7735-kompatiblen Schnittstelle (siehe Abb. 9–8).

Abb. 9–8 *Ein LCD-Grafikmodul*

Das LCD-Grafikmodul anschließen

Bevor Sie das Grafik-LCD verwenden können, müssen Sie acht Drähte zwischen dem LCD und dem Arduino verbinden. Das geht ganz einfach mit Überbrückungsdrähten von männlich auf weiblich, da die Anschlusspins des LCDs bereits auf der Vorderseite verlötet sind. Stellen Sie die Verbindungen wie in Tabelle 9–1 gezeigt her.

LCD-Pinbezeichnung	Arduino-Pin	Funktion
Vcc	5V	VDD
GND	GND	VSS (GND)
CS	D10	Chipauswahl
RST	D8	Zurücksetzen
A0 (oder DC)	D9	Steuerung
SDA	D11	Dateneingang
SCK	D13	Takteingang
LED	3.3 V	Hintergrundbeleuchtungs-LED

Tab. 9–1 *Verbindungen vom LCD-Grafikmodul zum Arduino*

Das LCD verwenden

Bevor Sie weitermachen, müssen Sie die erforderliche Arduino-Bibliothek über den Library Manager installieren. Suchen Sie mit der in Kapitel 7 beschriebenen Methode nach der Bibliothek »TFT by Arduino, Adafruit« und installieren Sie sie.

Um das LCD zu verwenden, fügen Sie die folgenden drei Zeilen vor `void` ein

```
#include <TFT.h> // schließt die Grafik-LCD-Bibliothek ein
#include <SPI.h> // schließt die Bibliothek für den SPI ein
TFT TFTscreen = TFT(10, 9, 8); // zuweisen von Pins an das LCD
#include <SPI.h> // Bibliothek für den SPI-Datenbus
```

(Machen Sie sich keine Gedanken über den »SPI-Datenbus«; für den Moment ist die obige Zeile alles, was Sie wissen müssen. Wir werden den SPI-Bus in Kapitel 19 genauer untersuchen).

Fügen Sie dann die folgenden Zeilen in void setup() ein, um das Display vorzubereiten:

```
TFTscreen.begin(); // LCD aktivieren
TFTscreen.background(0, 0, 0); // LCD-Bildschirm löschen
```

Die Anzeige steuern

Sie können zwischen fünf verschiedenen Textgrößen wählen, wie in den Abbildungen 9–9 und 9–10 dargestellt.

Das erste, was Sie beachten müssen, ist die Hintergrundfarbe für die Anzeige, die Sie erzeugen. Diese wird eingestellt mit:

```
TFTscreen.background(b, g, r); // Hintergrundfarbe einstellen
```

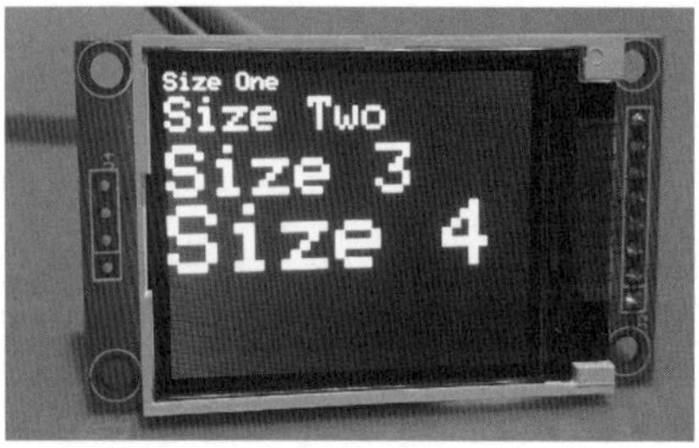

Abb. 9–9 *Vier der fünf verfügbaren Textgrößen auf dem LCD*

Abb. 9–10 *Die größte der fünf Textgrößen, die auf dem LCD zur Verfügung stehen*

Sie legen die Farbe des Hintergrunds mit RGB-Werten (rot, grün, blau) zwischen 0 und 255 fest. Ein weißer Hintergrund wäre beispielsweise maximal rot, maximal grün und maximal blau - also 255, 255, 255. Ein rein roter Hintergrund hätte einen Wert von 255 für Rot und Werte von 0 für Grün und Blau. Für einen schwarzen Hintergrund verwenden Sie Null für alle drei Werte. (Eine praktische Liste von RGB-Farbtabellen finden Sie unter *https://www.rapidtables.com/web/color/ RGB_Color.html.*)

Als nächstes müssen Sie die Textgröße einstellen, wenn Sie zum ersten Mal Text auf das LCD schreiben oder wenn Sie die Größe mitten im Sketch ändern müssen. Verwenden Sie dazu:

```
TFTscreen.setTextSize(x);
```

wobei x eine Zahl zwischen 1 und 5 ist, die den in den Abbildungen 9–9 und 9–10 gezeigten Textgrößen entspricht.

Dann legen Sie die Farbe des Textes mit der folgenden Funktion fest:

```
TFTscreen.stroke(B, G, R);
```

wobei B, G und R die entsprechenden Werte für Ihre blauen, grünen bzw. roten Farbstufen sind.

Um schließlich Text auf Ihren Bildschirm zu bringen, verwenden Sie die folgende Funktion:

```
TFTscreen.text(„Hello, world!", x, y);
```

Damit wird der Text «Hello, world!» angezeigt, wobei der obere linke Teil des Textes auf dem LCD bei x, y positioniert wird.

Für statischen Text funktioniert dies hervorragend. Wenn Sie jedoch eine numerische Variable anzeigen möchten, müssen Sie ein wenig mehr Arbeit leisten. Die Variable muss von einem Zahlentyp in ein Zeichen-Array konvertiert werden, dessen Größe dem größtmöglichen Wert entspricht. Wenn Sie zum Beispiel den analogen Eingang 0 des Arduino auslesen und den Wert anzeigen möchten, verwenden Sie Folgendes:

```
char analogZero[4];
```

Dann konvertieren Sie im Sketch, bevor Sie den Analogwert an das LCD senden, den Wert in einen String, etwa so:

```
String sensorVal = String(analogRead(A0));
```

Dieser String wird konvertiert und in das Zeichenarray eingefügt:

```
sensorVal.toCharArray(analogZero, 4);
```

Um den Wert schließlich auf dem LCD-Display anzuzeigen, können wir wie gewohnt den Befehl .text() verwenden:

```
TFTscreen.text(analogZero, x, y);
```

wobei der Wert von analogZero so angezeigt wird, dass die obere linke Ecke des Textes auf x, y positioniert ist.

Nachdem wir nun alle Befehle für die Verwendung von Text auf dem LCD durchgespielt haben, können wir sie im nächsten Projekt in die Tat umsetzen.

Projekt Nr. 29: Textfunktionen in Aktion

Mit diesem Projekt werden Sie auf Ihrem LCD Text in fünf Größen sowie den vom analogen Eingang 0 Ihres Arduinos eingelesenen numerischen Wert anzeigen lassen.

Der Sketch

Schließen Sie Ihr LCD wie in Tabelle 9–1 beschrieben an und laden Sie dann den folgenden Sketch hoch:

```
// Projekt 29 - Die Textfunktionen in Aktion
#include <TFT.h>  // Arduino TFT LCD-Bibliothek
#include <SPI.h>  // SPI-Bus-Bibliothek

TFT TFTscreen = TFT(10, 9, 8);      // Digitale Pins dem LCD zuweisen

char analogZero[4];

void setup()
{
  TFTscreen.begin();                 // LCD aktivieren
  TFTscreen.background(0, 0, 0);    // Anzeige auf schwarz setzen
}

void loop()
{
  TFTscreen.stroke(255, 255, 255); // weißer Text
  TFTscreen.setTextSize(1);
  TFTscreen.text("Size One", 0, 0);
  TFTscreen.setTextSize(2);
  TFTscreen.text("Size Two", 0, 10);
  TFTscreen.setTextSize(3);
  TFTscreen.text("Size 3", 0, 30);
  TFTscreen.setTextSize(4);
  TFTscreen.text("Size 4", 0, 55);
  delay(2000);
  TFTscreen.background(0, 0, 0);    // Anzeige auf schwarz setzen
  TFTscreen.setTextSize(5);
  TFTscreen.text("Five", 0, 0);
```

```
    delay(2000);
    TFTscreen.background(0, 0, 0);    // Anzeige auf Schwarz setzen
    TFTscreen.stroke(255, 255, 255); // weißer Text
    TFTscreen.setTextSize(1);
    TFTscreen.text("Sensor Value :\n ", 0, 0);
    TFTscreen.setTextSize(3);
    String sensorVal = String(analogRead(A0));
    // convert the reading to a char array
    sensorVal.toCharArray(analogZero, 4);
    TFTscreen.text(analogZero, 0, 20);
    delay(2000);
    TFTscreen.background(0, 0, 0);    // Anzeige auf schwarz setzen
  }
```

Den Sketch ausführen

Sie sollten alle fünf Textgrößen auf dem LCD auf zwei Anzeigen dargestellt sehen. Dann sollten Sie einen dritten Bildschirm mit dem Wert von Analogeingang 0 sehen, wie im Beispiel in Abbildung 9–11 gezeigt.

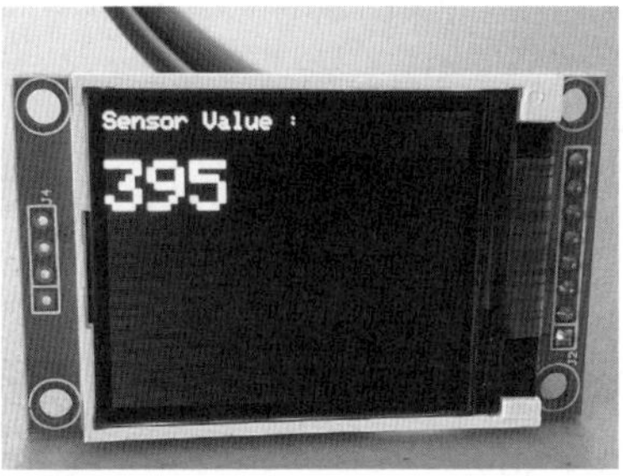

Abb. 9–11 *Anzeige des analogen Eingangswerts auf dem TFT-LCD*

Komplexere Anzeigeeffekte mit Grafikfunktionen erstellen

Sehen wir uns nun die Funktionen an, mit denen wir verschiedene Anzeigeeffekte erzeugen können. Denken Sie daran, dass der Grafik-LCD-Bildschirm eine Auflösung von 160 Spalten und 128 Pixeln hat. Wenn wir uns jedoch in Funktionen in unseren Sketches auf diese Spalten und Pixel beziehen, werden sie von 0 bis 159 in der Breite und 0 bis 127 in der Höhe gezählt. Außerdem müssen wir, wie bei dem Textbeispiel zuvor, immer noch die fünf Codezeilen verwenden, die in »Verwenden eines LCDs in einem Sketch« erwähnt wurden, um das Display zu initialisieren.

Es gibt verschiedene Funktionen, mit denen Sie Punkte (einzelne Pixel), Linien, Rechtecke und Kreise auf dem Display anzeigen können. Legen Sie Ihre Projektanforderungen fest und fügen Sie eine Prise Fantasie hinzu, um eine farbenfrohe und nützliche Displayausgabe zu erstellen. Wir werden diese Funktionen jetzt durchgehen, und dann können Sie sie anhand einer Demonstrationsskizze in Aktion sehen.

Bevor Sie ein Objekt zeichnen, müssen Sie seine Farbe definieren. Dies geschieht mit

```
TFTscreen.stroke(B, G, R);
```

wobei B, G und R die entsprechenden Werte für Ihre blauen, grünen bzw. roten Farbstufen sind.

Um einen einzelnen Punkt auf dem Display zu zeichnen, verwenden wir

```
TFTscreen.point(X, Y);
```

wobei X und Y die horizontalen und vertikalen Koordinaten des Punktes sind. Bei unserem LCD liegt der X-Bereich zwischen 0 und 159 und der Y-Bereich zwischen 0 und 127.

Um eine Linie von einem Punkt zu einem anderen zu zeichnen, verwenden wir

```
TFTscreen.line(X1, Y1, X2, Y2);
```

wobei X1 und Y1 die Koordinaten des Startpunkts und X2 und Y2 die Koordinaten des Endpunkts der Linie sind.

Um einen Kreis zu zeichnen, verwenden wir

```
TFTscreen.Kreis(X, Y, R);
```

wobei X und Y die Koordinaten des Mittelpunkts des Kreises sind und R der Radius des Kreises in Pixeln ist. Wenn Sie den Kreis (oder ein Rechteck, das etwas später beschrieben wird) mit einer Farbe füllen möchten, anstatt nur einen Umriss zu zeichnen, stellen Sie der Funktion circle() Folgendes voran

```
TFTscreen.fill(B, G, R);
```

wobei B, G und R die entsprechenden Werte für Ihre blauen, grünen bzw. roten Füllwerte sind. Beachten Sie, dass eine Füllfarbe den Umriss der Form nicht verändert. Daher müssen Sie der Funktion shape noch die Funktion stroke() voranstellen.

Wenn Sie mehr als ein gefülltes Element zeichnen möchten, müssen Sie den Befehl fill() nur einmal verwenden. Wenn Sie dann das Füllen abschalten und nur noch Umrisse zeichnen möchten, verwenden Sie diesen Befehl:

```
TFTscreen.noFill();
```

Und schließlich können Sie mit der folgenden Funktion Rechtecke zeichnen:

```
TFTscreen.rect(X1, Y1, X2, Y2);
```

wobei X1, Y1 die Koordinaten für den oberen linken Rand des Rechtecks und X2, Y2 die Koordinaten für den unteren rechten Rand des Rechtecks sind.

Projekt Nr. 30: Die Grafikfunktionen in Aktion

Nachdem wir nun alle Befehle für die Verwendung der Grafikfunktionen auf dem LCD kennengelernt haben, wollen wir sie in diesem Projekt in die Tat umsetzen.

Der Sketch

Schließen Sie Ihr LCD wie in Tabelle 9–1 beschrieben an und laden Sie dann den folgenden Sketch hoch:

```
// Projekt 30 - Die Grafikfunktionen in Aktion

#include <TFT.h>                  // Arduino TFT LCD-Bibliothek
#include <SPI.h>                  // SPI-Bus-Bibliothek
TFT TFTscreen = TFT(10, 9, 8);    // Digitalpins dem LCD zuweisen

int a;
void setup()
{
  TFTscreen.begin(); // LCD aktivieren
  TFTscreen.background(0, 0, 0); // Anzeige auf Schwarz setzen
  randomSeed(analogRead(0));      // ffür Zufallszahlen
}
```

```
void loop()
{
  // random dots
  for (a = 0; a < 100; a++)
  {
    TFTscreen.stroke(random(256), random(256), random(256));
    TFTscreen.point(random(160), random(120));
    delay(10);
  }
  delay(1000);
  TFTscreen.background(0, 0, 0); // Anzeige auf Schwarz setzen

  // random lines
  for (a = 0; a < 100; a++)
  {
    TFTscreen.stroke(random(256), random(256), random(256));
    TFTscreen.line(random(160), random(120), random(160), random(120));
    delay(10);
  }
  delay(1000);
  TFTscreen.background(0, 0, 0); // Anzeige auf Schwarz setzen

  // Zufällige Kreise
  for (a = 0; a < 50; a++)
  {
    TFTscreen.stroke(random(256), random(256), random(256));
    TFTscreen.circle(random(160), random(120), random(50));
    delay(10);
  }
  delay(1000);
  TFTscreen.background(0, 0, 0); // sAnzeige auf Schwarz setzen
  // zufällige gefüllte Kreise
  for (a = 0; a < 50; a++)
  {
    TFTscreen.fill(random(256), random(256), random(256));
    TFTscreen.stroke(random(256), random(256), random(256));
    TFTscreen.circle(random(160), random(120), random(50));
```

```
    delay(10);
  }
  delay(1000);
  TFTscreen.background(0, 0, 0); // Anzeige auf Schwarz setzen

  // zufällige Rechtecke
  TFTscreen.noFill();
  for (a = 0; a < 50; a++)
  {
    TFTscreen.stroke(random(256), random(256), random(256));
    TFTscreen.rect(random(160), random(120), random(160), random(120));
    delay(10);
  }
  delay(1000);
  TFTscreen.background(0, 0, 0); // set display to black

  // Zufällige gefüllte Rechtecke
  TFTscreen.noFill();
  for (a = 0; a < 50; a++)
  {
    TFTscreen.fill(random(256), random(256), random(256));
    TFTscreen.stroke(random(256), random(256), random(256));
    TFTscreen.rect(random(160), random(120), random(160), random(120));
    delay(10);
  }
  delay(1000);
  TFTscreen.background(0, 0, 0); // set display to black
}
```

Nachdem der Sketch hochgeladen wurde, durchläuft das Display alle Grafikfunktionen, die wir in diesem Kapitel untersucht haben. Sie sollten zum Beispiel die in Abbildung 9–12 gezeigten Zeilen sehen.

Mit den bisher besprochenen Funktionen und etwas Fantasie können Sie eine Vielzahl von Anzeigeeffekten erzeugen oder Daten grafisch darstellen. Im nächsten Abschnitt werden wir unser Projekt für ein schnell ablesbares Thermometer mit Hilfe des LCD-Displays und einiger dieser Funktionen konstruieren.

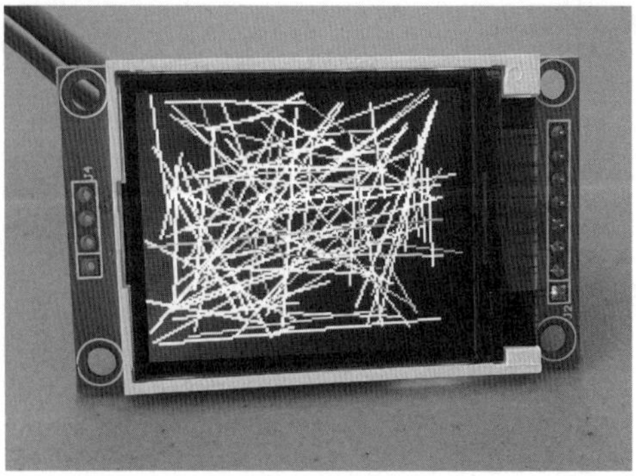

Abb. 9–12 *Zufallslinien auf dem LCD*

Projekt Nr. 31: Eine Temperaturverlaufskurve aufzeichnen

In diesem Projekt wollen wir die Temperatur alle 20 Minuten messen und die letzten 120 Messwerte als Liniendiagramm ausgeben. Jeder Messwert wird durch ein Pixel dargestellt, wobei die Temperatur auf der vertikalen Achse gegen die Zeit auf der horizontalen aufgetragen wird. Links steht der aktuelle Wert, und die Anzeige der Messungen läuft beständig von links nach rechts. Die aktuelle Temperatur wird auch numerisch angezeigt.

Der Algorithmus

Dieses Projekt hört sich zwar kompliziert an, ist aber ziemlich einfach und erfordert nur die Verwendung von zwei Funktionen. Die erste Messung ruft den Temperaturmesswert vom TMP36 ab und speichert ihn in einem Array aus 120 Werten. Sobald eine neue Messung in das Array aufgenommen wird, werden die vorherigen 119 nach unten verschoben, um Platz zu machen, wobei die älteste gelöscht wird. Die zweite Funktion zeichnet auf den LCD-Bildschirm. Sie zeigt die aktuelle Temperatur, die Skala für den Graphen und die Positionen der einzelnen Pixel für die Temperaturwerte im Zeitverlauf an.

Die Hardware

Für dieses Projekt brauchen Sie folgende Teile:

- Ein ST7735-LCD-Modul mit einer Auflösung von 160 × 128 Pixel
- ein 10-kΩ-Trimmpotenziometer

- einen Temperatursensor TMP36
- eine Steckplatine
- Verbindungsdrähte
- Arduino und USB-Kabel

Schließen Sie das LCD-Grafikmodul wie in Tab. 9–1 beschrieben an und verbinden Sie den TMP36-Sensor mit 5 V, dem Analogpin 5 und *GND*.

Der Sketch

Der Sketch kombiniert den Code zur Temperaturmessung aus Kapitel 6 und die Grafikfunktionen aus diesem Kapitel. Geben Sie den folgenden Sketch ein und laden Sie ihn hoch. Er enthält auch erklärende Kommentare über die verwendeten Funktionen.

```
// Projekt 31 - Eine Temperaturverlaufskurve aufzeichnen

#include <TFT.h>  // Arduino TFT LCD-Bibliothek
#include <SPI.h>  // SPI-Bus-Bibliothek

TFT TFTscreen = TFT(10, 9, 8);
// Digitalpins dem LCD zuweisen

int tcurrent = 0;
int tempArray[120];

char currentString[3];

void getTemp() // Funktion zum Auslesen der Temperatur aus dem TMP36
{
  float sum = 0;
  float voltage = 0;
  float sensor = 0;
  float celsius;

  // Temperatur auslesen und in Celsius konvertieren
  sensor  = analogRead(5);
  voltage = (sensor * 5000) / 1024;
  voltage = voltage - 500;
```

```
  celsius  = voltage / 10;
  tcurrent = int(celsius);

  // die neue Temperatur am Anfang des Arrays mit Messwerten ablegen
  for (int a = 119 ; a >= 0 ; --a )
  {
    tempArray[a] = tempArray[a - 1];
  }
  tempArray[0] = tcurrent;
}

void drawScreen() // LCD-Displayeffekte erzeugen
{
  int q;
  // aktuelle Temperatur anzeigen
  TFTscreen.background(0, 0, 0);    // Anzeige auf Schwarz setzen
  TFTscreen.stroke(255, 255, 255); // Weißer Textt
  TFTscreen.setTextSize(2);
  TFTscreen.text("Current:", 20, 0);
  String tempString = String(tcurrent);
  tempString.toCharArray(currentString, 3);
  TFTscreen.text(currentString, 115, 0);
  // Skala für den Graph zeichnen
  TFTscreen.setTextSize(1);
  TFTscreen.text("50", 0, 20);
  TFTscreen.text("45", 0, 30);
  TFTscreen.text("40", 0, 40);
  TFTscreen.text("35", 0, 50);
  TFTscreen.text("30", 0, 60);
  TFTscreen.text("25", 0, 70);
  TFTscreen.text("20", 0, 80);
  TFTscreen.text("15", 0, 90);
  TFTscreen.text("10", 0, 100);
  TFTscreen.text(" 5", 0, 110);
  TFTscreen.text(" 0", 0, 120);
  TFTscreen.line(20, 20, 20, 127);
  // Temperaturdatenpunkte ausgeben
  for (int a = 25 ; a < 145 ; a++)
```

```
  {
    // Temperaturwert passend für die X-Achse des LCD umrechnen
    q = (123 - (tempArray[a - 25] * 2));
    TFTscreen.point(a, q);
  }
}

void setup()
{
  TFTscreen.begin();               // LCD aktivieren
  TFTscreen.background(0, 0, 0); // Anzeige auf Schwarz setzen
}

void loop()
{
  getTemp();
  drawScreen();
  for (int a = 0 ; a < 20 ; a++) // 20 Minuten warten für nächste
Messung
  {
    delay(60000);                // 1 Minute warten
  }
}
```

Den Sketch ausführen

Die Anzeige sollte in etwa wie in Abbildung 9–13 aussehen.

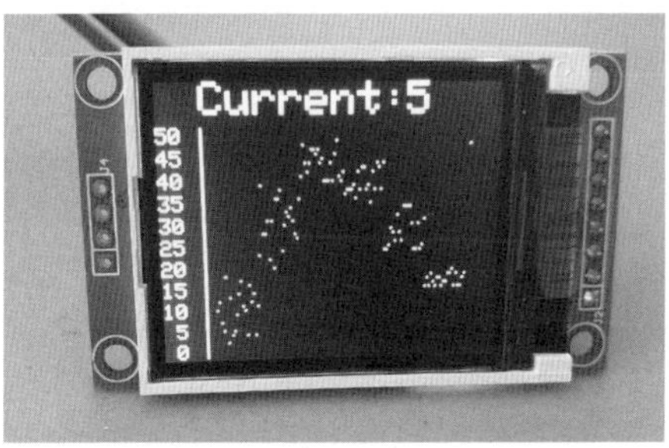

Abb. 9–13 *Ergebnisse von Projekt 31*

Den Sketch ändern

Verschiedene Personen können Daten besser interpretieren, wenn sie sie in verschiedenen visuellen Darstellungen sehen. Aus diesem Grund können Sie beispielsweise ein Balkendiagramm erstellen, bei dem die Werte durch vertikale Linien dargestellt werden.

Diese Art von Projekt könnte auch verwendet werden, um andere Arten von Daten anzuzeigen, z. B. die Spannung von verschiedenen Sensoren, die über analoge Eingangspins gemessen wird. Oder Sie könnten einen weiteren Temperatursensor hinzufügen und beide Werte gleichzeitig anzeigen. Fast alles, was einen Wert liefert, kann mit dem Grafik-LCD-Modul angezeigt werden.

Ausblick

Jetzt, da Sie Erfahrung mit LCDs haben, können Sie sehen, dass der Arduino im Grunde ein kleiner Computer ist: Er kann eingehende Daten annehmen und verarbeiten und sie nach außen hin anzeigen. Aber das ist nur der Anfang. Im nächsten Kapitel werden Sie sich eingehender mit Bibliotheken befassen, lernen, Ihre eigene Bibliothek zu schreiben und dann Ihre neue Bibliothek mit dem in den vorherigen Projekten verwendeten Temperatursensor zu verwenden.

10

Ihre eigenen Arduino-Bibliotheken erstellen

In diesem Kapitel werden Sie:

- die Komponenten einer Arduino-Bibliothek kennenlernen
- eine einfache Bibliothek für eine sich wiederholende Aufgabe erstellen
- lernen, wie Sie Ihre Bibliothek in der Arduino IDE installieren
- eine Bibliothek erstellen, die Werte akzeptiert, um eine Funktion auszuführen
- eine Bibliothek erstellen, die Daten von einem Sensor verarbeitet und Werte in einer einfach zu verwendenden Form zurückgibt

Erinnern Sie sich an das in Kapitel 7 beschriebene Projekt 22, in dem Sie eine Arduino-Bibliothek installiert haben, die die notwendigen Funktionen zum Speichern von Daten auf einer SD-Karte enthielt? Die Verwendung der Bibliothek hat den Zeitaufwand für das Schreiben eines Sketches reduziert, da die Bibliothek die Funktionen zur das Kartenmodul Verfügung stellt.

Wenn Sie in Zukunft Sketche schreiben, um Ihre eigenen Aufgaben zu lösen, werden Sie bestimmte Funktionen, die Sie erstellt haben, vielleicht immer wieder verwenden. Dann ist es sinnvoll, eine eigene Arduino-Bibliothek zu verwenden, die Sie einfach installieren und in Ihren Skizzen nutzen können.

In diesem Kapitel erfahren Sie, wie Sie Funktionen in eine Arduino-Bibliothek umwandeln. Wenn Sie den hier vorgestellten Beispielen folgen, lernen Sie, was Sie wissen müssen, um Ihre eigenen benutzerdefinierten Bibliotheken zu erstellen. Lassen Sie uns das jetzt angehen.

Ihre erste Arduino-Bibliothek erstellen

Betrachten Sie für unser erstes Beispiel Listing 10–1. Es enthält zwei Funktionen, blinkSlow() und blinkFast(), mit denen Sie die integrierte LED des Arduino langsam bzw. schnell blinken lassen können.

```
// Listing 10-1
void setup()
{
  pinMode(13, OUTPUT); // Onboard-LED verwenden
}

void blinkSlow()
{
  for (int i = 0; i < 5; i++)
  {
    digitalWrite(13, HIGH);
    delay(1000);
    digitalWrite(13, LOW);
    delay(1000);
  }
}

void blinkFast()
{
  for (int i = 0; i < 5; i++)
  {
    digitalWrite(13, HIGH);
    delay(250);
    digitalWrite(13, LOW);
    delay(250);
  }
```

```
}

void loop()
{
  blinkSlow();
  delay(1000);
  blinkFast();
  delay(1000);
}
```

Listing 10–1 *Blinken der Onboard-LED des Arduino*

Ohne eine Bibliothek müssten Sie jedes Mal, wenn Sie einen neuen Sketch schreiben und die Funktionen `blinkSlow()` und `blinkFast()` verwenden wollen, diese manuell eingeben. Wenn Sie hingegen den Code für Ihre Funktionen in einer Bibliothek ablegen, können Sie die Bibliothek von nun an mit nur einer Zeile Code am Anfang Ihres Sketches aufrufen.

Aufbau einer Arduino-Bibliothek

Eine Arduino-Bibliothek besteht aus drei Dateien sowie einigen optionalen Beispiel-Sketches, die zeigen, wie die Bibliothek verwendet werden kann. Die drei erforderlichen Dateien für jede Arduino-Bibliothek sind die folgenden:

```
<library>.h Die Header-Datei
<library>.cpp Die Quelldatei
KEYWORDS.TXT Die Schlüsselwortdefinitionen
```

In den ersten beiden Dateinamen ersetzen Sie `<library>` durch den tatsächlichen Namen Ihrer Bibliothek. Für unser erstes Beispiel werden wir unsere Arduino-Bibliothek blinko nennen. Unsere beiden Dateien lauten also `blinko.h` und *blinko.cpp*.

Die Header-Datei

Die Datei `blinko.h` wird als Header-Datei bezeichnet, da sie die Definitionen von Funktionen, Variablen usw. enthält, die innerhalb der Bibliothek verwendet werden. Die Header-Datei für die blinko-Bibliothek ist in Listing 10–2 dargestellt.

```
// Listing 10-2
/*
❶ blinko.h - Bibliothek zum Blinken der Arduino-LED*/
❷ #ifndef blinko _ h
#define blinko _ h

❸ #include "Arduino.h" // gibt der Bibliothek Zugriff auf Standardtypen
                       // und Konstanten der Arduino-Sprache

❹ class blinko // Funktionen und Variablen, die in der Bibliothek
verwendet werden
{
  public:
    blinko();
    void slow();
    void fast();
};
❺ #endif
```

Listing 10–2 *Die Header-Datei der blinko-Bibliothek*

Die Header-Datei hat einige Ähnlichkeiten mit einem typischen Arduino-Sketch, aber es gibt auch einige Unterschiede. Bei ❶ gibt es einen nützlichen Kommentar zum Zweck der Bibliothek. Solche Kommentare sind zwar nicht notwendig, sollten aber dennoch eingefügt werden, um die Verwendung der Bibliothek für andere zu erleichtern.

Bei ❷ prüft der Code, ob die Bibliothek im Host-Sketch deklariert wurde. In ❸ wird die Standard-Arduino-Bibliothek eingebunden, damit unsere Blinko-Bibliothek auf die Standardfunktionen, -typen und -konstanten des Arduino-Sketches zugreifen kann.

Dann, bei ❹, erstellen wir eine Klasse. Sie können sich eine Klasse als eine Sammlung aller für die Bibliothek erforderlichen Variablen und Funktionen an einem Ort vorstellen, einschließlich des Namens der Bibliothek. Innerhalb der Klasse kann es öffentliche Variablen und Funktionen geben, auf die der Sketch, der die Bibliothek verwenden muss, zugreifen kann; es kann auch private Variablen und Funktionen geben, die nur innerhalb der Klasse verwendet werden können. Schließlich hat jede Klasse einen Konstruktor mit demselben Namen wie die Klasse, mit dem eine Instanz der Klasse erstellt wird. Das mag sich kompliziert anhören. Aber nachdem Sie sich die Beispiele in diesem Kapitel angesehen und ein paar eigene Bibliotheken erstellt haben, werden Sie diese Konstruktionen sicher beherrschen.

In unserer Klasse sehen Sie den Konstruktor für unsere Bibliothek, blinko(), und zwei Funktionen, die in der Bibliothek enthalten sein werden: `slow()` und `fast()`. Sie folgen der Anweisung public:, was bedeutet, dass sie von jedermann («any member of the public») verwendet werden können, der auf die `blinko`-Bibliothek zugreift.

Schließlich, bei ❺, beenden wir die Header-Definition. Indem wir die Header-Definition in eine if-Anweisung einschließen, stellen wir sicher, dass der Header nicht zweimal geladen wird.

Die Quelldatei

Werfen wir nun einen Blick auf die Datei `blinko.cpp`. Die .cpp-Datei wird als Quelldatei bezeichnet, weil sie den Code enthält, der ausgeführt wird, wenn die Bibliothek verwendet wird. Die Quelldatei für die `blinko`-Bibliothek finden Sie in Listing 10–3.

```
// Listing 10-3
/*
❶ blinko.cpp - Bibliothek zum Blinken einer LED am Arduino
*/

❷ #include "Arduino.h" // gibt der Bibliothek Zugriff auf Standardtypen
                       // und Konstanten der Arduino-Sprache
#include "blinko.h"

❸ blinko::blinko()      //  abarbeiten, wenn die Bibliothek aktiviert ist
{
  pinMode(13, OUTPUT);
}

❹ void blinko::slow()
{
  for (int i=0; i<5; i++)
  {
          digitalWrite(13, HIGH);
          delay(1000);
          digitalWrite(13, LOW);
          delay(1000);
```

```
    }
  }

❹ void blinko::fast()
  {
    for (int i=0; i<5; i++)
    {
            digitalWrite(13, HIGH);
            delay(250);
            digitalWrite(13, LOW);
            delay(250);
    }
  }
```

Listing 10–3 *Der Quelltext der blinko-Bibliothek*

Die Quelldatei enthält die Funktionen, die wir geschrieben haben und die wir wiederverwenden möchten. Darüber hinaus sind hier einige neue Strukturelemente erforderlich. Unter ❷ geben wir unserer Bibliothek Zugriff auf die Standardfunktionen, -typen und -konstanten von Arduino und auf unsere eigene Bibliotheks-Header-Datei.

Bei ❸ haben wir die Definition der Konstruktorfunktion. Der Konstruktor enthält Dinge, die geschehen sollen, wenn die Bibliothek verwendet wird. In unserem Beispiel haben wir den digitalen Pin 13 als Ausgang festgelegt, da wir die Onboard-LED des Arduino verwenden.

Beginnend bei ❹ listen wir die Funktionen auf, die wir in diese Bibliothek aufnehmen wollen. Sie sind genau wie die Funktionen, die Sie in einem eigenständigen Sketch erstellen würden, mit einem wichtigen Unterschied: Ihre Definition wird mit dem Klassennamen der Bibliothek und zwei Doppelpunkten angelegt. Anstatt zum Beispiel void fast() einzugeben, müssen Sie `void blinko::fast()` verwenden.

Die Datei KEYWORDS.TXT

Schließlich müssen wir noch die Datei KEYWORDS.TXT erstellen. Die Arduino-IDE verwendet diese Datei, um die Schlüsselwörter in der Bibliothek zu bestimmen und hebt diese Wörter dann in der IDE hervor. Listing 10–4 zeigt die KEYWORDS.TXT-Datei für unsere `Blinko`-Bibliothek.

```
// Listing 10-4
blinko          KEYWORD1
slow            KEYWORD2
fast            KEYWORD2
```

Listing 10-4 *Die Schlüsselwörterdatei der blinko-Bibliothek*

Die erste Zeile ist der Name der Bibliothek und wird als KEYWORD1 bezeichnet. Die Funktionen der Bibliothek heißen beide KEYWORD2. Beachten Sie, dass das Zeichen zwischen den Schlüsselwörtern und ihren Definitionen durch Drücken der Tabulatortaste erzeugt werden muss, nicht durch Drücken der Leertaste.

Jetzt haben Sie die drei Dateien, die Sie für eine funktionierende Bibliothek benötigen. Es ist eine gute Sache, auch einen Beispiel-Sketch hinzuzufügen, damit die Benutzer verstehen können, was die Funktionen tun. Listing 10–5 ist unseren Beispiel-Sketch für die `blinko`-Bibliothek.

```
// Listing 10-5, blinkotest.ino
❶ #include <blinko.h>

❷ blinko ArduinoLED;
void setup() {
}

void loop()
{
❸   ArduinoLED.slow();  // langsam blinken lassen, einmal pro Sekunde
  delay(1000);
❹   ArduinoLED.fast();  // LED blinkt schnell, viermal pro Sekunde
  delay(1000);
}
```

Listing 10-5 *Ein Beispiel-Sketch für unsere Blinko-Bibliothek*

Wie Sie sehen können, ist der Sketch sehr einfach. Er zeigt lediglich die Verwendung der `slow()`- und `fast()`-Funktionen in unserer Bibliothek. Alles, was der Benutzer nach der Installation der Bibliothek tun muss, ist, die Bibliothek ❶ einzubinden, eine Instanz ❷ zu erstellen und dann eine der beiden Funktionen bei Bedarf aufzurufen, wie in ❸ und ❹ gezeigt.

Ihre neue Arduino-Bibliothek installieren

Nachdem Sie nun eine neue Arduino-Bibliothek erstellt haben, können Sie diese auf einfache Weise speichern und weitergeben, indem Sie eine ZIP-Datei erstellen. Künftige Benutzer, die die ZIP-Datei erhalten, können die Bibliothek ganz einfach installieren, wie bereits in Kapitel 7 beschrieben.

Erstellen einer ZIP-Datei mit Windows 7 und höher

Um eine ZIP-Datei unter Windows zu erstellen, folgen Sie dieser Anleitung. Legen Sie zunächst die drei Bibliotheksdateien und die Beispielskizze (die wie alle Skizzen in einem eigenen Ordner gespeichert ist) an einem Ort ab. Abbildung 10–1 zeigt ein Beispiel.

Abb. 10–1 *Unsere Arduino-Bibliotheksdateien in einem Ordner*

Wählen Sie alle Dateien aus, klicken Sie mit der rechten Maustaste auf die markierten Dateien und wählen Sie Senden an komprimierten Ordner, wie in Abbildung 10–2 gezeigt. In dem Ordner wird eine neue Datei mit der Erweiterung .zip und aktivierter Namensbearbeitung angezeigt. Für unsere Bibliothek ändern Sie den Namen in blinko und drücken dann die Eingabetaste, wie in Abbildung 10–3 dargestellt. Jetzt können Sie mit »Ihre neue Bibliothek installieren« fortfahren.

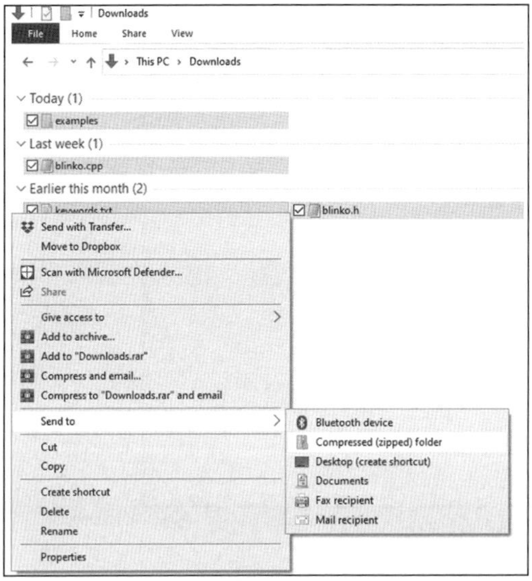

Abb. 10–2 *Komprimieren der Bibliotheksdateien*

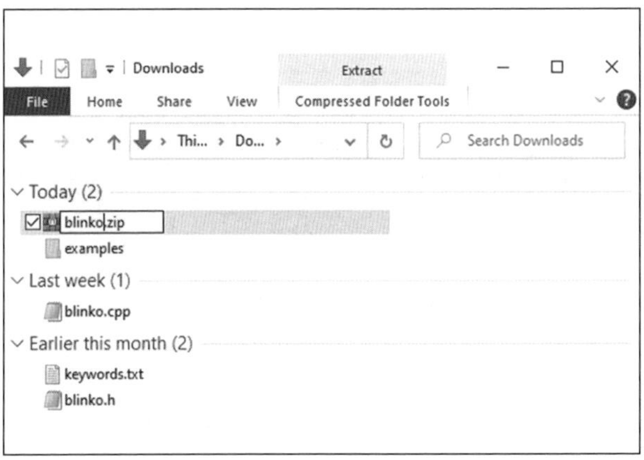

Abb. 10–3 *Ändern des Namens der ZIP-Datei der Bibliothek*

Erstellen einer ZIP-Datei mit macOS oder später

Um eine ZIP-Datei mit macOS zu erstellen, stellen Sie die drei Bibliotheksdateien und die Beispielskizze (wie alle Skizzen in einem eigenen Ordner gespeichert) an einem Ort zusammen. Abbildung 10–4 zeigt ein Beispiel.

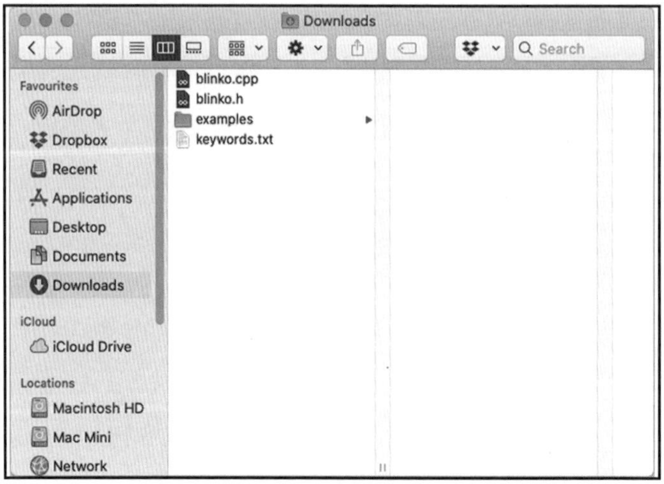

Abb. 10–4 *Unsere Arduino Bibliotheksdateien*

Wählen Sie alle Dateien aus, klicken Sie mit der rechten Maustaste auf eine beliebige Stelle und wählen Sie 4 Elemente komprimieren, wie in Abbildung 10–5 gezeigt.

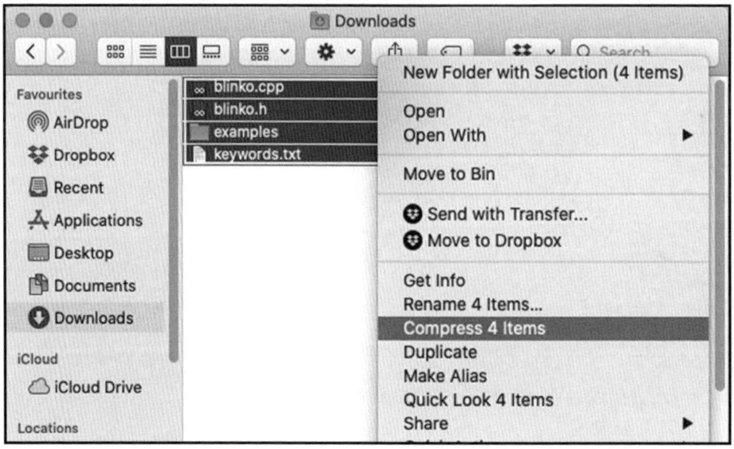

Abb. 10–5 *Komprimieren der Bibliotheksdateien*

Nach einem Moment erscheint eine neue Datei mit dem Namen Archive.zip in dem Ordner, wie in Abbildung 10–6 zu sehen ist.

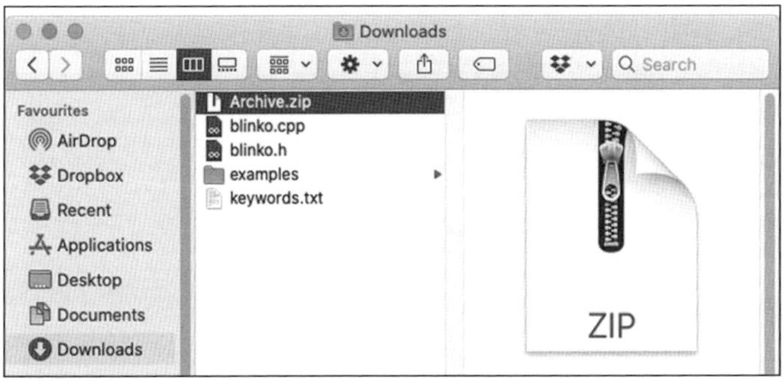

Abb. 10–6 *Die Dateien wurden komprimiert.*

Klicken Sie auf den Ordner Archive.zip und ändern Sie den Namen in blinko.zip, wie in Abbildung 10–7 gezeigt.

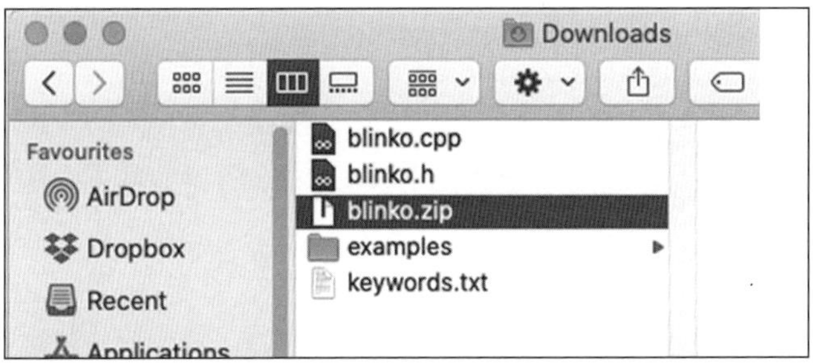

Abb. 10–7 *Unsere ZIP-Datei zur Installation der Arduino-Bibliothek*

Sie haben nun eine ZIP-Datei der Bibliothek, die Sie leicht an andere weitergeben oder selbst installieren können.

Ihre neue Bibliothek installieren

An dieser Stelle können Sie Ihre Bibliothek mit der ZIP-Datei-Methode installieren, die in Kapitel 7 unter »Eine Arduino-Bibliothek als ZIP-Datei herunterladen« beschrieben wird. Sobald die Datei installiert ist und Sie die Arduino-IDE neu gestartet haben, wählen Sie *Sketch->Include Library*, um Ihre Bibliothek in der Liste zu sehen, wie in Abbildung 10–8 dargestellt.

Außerdem können Sie jetzt ganz einfach auf den Beispielsketch zugreifen; wählen Sie *File->Examples->blinko*, wie in Abbildung 10–9 gezeigt.

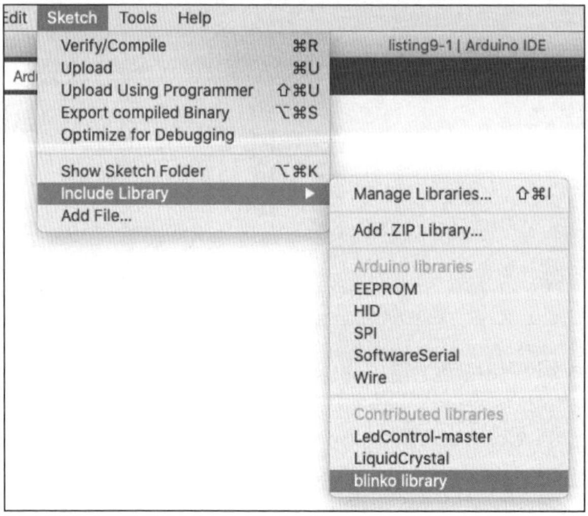

Abb. 10–8 *Unsere Arduino-Bibliothek, jetzt in der IDE verfügbar*

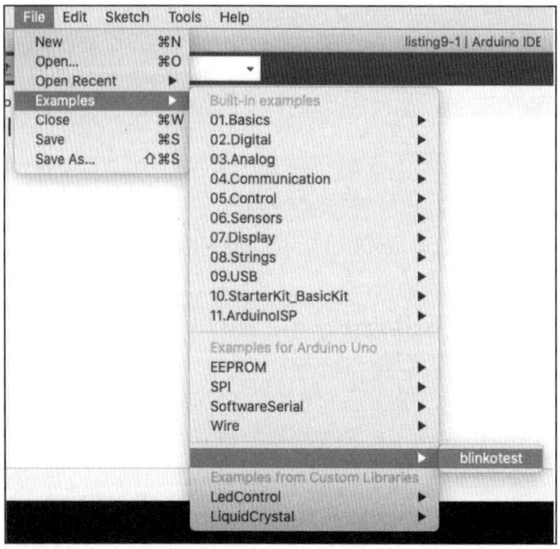

Abb. 10–9 *Unser Beispielsketch aus der Arduino-Bibliothek ist installiert.*

Eine Bibliothek erstellen, die Werte annimmt, um eine Funktion auszuführen

Nun, da Sie das Wissen haben, um eine grundlegende Arduino-Bibliothek zu erstellen, können Sie zur nächsten Stufe übergehen: der Erstellung einer Bibliothek, die Werte akzeptieren und auf diese reagieren kann. Auch hier werden wir uns eine Beispielfunktion in einem Sketch ansehen und sie in eine nützlichere Bibliothek umwandeln.

Betrachten Sie den in Listing 10–6 gezeigten Sketch. Er verwendet die Funktion void blinkType(), die dem Arduino mitteilt, wie oft die integrierte LED blinken soll und wie lange sie ein- und ausgeschaltet werden soll.

```
// Listing 10-6
void setup() {
  pinMode(13, OUTPUT); // Onboard-LED verwendenD
}

void blinkType(int blinks, int duration)
// blinks - Anzahl der Blinksignale für die LED
// Dauer - Blinkdauer in Millisekunden
{
  for (int i = 0; i < blinks; i++)
  {
    digitalWrite(13, HIGH);
    delay(duration);
    digitalWrite(13, LOW);
    delay(duration);
  }
}

void loop()
{
  // LED 10 mal blinken, mit 250 ms Dauer
  blinkType(10, 250);
  delay(1000);
  // blinkt die LED dreimal, mit einer Dauer von 1 Sekunde
  blinkType(3, 1000);
  delay(1000);
}
```

Listing 10–6 *Beispiel-Sketch für die Funktion* `blinkType()`

Wie Sie sehen können, nimmt die Funktion `void blinkType()` zwei Werte entgegen und reagiert dann auf diese. Der erste Wert ist die Anzahl der Ein- und Ausschaltungen der Onboard-LED und der zweite Wert ist die Verzögerungszeit in Millisekunden für jedes Blinken.

Lassen Sie uns diese Funktion in eine Arduino-Bibliothek namens *blinko2* umwandeln. Listing 10–7 zeigt die Header-Datei für diese Bibliothek.

```
// Listing 10-7
/*
  blinko2.h - Blinken der Onboard-LED des Arduino auf D13
  Erwartet die Anzahl der Blinksignale und die Ein/Aus-Verzögerungy
*/

#ifndef blinko2 _ h
#define blinko2 _ h

#include "Arduino.h"

class blinko2
{
  public:
    blinko2();
    void blinkType(int blinks, int duration);
❶  private:
    int blinks;
    int duration;
};
#endif
```

Listing 10–7 *Die Header-Datei der* `blinko2`*-Bibliothek*

Die Header-Datei hat die gleiche Struktur wie die Header-Datei für die ursprüngliche Blinko-Bibliothek. Allerdings gibt es bei ❶ einen neuen Abschnitt namens private. Die im Abschnitt private deklarierten Variablen sind für die interne Verwendung innerhalb der Bibliothek bestimmt und können nicht von einem größeren Arduino-Sketch verwendet werden. Sie können die Verwendung dieser Variablen in der Quelldatei der Bibliothek in Listing 10–8 sehen.

```
// Listing 10-8
/*
  blinko2.cpp - Blinken der Onboard-LED des Arduino auf D13
  Erwartet die Anzahl der Blinksignale und die Ein/Aus-Verzögerung
```

```
*/

#include "Arduino.h"
#include "blinko2.h"

blinko2::blinko2()
{
❶   pinMode(13, OUTPUT);
}

❷ void blinko2::blinkType(❸int blinks, ❹int duration)
{
  for (int i=0; i<blinks; i++)
  {
    digitalWrite(13, HIGH);
    delay(duration);
    digitalWrite(13, LOW);
    delay(duration);
  }
}
```

Listing 10–8 *Die Quelldatei der blinko2-Bibliothek*

Die Quelldatei für *blinko2* hat die gleiche Struktur wie die Quelldatei für die ursprüngliche blinko-Bibliothek.

Bei ❶ stellen wir den digitalen Pin 13 auf einen Ausgang ein. Bei ❷ deklarieren wir die Funktion blinkType(), die bei ❸ die Anzahl der Blinkvorgänge und bei ❹ die Verzögerungszeit akzeptiert. Sie können dies anhand des Beispielsketches für unsere Bibliothek in Listing 10–9 in Aktion sehen.

```
// Listing 10-9
#include <blinko2.h>

blinko2 ArduinoLED;

void setup() {}

void loop()
{
  ArduinoLED.blinkType(3,250);
```

```
// LED dreimal blinken, mit einer Dauer von 250 ms
  delay(1000);
  ArduinoLED.blinkType(10,1000);
// Blinken der LED 10 Mal, mit einer Dauer von 1 Sekunde
  delay(1000);
}
```

Listing 10–9 *Ein Beispielsketch für unsere* `blinko2`*-Bibliothek*

Als nächstes müssen wir die Schlüsselwörterdatei für unsere neue `blinko2`-Bibliothek erstellen. Vergessen Sie nicht, einen Tabulator und keine Leerzeichen zwischen den Wörtern zu verwenden. Hier ist unsere KEYWORDS. TXT Datei:

```
blinko2 SCHLÜSSELWORT1
blinkType SCHLÜSSELWORT2
```

Erstellen Sie nun Ihre ZIP-Datei und installieren Sie die Bibliothek mit Hilfe der zuvor in diesem Kapitel beschriebenen Methoden. Öffnen Sie dann den blinko2-Beispielsketch und führen Sie ihn aus, um zu sehen, wie er funktioniert.

Eine Bibliothek erstellen, die Sensorwerte verarbeitet und anzeigt

In unserem letzten Beispiel für eine Arduino-Bibliothek greifen wir auf den Temperatursensor TMP36 von Analog Devices zurück, der in mehreren unserer früheren Projekte verwendet wurde. Unsere ArduinoTMP36-Beispielbibliothek wird den Rohwert des TMP36 verarbeiten und die Temperatur sowohl in Celsius als auch in Fahrenheit über den seriellen Monitor anzeigen.

Schließen Sie zunächst Ihren TMP36 an den Arduino an, indem Sie den in Abbildung 10–10 gezeigten Schaltplan übernehmen.

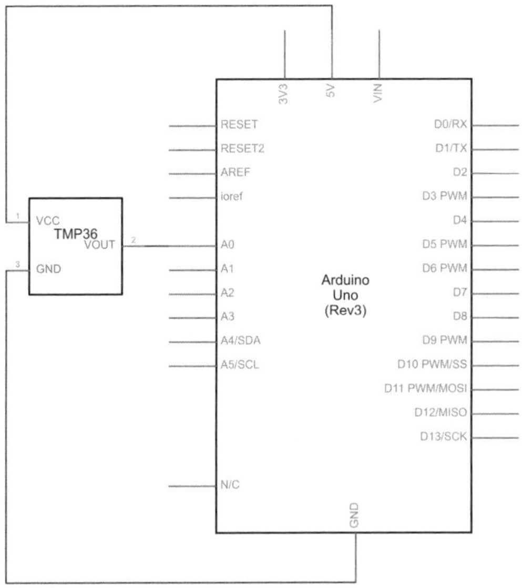

Abb. 10–10 *Schaltplan zur Verwendung mit der ArduinoTMP36-Bibliothek*

Listing 10–10 ist ein Sketch, den wir in eine Bibliothek umwandeln wollen. Er verwendet zwei Funktionen, `readC()` und `readF()`, um den Rohwert des TMP36-Sensors über den analogen Pin 0 zu erfassen, ihn in Grad Celsius und Fahrenheit umzuwandeln und die Ergebnisse zurückzugeben.

```
// Listing 10-10
// Anzeige der Temperatur vom TMP36-Sensor in C und F
float temperature;
float readC()
{
  float tempC;
  tempC = analogRead(0);
  tempC = tempC = (tempC * 5000) / 1024;
  tempC = tempC - 500;
  tempC = tempC / 10;
  return tempC;
}

float readF()
{
  float tempC;
  float tempF;
```

```
  tempC = analogRead(0);
  tempC = tempC = (tempC * 5000) / 1024;
  tempC = tempC - 500;
  tempC = tempC / 10;
  tempF = (tempC * 1.8) + 32;
  return tempF;
}
void setup()
{
  Serial.begin(9600);
}
void loop()
{
  Serial.print("Temperature in Celsius is: ");
  temperature = readC();
  Serial.println(temperature);
  Serial.print("Temperature in Fahrenheit is: ");
  temperature = readF();
  Serial.println(temperature);
  delay(1000);
}
```

Listing 10–10 *LTMP36-Demonstrationsskizze*

Die Funktionen zur Temperaturumrechnung sind ideale Kandidaten für die Aufnahme in eine Bibliothek, die wir ArduinoTMP36 nennen werden. Die Header-Datei ist in Listing 10–11 zu sehen.

```
// Listing 10-11
❶ #ifndef ArduinoTMP36_h
#define ArduinoTMP36_h

#include "Arduino.h"

class ArduinoTMP36
{
❷  public:
    ArduinoTMP36();
    float readC();
    float readF();
```

```
❸  private:
    float tempC;
    float tempF;
};

#endif
```

Listing 10–11 *Die Header-Datei der ArduinoTMP36-Bibliothek*

An dieser Stelle erkennen Sie wahrscheinlich die Struktur der Header-Datei. Wir legen die Definitionen unter ❶ fest. Innerhalb der Klasse deklarieren wir unter ❷ die öffentlichen Elemente, zu denen der Konstruktor und die Funktionen `readC()` und `readF()` gehören. Außerdem deklarieren wir die privaten Elemente unter ❸. Dazu gehören die beiden Variablen, die in der Bibliothek verwendet werden.

Als nächstes haben wir die Quelldatei der Bibliothek, die in Listing 10–12 gezeigt wird.

```
// Listing 10-12
#include "Arduino.h"
#include "ArduinoTMP36.h"

ArduinoTMP36::ArduinoTMP36()
{
}

float ArduinoTMP36::readC()
{
    float tempC;
    tempC = analogRead(0);
    tempC = tempC=(tempC*5000)/1024;
    tempC = tempC-500;
    tempC = tempC/10;
    return tempC;
}

float ArduinoTMP36::readF()
{
```

```
    float tempC;
    float tempF;
    tempC = analogRead(0);
    tempC = tempC=(tempC*5000)/1024;
    tempC = tempC-500;
    tempC = tempC/10;
    tempF = (tempC*1.8)+32;
    return tempF;
}
```

Listing 10–12 *Die Quelldatei der ArduinoTMP36-Bibliothek*

Die Quelldatei enthält die beiden Funktionen, die zur Berechnung der Temperaturen verwendet werden. Sie sind als Float definiert, weil sie einen Fließkommawert zurückgeben. Die Temperaturen werden mit denselben Formeln ermittelt wie in Projekt 8 in Kapitel 4.

Schließlich müssen wir noch die Schlüsselwörter-Datei für unsere neue ArduinoTMP36-Bibliothek erstellen. Vergessen Sie nicht, einen Tabulator und keine Leerzeichen zwischen den Wörtern zu verwenden. Unsere KEYWORDS.TXT Datei ist hier abgebildet:

```
ArduinoTMP36        KEYWORD1
readC               KEYWORD2
readF               KEYWORD2
```

Erstellen Sie nun Ihre ZIP-Datei und installieren Sie die Bibliothek mit den zuvor in diesem Kapitel beschriebenen Methoden. Öffnen und starten Sie dann den ArduinoTMP36-Beispielsketch, der in Listing 10–13 gezeigt wird.

```
// Listing 10-13
❶ #include <ArduinoTMP36.h>
ArduinoTMP36-Thermometer;

❷ float temperature;

void setup()
{
  Serial.begin(9600);
}

void loop()
```

```
{
  Serial.print("Temperature in Celsius is: ");
❸   temperature=thermometer.readC();
  Serial.println(temperature);

  Serial.print("Temperature in Fahrenheit is: ");
❹   temperature=thermometer.readF();
  Serial.println(temperature);
  delay(1000);
}
```

Listing 10–13 *Ein Beispiel-Sketch für die ArduinoTMP36-Bibliothek*

Binden Sie einfach die Bibliothek ein und erstellen Sie die Instanz bei ❶. Deklarieren Sie dann eine Variable, um die Ausgabe der Bibliothek bei ❷ zu akzeptieren. Danach wird die Temperatur in Celsius und Fahrenheit bei ❸ bzw. ❹ abgefragt und zurückgegeben.

Öffnen Sie das Fenster für den seriellen Monitor und stellen Sie die Datengeschwindigkeit auf 9.600 Baud ein. Sie sollten dann eine aktualisierte Liste mit der aktuellen Temperatur in Celsius und Fahrenheit sehen, wie in Abbildung 10-11 dargestellt.

```
Temperature in Fahrenheit is: 63.29
Temperature in Celsius is: 16.89
Temperature in Fahrenheit is: 63.29
Temperature in Celsius is: 16.89
Temperature in Fahrenheit is: 63.29
Temperature in Celsius is: 16.89
Temperature in Fahrenheit is: 63.29
Temperature in Celsius is: 16.89
Temperature in Fahrenheit is: 63.29
Temperature in Celsius is: 16.89
Temperature in Fahrenheit is: 62.41
Temperature in Celsius is: 16.89
Temperature in Fahrenheit is: 62.41
```

Abb. 10–11 *Beispiel für die Ausgabe der ArduinoTMP36-Bibliothek*

Jetzt können Sie sich vorstellen, wie viel Zeit und Sketchgröße Sie sparen, wenn Sie eine Bibliothek verwenden, anstatt die Funktionen jedes Mal einzubinden, wenn Sie einen neuen Sketch erstellen.

Ausblick

Jetzt, wo Sie Erfahrung mit dem Schreiben von Arduino-Bibliotheken haben, können Sie Ihre eigenen erstellen. Dies wird Ihnen helfen, ein tieferes Verständnis für die Bibliotheken anderer Quellen zu erlangen. Sie können auch üben, indem Sie Bibliotheken für die Projekte in diesem Buch erstellen, die Sie bereits abgeschlossen haben.

Im nächsten Kapitel lernen Sie, wie Sie mit Benutzereingaben arbeiten, die über numerische Tastaturen eingegeben werden, also blättern Sie um und legen Sie los.

11

Numerische Tastenfelder

In diesem Kapitel lernen Sie Folgendes:

- Anschließen von Tastenfeldern an den Arduino
- Ablesen der Werte von Tastenfeldern in einem Sketch
- Erweiterte Entscheidungsmöglichkeiten mit der Funktion `switch-case`
- Konstruktion von PIN-gesicherten Schlössern und Schaltern

Numerische Tastenfelder verwenden

Bei anspruchsvolleren Projekten kann es vorkommen, dass Sie numerische Eingaben von den Benutzern einholen möchten, ohne dass der Arduino mit einem PC verbunden ist, beispielsweise um Funktionen über die Eingabe einer Geheimzahl ein- oder auszuschalten. Dazu wäre es zwar durchaus möglich, zehn Drucktasten (für die Ziffern 0 bis 9) mit den digitalen Eingangspins zu verbinden, aber viel einfacher ist das mit einem numerischen Tastenfeld wie dem aus Abbildung 11–1 möglich.

Abb. 11–1 *Ein numerisches Tastenfeld*

Einer der Vorteile eines solchen Tastenfelds besteht darin, dass es für 16 Tasten nur 8 Pins belegt. Dank einer intelligenten Arduino-Bibliothek ist es darüber hinaus auch nicht notwendig, Pulldown-Widerstände zum Entprellen einzubauen, wie wir es in Kapitel 4 getan haben. Die Bibliothek `Keypad` können Sie von *https://github.com/Chris--A/Keypad/archive/master.zip* herunterladen und installieren.

Ein Tastenfeld anschließen

Abb. 11–2 *Die Kontakte am Tastenfeld*

Die Verkabelung eines Tastenfelds mit dem Arduino ist einfach. Schauen Sie sich das Flachbandkabel an, an dem das Tastenfeld angeschlossen ist.

Diese Anschlüsse sind von links nach rechts von 8 bis 1 durchnummeriert. Bei sämtlichen Tastenfeldprojekten in diesem Buch nehmen wir die Verbindungen wie in Tabelle 11–1 vor.

Pin am Tastenfeld	Digitalpin am Arduino
8	9
7	8
6	7
5	6
4	5
3	4
2	3
1	2

Tab. 11–1 *Verbindung zwischen Tastenfeld und Arduino*

Programme für das Tastenfeld schreiben

Wenn Sie einen Sketch für ein Tastenfeld schreiben, müssen Sie bestimmte Codezeilen einfügen, um das Gerät zu aktivieren. Dieser Code ist im folgenden Beispielsketch zwischen ❶ und ❺ zu finden.

```
// Beginn des erforderlichen Codes für Tastenfelder  ❶

#include "Keypad.h"
const byte ROWS = 4;        // Richtet die Anzeige auf vier Zeilen ein
const byte COLS = 3;        // Richtet die Anzeige auf drei Spalten ein
char keys[ROWS][COLS] =  ❷
```

```
    {{'1','2','3'},
     {'4','5','6'},
     {'7','8','9'},
     {'*','0','#'}};
byte rowPins[ROWS] = {5, 4, 3, 2};  ❸
byte colPins[COLS] = {8, 7, 6};  ❹
Keypad keypad = Keypad( makeKeymap(keys), rowPins, colPins, ROWS, COLS
);

// Ende des erforderlichen Codes für Tastenfelder  ❺

void setup()
{
   Serial.begin(9600);
}

void loop()
{
   char key = keypad.getKey();
   if (key != NO _ KEY)
   {
      Serial.print(key);
   }


}
```

Listing 11–1 *Beispielsketch für die Verwendung eines numerischen Tastenfelds*

Bei ❷ führen wir keys ein, ein char-Variablenarray, das einen oder mehrere Buchstaben, Zahlen oder Symbole enthält, die mit einer Computertastatur erzeugt werden können. In diesem Fall enthält es die Zahlen und Symbole, die Ihr Arduino von der Tastatur erwartet.

Die Codezeilen bei ❸ und ❹ definieren, welche digitalen Pins am Arduino verwendet werden. Mithilfe dieser Zeilen und Tabelle 11–1 können Sie die für die Eingabe verwendeten digitalen Pins ändern, wenn Sie möchten.

Den Sketch testen

Nachdem Sie den Sketch hochgeladen haben, öffnen Sie den seriellen Monitor und drücken Sie einige Tasten auf dem Tastenfeld. Die Zeichen für die von Ihnen gedrückten Tasten werden im Serial Monitor angezeigt, wie in Abbildung 11–3 dargestellt.

Abb. 11–3 *Das Ergebnis bei der Bedienung des Tastenfelds*

Entscheidungen mit switch-case

Wenn Sie zwei oder mehr Variablen mit einem anderen Wert vergleichen müssen, ist es oft einfacher und übersichtlicher, eine switch case-Anweisung anstelle einer `if then`-Anweisung zu verwenden, da switch case-Anweisungen eine unbestimmte Anzahl von Vergleichen durchführen und Code ausführen können, wenn der Vergleich true ergibt. Wenn wir beispielsweise die Integer-Variable `xx` mit einem möglichen Wert von 1, 2 oder 3 hätten und je nachdem, ob der Wert 1, 2 oder 3 ist, unterschiedlichen Code ausführen wollten, könnten wir Code wie den folgenden verwenden, um unsere `if then`-Anweisung zu ersetzen:

```
switch(xx)
{
   case 1:
   // Macht etwas Bestimmtes, wenn xx den Wert 1 hat
   break; // Beendet die Ausführung der Anweisung und fährt
          // mit dem Rest des Sketches fort
   case 2:
   // Macht etwas Bestimmtes, wenn xx den Wert 2 hat
   break;
   case 3:
   // Macht etwas Bestimmtes, wenn xx den Wert 3 hat
   break;
   default:
   // Macht etwas Bestimmtes, wenn xx einen anderen Wert als 1, 2
   // oder 3 hat Die Verwendung von default ist optional
}
```

Mit dem optionalen Abschnitt default: am Ende dieses Codesegments können Sie festlegen, dass ein Code ausgeführt wird, wenn in der switch case-Anweisung keine wahren Vergleiche mehr vorkommen.

Projekt Nr. 32: Ein Schloss mit Tastenfeld konstruieren

In diesem Projekt bauen wir ein tastaturgesteuertes Schloss. Wir verwenden das grundlegende Setup, das in Listing 11–1 beschrieben ist, fügen aber noch einen sechsstelligen Geheimcode hinzu, den der Benutzer über die Tastatur eingeben muss. Der serielle Monitor zeigt dem Benutzer an, ob der eingegebene Code korrekt ist oder nicht.

Der Geheimcode ist im Sketch gespeichert, wird dem Benutzer aber nicht angezeigt. Der Sketch ruft verschiedene Funktionen auf, je nachdem, ob der eingegebene Code (PIN) korrekt ist. Um das Schloss zu aktivieren und zu deaktivieren, muss der Benutzer [*] und dann die Geheimzahl, gefolgt von [#], drücken.

Der Sketch

Geben Sie folgenden Sketch ein und laden Sie ihn hoch:

```
// Projekt 32: Ein Schloss mit Tastenfeld konstruieren

// Beginn des erforderlichen Codes für Tastenfelder

#include "Keypad.h"
const byte ROWS = 4;          // Richtet die Anzeige auf vier Zeilen ein
const byte COLS = 3;          // Richtet die Anzeige auf drei Spalten ein
char keys[ROWS][COLS] =
   {{'1','2','3'},
    {'4','5','6'},
    {'7','8','9'},
    {'*','0','#'}};
byte rowPins[ROWS] = {5, 4, 3, 2};
byte colPins[COLS] = {8, 7, 6};
Keypad keypad = Keypad( makeKeymap(keys), rowPins, colPins, ROWS, COLS );

// Ende des erforderlichen Codes für Tastenfelder

char PIN[6]={'1','2','3','4','5','6'};      // Die Geheimzahl    ❶
char attempt[6]={0,0,0,0,0,0};
int z=0;

void setup()
{
   Serial.begin(9600);
}

void correctPIN() // Wird bei Eingabe der korrekten PIN ausgeführt
```

```
{
   Serial.println("Correct PIN entered...");
}

void incorrectPIN() // Wird bei falscher Eingabe ausgeführt
{
   Serial.println("Incorrect PIN entered!");
}

void checkPIN()
{
   int correct=0;
   int i;
   for ( i = 0; i < 6 ; i++ )    ❷
   {
      if (attempt[i]==PIN[i])
      {
         correct++;
      }
   }
      if (correct==6)
      {
         correctPIN();    ❸
      } else
   {
      incorrectPIN();    ❹
    }
   for (int zz=0; zz<6; zz++) // Entfernt den vorherigen Eingabeversuch
   {
      attempt[zz]=0;
   }
}

void readKeypad()
{
   char key = keypad.getKey();
   if (key != NO_KEY)
   {
      switch(key)    ❺
      {
      case '*':
         z=0;
         break;
      case '#':
         delay(100); // Dient zum Entprellen
         checkPIN();
```

```
            break;
         default:
            attempt[z]=key;
            z++;
      }
   }
}

void loop()
{
   readKeypad();
}
```

Funktionsweise

Nach den üblichen Einrichtungsroutinen (die in Listing 11–1 beschrieben wurden) lauscht der Sketch kontinuierlich auf Signale vom Tastenfeld, indem er bei ❻ die Funktion `readKeypad()` ausführt. Wird eine Taste gedrückt, so wird ihr Wert in der `switch-case`-Anweisung bei ❺ untersucht. Die aufeinanderfolgenden Werte eines Eingabeversuchs werden im Array `attemp[]` gespeichert, und wenn der Benutzer [#] drückt, wird die Funktion `checkPin()` aufgerufen.

Bei ❷ werden die Werte der gedrückten Tasten mit der PIN verglichen, die bei ❶ im Array `PIN[]` gespeichert wurde. Wurde die richtige Zahlenkombination eingegeben, wird bei ❸ die Funktion `correctPIN()` aufgerufen, die Sie mit Ihrem eigenen Code ausstaffieren können, anderenfalls bei ❹ die Funktion `incorrectPIN()`. Nachdem die Eingabe des Benutzers überprüft wurde, wird sie abschließend aus dem Arbeitsspeicher entfernt, sodass das Programm für den nächsten Vorgang bereit ist.

Den Sketch testen

Laden Sie den Sketch auf den Arduino hoch, öffnen Sie den seriellen Monitor, drücken Sie die Taste [*] auf dem Tastenfeld, geben Sie eine Zahlenkombination ein und drücken Sie abschließend [#]. Probieren Sie sowohl die richtige Geheimzahl als auch falsche Kombinationen aus. Eine Beispielausgabe sehen Sie in Abbildung 11–4.

Abb. 11–4 *Anzeige bei der Eingabe richtiger und falscher Zahlenkombinationen*

Dieses Beispielprojekt bildet eine hervorragende Grundlage für eigene Konstruktionen von Geräten mit PIN-Freigabe wie Schlösser, Einbruchssicherungen usw. Ersetzen Sie den Inhalt von `correctPIN()` und `incorrectPIN()` durch den Code, den Sie ausführen lassen möchten, wenn die richtige bzw. eine falsche Kombination eingegeben wird.

Ausblick

Damit haben Sie eine weitere Möglichkeit kennengelernt, um Eingaben für den Arduino zu erfassen, und Grundkenntnisse darüber erworben, wie Sie die Ausführung eines Sketches über ein Tastenfeld steuern und wie Sie ein Kombinationsschloss für den Zugriff auf alle möglichen Dinge konstruieren, die Sie an den Arduino anschließen können. Des Weiteren haben Sie die sehr nützliche Anweisung `switch-case` kennengelernt. Im nächsten Kapitel geht es abermals um eine neue Eingabemöglichkeit, nämlich einen Touchscreen.

12

Benutzereingaben über einen Touchscreen

In diesem Kapitel werden Sie

- lernen, wie Sie einen Touchscreen an Ihren Arduino anschließen
- die Werte abfragen, die vom Touchscreen zurückgegeben werden
- einen einfachen Ein/Aus-Touch-Schalter entwickeln
- lernen, wie Sie die Funktion `map()` verwenden
- einen Ein/Aus-Touch-Schalter mit Dimmer bauen

Touchscreens sind heutzutage allgegenwärtig und auf Smartphones, Tablet-Computern und Spielkonsolen zu finden. Warum also darauf verzichten, über einen Touchscreen Eingaben vom Benutzer abzufragen?

Touchscreens

Touchscreens können recht kostspielig sein, aber wir verwenden ein preiswertes Modell von Adafruit (Teilenummern 333 und 3575), das ursprünglich für die Nintendo DS-Spielkonsole entworfen wurde.

Dieser Touchscreen, der etwa 6 x 7,5 cm groß ist, wird in Abbildung 12–1 gezeigt.

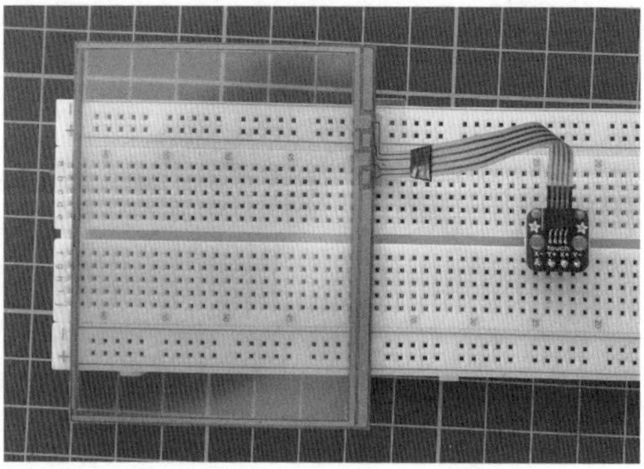

Abb. 12–1 Ein Touchscreen, montiert auf einem lötfreien Breadboard

Beachten Sie das horizontale Flachbandkabel, das mit der kleinen Platine auf der rechten Seite verbunden ist. Dieses Breakout-Board wird verwendet, um den Arduino und das Breadboard mit dem Touchscreen zu verbinden. Die der Platine beiliegenden Stiftleisten müssen vor der Benutzung verlötet werden. Abbildung 12–2 zeigt eine Nahaufnahme des Breakout-Boards.

Abb. 12–2 Das Touchscreen-Breakout-Board

Den Touchscreen anschließen

Verbinden Sie das Breakout-Board des Touchscreens, wie in Tabelle 12–1 angegeben, mit dem Arduino.

Pin am Breakout-Board	Arduino-Pin
Y-	A3
Y+	A2
X+	A1
Y-	A0

Tab. 12–1 Verbindung zwischen Touchscreen und Arduino

Projekt Nr. 33: Bereiche auf dem Touchscreen ansprechen

Zwischen der Kunststoffabdeckung und dem Glasboden des Touchscreens befinden sich zwei elektrisch widerstandsfähige Schichten, von denen die eine als x- und die andere als y-Achse fungiert. Wenn Strom durch diese Schichten fließt, variiert ihr Widerstand je nachdem, wo sie angetippt wurden. Durch die Messung der Stromstärke in beiden Schichten lässt sich daher die x- und y-Koordinate des Berührungspunktes ermitteln.

In diesem Projekt erfassen wir mit dem Arduino die Stellen, an denen der Bildschirm berührt wurde, und wandeln die Messwerte in Integerzahlen um, die wir dazu verwenden können, auf die entsprechenden Flächen auf dem Bildschirm zu verweisen.

Die Hardware

Sie benötigen folgende Hardware:

- Ein Adafruit Touchscreen, Teil 333
- Ein Adafruit Breakout-Board, Teil 3575
- Stecker-zu-Stecker-Überbrückungsdrähte
- Ein lötfreies Breadboard
- Arduino und USB-Kabell

Schließen Sie den Touchscreen nach der Anleitung in Tabelle 12–1 an verbinden Sie den Arduino über das USB-Kabel mit dem PC.

Der Sketch

Geben Sie folgenden Sketch ein und laden Sie ihn hoch:

```
// Projekt 33: Bereiche auf dem Touchscreen ansprechen

#include <LiquidCrystal.h>
LiquidCrystal lcd(4,5,6,7,8,9);

int x,y = 0;

void setup()
{
   lcd.begin(16,2);
```

```
    lcd.clear();
}

int readX()    // Gibt den Wert für die x-Koordinate der Berührung
               // zurück  ❶
{
    int xr=0;
    pinMode(A0, INPUT);
    pinMode(A1, OUTPUT);
    pinMode(A2, INPUT);
    pinMode(A3, OUTPUT);
    digitalWrite(A1, LOW);    // Setzt A1 auf GND
    digitalWrite(A3, HIGH);   // Setzt A3 auf 5 V
    delay(5);
    xr=analogRead(0);         // Speichert den Wert der x-Koordinate
    return xr;
}

int readY() // Gibt den Wert für die x-Koordinate der Berührung zurück ❷
{
    int yr=0;
    pinMode(A0, OUTPUT);      // A0
    pinMode(A1, INPUT);       // A1
    pinMode(A2, OUTPUT);      // A2
    pinMode(A3, INPUT);       // A3
    digitalWrite(14, LOW);    // Setzt A0 auf GND
    digitalWrite(16, HIGH);   // Setzt A2 auf 5 V
    delay(5);
    yr=analogRead(1);         // Speichert den Wert der x-Koordinate
    return yr;
}

void loop()
{
    lcd.setCursor(0,0);
    lcd.print(" x = ");   ❸
    x=readX();
    lcd.print(x);
    y=readY();
    lcd.setCursor(0,1);
    lcd.print(" y = ");   ❹
    lcd.print(y);
    delay (200);
}
```

Die Funktionen `readX()` und `readY()` bei ❶ und ❷ lesen die Stromstärke in den Widerstandsschichten des Touchscreens mit `analogRead()` ab und geben den Wert zurück. Dieser Sketch führt diese beiden Funktionen rasch hintereinander aus, um die Position der berührten Fläche in Echtzeit zu ermitteln und bei ❸ und ❹ auf dem LCD-Bildschirm auszugeben. (Die Verzögerung `delay(5)` in den Funktionen ist erforderlich, damit die Ein-/Ausgangspins Zeit haben, ihren Zustand zu ändern.)

Den Sketch testen

Um den Sketch zu testen, beobachten Sie den Serial Monitor, während Sie den Bildschirm berühren, und achten Sie darauf, wie sich die x- und y-Werte ändern, wenn Sie Ihren Finger auf dem Bildschirm bewegen. Achten Sie auch auf die Werte, die angezeigt werden, wenn der Bildschirm nicht berührt wird, wie in Abbildung 12–3 gezeigt.

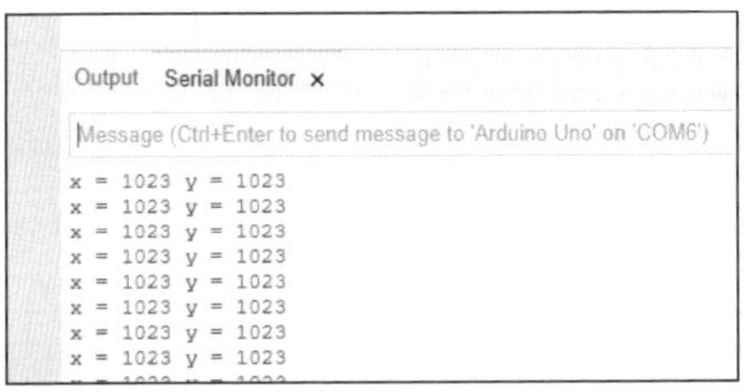

Abb. 12–3 *Werte bei nicht berührtem Touchscreen*

Sie können die Werte, die angezeigt werden, wenn Sie den Bildschirm nicht berühren, in Ihrem Sketch verwenden, um zu erkennen, wann der Bildschirm nicht berührt wird. Außerdem können Displays leicht variieren. Daher ist es wichtig, dass Sie Ihr eigenes Gerät genau kalibrieren, damit Sie die Grenzen des Displays kennen.

Den Touchscreen kalibrieren

Sie können die Koordinaten für jede Ecke Ihres Touchscreens ermitteln, indem Sie die Ecken berühren und die zurückgegebenen Werte festhalten, wie in Abbildung 12–4 gezeigt.

Nachdem Sie Ihre Touchscreen-Zuordnung erstellt haben, können Sie sie rechnerisch in kleinere Bereiche unterteilen, die Sie dann mit `if`-Anweisungen verwenden können, um bestimmte Aktionen auszulösen, je nachdem, wo der Bildschirm berührt wird. Das werden wir in Projekt 34 tun.

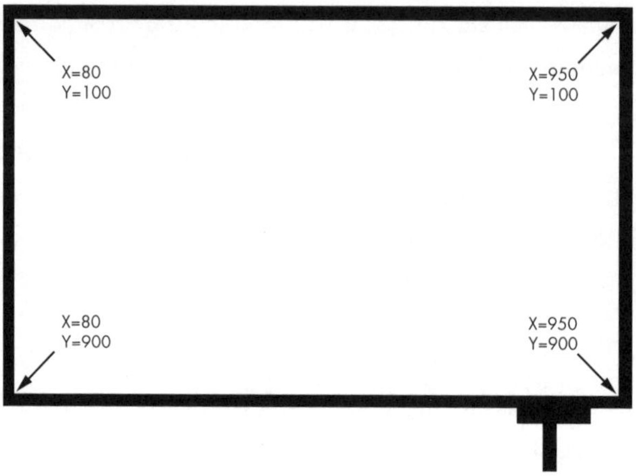

Abb. 12–4 *Zuordnung für einen Touchscreen*

Projekt Nr. 34: Einen Ein/Aus-Schalter mit zwei Zonen entwerfen

In diesem Projekt verwenden wir unsere Touchscreen-Zuordnung, um einen Ein/Aus-Schalter zu entwickeln. Als erstes teilen Sie den Touchscreen vertikal in zwei Hälften, wie in Abbildung 12–5 gezeigt.

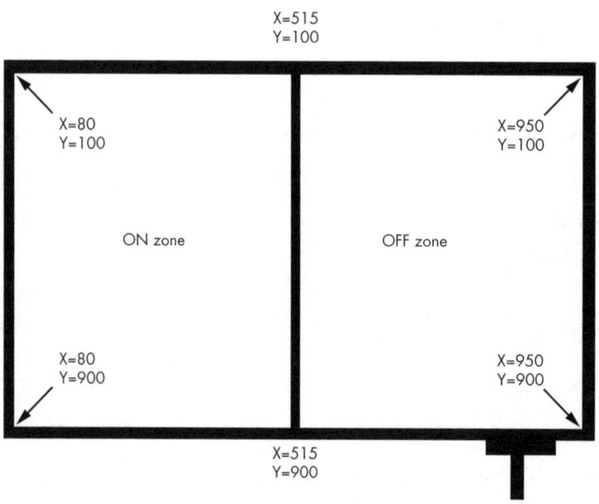

Abb. 12–5 *Karte für den Ein/Aus-Schalter*

Der Arduino bestimmt, welcher Bereich des Bildschirms berührt wurde, indem er die aufgezeichneten Koordinaten der Berührung mit den Grenzen der jeweiligen Bildschirmhälfte vergleicht. Wenn die Zone bestimmt wurde, reagiert der Code, indem sie ein- oder ausgeschaltet wird (er könnte aber auch ein Ein- oder Ausschaltsignal an ein Gerät senden).

Der Sketch

Geben Sie folgenden Sketch ein und laden Sie ihn hoch:

```
// Projekt 34: Einen Ein/Aus-Schalter mit zwei Zonen entwerfen

int x,y = 0;

void setup()
{
  Serial.begin(9600);
  pinMode(10, OUTPUT);
}

void switchOn()
{
  digitalWrite(10, HIGH);
  Serial.print("Turned ON at X = ");
  Serial.print(x);
  Serial.print(" Y = ");
  Serial.println(y);
  delay(200);
}

void switchOff()
{
  digitalWrite(10, LOW);
  Serial.print("Turned OFF at X = ");
  Serial.print(x);
  Serial.print(" Y = ");
  Serial.println(y);
  delay(200);
}

int readX() // Gibt den Wert für die x-Koordinate der Berührung zurück
{
  int xr=0;
  pinMode(A0, INPUT);
  pinMode(A1, OUTPUT);
  pinMode(A2, INPUT);
  pinMode(A3, OUTPUT);
  digitalWrite(A1, LOW);   // Setzt A1 auf GND
  digitalWrite(A3, HIGH);  // Setzt A3 auf 5 V
  delay(5);
```

```
    xr=analogRead(0);
    return xr;
}

int readY() // Gibt den Wert für die y-Koordinate der Berührung zurück
{
    int yr=0;
    pinMode(A0, OUTPUT);
    pinMode(A1, INPUT);
    pinMode(A2, OUTPUT);
    pinMode(A3, INPUT);
    digitalWrite(A0, LOW);    // Setzt A0 auf GND
    digitalWrite(A2, HIGH);   // Setzt A2 auf 5 V
    delay(5);
    yr=analogRead(1);
    return yr;
}

void loop()
{
    x=readX();
    y=readY();
    // Prüft auf Berührung der Zone EIN    ❶
    if (x<=900 && x>=500)
    {
        switchOn();
    }
    // Prüft auf Berührung der Zone AUS    ❷
    if (x<500 && x>=100)
    {
        switchOff();
    }
}
```

Funktionsweise

Die beiden `if`-Anweisungen in `void loop()` prüfen, ob die rechte oder die linke Bildschirmhälfte berührt wurde. Findet eine Berührung auf der linken Seite statt, wird dies bei ❶ als »Ein« erkannt. Das Antippen der Aus-Zone (der linken Seite) wird bei ❷ ermittelt.

HINWEIS

Die y-Achse wird ignoriert, da der Touchscreen vertikal geteilt ist. Es spielt also keine Rolle, ob Sie den Bildschirm weiter oben oder weiter unten berühren. Wenn wir horizontale Begrenzungen erstellen würden, müsste die y-Achse ebenfalls abgefragt werden, wie Sie in Projekt 35 sehen werden.

Den Sketch testen

Die Ausgabe dieses Sketches ist in Abbildung 12–6 zu sehen. Der Status des Schalters und die Koordinaten werden nach jeder Bildschirmberührung angezeigt.

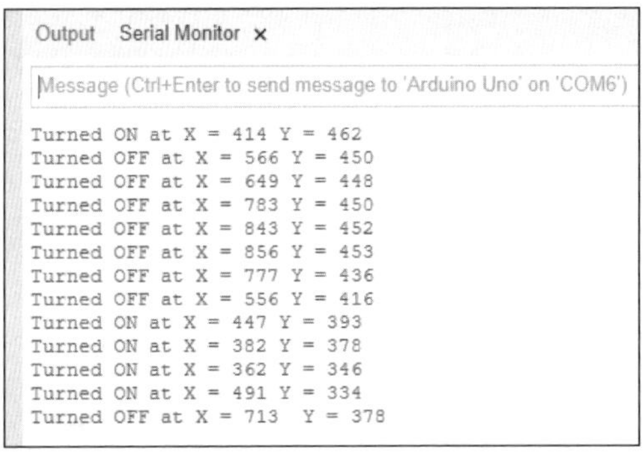

Abb. 12–6 *Ausgabe von Projekt 34*

Die Funktion map()

Es kann vorkommen, dass Sie eine Integer-Zahl, die in einen Bereich fällt, in einen Wert umwandeln müssen, der in einen anderen Bereich fällt. Die x-Werte Ihres Touchscreens könnten zum Beispiel von 100 bis 900 reichen, aber Sie müssen sie in einen Bereich von 0 bis 255 umwandeln, um eine 8-Bit-Ausgabe zu erhalten.

Hierfür verwenden wir die Funktion `map()`, die wie folgt aufgebaut ist:

```
map(wert, vonNiedrig, vonHoch, zuNiedrig, zuHoch);
```

Um zum Beispiel 450 auf dem Touchscreen in den Bereich 0–255 zu übersetzen, würden Sie folgenden Code verwenden:

```
x = map(450, 100, 900, 0, 255);
```

Damit hätte x einen Wert von 95. Sie werden die Funktion `map()` in Projekt 35 verwenden.

Projekt Nr. 35: Einen Schalter mit drei Berührungszonen entwerfen

In diesem Projekt erstellen wir einen Drei-Zonen-Touch-Schalter für eine LED am digitalen Pin 3, der die LED ein- oder ausschaltet und die Helligkeit mit Hilfe von PWM (wie in Kapitel 3 erklärt) von 0 bis 255 regelt.

Die Touchscreen-Karte

Die Touchscreen-Karte für dieses Projekt sehen Sie in Abbildung 12–7.

Der Touchscreen ist in die Zonen für »Ein« und »Aus« sowie eine Zone für den Helligkeitsregler eingeteilt. Um zu bestimmen, welche Teilflächen berührt wurden, und entsprechend handeln zu können, messen wir die von dem Touchscreen zurückgegebenen Werte.

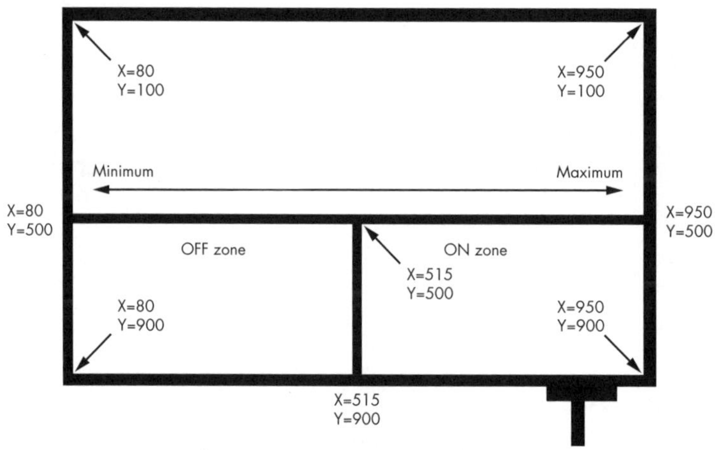

***Abb. 12–7** Touchscreen-Karte für Projekt 35*

Der Sketch

Geben Sie folgenden Sketch ein und laden Sie ihn hoch:

```
// Projekt 35: Einen Schalter mit drei Berührungszonen entwerfen

int x,y = 0;

void setup()

{

  pinMode(3, OUTPUT);

  Serial.begin(9600);
```

```
}
void switchOn()
{
  digitalWrite(3, HIGH);
  delay(200);
}
void switchOff()
{
  digitalWrite(3, LOW);
  delay(200);
}
void setBrightness()
{
  int PWMvalue;
❶  PWMvalue=map(x, 80, 950, 0, 255);
  analogWrite(3, PWMvalue);
}
int readX() // returns the value of x-axis
{
  int xr=0;
  pinMode(A0, INPUT);
  pinMode(A1, OUTPUT);
  pinMode(A2, INPUT);
  pinMode(A3, OUTPUT);
  digitalWrite(A1, LOW);  // set A1 to GND
  digitalWrite(A3, HIGH); // set A3 as 5V
  delay(5);
```

```
  xr=analogRead(0);
  return xr;
}
int readY() // returns the value of y-axis
{
  int yr=0;
  pinMode(A0, OUTPUT);
  pinMode(A1, INPUT);
  pinMode(A2, OUTPUT);
  pinMode(A3, INPUT);
  digitalWrite(A0, LOW);  // set A0 to GND
  digitalWrite(A2, HIGH); // set A2 as 5V
  delay(5);
  yr=analogRead(1);
  return yr;
}
void loop()
{
  x=readX();
  y=readY();
❷   // prüfen auf ON
  if (x<=950 && x>=515 && y>= 500 && y>900)
  {
    switchOn();
  }
❸   // prüfen auf OFF
  if (x>80 && x<515 && y>= 500 && y>900)
```

```
  {
    switchOff();
  }
  // Helligkeit prüfen
❹ if (y>=100 && y<=500)
  {
    setBrightness();
  }
  Serial.println(x);
}
```

Den Sketch verstehen

Wie der Sketch für die Zwei-Zonen-Karte prüft dieser Sketch auf Berührungen in den Ein- und Aus-Zonen (die jetzt kleiner sind, weil die Hälfte des Bildschirms für die Helligkeitszone reserviert ist) bei ❷ und ❸ und auf Berührungen oberhalb der horizontalen Trennlinie, die wir zur Bestimmung der Helligkeit verwenden, bei ❹. Wenn der Bildschirm im Helligkeitsbereich berührt wird, wird die Position auf der x-Achse mit der `map()`-Funktion bei ❶ in einen relativen Wert für die PWM umgewandelt und die LED mit der Funktion `setBrightness()` entsprechend angepasst.

Sie können dieselben Funktionen verwenden, um eine beliebige Anzahl von Schaltern oder Schiebereglern mit diesem einfachen und preiswerten Touchscreen zu erstellen. Außerdem können Sie Ihre eigene Bibliothek erstellen, um in jedem Sketch, den Sie in Zukunft schreiben, ganz einfach `X`- und `Y`-Werte zurückzuliefern und die Helligkeit zu steuern.

Ausblick

In diesem Kapitel haben Sie den Touchscreen kennengelernt, eine weitere Möglichkeit, Benutzereingaben entgegenzunehmen und Ihren Arduino zu steuern. Im nächsten Kapitel werden wir uns mit der Arduino-Platine selbst beschäftigen, einige der verschiedenen verfügbaren Versionen kennenlernen und unsere eigene Version auf einem lötfreien Breadboard erstellen.

13

Gestatten, Familie Arduino!

In diesem Kapitel lernen Sie Folgendes:

- Bau einer eigenen Arduino-Schaltung auf einer Steckplatine
- Funktionsumfang und Vorteile der verschiedenen Arduino-kompatiblen Platinen
- Open-Source-Hardware

Wir reduzieren hier den Arduino auf eine Handvoll Teile, die Sie auf einer Steckplatine anbringen. Mit einer eigenen Arduino-Schaltung können Sie Geld sparen, vor allem wenn Sie viele neue Projekte und Prototypen in Angriff nehmen. Außerdem erfahren Sie hier etwas über neue Bauteile und Schaltungen und lernen, wie Sie Sketche ohne zusätzliche Hardware auf Ihren Arduino Marke Eigenbau hochladen. Am Ende sehen wir uns die am weitesten verbreiteten Alternativen zum Arduino Uno und die Unterschiede zwischen ihnen an.

Projekt Nr. 36: Einen eigenen Steckplatinen-Arduino bauen

Wenn Sie immer mehr oder immer kompliziertere Projekte und Experimente durchführen, können die Kosten für die Arduino-Platinen schnell aus dem Ruder laufen, vor allem sobald Sie an mehreren Basteleien gleichzeitig arbeiten. Dann ist es billiger und einfacher, wie in diesem Projekt die Schaltung der Arduino-Platine auf einer Steckplatine nachzubauen und dann je nach vorliegender Aufgabe zu erweitern. Die erforderlichen Teile für die Grundschaltung des Arduino kosten keine 10 €. Dies ist auch die einfachere Vorgehensweise, wenn in einem Projekt viele externe Verbindungen benötigt werden, da Sie es sich dann sparen können, viele Drähte vom Arduino zur Steckplatine zu verlegen.

Die Hardware

Um eine minimalistische Version des Arduino zu bauen, benötigen Sie folgende Teile:

- einen linearen Spannungsregler vom Typ 7805
- einen 16-MHz-Quarzoszillator (z. B. den Newark 16C8140)
- einen ATmega328P-PU-Mikrocontroller mit Arduino-Bootloader
- einen 1-µF-Elektrolytkondensator für 25 V (C1)
- einen 100-µF-Elektrolytkondensator für 25 V (C2)
- zwei 22-pF-Keramikkondensatoren für 50 V (C3 und C4)
- einen 100-nF-Keramikkondensator für 50 V (C5)
- zwei 560-Ω-Widerstände (R1 und R2)
- einen 10-kΩ-Widerstand (R3)
- zwei LEDs Ihrer Wahl (LED1 und LED2)
- eine Drucktaste (S1)
- eine Sechser-Pfostenleiste
- einen Clip für 9-Volt-Blockbatterien
- eine 9-Volt-Blockbatterie (PP3)
- Verbindungsdrähte
- eine Steckplatine

Mit einigen dieser Teile sind Sie vielleicht noch nicht vertraut. In den folgenden Abschnitten erklären wir die einzelnen Elemente und zeigen jeweils ein Beispielmodell und das Schaltplansymbol.

Linearer Spannungsregler 7805

Ein *linearer Spannungsregler* enthält eine einfache Schaltung, die eine Spannung in eine andere umwandelt. Der in der Teileliste aufgeführte Regler 7805 konvertiert Spannungen zwischen 7 V und 30 V in konstante 5 V mit einer Stromstärke von maximal 1 A, was für den Betrieb unseres Steckplatinen-Arduino ideal ist. Abbildung 13–1 zeigt ein Beispiel des 7805 in der Bauform mit der Bezeichnung TO-220 neben einem Lineal zum Größenvergleich.

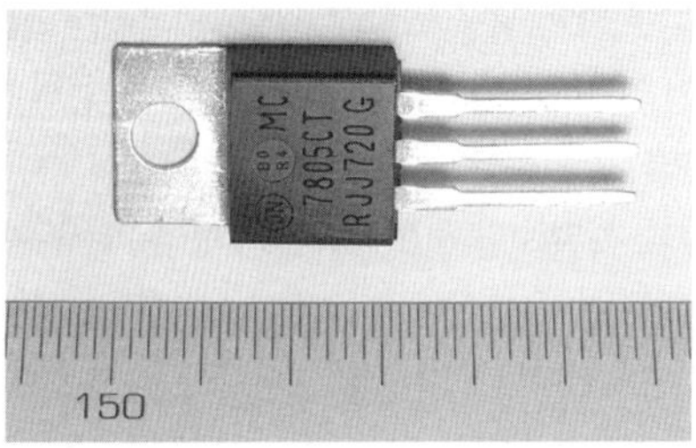

Abb. 13–1 *Linearer Spannungsregler 7805 neben einem Lineal zum Größenvergleich*

In Abbildung 13–2 sehen Sie das Schaltplansymbol für den 7805. Wenn Sie das Bauteil aufrecht halten und auf seine beschriftete Seite blicken, dann ist der linke Kontakt für die Eingangsspannung zuständig, der rechte für den 5-Volt-Ausgang und der mittlere für den Masseanschluss. Die Metalllasche am oberen Rand weist eine Bohrung auf, um den Regler mit einem größeren Metallstück zu verbinden, das als *Wärmeableiter* dient. Wenn sich die Stromstärke dem Maximum von 1 A nähert, wird der 7805 ziemlich warm, weshalb wir unbedingt eine Möglichkeit brauchen, um diese Wärme abzuführen. Auch die Lasche ist mit Masse verbunden.

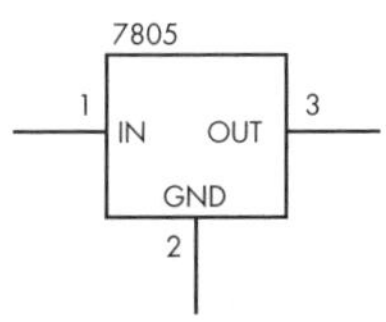

Abb. 13–2 *Das Schaltplansymbol für den 7805*

16-MHz-Quarzoszillator

Ein Quarzoszillator ruft ein elektrisches Signal mit sehr genauer Frequenz hervor. Bei diesem Bauteil beträgt sie 16 MHz. Den Oszillator, den wir verwenden, sehen Sie in Abbildung 13–3.

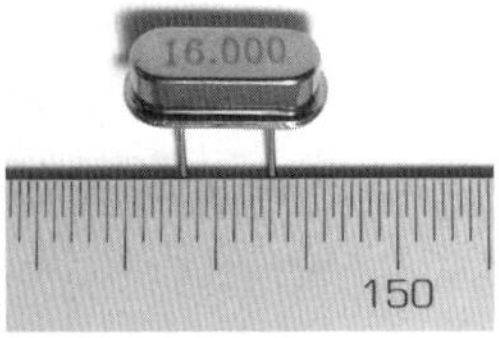

Abb. 13–3 *Quarzoszillator neben einem Lineal zum Größenvergleich*

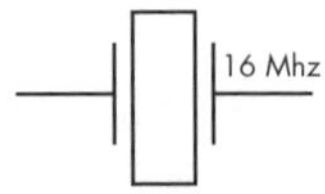

Abb. 13–4 *Das Schaltplansymbol für einen Quarzoszillator*

Vergleichen Sie diese Abbildung mit dem Quarzoszillator auf einem Arduino. Die beiden Bauteile sollten die gleiche Form und Größe aufweisen.

Quarzoszillatoren sind nicht gepolt. Das Schaltplansymbol sehen Sie in Abbildung 13–4.

Der Oszillator bestimmt die Arbeitsgeschwindigkeit des Mikrocontrollers. Unser Mikrocontrollerschaltkreis läuft mit 16 MHz, kann also 16 Millionen Prozessoranweisungen pro Sekunde verarbeiten. Das sind jedoch keine 16 Millionen Zeilen oder Funktionen, da zur Interpretation einer einzigen Codezeile viele Prozessoranweisungen erforderlich sind.

Mikrocontroller-IC Atmel ATmega328-PU

Ein *Mikrocontroller* ist ein winziger Computer, der einen Prozessor zur Verarbeitung von Anweisungen, verschiedene Arten von Arbeitsspeicher zum Festhalten von Daten und Anweisungen sowie Einrichtungen zum Senden und Empfangen von Daten enthält. Wie bereits in Kapitel 2 erwähnt, stellt der Mikrocontroller das Gehirn des Arduino dar. Was wir brauchen, ist der ATmega328P, den Sie in Abbildung 13–5 sehen. Pin Nummer 1 befindet sich unten links an dem IC und ist mit einem kleinen Punkt gekennzeichnet.

Abb. 13–5 *Der ATmega328P*

Das Schaltplansymbol für den Mikrocontroller sehen Sie in Abbildung 13–6.

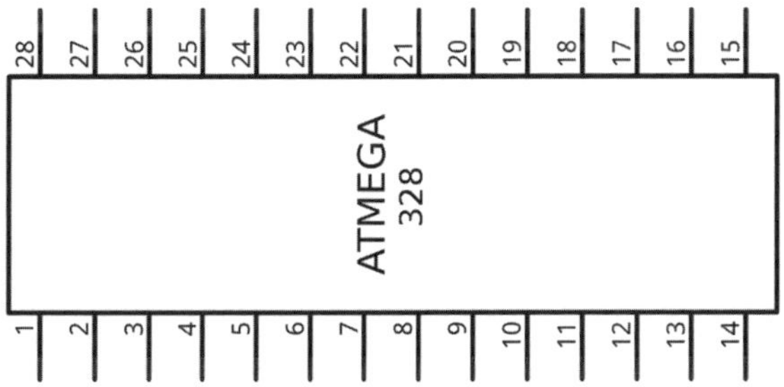

Abb. 13–6 *Das Schaltplansymbol für einen Mikrocontroller*

Nicht alle Mikrocontroller enthalten den Arduino-*Bootloader*, also das Programm, das die für den Arduino geschriebenen Sketche interpretieren kann. Für einen Eigenbau-Arduino müssen Sie einen Mikrocontroller auswählen, der diesen Bootloader bereits enthält. Zu erwerben gibt es sie im Allgemeinen bei den gleichen Händlern, die auch Arduino-Platinen verkaufen, z. B. Adafruit, PMD Way und SparkFun.

Der Schaltplan

Abbildung 13–7 zeigt den Schaltplan.

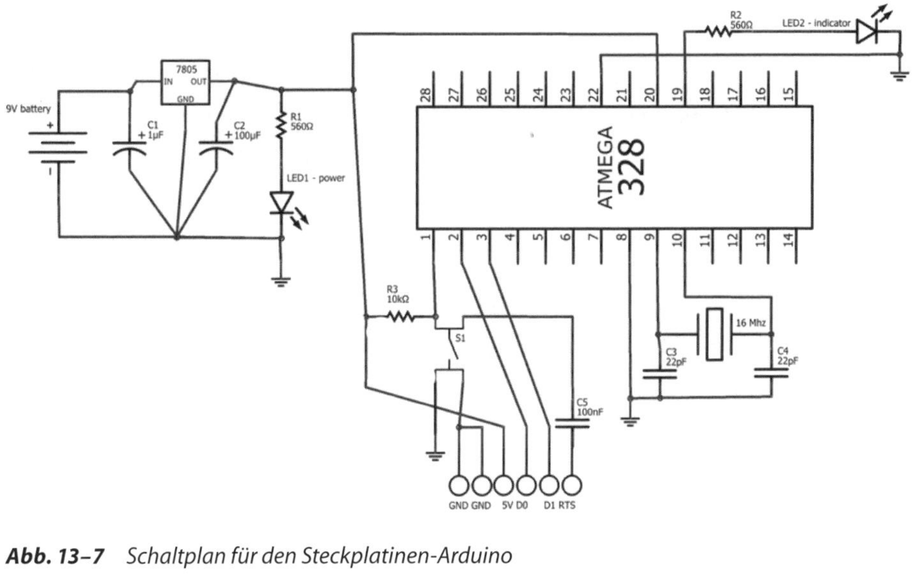

Abb. 13–7 *Schaltplan für den Steckplatinen-Arduino*

Der Schaltplan besteht aus zwei Teilen. Links sehen Sie den Bereich der Stromversorgung, in dem die Spannung auf 5 V verringert wird. Außerdem befindet sich dort eine LED, die bei eingeschaltetem Strom leuchtet. Der Abschnitt auf der rechten Seite besteht aus dem Mikrocontroller, der

Reset-Taste, den Pins und einer weiteren LED. Diese ist mit dem Pin des ATmega328 verbunden, der als Arduino-Pin 13 dient.

Stellen Sie die Anschlüsse nach dem Schaltplan her. Vergessen Sie dabei nicht die Verkabelung der Sechser-Pfostenleiste (siehe Abb. 13–8), die am unteren Rand des Schaltplans als eine Reihe aus sechs Kreisen dargestellt ist. Diese Verbindung werden wir später verwenden, um einen Sketch auf unseren Eigenbau-Arduino hochzuladen.

Abb. 13–8 *Sechser-Pfostenleiste*

Die Schaltung wird über eine handelsübliche 9-Volt-Batterie mit passendem Clip mit Strom versorgt (siehe Abb. 13–9). Schließen Sie den roten Draht des Batterieclips an das Ende der Schaltung an, das ganz links im Schaltplan mit einem Pluszeichen markiert ist, und den schwarzen an das Minus-Ende.

Abb. 13–9 *9-Volt-Batterie mit Clip*

Die Arduino-Pins

Wo aber sind an unserem Eigenbau-Arduino die Pins geblieben? Die analogen, digitalen und sonstigen Anschlüsse der normalen Arduino-Platine stehen uns auch bei unserer Steckplatinen-Version zur Verfügung, befinden sich aber direkt am Mikrocontroller.

Bei unserem Eigenbau-Arduino liegen der Widerstand R2 und die Leuchtdiode LED2 am Digitalpin 13. Tabelle 13–1 stellt die Arduino-Pins und die entsprechenden Pins am ATmega328P-PU gegenüber.

Arduino-Pin	**ATmega328P-PU-Pin**
RST	1
RX/D0	2
TX/D1	3
D2	4
D3	5
D4	6
(nur 5 V)	7
GND	8
D5	11
D6	12
D7	13
D8	14
D9	15
D10	16
D11	17
D12	18
D13	19
(nur 5 V)	20
AREF	21
GND	22
A0	23
A1	24
A2	25
A3	26
A4	27
A5	28

Tab. 13–1 *Pinbelegung des ATmega328P-PU*

Um Verwechslungen zu vermeiden, bieten Händler wie Adafruit und Freetronics auch Aufkleber mit einer Pinbeschriftung für den Mikrocontroller an (siehe Abb. 13–10; zu beziehen über *https://www.freetronics.com.au/collections/arduino/products/microcontroller-labels-arduino-pinout/*).

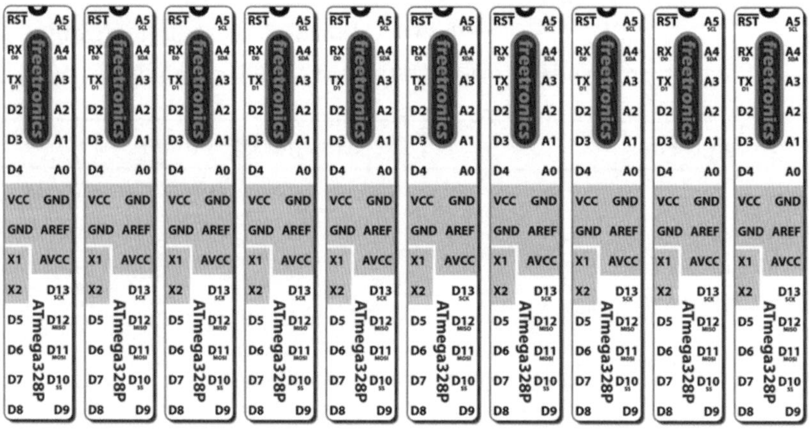

Abb. 13–10 *Aufkleber mit Pinbeschriftung*

Den Sketch ausführen

Nun ist es an der Zeit, einen ersten Sketch hochzuladen. Als Beispiel nehmen wir einen einfachen Sketch, der die LED blinken lässt:

```
// Projekt 36: Einen eigenen Steckplatinen-Arduino bauen

void setup()
{
   pinMode(13, OUTPUT);
}

void loop()
{
   digitalWrite(13, HIGH);
   delay(1000);
   digitalWrite(13, LOW);
   delay(1000);
}
```

Zum Hochladen des Sketches haben Sie drei Möglichkeiten:

Austausch des Mikrocontrollers

Die preisgünstigste Möglichkeit, einen Sketch hochzuladen, besteht darin, den Mikrocontroller eines anderen Arduino auszubauen, an dessen Stelle den Mikrocontroller der Steckplatinenversion einzusetzen, den Sketch hochzuladen und die Controller dann abermals auszutauschen.

Um einen Mikrocontroller gefahrlos von einem Arduino zu lösen, verwenden Sie einen IC-Abzieher (siehe Abb. 13–11).

Abb. 13–11 *Ausbau eines Mikrocontrollers mit einem IC-Abzieher*

Achten Sie beim Ausbau des Mikrocontrollers darauf, langsam und gleichmäßig an beiden Enden zugleich zu ziehen. Es kann ein bisschen schwierig sein, das Bauteil zu lösen, aber schließlich wird es sich von seinem Sockel entfernen lassen.

Wenn Sie den Mikrocontroller auf der Steckplatine oder einem Arduino einsetzen, müssen Sie möglicherweise die Anschlussstifte ein wenig biegen, sodass sie im rechten Winkel zum IC-Gehäuse stehen und glatt in die Öffnungen rutschen können. Legen Sie das Bauteil dazu seitlich auf eine ebene Oberfläche und drücken Sie es leicht nach unten (siehe Abb. 13–12). Wiederholen Sie den Vorgang dann für die andere Seite.

Beim Wiedereinbau des ursprünglichen Mikrocontrollers auf der Arduino-Platine müssen Sie darauf achten, dass das Ende mit der Einkerbung nach rechts zeigt, wie Sie in Abbildung 13–13 sehen.

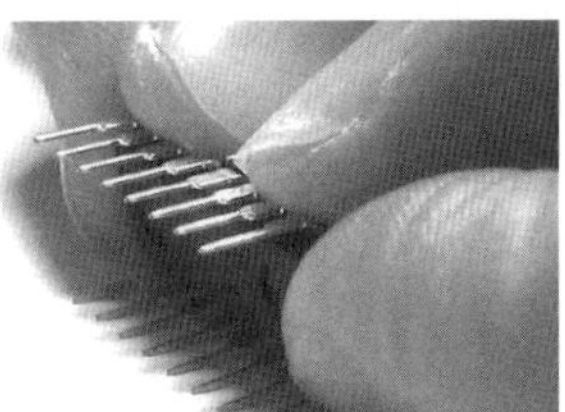

Abb. 13–12 *Die Pins am Mikrocontroller zurechtbiegen*

Abb. 13–13 *Richtige Ausrichtung des Mikrocontrollers auf einem Arduino*

Anschluss an eine handelsübliche Arduino-Platine

Über die USB-Schnittstelle eines Arduino Uno können Sie Sketche auf den Mikrocontroller des Steckplatinen-Arduino hochladen. Diese Methode verringert die Abnutzung des Mikrocontroller-Sockels auf der Platine und kommt ohne das besondere USB-Kabel aus, das Sie für die dritte Methode brauchen.

Um einen Sketch hochzuladen, gehen Sie wie folgt vor:

1. Ziehen Sie den Mikrocontroller vom Arduino Uno ab und lösen Sie das USB-Kabel.
2. Unterbrechen Sie die Stromversorgung des Steckplatinen-Arduino.
3. Verbinden Sie Digitalpin 0 des Arduino mit Pin 2 des ATmega328P auf der Steckplatine sowie Digitalpin 1 mit Mikrocontroller-Pin 3.
4. Verbinden Sie den 5-Volt- und den *GND*-Anschluss des Uno mit den entsprechenden Stellen der Steckplatine.
5. Verbinden Sie den RST-Anschluss des Arduino mit Pin 1 des ATmega328P.
6. Schließen Sie das USB-Kabel wieder an den Arduino Uno an.

Jetzt verhält sich das System wie ein normaler Arduino Uno, sodass Sie Sketche auf die übliche Weise zum Mikrocontroller der Steckplatinenschaltung hochladen und bei Bedarf auch dem seriellen Monitor verwenden können.

Verwendung eines FTDI-Programmierkabels

Die letzte Methode ist die einfachste, doch dafür müssen Sie ein USB-Programmierkabel erwerben, das als *FTDI-Kabel* bezeichnet wird (weil die USB-Schaltung darin von einer Firma namens FTDI stammt). Achten Sie darauf, dass Sie das 5-Volt-Modell kaufen, da die 3,3-Volt-Version nicht ordnungsgemäß funktioniert. Das Kabel weist an einer Seite einen USB-Stecker und auf der anderen einen sechsadrigen Anschluss auf. Das USB-Ende enthält eine Schaltung, die der USB-Schnittstelle am Arduino Uno entspricht. Das andere wird mit der Pfostenleiste verbunden, die Sie in den Abbildungen 13-7 und 13-8 sehen.

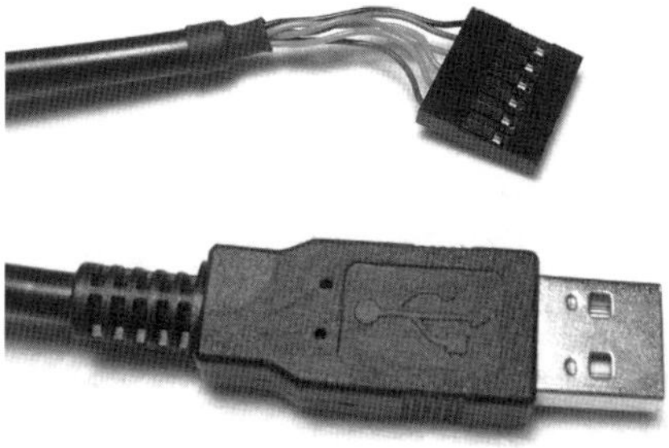

Abb. 13–14 *FTDI-Kabel*

Achten Sie beim Einstecken des Kabels darauf, dass Sie die Seite mit dem schwarzen Draht mit dem *GND*-Pin der Pfostenleiste verbinden. Wie bei einem normalen Arduino versorgt das Kabel die Schaltung auch mit Strom.

Bevor Sie einen Sketch hochladen oder den seriellen Monitor verwenden, müssen Sie den Platinentyp in *Arduino Duemilanove* oder *Diecimila* ändern. Rufen Sie dazu *Tools > Board* auf und wählen Sie die entsprechende Option aus (siehe Abb. 13–15).

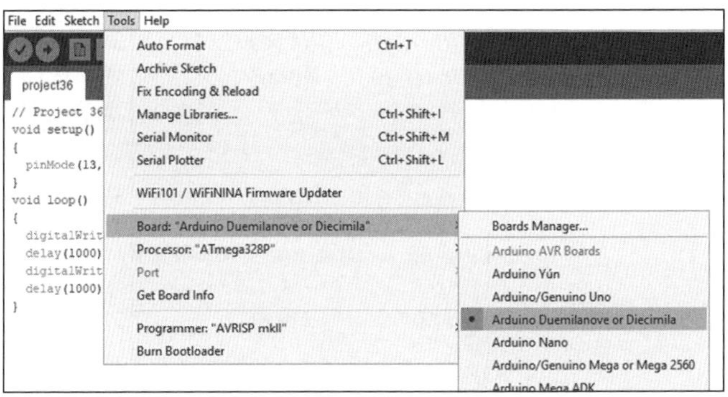

Abb. 13–15 *Den Platinentyp in der IDE ändern*

Entscheiden Sie sich für eine Methode und laden Sie als Testlauf den Sketch für Projekt 36 hoch. Jetzt können Sie auch kompliziertere Schaltungen einzig und allein auf der Steckplatine aufbauen, was mehr Projekte für weniger Geld ermöglicht. Wenn Sie wissen, wie Sie eigene gedruckte Schaltungen herstellen, können Sie damit auch von Grund auf dauerhafte Projekte bauen.

Die zahlreichen verschiedenen Arduino-Platinen

In diesem Buch arbeiten wir zwar ausschließlich mit dem Arduino Uno, doch es stehen auch noch viele alternative Platinen zur Verfügung, die sich in der Baugröße, der Anzahl der Ein- und Ausgangspins, dem Speicherplatz für Sketche und dem Preis unterscheiden.

	ATmega-328P	ATmega-328P SMD	ATmega2560	SAM3X8E

Vom Benutzer austauschbar	Ja	Nein	Nein	Nein
Verarbeitungs-geschwindigkeit	16 MHz	16 MHz	16 MHz	84 MHz
Betriebs-spannung	5 V	5 V	5 V	3,3 V
Anzahl Digitalpins	14 (davon 6 PBM-fähig)	14 (davon 6 PBM-fähig)	54 (davon 14 PBM-fähig)	54 (davon 12 PBM-fähig)
Anzahl analoger Eingangspins	6	8	16	12
Stromstärke (Gleichstrom) pro E/A-Pin	40 mA	40 mA	40 mA	3 bis 15 mA
Verfügbarer Flash-Speicher	31,5 KB	31,5 KB	248 KB	512 KB
EEPROM-Größe	1 KB	1 KB	4 KB	Kein EEPROM
SRAM-Größe	2 KB	2 KB	8 KB	96 KB

Tab. 13–2 Vergleichstabelle der Mikrocontroller

Einer der entscheidenden Unterschiede ist der verbaute Mikrocontroller. Zurzeit wird gewöhnlich ein ATmega328 oder ATmega2560 verwendet und beim Arduino Due ein weiteres, leistungsfähigeres Modell, auch genannt SAM3X8E. Die Hauptunterschiede zwischen diesen Varianten (wobei es zwei Versionen des ATmega328 gibt) sind in Tabelle 13–2 aufgeführt.

Zum Vergleich der verschiedenen Arduino-kompatiblen Platinen werden vor allem Typ und Größe des Arbeitsspeichers herangezogen. Es gibt die folgenden drei Arten:

- *Flash-Speicher* dient dazu, einen Sketch festzuhalten, nachdem er von der IDE kompiliert und hochgeladen wurde.
- *EEPROM* (*Electrically Erasable Programmable Read-Only Memory*, also »elektrisch löschbarer, programmierbarer, schreibgeschützter Speicher«) ist ein kleiner Speicherbereich, der Bytevariablen aufnehmen kann, wie Sie in Kapitel 19 noch lernen werden.
- *SRAM* ist der Speicherplatz für die Variablen in Ihren Programmen.

HINWEIS

Neben dem Arduino Uno gibt es noch viele andere Arduino-Platinen, wobei die wenigen, die im Folgenden beschrieben werden, nur die Spitze des Eisbergs bilden. Scheuen Sie sich nicht, für umfangreichere oder kompliziertere Projekte auf die größeren Mega-Platinen umzusteigen. Falls Sie dagegen nur wenige E/A-Pins für ein langlebiges Projekt benötigen, sollten Sie dagegen einen Nano oder vielleicht sogar einen LilyPad in Betracht ziehen.

Sehen wir uns nun die Palette der verfügbaren Platinen an.

Arduino Uno

Der Uno gilt zurzeit als der Standard-Arduino. Alle jemals hergestellten Arduino-Shields sollten mit diesem Modell kompatibel sein. Aufgrund der eingebauten USB-Schnittstelle und des austauschbaren Mikrocontrollers wird der Uno auch als der am einfachsten zu benutzende Arduino angesehen.

Freetronics Eleven

Der Markt bietet viele Platinen, die die Funktion des Arduino nachbilden, und einige weisen sogar Verbesserungen gegenüber dem Standardmodell auf. Eine davon ist der Freetronics Eleven, den Sie in Abbildung 13–16 sehen.

Abb. 13–16 *Freetronics Eleven*

Der Eleven ist mit dem Arduino Uno vollständig kompatibel, weist aber mehrere Verbesserungen auf, die ihn besonders wertvoll machen. Erstens finden Sie unmittelbar unter den digitalen E/A-Pins einen kleinen Bereich zur Prototypkonstruktion, in dem Sie eigene Schaltungen direkt auf der Hauptplatine aufbauen können. Das hilft Zeit und Geld zu sparen, da Sie kein zusätzliches Prototyp-Shield kaufen müssen.

Zweitens befinden sich die LEDs für Senden/Empfangen (TX/RX), Stromversorgung und D13 alle an der rechten Kante der Platine, weshalb sie auch dann noch sichtbar sind, wenn ein Shield aufgesteckt ist. Außerdem weist der Eleven eine Mikro-USB-Buchse auf, die viel kleiner ist als der USB-Standardanschluss des Uno. Das vereinfacht die Konstruktion eigener Shields, da Sie sich keine Gedanken darüber machen müssen, dass Ihre Verbindungen gegen die USB-Buchse stoßen könnten. Den Eleven erhalten Sie auf *http://www.freetronics.com/products/eleven/*.

Der Adafruit Pro Trinket

Hierbei handelt es sich um eine Miniaturversion des Arduino Uno, die darauf ausgerichtet ist, auf Steckplatinen, Wearables oder in anderen Situationen zum Einsatz zu kommen, wo sehr kleine Platinen erforderlich sind.

Abb. 13–17 *Arduino Pro Trinket*

Auch wenn es kleinere Unterschiede zum Arduino Uno gibt (z. B. gibt es keinen seriellen Ausgang, es sei denn, es wird ein externes FTDI-Kabel benutzt), so ist der Adafruit Pro Trinket dennoch sehr preiswert.

Der Arduino Nano

Wenn Sie eine kompakte, vorgefertigte Arduino-kompatible Platine haben wollen, könnte der Nano das Richtige für Sie sein (siehe Abb. 13–18). Er ist für die Arbeit auf Steckplatinen gedacht und erweist sich als winziger, aber trotzdem leistungsfähiger Arduino.

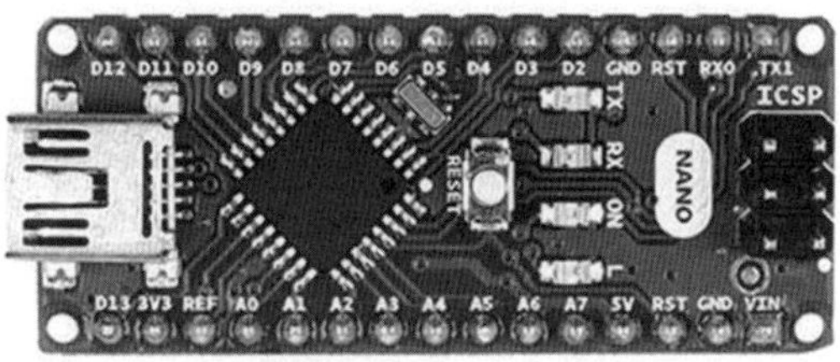

Abb. 13–18 *Arduino Nano*

Der Nano misst nur 1,8 x 4,3 cm, bietet aber den gesamten Funktionsumfang des Boarduino und des klassischen Arduino Duemilanove. Außerdem enthält er die SMD-Version des ATmega328P, der zwei zusätzliche analoge Eingangspins bietet (A6 und A7). Der Nano kann von *https://store.arduino.cc/usa/arduino-nano/* bezogen werden.

Der Arduino LilyPad

Abb. 13–19 Arduino LilyPad

Der LilyPad ist für kreative Projekte wie elektronisch aktive Textilien gedacht. Tatsächlich können Sie einen LilyPad sogar mit Wasser und einem leichten Reinigungsmittel waschen, weshalb er sich ideal eignet, um z.B. ein Sweatshirt mit Lämpchen zu versehen. Die Bauform ist einmalig, wie Sie in Abbildung 13–19 erkennen können.

Für den Anschluss an die E/A-Pins des LilyPad müssen die Drähte auf die Platine gelötet werden, weshalb sich diese Variante eher für dauerhafte Projekte eignet. Im Rahmen der minimalistischen Gestaltung verfügt sie auch nicht über eine Spannungsregelung, weshalb es Sache des Benutzers ist, für eine eigene Spannungsquelle zwischen 2,7 und 5,5 V zu sorgen. Es gibt auch keinen USB-Anschluss, weshalb Sie zum Hochladen von Sketchen ein 5-Volt-FTDI-Kabel benötigen. Den Arduino LilyPad können Sie bei fast jedem Arduino-Anbieter erwerben.

Der Arduino Mega 2560

Wenn Ihnen auf dem Arduino Uno die E/A-Pins ausgehen oder wenn Sie mehr Speicherplatz für umfangreiche Sketche benötigen, sollten Sie den Mega 2560 aus Abbildung 13–20 in Betracht ziehen. Er misst 11 × 5 cm und ist damit größer als der Uno.

Abb. 13–20 Arduino Mega 2560

Auch wenn der Mega 2560 viel größer ist als der Uno, passen doch die meisten Arduino-Shields auf ihn. Außerdem gibt es Prototyp-Shields in

Mega-Baugröße, auf denen sich größere Projekte unterbringen lassen, als der Uno aufnehmen kann. Da der Mega über einen Mikrocontroller vom Typ ATmega2560 verfügt, sind auch sein Arbeitsspeicher und seine E/A-Fähigkeiten viel umfangreicher als die des Uno (siehe Tab. 13–2). Vier getrennte serielle Kommunikationsleitungen erweitern auch die Möglichkeiten zur Datenübertragung. Den Mega 2560 bekommen Sie bei fast allen Arduino-Anbietern.

Der Freetronics EtherMega

Wenn Sie einen Arduino Mega 2560, einen microSD-Shield und einen Ethernet-Shield zur Kommunikation mit dem Internet benötigen, besteht die beste Alternative darin, gleich einen EtherMega zu kaufen (siehe Abb. 13–21), der alle drei Funktionen auf einer einzigen Platine vereint und weniger kostet als ein Einzelkauf der drei Komponenten. Den EtherMega bekommen Sie auf *https://www.freetronics.com/ethermega/*.

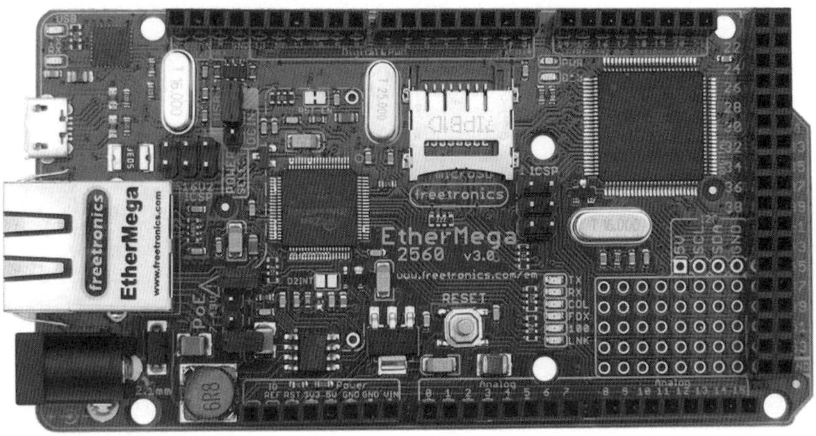

Abb. 13–21 *Freetronics EtherMega*

Der Arduino Due

Dies ist das leistungsstärkste Arduino-Modell, das je herausgebracht wurde. Mit seinem 84-MHz-Prozessor können Sie Ihre Sketche viel schneller ausführen lassen. Wie Sie in Abbildung 13–22 sehen, ähnelt diese Platine dem Arduino Mega 2560, aber es gibt noch einen zusätzlichen USB-Anschluss für externe Geräte. Außerdem sind die Pins anders belegt.

Darüber hinaus ist der Arbeitsspeicher des Due 16 Mal so groß wie der des Uno, sodass Sie auch sehr vielschichtige und ausführliche Sketche schreiben können. Allerdings läuft der Due nur mit 3,3 V, weshalb alle

Schaltungen, Shields und sonstigen Geräte, die Sie an die Analog- oder Digitalpins anschließen, keine höhere Spannung als 3,3 V aufweisen dürfen. Die Vorteile des Due wiegen die Einschränkungen jedoch auf.

Abb. 13–22 *Arduino Due*

HINWEIS

Wenn Sie nach einer neuen Arduino-Platine oder Zubehör Ausschau halten, sollten Sie sich an einen renommierten Händler wenden, der Kundendienst anbietet und Ihnen eine Garantie einräumt. Das Internet ist zwar voll von Billigvarianten, aber bei deren Herstellung wird oft gespart, um ein Produkt zu einem verboten niedrigen Preis auf den Markt werfen zu können. Wenn Sie dabei ein fehlerhaftes oder den Spezifikationen nicht entsprechendes Teil erwerben, haben Sie keine Chance, Ihr Geld zurückzubekommen.

OPEN-SOURCE-HARDWARE

Die Konstruktion der Arduino-Hardware ist offengelegt worden, sodass jeder sie nach eigenem Gutdünken herstellen, abwandeln, verbreiten und einsetzen kann. Diese Form von Vertrieb fällt unter den Begriff Open-Source-Hardware – eine junge Bewegung, die eine Antithese zum Prinzip des Urheberrechts und des gesetzlich geschützten geistigen Eigentums darstellt. Das Arduino-Team hat sich dazu entschlossen, die Konstruktion zum Nutzen der gesamten Hardware-Community und des Allgemeinwohls freizugeben.

Im Geiste der Open-Source-Hardware veröffentlichen auch viele der Organisationen, die Zubehör oder Varianten der Arduino-Originalplatinen herstellen, ihre Konstruktionen mit der gleichen Lizenz. Dadurch kann das Produkt viel schneller verbessert werden, als es einer einzigen Organisation möglich wäre, die die Hardware allein entwickelt.

Ausblick

Dieses Kapitel hat Ihnen einen umfassenderen Blick auf die verschiedenen Arten verfügbarer Hardware vermittelt. Dabei haben Sie gelernt, aus welchen Einzelteilen ein Arduino besteht und wie Sie einen eigenen Arduino auf einer Steckplatine zusammensetzen. Damit wissen Sie jetzt, wie Sie mehr als ein Arduino-Projekt bauen können, ohne mehrere Platinen kaufen zu müssen. Außerdem kennen Sie die verschiedenen Arduino-Platinen, die auf dem Markt angeboten werden, sodass Sie jeweils diejenige auswählen können, die sich am besten für Ihr Vorhaben eignet. Schließlich haben Sie auch ein Verständnis der Bewegung für Open-Source-Hardware gewonnen, die hinter dem Arduino steckt.

Im nächsten Kapitel lernen Sie verschiedene Motoren kennen und beginnen mit der Arbeit an einem vom Arduino gesteuerten, motorisierten Raupenfahrzeug!

14

Motoren und Bewegung

In diesem Kapitel lernen Sie Folgendes:

- Verwenden eines Stellmotors zum Bau eines Zeigerthermometers
- Steuern der Geschwindigkeit und Drehrichtung von Elektromotoren
- Steuern eines kleinen Schrittmotors
- Verwenden eines Motor-Shields für den Arduino
- Erster Bauabschnitt eines motorisierten Raupenroboters
- Kollisionsverhinderung mithilfe einfacher Mikroschalter
- Kollisionsverhinderung mit Infrarot- und Ultraschallsensoren

Kleine Bewegungen mithilfe von Stellmotoren

Ein *Stellmotor* oder *Servomotor* enthält einen kleinen Elektromotor, der so gesteuert werden kann, dass er seine Antriebsachse um einen bestimmten Winkel dreht. Beispielsweise können Sie ihn an einem Stellarm, also an einem kleinen Stab oder einer Stange befestigen, um die Lenkung eines ferngesteuerten Autos zu betätigen. Auch die Zeiger einer Uhr sind eine Form von Stellarmen. Abbildung 14–1 zeigt einen Stellmotor mit drei Arten von Stellarmen.

Abb. 14–1 *Stellmotor mit verschiedenen Stellarmen*

Stellmotoren auswählen

Beachten Sie bei der Auswahl eines Stellmotors folgende Eigenschaften:

- **Geschwindigkeit** Die Zeit, die der Motor für die Drehung benötigt, wird gewöhnlich in Sekunden pro Winkelgrad, Umdrehungen pro Minute (RPM), oder Sekunden pro 60° angegeben.
- **Drehbereich** Der Winkelbereich, den der Stellmotor mit seiner Drehung abdecken kann, z. B. 180° (halbe Umdrehung) oder 360° (volle Umdrehung).
- **Stromstärke** Die Stromstärke, die der Stellmotor benötigt. In Kombination mit dem Arduino benötigen Sie möglicherweise eine eigene Stromquelle für den Motor.
- **Drehmoment** Die Kraft, die der Motor beim Drehen aufbringen kann. Je größer das Drehmoment, umso schwerere Dinge kann der Motor bewegen. Im Allgemeinen ist das gelieferte Drehmoment proportional zur erforderlichen Stromstärke.

Der Stellmotor in Abbildung 14–1 ist ein generischer Typ-SG90-Servo-Motor. Er ist preiswert und kann Drehungen bis zu 180° vollführen (siehe Abb. 14–2).

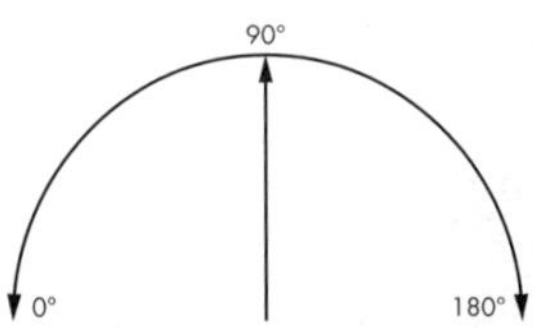

Abb. 14–2 *Beispiel für den Drehbereich eines Stellmotors*

Einen Stellmotor anschließen

Einen Stellmotor an den Arduino anzuschließen, ist einfach, da Sie dabei nur drei Drähte berücksichtigen müssen. Beim SG90 wird der dunkelste Draht an *GND* angeschlossen, der mittlere an die 5-Volt-Versorgung und der hellste (der *Pulsdraht*) an einen Digitalpin. Bei einem anderen Modell schauen Sie auf dem Datenblatt nach, um die korrekte Verdrahtung herauszufinden.

Den Stellmotor in Bewegung setzen

Nachdem der Motor angeschlossen ist, können Sie ihn in Bewegung setzen. Der folgende Sketch sorgt dafür, dass der Motor seinen Drehbereich abfährt. Verbinden Sie den Motor wie beschrieben mit dem Arduino, wobei Sie den Pulsdraht an Digitalpin 4 anlegen, geben Sie dann den Sketch aus Listing 14–1 ein und laden Sie ihn hoch.

```
#include <Servo.h>
Servo myservo;

void setup()
{
   myservo.attach(4);
}

void loop()
{
   myservo.write(180);
   delay(1000);
   myservo.write(90);
   delay(1000);
   myservo.write(0);
   delay(1000);


}
```

Listing 14–1 *Sketch zur Vorführung der Funktion eines Stellmotors*

In diesem Sketch binden wir wie folgt die in der Arduino-IDE enthaltene Bibliothek Servo ein. Suchen und installieren Sie mithilfe der Anleitung aus Kapitel 7 die Bibliothek »Servo by Michael Margolis, Arduino«. Erstellen Sie anschließend eine Instanz des Servoobjekts:

```
#include <Servo.h>
Servo myservo;
```

Anschließend teilen wir dem Arduino wie folgt in `void setup()` mit, welche Digitalpins zur Steuerung des Stellmotors dienen:

```
myservo.attach(4); // Steuerung über Digitalpin 4
```

Jetzt müssen wir den Stellmotor nur noch auf folgende Weise in Bewegung setzen:

```
myservo.write(x);
```

Dabei ist `x` ein Integer zwischen 0 und 180, der für die Winkelposition steht, auf die sich der Motor dreht. Wenn Sie den Sketch aus Listing 14–1 ausführen, fährt der Motor seinen gesamten Drehbereich ab und hält dabei an den Endpunkten (0° und 180°) sowie in der Mitte (90°) an.

Mit Servomotoren können Sie nicht nur Objekte schieben oder ziehen, sondern auch Daten über einen Zeiger mit Skala ausgeben. Als Beispiel bauen wir in Projekt 37 ein Zeigerthermometer.

Projekt Nr. 37: Ein Zeigerthermometer bauen

Mit dem Stellmotor und dem Temperatursensor TMP36, den wir schon in früheren Kapiteln verwendet haben, wollen wir nun ein Zeigerthermometer bauen. Dazu messen wir die Temperatur und rechnen den Wert in einen Winkel zwischen 0° und 180° um, wobei dieser Winkelbereich einem Temperaturbereich zwischen 0 °C und 30 °C entspricht. Der Stellmotor dreht sich um den Winkel, der dem vorliegenden Temperaturwert entspricht.

Die Hardware

Für dieses Projekt sind nur wenige Teile erforderlich:

- ein Temperatursensor TMP36
- ein kleiner Stellmotor
- eine Steckplatine
- Verbindungsdrähte
- Arduino und USB-Kabel

Der Schaltplan

Auch der Schaltplan ist sehr einfach, wie Sie in Abbildung 14–3 sehen.

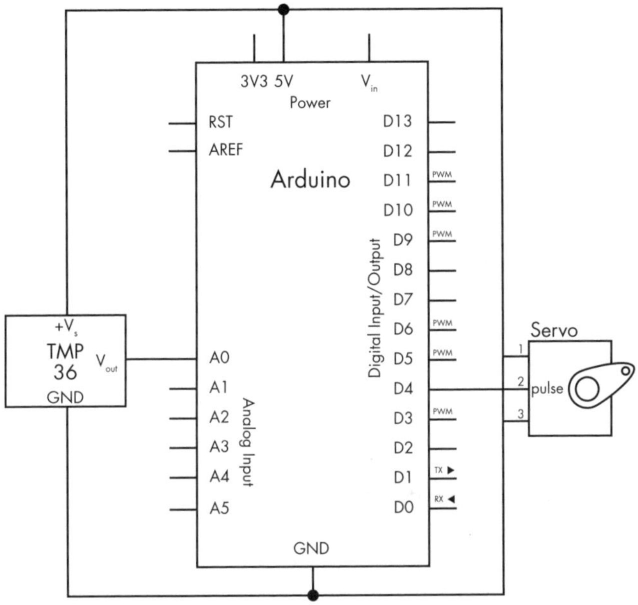

Abb. 14–3 *Schaltplan für Projekt 37*

Der Sketch

Der Sketch ermittelt die Temperatur mit den Methoden, die wir schon in Projekt 8 verwendet haben, und rechnet sie anschließend in den Winkel um, um den sich der Stellmotor drehen muss.

Geben Sie folgenden Sketch ein und laden Sie ihn hoch:

```
// Projekt 37: Ein Zeigerthermometer bauen

float voltage = 0;
float sensor = 0;
float currentC = 0;
int angle = 0;

#include <Servo.h>
Servo myservo;

void setup()
{
  myservo.attach(4);
}

❶ int calculateservo(float temperature)
{
  float resulta;
```

```
    int resultb;
    resulta = -6 * temperature;
    resulta = resulta + 180;
    resultb = int(resulta);
    return resultb;
}

void loop()
{
    // Ermittelt die aktuelle Temperatur
    sensor = analogRead(0);
    voltage = (sensor*5000)/1024;
    voltage = voltage-500;
    currentC = voltage/10;

    // Zeigt die aktuelle Temperatur mithilfe des Stellmotors an
    ❶ angle = calculateservo(currentC);
    // Rechnet den Temperaturwert in einen Drehwinkel um
    if (angle>=0 && angle <=30)
    {
        myservo.write(angle); // Bewegt den Stellmotor um den Winkel,
                              // der dem Temperaturwert entspricht
        delay(1000);
    }
}
```

Der Großteil des Sketches sollte Ihnen bekannt vorkommen, aber die Funktion `calculateservo()` bei ❶ ist neu. Sie rechnet anhand der folgenden Formel den Temperaturwert in den Drehwinkel für den Stellmotor um:

Winkel = (–6 × *Temperatur*) + 180

Es ist sinnvoll, eine *Skala* für den Bereich der Temperaturen anzufertigen, die der Stellmotor anzeigen kann, und auch einen kleinen Zeiger an der Drehachse zu befestigen. Ein Beispiel dafür sehen Sie in Abbildung 14–4. Die Druckversion der Skala können Sie auf der Website zum Buch herunterladen: *https://nostarch.com/arduino-workshop-2nd-edition/*.

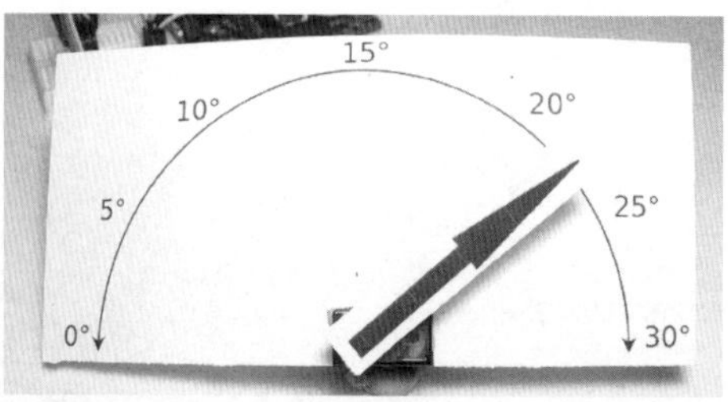

Abb. 14–4 *Die Skala dient zur Angabe der Temperaturen.*

E-Motoren

Als Nächstes beschäftigen wir uns beim Thema Motorsteuerung mit kleinen Elektromotoren. Sie werden für viele Anwendungen eingesetzt, z. B. für kleine Ventilatoren, Spielzeugautos und Modelleisenbahnen.

Einen Motor auswählen

Wie bei Stellmotoren müssen Sie auch beim Kauf von Elektromotoren verschiedene Eigenschaften beachten:

- **Betriebsspannung** Sie ist von Modell zu Modell sehr unterschiedlich. Mögliche Werte reichen von 3 V bis zu mehr als 12 V.
- **Leerlaufstrom** Die Stromstärke, die der Motor bei Betriebsspannung ohne Last zieht, also wenn sich die Motorwelle frei dreht und nichts antreibt.
- **Blockierstrom** Die Stromstärke, die der Motor zieht, wenn er versucht, sich zu drehen, dies aber aufgrund der Last nicht möglich ist.
- **Drehzahl bei Betriebsspannung** Die Drehzahl des Motors, angegeben in Umdrehungen pro Minute (U/min, 1/min oder min^{-1}).

In unserem Beispiel verwenden wir einen kleinen, preiswerten Elektromotor mit einer Drehzahl von 8540 U/min bei 3 V (siehe Abb. 14–5).

Zur Steuerung des Motors verwenden wir einen Transistor (siehe Kapitel 3). Da unser Motor Stromstärken bis zu 0,7 A aufnimmt, was mehr ist, als ein Transistor vom Typ BC548 verkraften kann, verwenden wir für dieses Projekt einen sogenannten Darlington-Transistor.

Abb. 14–5 *Ein kleiner E-Motor*

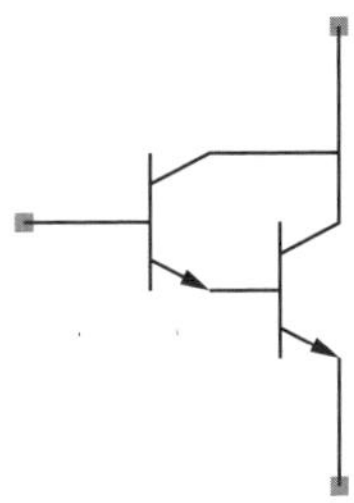

Abb. 14–6 *Schaltplansymbol des TIP120*

Der Darlington-Transistor TIP120

Ein Darlington-Transistor ist eigentlich nichts anderes als zwei miteinander verbundene Transistoren. Der TIP120 ist in der Lage, bis zu 5 A bei 60 V durchzureichen, was für unseren kleinen E-Motor mehr als genug ist. Das Schaltplansymbol des TIP120 ähnelt dem des BC548, wie Sie in Abbildung 14–6 sehen, aber der Darlington weist eine größere Bauform auf als der normale Transistor.

Das Gehäuse des TIP120 sieht so aus wie das des TO-220 (siehe Abb. 14–7).

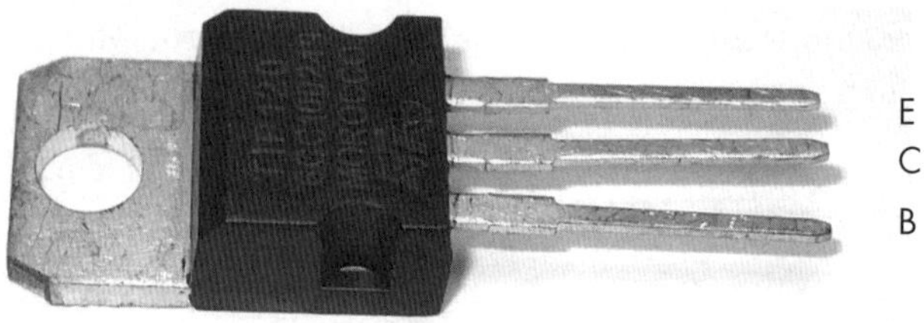

Abb. 14–7 *Der TIP120*

Wenn Sie den TIP120 so halten, dass Sie auf die Beschriftung schauen, sind die Kontakte von links nach rechts die Basis (B), der Kollektor (C) und der Emitter (E). Die Metalllasche für die Wärmeableitung ist ebenfalls mit dem Kollektor verbunden.

Projekt Nr. 38: Den Motor steuern

In diesem Projekt steuern wir den Motor, indem wir seine Drehzahl regeln.

Die Hardware

Sie benötigen folgende Teile:

- einen kleinen 3-Volt-Elektromotor
- einen 1-kΩ-Widerstand (R1)
- eine Diode 1N4004
- einen Darlington-Transistor TIP120
- eine separate 3-Volt-Stromquelle
- eine Steckplatine
- Verbindungsdrähte
- Arduino und USB-Kabel

Für Motoren müssen Sie eine separate Stromquelle verwenden, da der Arduino einen Motor nicht unter allen Umständen mit ausreichend Strom versorgen kann. Wenn der Motor blockiert, zieht er eine Stromstärke bis zur Höhe des *Blockierstroms*, der mehr als 1 A betragen kann. Das ist mehr, als der Arduino liefern kann, und wenn er es trotzdem versucht, kann das die Platine irreparabel beschädigen.

Eine einfache Lösung besteht darin, eine zusätzliche Batteriepackung zu verwenden. Für eine 3-Volt-Stromversorgung reicht eine Packung aus zwei AA-Zellen mit vorverdrahteten Anschlüssen, wie sie in Abbildung 14–8 zu sehen ist.

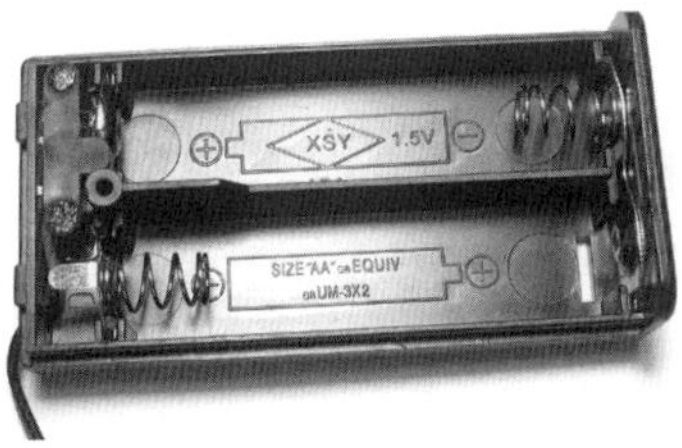

Abb. 14–8 *Batteriepackung für zwei AA-Zellen*

Der Schaltplan

Bauen Sie die Schaltung nach dem Plan in Abbildung 14–9 zusammen.

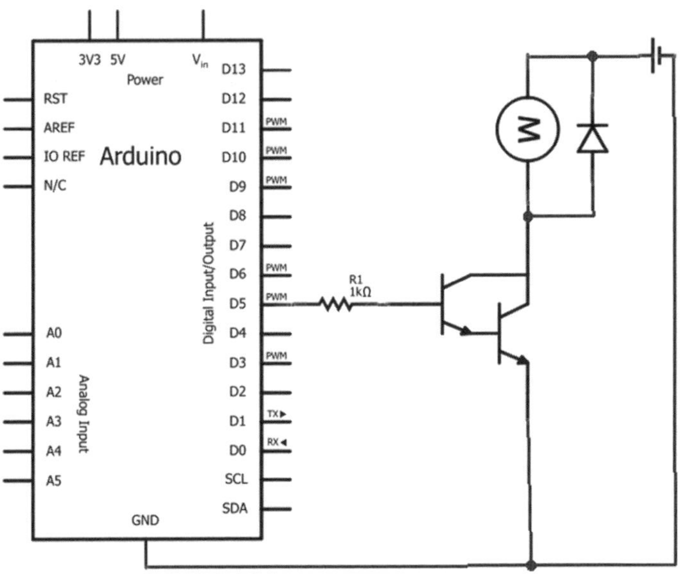

Abb. 14–9 *Schaltplan für Projekt 38*

Der Sketch

In diesem Projekt regeln wir die Motordrehzahl vom Stillstand (0 U/min) bis zum Maximum hoch und wieder zurück auf null. Geben Sie den folgenden Sketch ein und laden Sie ihn hoch:

```
// Projekt 38: Den Motor steuern

void setup()
{
   pinMode(5, OUTPUT);
}

void loop()
{
   for (int a=0; a<256; a++)   ❶
   {
      analogWrite(5, a);
      delay(100);   ❷
   }
   delay(5000);   ❸
   for (int a=255; a>=0; a--)   ❹
   {
      analogWrite(5,a);
      delay(100);
   }
   delay(5000);
}
```

Die Motordrehzahl regeln wir mithilfe der Pulsbreitenmodulation (was in Projekt 3 erklärt wurde). Denken Sie daran, dass dies nur über die Digitalpins 3, 5, 6, 9, 10 und 11 möglich ist. Bei dieser Methode wird Strom in kurzen Pulsen an den Motor abgegeben: Je länger der Puls, umso höher die Drehzahl, da der Motor dann während eines gegebenen Zeitraums länger ein- als ausgeschaltet ist. Bei ❶ beginnt der Motor daher im Stillstand und beschleunigt langsam, wobei Sie die Beschleunigung über den Wert von `delay` bei ❷ steuern können. Bei ❸ läuft der Motor so schnell wie möglich und hält diese Geschwindigkeit fünf Sekunden lang. Danach wird der Vorgang ab ❹ umgekehrt, sodass der Motor wieder verlangsamt, bis er anhält.

HINWEIS

Wenn sich der Motor in Bewegung setzt, hören Sie möglicherweise ein Heulen ähnlich wie bei einer E-Lok oder einer Straßenbahn, die von der Haltestelle wegfährt. Das ist ganz normal und kein Grund, sich Sorgen zu machen.

Die Diode wird auf die gleiche Weise eingesetzt wie der Relaissteuerkreis in Abbildung 3–19, nämlich zum Schutz der Schaltung. Wird der Strom für den Motor abgeschaltet, bleiben für einen kurzen Zeitraum noch Restladungen in der Spule des Motors zurück und wandern ab. Die Diode sorgt dafür, dass diese Ströme in einer Schleife durch die Spuleneinheit geführt werden, bis sie sich in Form einer geringen Erwärmung auflösen.

Kleine Schrittmotoren

Schrittmotoren unterscheiden sich von normalen Gleichstrommotoren dadurch, dass sie eine volle Umdrehung des Motors in eine feste Anzahl von Schritten unterteilen. Dies geschieht durch die Verwendung von zwei Spulenwicklungen, die unabhängig voneinander gesteuert werden. Anstatt also wie bei einem normalen Gleichstrommotor die Drehung mit einer variablen Spannung zu steuern, schalten Sie die Spulen eines Schrittmotors in einem bestimmten Muster ein oder aus, um die Welle eine bestimmte Anzahl von Malen in die eine oder andere Richtung zu drehen. Diese Steuerung macht Schrittmotoren ideal für Aufgaben, die eine präzise Positionierung erfordern. Sie werden häufig in Geräten verwendet wie Druckern bis hin zu modernen Fertigungsanlagen.

Wir werden den Betrieb eines Schrittmotors anhand des Modells 28BYJ-48 demonstrieren, wie in Abbildung 14–10 gezeigt. Dieser Schrittmotor kann so gesteuert werden, dass er eine von 4.096 Positionen einnimmt, d.h. eine volle Umdrehung ist in 4.096 Schritte unterteilt.

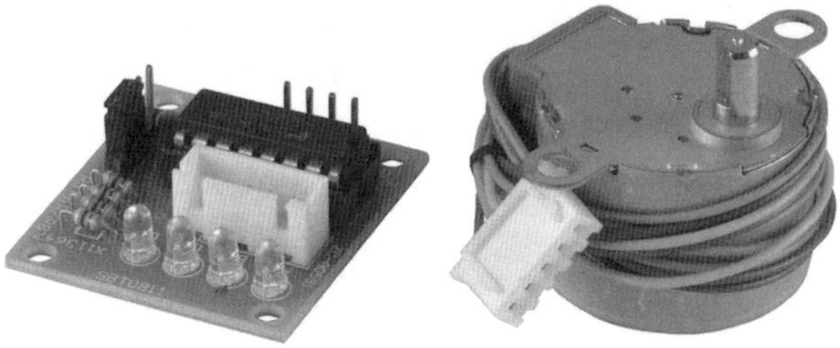

Abb. 14–10 *Ein Schrittmotor und eine Steuerplatine*

Die Platine neben dem Motor dient als Schnittstelle zwischen Ihrem Arduino und dem Schrittmotor und macht den Anschluss einfach und schnell. Sie wird normalerweise zusammen mit dem Schrittmotor geliefert. Eine Nahaufnahme finden Sie in Abbildung 14–11.

Abb. 14–11 *Der Controller für den Schrittmotor*

Schließen Sie nun Ihren Schrittmotor an den Arduino an. Stellen Sie die Verbindungen her, wie in Tabelle 14–1 gezeigt.

Pin des Controller-Boards	Arduino-Pin
IN1	D8
IN2	D9
IN3	D10
IN4	D11
5-12 V+	5 V
5-12 V-	GND

Tab. 14–1 *Verbindungen zwischen der Controller-Platine für den Schrittmotor und dem Arduino*

Sie können den Schrittmotor kurzzeitig mit Strom von Ihrem Arduino betreiben, wenn nichts anderes angeschlossen ist, was ebenfalls Strom verbraucht; empfohlen wird das jedoch nicht. Verwenden Sie stattdessen eine externe 5-Volt-Stromversorgung wie z. B. ein Steckernetzteil oder eine andere geeignete Quelle. Da die Controllerplatine keine Gleichstrombuchse hat, können Sie eine externe Buchse mit Anschlussklemmen verwenden, um einfache, lötfreie Verbindungen herzustellen, wie in Abbildung 14–12 abgebildet.

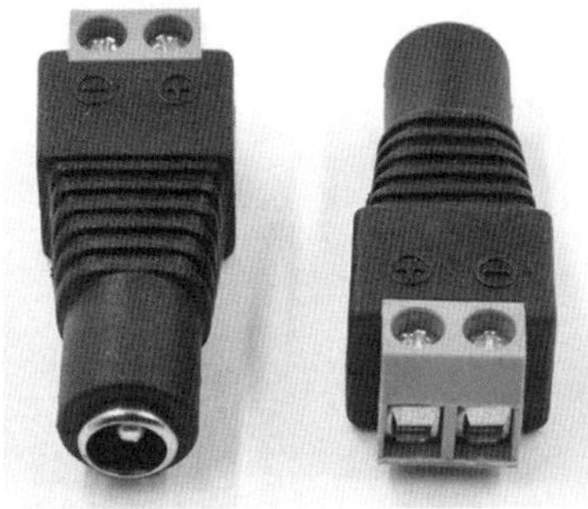

Abb. 14–12 *Eine externe Gleichstrombuchse*

Sie können dann Überbrückungsdrähte von den Plus- und Minus-Anschlüssen ab den Klemmblöcken mit denen auf der Schrittmotor-Steuerplatine verbinden. Um die Steuerung des Schrittmotors in unseren Arduino-Skizzen zu vereinfachen, können Sie eine praktische Arduino-Bibliothek namens CheapStepper verwenden. Diese lässt sich *https://github.com/tyhenry/CheapStepper/archive/master.zip* herunterladen und mit der in Kapitel 7 beschriebenen Methode installieren.

Nachdem Sie die Bibliothek erfolgreich installiert und Ihren Schrittmotor wie oben beschrieben angeschlossen haben, geben Sie Listing 14–2 ein und laden es hoch.

```
// Listing 14-2
❶ #include <CheapStepper.h>
❷ CheapStepper stepper (8, 9, 10, 11);
❸ boolean clockwise = true;
boolean cclockwise = false;

❹ void setup()
{
  stepper.setRpm(20);
  Serial.begin(9600);
}

void loop()
{
  Serial.println("stepper.moveTo (Clockwise, 0)");
❺   stepper.moveTo (clockwise, 0);
  delay(1000);
```

```
  Serial.println("stepper.moveTo (Clockwise, 1024)");
❺   stepper.moveTo (clockwise, 1024);
  delay(1000);

  Serial.println("stepper.moveTo (Clockwise, 2048)");
  stepper.moveTo (clockwise, 2048);
  delay(1000);

  Serial.println("stepper.moveTo (Clockwise, 3072)");
  stepper.moveTo (clockwise, 3072);
  delay(1000);

  Serial.println("stepper.moveTo (CClockwise, 512)");
❺   stepper.moveTo (cclockwise, 512);
  delay(1000);

  Serial.println("stepper.moveTo (CClockwise, 1536)");
❺  stepper.moveTo (cclockwise, 1536);
  delay(1000);

  Serial.println("stepper.moveTo (CClockwise, 2560)");
  stepper.moveTo (cclockwise, 2560);
  delay(1000);

  Serial.println("stepper.moveTo (CClockwise, 3584)");
  stepper.moveTo (cclockwise, 3584);
  delay(1000);
}
```

Listing 14–2 *Den Schrittmotor testen*

Der Einsatz des Schrittmotors ist ganz einfach. Wir binden zunächst die Bibliothek bei ❶ ein und erstellen eine Instanz des Motors bei ❷. (Wenn Sie die für die Steuerkarte verwendeten digitalen Pins ändern möchten, aktualisieren Sie sie hier). Die Steuerfunktion verwendet true und false für die Drehung im bzw. gegen den Uhrzeigersinn, also weisen wir diese booleschen Variablen bei ❸ zu, um die Dinge zu verdeutlichen. Schließlich kann der Motor mit der Funktion angewiesen werden, sich in eine der 4.096 Positionen zu drehen:

```
Stepper.moveTo(direction, location);
```

wobei die Richtung entweder im Uhrzeigersinn oder im Gegenuhrzeigersinn ist und die Position ein Wert zwischen 0 und 4.095 ist. Dies wird bei ❺ begonnen und bis zum Ende des Sketches wiederholt.

Außerdem stellen wir in `void setup()` bei ❹ die Drehzahl des Motors auf 20 RPM ein, und zwar mit:

```
stepper.setRpm(20);
```

Dies ist die empfohlene Geschwindigkeit für unseren Schrittmotor. Andere Motoren können davon abweichen, daher sollten Sie sich bei Ihrem Anbieter nach diesen Details erkundigen.

Einige Augenblicke nachdem Sie den Sketch hochgeladen haben, wird Ihr Schrittmotor beginnen, sich in verschiedene Positionen zu drehen, und Sie können die Befehle im seriellen Monitor sehen, wie in Abbildung 14–13 dargestellt.

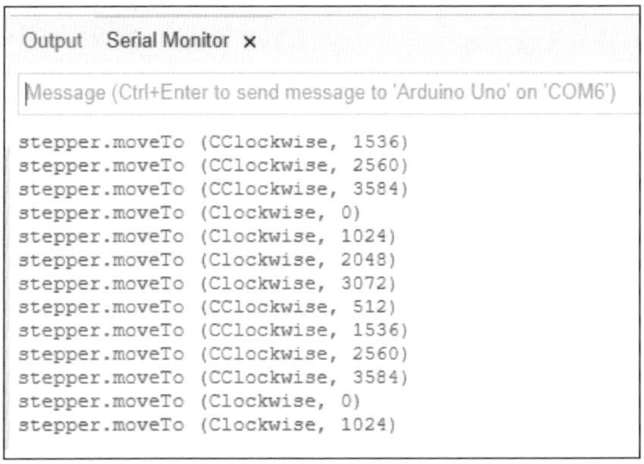

Abb. 14–13 *An den Schrittmotor gesendete Befehle*

Projekt Nr. 39: Ein Roboterfahrzeug bauen und steuern

Obwohl die Steuerung der Geschwindigkeit eines einzelnen Gleichstrommotors ganz nützlich sein kann, wollen wir uns auf interessanteres Terrain begeben, indem wir vier Gleichstrommotoren gleichzeitig steuern und ihre Geschwindigkeit und Richtung beeinflussen. Unser Ziel ist es, einen vierrädrigen fahrzeugähnlichen Roboter zu bauen, an dem wir in den nächsten Kapiteln weiterarbeiten werden. Hier beschreibe ich den Aufbau und die grundlegende Steuerung unseres Roboters.

Unser Roboter verfügt über vier Motoren, die jeweils ein Rad steuern, sodass er mit verschiedenen Geschwindigkeiten fahren und sich auf der

Stelle drehen kann. Sie können die Geschwindigkeit und die Fahrtrichtung steuern und lernen außerdem, wie Sie Teile einbauen können, um Kollisionen zu vermeiden und die Fernsteuerung zu ermöglichen. Wenn Sie die Projekte in diesem Buch abgeschlossen haben, verfügen Sie über eine solide Grundlage, um Ihre eigenen Versionen dieses Roboters zu erstellen und Ihre Ideen zum Leben zu erwecken.

Die Hardware

Sie benötigen folgende Teile:

- Chassis des Roboterfahrzeugs mit vier Gleichstrommotoren und Rädern
- AA-Batteriehalter mit vier Zellen und Kabel
- Vier alkalische AA-Batterien
- L293D-Motor-Drive-Shield für Arduino
- Arduino und USB-Kabel

Das Chassis

Die Grundlage eines jeden Roboters ist ein solides Chassis, das die Motoren, den Antrieb und die Stromversorgung enthält. Ein Arduino-gesteuerter Roboter braucht auch Platz für die Montage des Arduinos und verschiedener weiterer Teile.

Sie können aus vielen auf dem Markt erhältlichen Chassis-Modellen wählen. Um die Dinge einfach zu halten, verwenden wir ein preiswertes Roboter-Chassis mit vier kleinen Gleichstrommotoren, die mit etwa 6 V Gleichstrom arbeiten, und passenden Rädern, wie in Abbildung 14–14 gezeigt.

Abb. 14–14 *Unser Roboter-Chassis*

Der Zusammenbau des Robotergehäuses ist von Modell zu Modell unterschiedlich und Sie benötigen möglicherweise ein paar Standardwerkzeuge wie Schraubendreher und Zangen. Wenn Sie sich über Ihr endgültiges Design noch nicht im Klaren sind, Ihren Roboter aber dennoch in Bewegung setzen wollen, ist es eine beliebte Methode, die Elektronik mit Klebstoffen wie Blu Tack am Chassis zu befestigen.

Die Stromversorgung

Die Motoren, die im Roboter-Chassis enthalten sind, arbeiten in der Regel mit etwa 6 V Gleichstrom. Daher verwenden wir für die Stromversorgung unseres Roboters einen vierzelligen AA-Batteriehalter, wie in Abbildung 14–15 gezeigt.

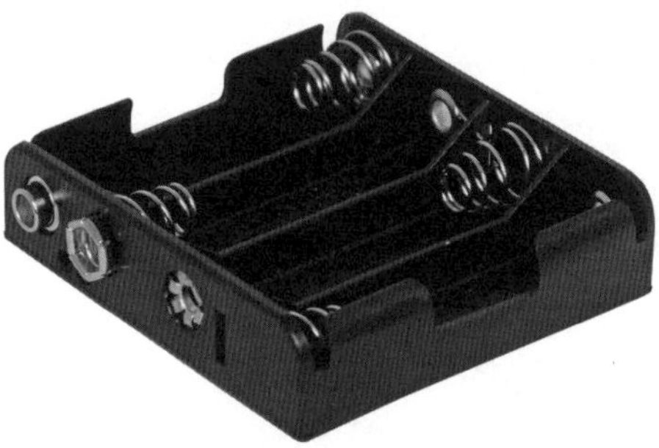

Abb. 14–15 *Batteriehalter mit vier AA-Zellen*

Einige AA-Batteriehalter haben nicht die für unser Projekt erforderliche Verdrahtung, sondern Anschlüsse für einen 9-V-Block (wie unser Gerät in Abbildung 14–15). In diesem Fall benötigen Sie einen Adapter wie den in Abbildung 14–16.

Abb. 14–16 *Kabel zur Verbindung von Batterie und Arduino*

Der Schaltplan

Die letzte Anforderung besteht darin, die Schaltung für die Steuerung der vier Motoren im Chassis zu erstellen. Wir könnten zwar die in Abbildung

14–9 gezeigte Schaltung für jeden der Motoren verwenden, aber das würde uns nicht erlauben, die Richtung zu steuern, und es wäre etwas umständlich, sie selbst zu verkabeln. Stattdessen werden wir ein Motor-Shield verwenden. Ein Motor-Shield enthält die Schaltungen, die wir brauchen, um den höheren Strom zu handhaben, den die Motoren benötigen, und nimmt Befehle vom Arduino entgegen, um sowohl die Geschwindigkeit als auch die Richtung der Motoren zu steuern. Für unseren Roboter werden wir ein L293D-Motor-Drive-Shield für Arduino verwenden, wie in Abbildung 14–17 gezeigt.

Abb. 14–17 *Ein L293D -Motor-Drive-Shield für Arduino*

Das Motor-Shield anschließen

Das Herstellen der erforderlichen Verbindungen zum Motor-Shield ist einfach: Schließen Sie die Drähte vom Batteriehalter an die Klemmleiste unten links am Shield an, wie in Abbildung 14–18 gezeigt. Das schwarze Kabel (Minus) muss sich auf der rechten Seite befinden und das rote Kabel auf der linken Seite.

Abb. 14–18 *Stromanschluss*

Als nächstes müssen Sie die Motoren mit dem Motor-Shield verbinden. Die beiden Motoren an der Vorderseite des Gehäuses nennen wir Motor 2 (links) und Motor 1 (rechts) und die beiden an der Rückseite Motor 3 (links) und Motor 4 (rechts). Jeder Motor hat ein rotes und ein schwarzes Kabel, die Sie an die entsprechenden Klemmenblöcke auf der linken und rechten Seite des Motor Shields anschließen, wie in Abbildung 14–19 gezeigt.

Abb. 14–19 *Anschließen der Motoren*

Beachten Sie beim Anschließen der Drähte der Motoren, dass die schwarzen Drähte an den äußeren Enden der Klemmenblöcke und die roten Drähte an den inneren Enden liegen. Außerdem ist jede Klemmleiste mit unserer passenden Motornummer (M1, M2, M3 und M4) beschriftet, damit Sie sie leichter finden.

Wenn die Drähte Ihres Motors nicht farbcodiert sind, müssen Sie sie nach dem ersten Durchlauf möglicherweise vertauschen, um festzustellen, welche Richtung vorwärts oder rückwärts ist.

Nachdem Sie die Strom- und Motorkabel mit dem Shield und das Shield mit Ihrem Arduino verbunden haben, sollte der Roboter ungefähr so aussehen wie in Abbildung 14–20.

Abb. 14–20 *Unser Roboter ist bereit für den Einsatz!*

Der Sketch

Jetzt können wir den Roboter in Bewegung setzen. Um den Betrieb zu vereinfachen, müssen wir zunächst die Arduino-Bibliothek für das Motor-Drive-Shield herunterladen und installieren. Folgen Sie den Anweisungen aus Kapitel 7. Suchen Sie im Library Manager die »*Adafruit Motor Shield library by Adafruit*« und installieren Sie sie.

Nach einem kurzen Moment erscheint die *Adafruit Motor Shield Bibliothek v1*. Klicken Sie auf *Installieren* und warten Sie, bis die Bibliothek installiert ist. Sie können dann das Fenster schließen.

Jetzt werden wir einige Funktionen erstellen, um unseren Roboter zu steuern. Da zwei Motoren beteiligt sind, benötigen wir vier Bewegungen:

- Vorwärtsbewegung
- Rückwärtsbewegung
- Drehen im Uhrzeigersinn
- Drehen gegen den Uhrzeigersinn

Wir benötigen also vier Funktionen in unserem Sketch, die unseren vier Bewegungen entsprechen: goForward(), goBackward(), rotateLeft() und rotateRight(). Jede Funktion akzeptiert einen Wert in Millisekunden, d.h. die Zeit, die für die Bewegung benötigt wird, und einen PWM-Wert zwischen 0 und 255. Um sich beispielsweise 2 Sekunden lang mit voller Geschwindigkeit vorwärts zu bewegen, würden wir goForward(255,2000) verwenden.

Geben Sie den folgenden Sketch ein und speichern Sie ihn (aber laden Sie ihn noch nicht hoch):

```
// Projekt 39 - Ein Roboterfahrzeug bauen und steuern
#include <AFMotor.h>
```

```
❶ AF_DCMotor motor1(1); // Instanzen der einzelnen Motoren einrichten
AF_DCMotor motor2(2);
AF_DCMotor motor3(3);
AF_DCMotor motor4(4);

❷ void goForward(int speed, int duration)
{
  motor1.setSpeed(speed);
  motor2.setSpeed(speed);
  motor3.setSpeed(speed);
  motor4.setSpeed(speed);
  motor1.run(FORWARD);
  motor2.run(FORWARD);
  motor3.run(FORWARD);
  motor4.run(FORWARD);
  delay(duration);
  motor1.run(RELEASE);
  motor2.run(RELEASE);
  motor3.run(RELEASE);
  motor4.run(RELEASE);
}

❷ void goBackward(int speed, int duration)
{
  motor1.setSpeed(speed);
  motor2.setSpeed(speed);
  motor3.setSpeed(speed);
  motor4.setSpeed(speed);
  motor1.run(BACKWARD);
  motor2.run(BACKWARD);
  motor3.run(BACKWARD);
  motor4.run(BACKWARD);
  delay(duration);
  motor1.run(RELEASE);
  motor2.run(RELEASE);
  motor3.run(RELEASE);
  motor4.run(RELEASE);
}
```

```
❷ void rotateLeft(int speed, int duration)
{
  motor1.setSpeed(speed);
  motor2.setSpeed(speed);
  motor3.setSpeed(speed);
  motor4.setSpeed(speed);
  motor1.run(FORWARD);
  motor2.run(BACKWARD);
  motor3.run(BACKWARD);
  motor4.run(FORWARD);
  delay(duration);
  motor1.run(RELEASE);
  motor2.run(RELEASE);
  motor3.run(RELEASE);
  motor4.run(RELEASE);
}

❷ void rotateRight(int speed, int duration)
{
  motor1.setSpeed(speed);
  motor2.setSpeed(speed);
  motor3.setSpeed(speed);
  motor4.setSpeed(speed);
  motor1.run(BACKWARD);
  motor2.run(FORWARD);
  motor3.run(FORWARD);
  motor4.run(BACKWARD);
  delay(duration);
  motor1.run(RELEASE);
  motor2.run(RELEASE);
  motor3.run(RELEASE);
  motor4.run(RELEASE);
}

void setup()
{
  delay(5000);
```

```
}

void loop()
{
  goForward(127,5000);
  delay(1000);
  rotateLeft(127,2000);
  delay(1000);
  goBackward(127,5000);
  delay(1000);
  rotateRight(127,5000);
  delay(5000);
}
```

Die Steuerung des Roboters ist dank der vier benutzerdefinierten Funktionen in dem Sketch ganz einfach. Jede benutzerdefinierte Funktion nutzt die Bibliotheksfunktionen, die zur Steuerung eines Motors verwendet werden. Bevor Sie diese Funktionen verwenden können, müssen Sie für jeden Motor eine Instanz erstellen, wie in (1) gezeigt.

Die Fahrtrichtung für jeden Motor wird wie folgt festgelegt:

```
Motor.run(direction)
```

Der Wert von direction ist entweder *FORWARD, REVERSE* oder *RELEASE*, um die Drehrichtung des Motors vorwärts oder rückwärts einzustellen bzw. die Stromversorgung des Motors zu unterbrechen.

Um die Geschwindigkeit des Motors anzupassen, verwenden wir:

```
Motor.setSpeed(speed)
```

Der Wert von speed liegt zwischen 0 und 255; es ist der Bereich der PWM, der zur Steuerung der Drehgeschwindigkeit des Motors verwendet wird.

Daher verwenden wir in jeder unserer vier benutzerdefinierten Funktionen bei ❷ die Kombination aus Motordrehzahl und Richtungssteuerung, um alle vier Motoren auf einmal zu steuern. Jede der benutzerdefinierten Funktionen nimmt zwei Parameter entgegen: Geschwindigkeit (unser PWM-Wert) und Dauer (die Zeit, in der der Motor läuft).

ACHTUNG

Wenn Sie bereit sind, den Sketch hochzuladen, platzieren Sie den Roboter entweder, indem Sie ihn von Ihrer Arbeitsfläche weghalten oder indem Sie ihn so aufstellen, dass seine Reifen nicht mit einer Fläche in Berührung kommen. Wenn Sie dies nicht tun, erwacht der Roboter nach dem Hochladen des Sketches zum Leben und springt möglicherweise sofort von Ihrem Schreibtisch!

Laden Sie den Sketch hoch, entfernen Sie das USB-Kabel und schließen Sie das Batteriekabel an die Arduino-Steckdose an. Stellen Sie den Roboter dann auf einen Teppich oder eine saubere Fläche und lassen Sie ihn herumfahren. Experimentieren Sie mit den Bewegungsfunktionen in dem Sketch, um Ihren Roboter zu steuern. Auf diese Weise werden Sie mit den Zeitverzögerungen vertraut und lernen, wie sie sich auf die zurückgelegte Strecke auswirken.

Anschließen weiterer Hardware

Einige Motor-Shields für Arduino haben möglicherweise keine Stacking-Header-Buchsen um ein weiteres Shield darauf zu setzen, und sie erlauben möglicherweise nicht den Anschluss der Drähte von Sensoren usw. In diesem Fall sollten Sie ein Terminal-Shield für Arduino verwenden, ein Beispiel dafür ist in Abbildung 14–21 dargestellt.

Abb. 14–21 *Ein Terminal-Shield für Arduino*

Terminal-Shields ermöglichen eine einfache Verdrahtung von Hardware oder Sensoren mit dem Arduino-Eingangs- und -Ausgangspins ohne Löten, und sie können auch verwendet werden, um Ihre eigenen Schaltungen für spätere dauerhafte Anwendungen zu bauen.

Kollisionserkennung

Nachdem wir es geschafft haben, unseren Roboter in Bewegung zu setzen, können wir ihn mit einer rudimentären Intelligenz ausstatten, z. B. mit einer Kollisionserkennung, die ihm mitteilt, dass er gegen ein Hindernis gestoßen ist, oder mit einer Vorkehrung, die den Abstand zu Hindernissen misst, sodass das Fahrzeug ihnen auszuweichen kann.

Projekt Nr. 40: Kollisionen mithilfe eines Mikroschalters erkennen

Ein *Mikroschalter* funktioniert wie die einfachen Drucktasten aus Kapitel 4, ist aber größer gebaut und verfügt über eine lange Metallzunge, die als Auslösehebel dient (siehe Abb. 14–22).

Beim Anschluss des Mikroschalters verbinden Sie einen Draht mit dem unteren Kontakt und den zweiten mit dem Kontakt, der mit *NO* gekennzeichnet ist (*Normally Open*). Dadurch fließt Strom nur dann, wenn der Auslösehebel gedrückt wurde. Befestigen Sie den Mikroschalter vorn an der Raupe. Wenn der Roboter gegen ein Hindernis stößt, wird der Auslöser gedrückt, woraufhin Strom fließt. Das Fahrzeug ändert dann die Fahrtrichtung (oder führt eine andere festgelegte Aktion durch).

Abb. 14–22 *Ein Mikroschalter*

Der Schaltplan

Wie Sie in Abbildung 14–23 sehen, wird der Mikroschalter genauso verdrahtet wie eine Drucktaste.

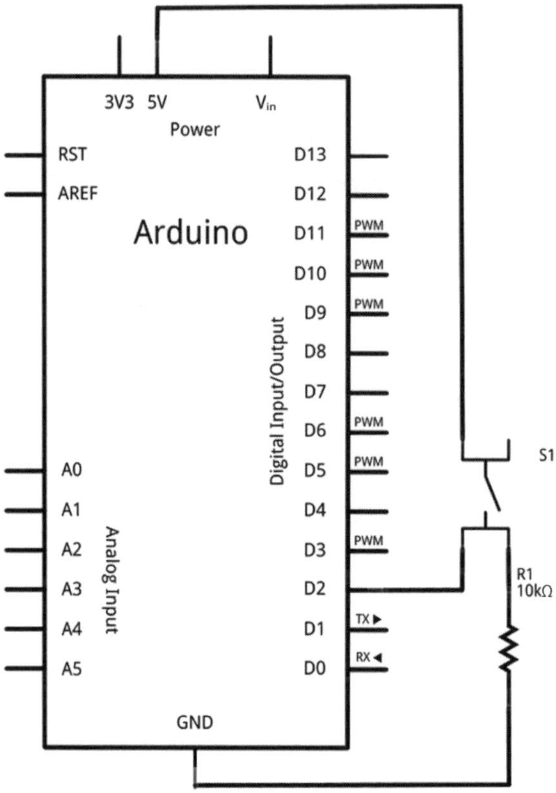

Abb. 14–23 *Schaltplan für die Kollisionserkennung mithilfe eines Mikroschalters*

Der Sketch

Den Mikroschalter verbinden wir mit einem der Interrupt-Pins (Digitalpin 2). Der Gedanke, über den Interrupt eine Funktion aufzurufen, die den Roboter eine gewisse Zeit lang rückwärts fahren lässt, liegt zwar nahe, doch das ist leider nicht möglich, denn in Funktionen, die von Interrupts aufgerufen werden, können wir `delay()` nicht anwenden. Daher müssen wir in diesem Fall ein wenig um die Ecke denken.

Stattdessen schaltet die Funktion `goForward()` die Motoren nur ein, wenn beide Bedingungen für die booleschen Variablen `crash` und `move` erfüllt sind. Ist `crash` dagegen `true`, werden die Motoren mit einer niedrigeren Drehzahl zwei Sekunden lang rückwärts betrieben, damit das Fahrzeug zurücksetzen kann.

Da wir aufgrund des Interrupts keine delay()-Funktionen verwenden können, messen wir die Laufzeit der Motoren, indem wir zu Anfang millis() ablesen und diesen Startwert mit dem aktuellen Wert von millis() vergleichen. Ist die Differenz größer oder gleich der gewünschten Dauer, wird move auf false gesetzt, sodass die Motoren anhalten.

Geben Sie den folgenden Sketch ein und laden Sie ihn hoch:

```
// Projekt 40 – Kollisionen mit einem Mikroschalter erkennen

#include <AFMotor.h>

AF_DCMotor motor1(1); // set up instances of each motor
AF_DCMotor motor2(2);
AF_DCMotor motor3(3);
AF_DCMotor motor4(4);

boolean crash = false;

void goBackward(int speed, int duration)
{
  motor1.setSpeed(speed);
  motor2.setSpeed(speed);
  motor3.setSpeed(speed);
  motor4.setSpeed(speed);
  motor1.run(BACKWARD);
  motor2.run(BACKWARD);
  motor3.run(BACKWARD);
  motor4.run(BACKWARD);
  delay(duration);
  motor1.run(RELEASE);
  motor2.run(RELEASE);
  motor3.run(RELEASE);
  motor4.run(RELEASE);
}

❶ void backOut()
{
  crash = true;
}
```

```
void goForward(int duration, int speed)
{
  long a, b;
  boolean move = true;
❷   a = millis();
  do
  {
    if (crash == false)
    {
      motor1.setSpeed(speed);
      motor2.setSpeed(speed);
      motor3.setSpeed(speed);
      motor4.setSpeed(speed);
      motor1.run(FORWARD);
      motor2.run(FORWARD);
      motor3.run(FORWARD);
      motor4.run(FORWARD);
    }
    if (crash == true)
    {
❸       goBackward(200, 2000);
      crash = false;
    }
❹     b = millis() - a;
    if (b >= duration)
    {
      move = false;
    }
  }
  while (move != false);
  // stop motors
  motor1.run(RELEASE);
  motor2.run(RELEASE);
  motor3.run(RELEASE);
  motor4.run(RELEASE);
}
```

```
void setup()
{
  attachInterrupt(0, backOut, RISING);
  delay(5000);
}

void loop()
{
  goForward(5000, 127);
  delay(2000);
}
```

In diesem Sketch verwenden wir eine anspruchsvollere Methode für die Vorwärtsbewegung. Dabei werden zwei Variablen beobachtet. Die eine von ihnen ist die boolesche Variable `crash`. Wenn der Roboter gegen ein Hindernis stößt und den Mikroschalter auslöst, wird ein Interrupt aufgerufen, der bei ❶ die Funktion `backOut()` aufruft. Darin wird der Wert der Variable von `false` in `true` geändert. Die zweite überwachte Variable ist ebenfalls eine boolesche Variable und heißt `move`. In der Funktion `goForward()` berechnen wir bei ❸ anhand von `millis()` fortlaufend, ob der Roboter die Bewegung für die im Parameter `duration` festgelegte Zeitdauer abgeschlossen hat.

Bei ❹ prüft die Funktion, ob die verstrichene Zeit kleiner ist als die angeforderte Zeitdauer. Wenn ja, wird die Variable `move` auf `true` gesetzt. Der Raupenroboter bewegt sich also nur vorwärts, wenn weder eine Kollision erfolgt noch die angeforderte Zeitdauer abgelaufen ist. Wird eine Kollision erkannt, wird die Funktion `backUp()` aufgerufen, die Sie bei ❷ sehen. Der Roboter setzt dann zwei Sekunden lang langsam zurück und nimmt anschließend die Fahrt wieder auf.

HINWEIS

Sie können die übrigen Bewegungsfunktionen aus Projekt 39 hinzufügen, um dieses Beispiel zu erweitern oder abzuwandeln.

Infrarotsensoren zur Abstandsmessung

Bei unserer nächsten Methode zur Kollisionsverhinderung verwenden wir Infrarot-Abstandssensoren (IR). Sie senden ein infrarotes Lichtsignal aus, das an einer Oberfläche reflektiert wird, messen das zurückkommende Signal und geben eine Spannung aus, die in einem bestimmten Verhältnis zur

Entfernung von der Oberfläche steht. Zur Kollisionsverhinderung sind Infrarotsensoren aufgrund ihres niedrigen Preises sehr nützlich, aber für eine *genaue* Abstandsmessung eignen sie sich nicht. Für unser Projekt verwenden wir den GP2Y0A21YK0F von Sharp, den Sie in Abbildung 14–24 sehen.

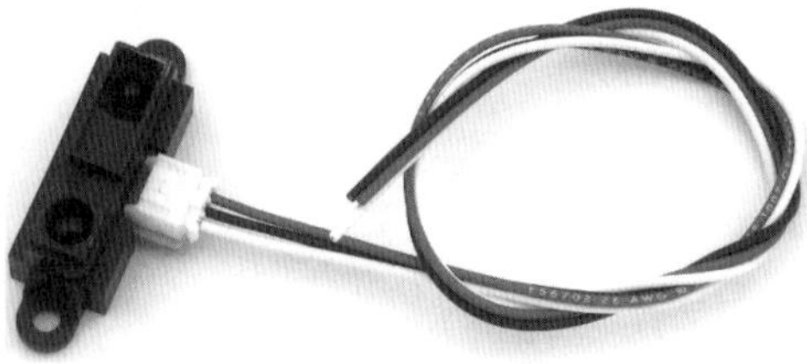

Abb. 14–24 *Der IR-Sensor von Sharp*

Verkabelung

Zur Verkabelung des Sensors verbinden Sie seinen roten und seinen schwarzen Draht mit dem 5-Volt-Anschluss bzw. *GND* und den weißen mit einem analogen Eingangspin des Arduino. Zur Messung der vom Sensor zurückgegebenen Spannung verwenden wir `analogRead()`. Das Diagramm in Abbildung 14–25 zeigt das Verhältnis zwischen Ausgangsspannung und gemessener Entfernung.

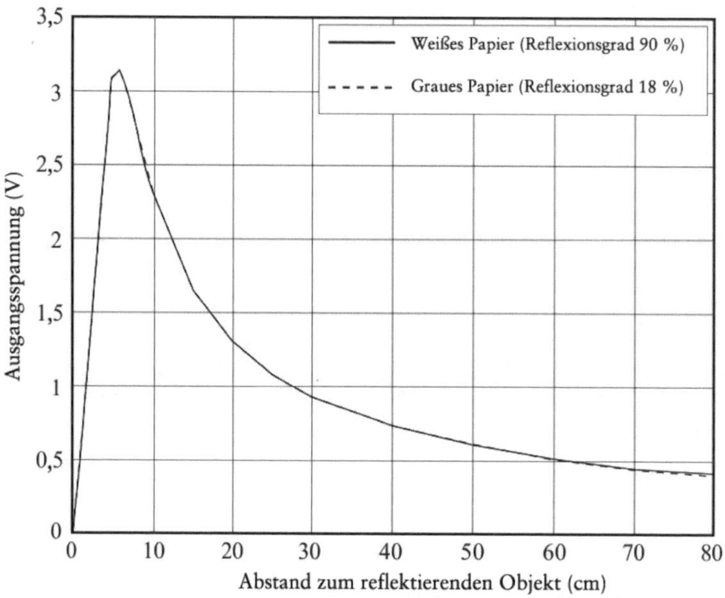

Abb. 14–25 *Diagramm der Ausgangsspannung des IR-Sensors in Abhängigkeit von der Entfernung*

Den IR-Abstandssensor testen

Da sich das Verhältnis zwischen Entfernung und Ausgangsspannung nicht so leicht in Form einer Gleichung ausdrücken lässt, teilen wir die Messwerte in Stufen zu je 5 cm ein. Das wollen wir an einem einfachen Beispiel veranschaulichen. Schließen Sie den weißen Draht des Infrarotsensors an Analogpin 0 an, den roten an die 5-Volt-Versorgung und den schwarzen an *GND*. Geben Sie dann den Sketch aus Listing 14–3 ein und laden Sie ihn hoch.

```
float sensor = 0;
int cm = 0;

void setup()
{
   Serial.begin(9600);
}

void loop()
{
   sensor = analogRead(0);    ❶
   if (sensor<=90)    ❷
   {
      Serial.println("Infinite distance!");
   } else if (sensor<100)    // 80 cm
   {
      cm = 80;
   } else if (sensor<110)    // 70 cm
   {
      cm = 70;
   } else if (sensor<118)    // 60 cm
   {
      cm = 60;
   } else if (sensor<147)    // 50 cm
   {
      cm = 50;
   } else if (sensor<188)    // 40 cm
   {
      cm = 40;
   } else if (sensor<230)    // 30 cm
   {
      cm = 30;
   } else if (sensor<302)    // 25 cm
   {
      cm = 25;
   } else if (sensor<360)    // 20 cm
   {
```

```
        cm = 20;
    } else if (sensor<505)   // 15 cm
    {
        cm = 15;
    } else if (sensor<510)   // 10 cm
    {
        cm = 10;
    } else if (sensor>=510)  // Zu nah!
    {
        Serial.println("Too close!");
    }
    Serial.print("Distance: ");
    Serial.print(cm);
    Serial.println(" cm");
    delay(250);
}
```

Listing 14–3 *Sketch zur Vorführung des IR-Sensors*

Der Sketch liest bei ❶ die Spannung am IR-Sensor ab und wählt dann ab ❷ mit einer Folge von `if`-Anweisungen den ungefähren Abstand aus, der zurückgegeben werden soll. Diesen Abstand berechnen wir mithilfe von zwei Parametern aus der vom Sensor zurückgegebenen Spannung. Der erste ist das Verhältnis zwischen Spannung und Entfernung aus Abbildung 14–25. Zweitens haben wir in Projekt 6 gelernt, dass `analogRead()` einen Wert zwischen 0 und 1023 zurückgibt, der einer Spannung zwischen 0 und 5 V entspricht, und können damit die ungefähre Entfernung zum Objekt bestimmen.

Laden Sie den Sketch hoch, öffnen Sie den seriellen Monitor und experimentieren Sie, indem Sie Ihre Hand oder ein Stück Papier in unterschiedlichen Abständen vor den Sensor halten. Auf dem seriellen Monitor wird jeweils die ungefähre Entfernung angegeben, wie Sie in Abbildung 14–26 sehen.

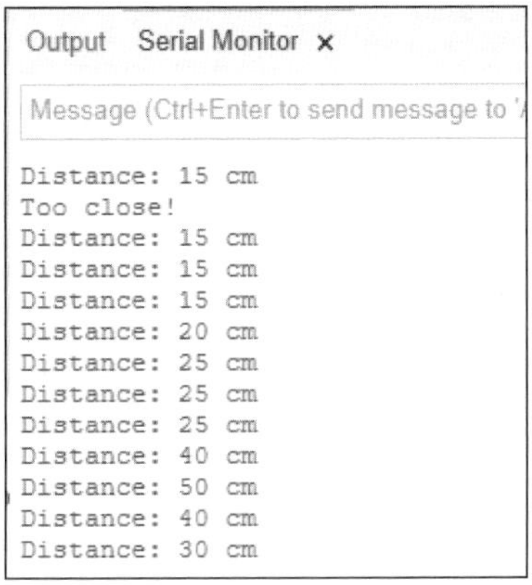

Abb. 14–26 *Ergebnis von Listing 14–3*

Projekt Nr. 41: Kollisionen mithilfe eines IR-Abstandssensors verhindern

Jetzt bringen wir anstelle des Mikroschalters den IR-Sensor an unserem Roboter an. Außerdem verwenden wir eine Abwandlung des Sketches aus Projekt 40. Anstatt auf einen Interrupt zurückzugreifen, schreiben wir die Funktion `checkDistance()`, die die Variable `crash` auf `true` setzt, wenn die vom IR-Sensor gemessene Entfernung 20 cm oder weniger beträgt. Diese Funktion setzen wir in der `do-while`-Schleife der Funktion `goForward()` für die Vorwärtsbewegung ein.

Der Sketch

Schließen Sie den Infrarotsensor an den Roboter an, geben Sie folgenden Sketch ein und laden Sie ihn hoch:

```
// Projekt 41: Kollisionen mithilfe eines IR-Abstandssensors verhindern
#include <AFMotor.h>
AF_DCMotor motor1(1); // set up instances of each motor
AF_DCMotor motor2(2);
AF_DCMotor motor3(3);
AF_DCMotor motor4(4);
boolean crash = false;

void goBackward(int speed, int duration)
{
```

```
  motor1.setSpeed(speed);
  motor2.setSpeed(speed);
  motor3.setSpeed(speed);
  motor4.setSpeed(speed);
  motor1.run(BACKWARD);
  motor2.run(BACKWARD);
  motor3.run(BACKWARD);
  motor4.run(BACKWARD);
  delay(duration);
  motor1.run(RELEASE);
  motor2.run(RELEASE);
  motor3.run(RELEASE);
  motor4.run(RELEASE);
}

void checkDistance()
{
❶   if (analogRead(0) > 460)
  {
    crash = true;
  }
}

void goForward(int duration, int speed)
{
  long a, b;
  boolean move = true;
  a = millis();
  do
  {
    checkDistance();
    if (crash == false)
    {
      motor1.setSpeed(speed);
      motor2.setSpeed(speed);
      motor3.setSpeed(speed);
      motor4.setSpeed(speed);
      motor1.run(FORWARD);
```

```
      motor2.run(FORWARD);
      motor3.run(FORWARD);
      motor4.run(FORWARD);
    }
    if (crash == true)
    {
      goBackward(200, 2000);
      crash = false;
    }
    b = millis() - a;
    if (b >= duration)
    {
      move = false;
    }
  }
  while (move != false);
  // stop motors
  motor1.run(RELEASE);
  motor2.run(RELEASE);
  motor3.run(RELEASE);
  motor4.run(RELEASE);
}

void setup()
{
  delay(5000);
}

void loop()
{
  goForward(5000, 255);
  delay(2000);
}
```

Der Sketch nutzt die gleichen Methoden wie der aus Projekt 40, führt bei ❶ aber fortlaufend Abstandsmessungen durch und setzt die Variable `crash` auf `true`, wenn die Entfernung vom IR-Sensor zu einem Objekt weniger als 20 cm beträgt.

Den Sketch modifizieren und weitere Sensoren anschließen

Wenn Sie den Roboter mit dem IR-Sensor in Marsch setzen, werden die Vorteile eines berührungslosen Kollisionssensors sofort deutlich. Es ist auch nicht schwer, das Fahrzeug mit weiteren Sensoren auszustatten, z. B. mit je einem vorn und hinten oder mit Sensoren an allen Ecken. Mit dem, was Sie bereits gelernt haben, sollten Sie in der Lage sein, Code hinzuzufügen, um die Sensoren nacheinander abzufragen und Entscheidungen aufgrund der zurückgegebenen Abstandswerte zu fällen.

Ultraschallsensoren

Als letzte Methode zur Kollisionsverhinderung setzen wir einen *Ultraschallsensor* ein. Er sendet Schallwellen sehr hoher Frequenz aus (die für das menschliche Ohr nicht wahrnehmbar sind), und misst, wie viel Zeit verstreicht, bis diese Wellen von einer Oberfläche zurückgeworfen werden und wieder beim Sensor eingehen. In diesem Projekt verwenden wir den Sensor HC-SR04 aus Abbildung 14–27, da er preiswert ist und eine Genauigkeit bis zu 2 cm aufweist.

Abb. 14–27 *Der HC-SR04 Ultraschall-Abstandssensor*

Die Reichweite dieses Sensors macht es möglich, Entfernungen zwischen 2 cm und 450 cm zu messen. Da die Schallwellen jedoch zum Sensor zurückgeworfen werden müssen, darf der Winkel des Sensors zur Fahrtrichtung nicht mehr als 15° betragen.

Den Ultraschallsensor anschließen

Um den Sensor anzuschließen, verbinden Sie die Leitungen Vcc (5 V) und GND mit den entsprechenden Anschlüssen auf dem Motor-Drive-Shield, den Trig-Pin mit dem digitalen Pin D2 und den Echo-Pin mit dem digitalen

Pin D13. Wir verwenden D2 und D13, da sie vom Motor-Drive-Shield nicht verwendet werden. Wenn Sie jedoch nur testen oder mit dem Sensor ohne den Roboter experimentieren möchten, können Sie die Drähte direkt an Ihr Arduino-Board anschließen.

Um den Betrieb des Sensors zu vereinfachen, laden Sie die Arduino-Bibliothek von *https://github.com/Martinsos/arduino-lib-hc-sr04/archive/master.zip* herunter und installieren Sie sie wie in Kapitel 7 beschrieben. Sobald die Bibliothek installiert ist, können Sie den Test-Sketch in Listing 14–4 ausführen, um zu sehen, wie der Sensor funktioniert.

```
// Listing 14-4
#include <HCSR04.h>
❶ UltraSonicDistanceSensor HCSR04(2, 13); // trig - D2, echo - D13
❷ float distance;

void setup ()
{
  Serial.begin(9600);
}

void loop ()
{
❸   distance = HCSR04.measureDistanceCm();
  Serial.print("Distance: ");
  Serial.print(distance);
  Serial.println(" cm");
  delay(500);
}
```

Listing 14–4 *Sketch zur Demonstration des Ultraschallsensors*

Das Abrufen der Entfernung vom Sensor ist dank der Bibliothek recht einfach. Bei ❶ erstellen wir eine Instanz und geben an, welche digitalen Pins mit dem Sensor verbunden sind. Dann haben wir bei ❷ eine Fließkomma-Variable, in der wir die von der Bibliotheksfunktion des Sensors zurückgegebene Entfernung speichern. Schließlich wird die Entfernung bei ❸ für die Anzeige im seriellen Monitor generiert.

Den Ultraschallsensor testen

Nachdem Sie den Sketch hochgeladen haben, öffnen Sie den seriellen Monitor und bewegen Sie ein Objekt auf den Sensor zu und von ihm weg. Die Entfernung zum Objekt sollte in Zentimetern zurückgegeben werden. Sehen Sie in Abbildung 14-28, wie das funktioniert.

Abb. 14-28 *Ergebnisse aus Listing 14-4*

Projekt Nr. 42: Kollisionen mithilfe eines Ultraschall-Abstandssensors verhindern

Nachdem wir jetzt wissen, wie der Ultraschallsensor funktioniert, wollen wir ihn an unserem Roboter einsetzen.

Der Sketch

In dem folgenden Sketch prüfen wir, ob der Abstand zwischen dem Roboter und einem Objekt 5 cm oder weniger beträgt, was den Roboter veranlasst, zurückzufahren. Geben Sie den folgenden Sketch ein und laden Sie ihn hoch, um sich selbst davon zu überzeugen:

```
// Projekt 42 - Kollisionserkennung mit einem Ultraschall-Abstandssensor
#include <AFMotor.h>
#include <HCSR04.h>

// Instanzen der einzelnen Motoren einrichten
AF_DCMotor motor1(1);
AF_DCMotor motor2(2);
AF_DCMotor motor3(3);
AF_DCMotor motor4(4);
```

```
// Ultraschallsensor einrichten
UltraSonicDistanceSensor HCSR04(2, 13); // trig - D2, echo - D13

boolean crash=false;

void checkDistance()
{
  float distance;
  distance = HCSR04.measureDistanceCm();
❶   if (distance < 5) // Kollisionsabstand ist 5 cm oder weniger
  {
    crash = true;
  }
}

void goBackward(int speed, int duration)
{
  motor1.setSpeed(speed);
  motor2.setSpeed(speed);
  motor3.setSpeed(speed);
  motor4.setSpeed(speed);
  motor1.run(BACKWARD);
  motor2.run(BACKWARD);
  motor3.run(BACKWARD);
  motor4.run(BACKWARD);
  delay(duration);
  motor1.run(RELEASE);
  motor2.run(RELEASE);
  motor3.run(RELEASE);
  motor4.run(RELEASE);
}

void goForward(int duration, int speed)
{
  long a, b;
  boolean move = true;
  a = millis();
  do
```

```
  {
    checkDistance();
    if (crash == false)
    {
      motor1.setSpeed(speed);
      motor2.setSpeed(speed);
      motor3.setSpeed(speed);
      motor4.setSpeed(speed);
      motor1.run(FORWARD);
      motor2.run(FORWARD);
      motor3.run(FORWARD);
      motor4.run(FORWARD);
    }
    if (crash == true)
    {
      goBackward(200, 2000);
      crash = false;
    }
    b = millis() - a;
    if (b >= duration)
    {
      move = false;
    }
  }
  while (move != false);
  // stop motors
  motor1.run(RELEASE);
  motor2.run(RELEASE);
  motor3.run(RELEASE);
  motor4.run(RELEASE);
}

void setup()
{
  delay(5000);
}

void loop()
```

```
  {
    goForward(1000, 255);
  }
```

Die Funktionsweise dieses Sketches sollte Ihnen inzwischen recht vertraut sein. Auch hier messen wir ständig den Abstand bei ❶ und ändern dann die Variable crash auf true, wenn der Abstand zwischen dem Ultraschallsensor und einem Objekt in seinem Weg weniger als 5 cm beträgt. Dem Roboter dabei zuzusehen, wie er auf magische Weise vermeidet, mit Gegenständen zu kollidieren oder sich mit einem Haustier zu streiten, kann ziemlich unterhaltsam sein.

Ausblick

In diesem Kapitel haben Sie gelernt, wie Sie Ihre Arduino-Projekte in die Welt der Mobilität versetzen können. Mit einfachen Motoren oder Motorpaaren und einem Motor-Shield können Sie Projekte entwickeln, die sich von selbst bewegen und sogar Hindernissen ausweichen können. Wir haben drei Arten von Sensoren verwendet, um unterschiedliche Genauigkeiten und Preislagen zu veranschaulichen, sodass Sie jetzt Entscheidungen auf der Grundlage Ihrer Ansprüche und Ihres Projektbudgets treffen können.

Ich hoffe, dass Sie inzwischen Freude daran haben, solche Dinge zu entwerfen und zu erstellen. Aber es hört hier nicht auf. Im nächsten Kapitel begeben wir uns nach draußen und machen uns die Möglichkeiten der Satellitennavigation zunutze.

15

GPS für den Arduino

In diesem Kapitel lernen Sie Folgendes:

- Anschluss eines GPS-Shields
- Konstruktion einer einfachen Anzeige für GPS-Koordinaten
- Anzeige der GPS-Koordinaten auf einer Landkarte
- Konstruktion einer genauen Uhr
- Aufzeichnen der Position von bewegten Objekten im Zeitverlauf

In diesem Kapitel erfahren Sie, wie Sie einen preisgünstigen GPS-Shield zur Standortbestimmung einsetzen, wie Sie eine genaue Uhr konstruieren und wie Sie ein Gerät bauen, das Positionsdaten protokolliert und auf einer microSD-Karte speichert, um sie später auf einer Landkarte anzuzeigen und so den Bewegungsverlauf darzustellen.

Was ist GPS?

Das *Global Positioning System (GPS)* ist ein satellitengestütztes Navigationssystem, das Daten von Satelliten, die die Erde umkreisen, an GPS-Empfänger am Boden sendet, die anhand dieser Daten die aktuelle Position und Zeit überall auf der Erde bestimmen können. Wahrscheinlich kennen Sie bereits die GPS-Navigationsgeräte, die in Autos oder auf Ihrem Smartphone verwendet werden.

Obwohl wir mit unseren Arduinos keine detaillierten Navigationssysteme mit Karten entwickeln können, können Sie ein GPS-Modul verwenden, um Ihre Position, die Zeit und die ungefähre Geschwindigkeit (wenn Sie sich bewegen) zu bestimmen. Wenn Sie sich nach einem GPS-Modul umsehen, werden Sie in der Regel zwei Typen finden. Der erste ist ein eigenständiger, preiswerter GPS-Empfänger auf einem Modul mit einer externen Antenne, wie in Abbildung 15–1 dargestellt.

Abb. 15–1 *Ein GPS-Empfängermodul*

Der zweite Typ ist ein GPS-Shield für den Arduino, wie in Abbildung 15–2 dargestellt. Diese Shields sind praktisch, da die gesamte Verdrahtung für Sie erledigt ist. Sie verfügen außerdem über einen microSD-Kartensockel, der sich ideal zum Aufzeichnen von Daten eignet, wie später in diesem Kapitel gezeigt wird.

Vergewissern Sie sich, dass Ihr GPS-Shield den Anschluss der TX- und RX-Leitungen des GPS-Empfängers an die digitalen Arduino-Pins D2 und D3 erlaubt oder über Jumper verfügt, mit denen Sie diese manuell einstellen können (wie das Shield in Abbildung 15–2). Erkundigen Sie sich bei Ihrem Anbieter nach weiteren Einzelheiten. Sie können in diesem Kapitel beide Arten von Geräten verwenden. Ich empfehle jedoch das Shield, zumal Sie mühelos ein LCD-Shield als Display auf das GPS-Shield aufsetzen können.

Abb. 15–2 *Ein GPS-Shield für den Arduino*

VERWENDUNG EINER SERIELLEN SOFTWARE-SCHNITTSTELL

Um unsere GPS-Module zu nutzen, deren Daten über eine serielle Schnittstelle an den Arduino gesendet werden, müssen wir eine «serielle Software-Schnittstelle» verwenden. Neben der normalen seriellen Schnittstelle Ihres Arduinos, die sich an den digitalen Pins D0 und D1 befindet, können Sie zwei weitere digitale Pins als zusätzliche serielle Schnittstelle einrichten, die in der Software dank der Arduino-Bibliothek `SoftwareSerial` *emuliert wird.*

Das Erstellen einer seriellen Software-Schnittstelle ist einfach: Sie binden zunächst die Bibliothek ein und erstellen dann eine weitere Schnittstelle:

```
#include <SoftwareSerial.h>
SoftwareSerial Serial2(x, y);
```

wobei x der digitale Pin für die Übertragung (TX) und y der digitale Pin für den Empfang (RX) ist.

Sie können die serielle Software-Schnittstelle dann einfach wie die serielle Hardware-Schnittstelle verwenden. Um sie zu initialisieren, verwenden Sie zum Beispiel die folgende Zeile in `void setup()`:

```
Serial2.begin(9600);
```

Sie werden die serielle Software-Schnittstelle in den Sketches dieses Kapitels kennenlernen.

Den GPS-Shield testen

Nachdem Sie ein GPS-Kit gekauft haben, sollten Sie sicherstellen, dass es funktioniert und dass Sie GPS-Signale empfangen können. GPS-Empfänger benötigen freie Sicht zum Himmel, aber die Signale können durch Fenster hindurchgehen. Obwohl es also in der Regel am besten ist, diesen Test im Freien durchzuführen, wird Ihr GPS-Empfänger wahrscheinlich auch durch ein unverbautes Fenster oder eine Dachluke gut funktionieren. Um den Empfang zu testen, richten Sie das Shield oder Modul ein und führen einen einfachen Sketch aus, der die empfangenen Rohdaten anzeigt.

Wenn Sie ein GPS-Shield verwenden, stellen Sie sicher, dass der GPS TX-Pin mit dem digitalen Arduino-Pin D2 und der RX-Pin mit dem digitalen Arduino-Pin D3 verbunden ist. Wenn Sie ein GPS-Modul verwenden, wie in Abbildung 15–1 gezeigt, verbinden Sie Vcc und GND mit 5 V bzw. GND des Arduino und TX mit dem Arduino-Digitalpin D2 sowie RX mit dem Arduino-Digitalpin D3.

Um den Test durchzuführen, geben Sie den Sketch in Listing 15–1 ein und laden ihn hoch.

```
#include <SoftwareSerial.h>

// GPS TX an D2, RX an D3
SoftwareSerial Serial2(2, 3);

byte gpsData;

void setup()
{
// Öffnen des Arduino Serial Monitor
  Serial.begin(9600);
// Öffnen des GPS
❶    Serial2.begin(9600);
}

void loop()
{
❷    while (Serial2.available() > 0)
  {
    // Abrufen der Daten vom GPS
```

```
    gpsData = Serial2.read();
❸     Serial.write(gpsData);
  }
}
```

Listing 15–1 *Grundlegender GPS-Testsketch*

Dieser Sketch hört die serielle Schnittstelle bei ❷ ab, und wenn ein Datenbyte vom GPS-Modul oder Shield empfangen wird, wird es bei ❸ an den seriellen Monitor. (Beachten Sie, dass wir die serielle Schnittstelle der Software bei 9.600 bps bei ❶ anlegen, um uns an die Datengeschwindigkeit des GPS-Empfängers anzupassen).

Nachdem Sie den Sketch hochgeladen haben, müssen Sie möglicherweise 30 Sekunden warten, damit der GPS-Empfänger Zeit hat, die Signale von einem oder mehreren GPS-Satelliten zu empfangen. Das GPS Shield oder Modul verfügt über eine integrierte LED, die zu blinken beginnt, sobald der Empfänger begonnen hat, GPS-Signale zu finden. Nachdem die LED zu blinken beginnt, öffnen Sie das Fenster *Serial Monitor* in der IDE und stellen Sie die Datengeschwindigkeit auf 9.600 Baud ein. Sie sollten einen konstanten Datenstrom sehen, der der in Abbildung 15–3 gezeigten Ausgabe ähnelt.

```
$GPRMC,002807.00,A,2734.93850,S,15305.76781,E,0.013,,030820,,,A*63
$GPVTG,,T,,M,0.013,N,0.024,K,A*27
$GPGGA,002807.00,2734.93850,S,15305.76781,E,1,08,0.95,42.4,M,38.3,M,,*7A
$GPGSA,A,3,22,03,04,26,09,16,07,27,,,,,1.81,0.95,1.55*08
$GPGSV,3,1,12,01,04,346,,03,63,355,30,04,58,177,33,06,07,244,10*70
$GPGSV,3,2,12,07,26,282,35,08,06,029,12,09,33,222,25,16,56,099,33*78
$GPGSV,3,3,12,22,40,010,28,26,26,134,28,27,10,060,32,30,00,294,*76
$GPGLL,2734.93850,S,15305.76781,E,002807.00,A,A*71
$GPRMC,002808.00,A,2734.93856,S,15305.76783,E,0.026,,030820,,,A*6E
$GPVTG,,T,,M,0.026,N,0.049,K,A*2A
$GPGGA,002808.00,2734.93856,S,15305.76783,E,1,08,0.95,42.5,M,38.3,M,,*70
$GPGSA,A,3,22,03,04,26,09,16,07,27,,,,,1.81,0.95,1.55*08
$GPGSV,3,1,12,01,04,346,,03,63,355,29,04,58,177,33,06,07,244,09*70
$GPGS
```

Abb. 15–3 *Rohdaten von GPS-Satelliten*

Die Daten werden vom GPS-Empfänger zeichenweise an den Arduino gesendet und dann an den Serial Monitor weitergeleitet. Diese Rohdaten (die so genannten GPS-Sätze) sind jedoch nicht sehr nützlich, daher müssen wir eine neue Bibliothek verwenden, die Informationen aus den Rohdaten extrahiert und in eine brauchbare Form umwandelt. Laden Sie dazu die TinyGPS-Bibliothek von *http://www.arduiniana.org/libraries/tinygps/* herunter und installieren Sie sie mit der in Kapitel 7 beschriebenen Methode.

Projekt Nr. 43: Einen einfachen GPS-Empfänger bauen

Zunächst bauen wir einen einfachen GPS-Empfänger. Da Sie Ihr GPS in der Regel im Freien verwenden werden, integrieren wir zur Vereinfachung ein LCD-Modul zur Anzeige der Daten, ähnlich dem in Abbildung 15–4.

Abb. 15–4 *Der LCD- und Tastenfeld-Shield von Freetronics*

HINWEIS

Die Beispiele basieren auf dem Freetronics LCD & Keypad Shield. Weitere Informationen zu diesem Shield finden Sie unter http://www.freetronics.com.au/collections/display/products/lcd-keypad-shield/. Wenn Sie ein anderes Displaymodul verwenden möchten, müssen Sie in Ihren Sketches die richtigen Werte in die Funktion `LiquidCrystal()` *eingeben.*

Das Ergebnis wird ein sehr einfaches tragbares GPS sein, das mit einer 9-V-Batterie betrieben werden kann und die Koordinaten Ihrer aktuellen Position auf dem LCD anzeigt.

Die Hardware

Es sind nur wenige Teile erforderlich:

- ein LCD-Modul oder LCD-Shield von Freetronics (wie weiter vorne erwähnt)
- eine 9-Volt-Batterie mit Kabel für den Anschluss an den Gleichstromeingang des Arduino
- Ein GPS-Modul mit dazugehörigem Shield für den Arduino oder ein GPS-Shield für den Arduino

Der Sketch

Geben Sie den folgenden Sketch ein und laden Sie ihn hoch:

```
// Projekt 43 - Einen einfachen GPS-Empfänger bauen
❶ #include <LiquidCrystal.h>
LiquidCrystal lcd(8, 9, 4, 5, 6, 7);

#include <TinyGPS.h>
#include <SoftwareSerial.h>

// GPS TX an D2, RX an D3

SoftwareSerial Serial2(2, 3);

TinyGPS gps;
void getgps(TinyGPS &gps);

byte gpsData;

❷ void getgps(TinyGPS &gps)
// Die Funktion getgps zeigt die benötigten Daten auf dem LCD an
{
  float latitude, longitude;
  // Positionsdaten dekodieren und anzeigen
❸   gps.f_get_position(&latitude, &longitude);
  lcd.setCursor(0, 0);
  lcd.print("Lat:");
  lcd.print(latitude, 5);
  lcd.print(" ");
  lcd.setCursor(0, 1);
  lcd.print("Long:");
  lcd.print(longitude, 5);
  lcd.print(" ");
  delay(3000); // 3 Sekunden warten
  lcd.clear();
}

void setup()
{
  Serial2.begin(9600);
}

void loop()
{
  while (Serial2.available() > 0)
  {
```

```
      // Datenbyte vom GPS holen
      gpsData = Serial2.read();
      if (gps.encode(gpsData))
      {
❹         getgps(gps);
      }
    }
}
```

Zwischen ❶ und ❷ schließt der Sketch die erforderlichen Bibliotheken für den LCD-Bildschirm und den GPS-Empfänger ein. In `void loop` bei ❹ senden wir die vom GPS-Empfänger eingegangenen Zeichen an die Funktion `getgps()`, die bei ❸ `gps.f _ get _ position()` nutzt, um die Positionswerte in den Bytevariablen `&latitude` und `&longitude` zu speichern (die wir dann auf dem LCD-Monitor ausgeben).

Den Sketch ausführen

Wenn Sie den Sketch hochgeladen haben und beim GPS-Empfänger Daten eingehen, wird die aktuelle Position in Dezimalzahlen für die geografische Breite und Länge auf dem LCD-Monitor angezeigt, wie Sie in Abbildung 15–5 sehen.

Abb. 15–5 *Anzeige der Breite und Länge in Projekt 43*

Aber wo ist das auf der großen weiten Welt? Den Standort können wir mit Google Maps (*http://maps.google.com/*) genau bestimmen. Geben Sie auf der Website die Breite und Länge in das Suchfeld ein (getrennt durch ein Komma und ein Leerzeichen). Daraufhin zeigt Google Maps die Position auf einer Karte an. Mit den Koordinaten aus Abbildung 15–5 erhalten Sie die Kartendarstellung aus Abbildung 15–6.

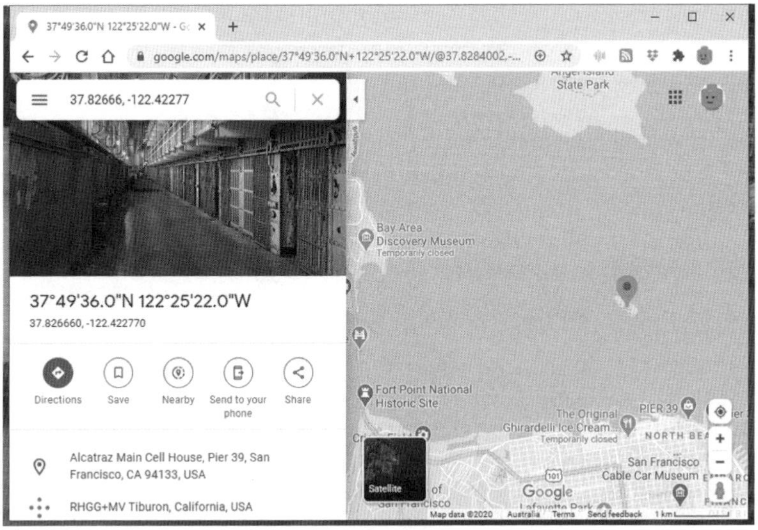

Abb. 15–6 *Die GPS-Position aus Abbildung 15–5 liegt auf der Insel Alcatraz.*

Projekt Nr. 44: Eine genaue GPS-gestützte Uhr konstruieren

GPS hilft uns nicht nur, unseren Standort zu bestimmen, sondern überträgt auch Zeitdaten, die wir dazu heranziehen können, eine sehr genaue Uhr zu bauen.

Die Hardware

Für dieses Projekt verwenden wir dieselben Teile wie für Projekt 43.

Der Sketch

Für die GPS-Uhr geben Sie folgenden Sketch ein:

```
// Projekt 44: Eine genaue GPS-gestützte Uhr konstruieren
#include <LiquidCrystal.h>

#include <TinyGPS.h>
#include <SoftwareSerial.h>
LiquidCrystal lcd(8, 9, 4, 5, 6, 7);

// GPS RX to D3, GPS TX to D2
SoftwareSerial Serial2(2, 3);

TinyGPS gps;
void getgps(TinyGPS &gps);
```

```
byte gpsData;

void getgps(TinyGPS &gps)
{
  byte month, day, hour, minute, second, hundredths;
❶   gps.crack_datetime(&year,&month,&day,&hour,&minute,&second,&hundre
dths);
❷   hour=hour+10; // Offset bitte für Ihre Zeitzone anpasssen
  if (hour>23)
  {
    hour=hour-24;
  }
  lcd.setCursor(0,0); // Datum und Uhrzeit ausgeben
❸   lcd.print("Current time: ");
  lcd.setCursor(4,1);
  if (hour<10)
  {
    lcd.print("0");
  }
  lcd.print(hour, DEC);
  lcd.print(":");
  if (minute<10)
  {
    lcd.print("0");
  }
  lcd.print(minute, DEC);
  lcd.print(":");
  if (second<10)
  {
    lcd.print("0");
  }
  lcd.print(second, DEC);
}

void setup()
{
  Serial2.begin(9600);
}

void loop()
{
  while (Serial2.available() > 0)
  {
    // Datenbye vom GPS holen
    gpsData = Serial2.read();
    if (gps.encode(gpsData))
```

```
      {
        getgps(gps);
      }
    }
  }
```

Dieses Beispiel funktioniert ähnlich wie Projekt 43, allerdings ruft der Sketch hier nicht die Positionsdaten ab, sondern (bei ❶) die Zeitangabe (in westeuropäischer Zeit, die auch als GMT für »Greenwich Mean Time« und als UTC für »Coordinated Universal Time« bezeichnet wird). Bei ❷ müssen Sie die Zeitdifferenz Ihrer Zeitzone addieren oder subtrahieren, um die Uhr richtig einzustellen. Anschließend wird die Zeitangabe bei ❸ sauber formatiert und wie in Abbildung 15–7 auf dem LCD-Bildschirm ausgegeben.

***Abb. 15–7** Projekt 44 im laufenden Betrieb*

Projekt Nr. 45: Den Bewegungsverlauf eines Objekts aufzeichnen

Da Sie GPS-Koordinaten empfangen und in normalen Variablen speichern können, sind Sie auch in der Lage, diese auf einer microSD-Karte abzulegen, wie Sie in Kapitel 7 gelernt haben. Damit können Sie ein GPS-Protokolliergerät bauen, das die GPS-Daten und damit die Position im Verlauf der Zeit aufzeichnet. Mit einem solchen Gerät lässt sich die Bewegung eines Autos, Lastwagens, Bootes oder eines beliebigen anderen bewegten Objekts festhalten, auf dem Sie GPS-Daten empfangen können. Die Informationen können Sie dann später am Computer auswerten.

Die Hardware

Für dieses Projekt ist die gleiche Hardware erforderlich wie für die vorhergehenden, wobei Sie allerdings den LCD-Shield entfernen können. Falls Sie ein GPS-Empfänger-Modul benutzen, sollten Sie nicht vergessen, dem Screw-Shield zu erlauben, sich mit dem GPS- und SD-Karten-Modul zu verbinden. Unabhängig von der Methode werden Sie eine externe Stromquelle für dieses Projekt benötigen.. In unserem Beispiel zeichnen wir Zeit, Ort und eine geschätzte Geschwindigkeit auf.

Der Sketch

Nachdem Sie die Hardware zusammengebaut haben, geben Sie den folgenden Sketch ein und laden ihn hoch:

```
// Projekt 45: Den Bewegungsverlauf eines Objekts aufzeichnen
#include <TinyGPS.h>

#include <SoftwareSerial.h>
#include <SD.h>

// GPS TX to D2, RX to D3

SoftwareSerial Serial2(2, 3);

TinyGPS gps;
void getgps(TinyGPS &gps);

byte gpsData;

void getgps(TinyGPS &gps)
{
  float latitude, longitude;
  int year;
  byte month, day, hour, minute, second, hundredths;

  // Datei zum Schreiben erstellen und öffnen
  File dataFile = SD.open("DATA.TXT", FILE_WRITE);
  // Hineinschreiben, wenn Datei bereit ist:
❶   if (dataFile)
  {
❷     gps.f_get_position(&latitude, &longitude);
    dataFile.print("Lat: ");
    dataFile.print(latitude, 5);
    dataFile.print(" ");
    dataFile.print("Long: ");
    dataFile.print(longitude, 5);
    dataFile.print(" ");
    // Uhrzeit und Datum dekodieren und anzeigen
    gps.crack_datetime(&year, &month, &day, &hour, &minute, &second,
                       &hundredths);
    // Zeitzone wie in Projekt 44 anpassen
    hour = hour + 10;
    if (hour > 23)
    {
      hour = hour - 24;
    }
    if (hour < 10)
```

```
      {
        dataFile.print("0");
      }
      dataFile.print(hour, DEC);
      dataFile.print(":");
      if (minute < 10)
      {
        dataFile.print("0");
      }
      dataFile.print(minute, DEC);
      dataFile.print(":");
      if (second < 10)
      {
        dataFile.print("0");
      }
      dataFile.print(second, DEC);
      dataFile.print(" ");
      dataFile.print(gps.f_speed_kmph());
❸     dataFile.println("km/h");
      dataFile.close();
❹     delay(15000); // alle 15 Sekunden eine Messung aufzeichnen
    }
    // Fehlermeldung anzeigen, wenn die Datei nicht bereit ist:
    else
    {
      Serial.println("error opening DATA.TXT");
    }
}

void setup()
{
  Serial.begin(9600);
  Serial2.begin(9600);
  Serial.println("Initializing SD card...");
  pinMode(10, OUTPUT);
  // Prüfen, ob Speicherkarte vorhanden und benutzbar
  if (!SD.begin(10))
  {
    Serial.println("Card failed, or not present");
    // Sketch anhalten
    return;
  }
  Serial.println("memory card is ready");
}
```

```
void loop()
{
  while (Serial2.available() > 0)
  {
    // get the byte data from the GPS
    gpsData = Serial2.read();
    if (gps.encode(gpsData))
    {
❺      getgps(gps);
    }
  }
}
```

In `void loop()` verwendet dieser Sketch den gleichen Code wie in den Projekten 43 und 44, um die Daten vom GPS-Empfänger abzurufen und an die anderen Funktionen zu übergeben. Bei ❺ werden sie an die Bibliothek `TinyGPS` weitergereicht, um sie zu dekodieren und in brauchbarer Form in Variablen zu speichern. Die microSD-Karte wird bei ❶ überprüft, um sicherzustellen, dass Daten darauf abgelegt werden können, und anschließend werden zwischen ❷ und ❸ die GPS-Daten als Textdatei auf die Karte geschrieben. Bevor Sie die microSD-Karte einlegen oder entnehmen, müssen Sie die Stromversorgung vom Arduino trennen. Da die Datei nach jedem Schreibvorgang geschlossen wird, können Sie dies tun, ohne im Sketch vorwarnen zu müssen. Den Abstand zwischen den einzelnen Aufzeichnungsvorgängen legen Sie in ❹ fest, indem Sie den Wert der Funktion `delay()` ändern.

Den Sketch ausführen

Wenn Sie das GPS-Protokolliergerät in Betrieb nehmen, erhalten Sie eine Textdatei wie in Abbildung 15–8.

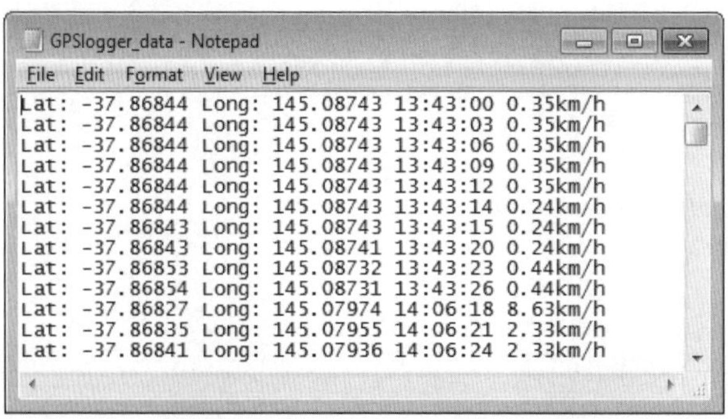
GPSlogger_data - Notepad
File Edit Format View Help
Lat: -37.86844 Long: 145.08743 13:43:00 0.35km/h
Lat: -37.86844 Long: 145.08743 13:43:03 0.35km/h
Lat: -37.86844 Long: 145.08743 13:43:06 0.35km/h
Lat: -37.86844 Long: 145.08743 13:43:09 0.35km/h
Lat: -37.86844 Long: 145.08743 13:43:12 0.35km/h
Lat: -37.86844 Long: 145.08743 13:43:14 0.24km/h
Lat: -37.86843 Long: 145.08743 13:43:15 0.24km/h
Lat: -37.86843 Long: 145.08741 13:43:20 0.24km/h
Lat: -37.86853 Long: 145.08732 13:43:23 0.44km/h
Lat: -37.86854 Long: 145.08731 13:43:26 0.44km/h
Lat: -37.86827 Long: 145.07974 14:06:18 8.63km/h
Lat: -37.86835 Long: 145.07955 14:06:21 2.33km/h
Lat: -37.86841 Long: 145.07936 14:06:24 2.33km/h

Abb. 15–8 *Das Ergebnis von Projekt 45*

Die Daten aus dieser Datei können Sie nun manuell in Google Maps eingeben, um sich Schritt für Schritt den Weg anzusehen, den das Protokolliergerät genommen hat. Eine interessantere Methode dagegen besteht darin, die gesamte Route auf einer Landkarte anzuzeigen. Öffnen Sie die Textdatei dazu in einem Tabellenkalkulationsprogramm, gliedern Sie die Positionsdaten und fügen Sie Kopfzeilen hinzu (siehe Abb. 15–9). Speichern Sie die Datei dann im CSV-Format.

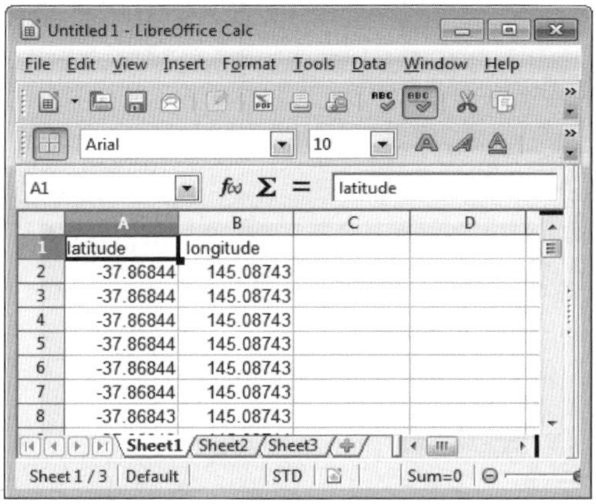

Abb. 15–9 *Die erfassten Positionsdaten*

Suchen Sie jetzt die Website GPS Visualizer auf (*http://www.gpsvisualizer.com/*). Klicken Sie im Bereich *Get Started Now* auf *Durchsuchen* und geben Sie Ihre Datendatei an. Wählen Sie als Ausgabeformat *Google Maps* und klicken Sie dann auf *Go!*. Die Route, die das GPS-Protokolliergerät genommen hat, wird nun wie in Abbildung 15–10 auf einer Karte angezeigt. Sie können die Darstellung noch anpassen und ein wenig damit herumspielen.

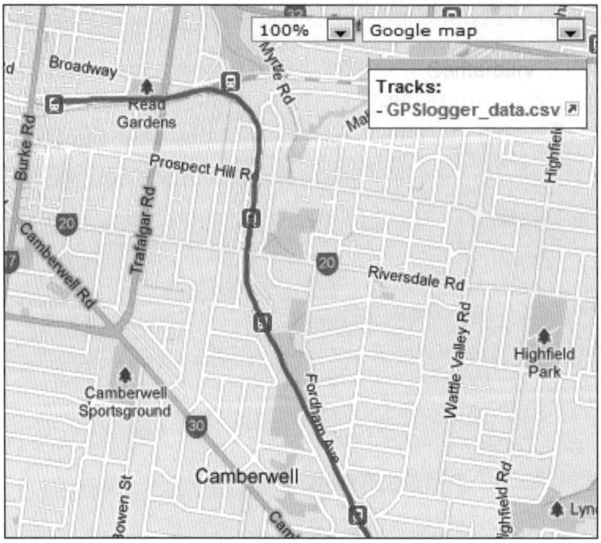

Abb. 15–10 *Anzeige der GPS-Daten auf einer Landkarte*

Ausblick

Wie Sie sehen, kann auch etwas, was Sie vielleicht für viel zu kompliziert gehalten haben – wie hier die Arbeit mit GPS-Empfängern –, mit dem Arduino ganz einfach sein. Im nächsten Kapitel wollen wir dies erneut unter Beweis stellen, indem wir unsere eigenen drahtlosen Datenverbindungen aufbauen und Geräte ferngesteuert bedienen.

16

Drahtlose Datenübertragung

In diesem Kapitel lernen Sie, wie Sie Anweisungen und Daten mit verschiedenen Arten von Hardware zur drahtlosen Übertragung senden und empfangen. Insbesondere geht es um folgende Themen:

- Senden von digitalen Ausgangssignalen über preiswerte Module für die drahtlose Datenübertragung
- Bau von einfachen und preiswerten drahtlosen Fernsteuerungen
- Verwendung von LoRa-Sende- und -Empfangsgeräten für die drahtlose Datenübertragung
- Bau eines ferngesteuerten Thermometers

Preiswerte Module für die drahtlose Datenübertragung

Es ist ganz einfach, Informationen in Textform in einer Richtung über eine drahtlose Verbindung zwischen zwei Arduino-Systemen zu übertragen, die beide über ein preiswertes Funkmodul verfügen (Radio Frequency, RF) – ein Sendemodul wie in Abbildung 16–1 auf der einen Seite und ein Empfangsmodul wie in auf der anderen. Solche Geräte werden paarweise als *RF-Link*-Module verkauft. Gute Beispiele finden Sie unter der Bestellnummer

44910433 bei PMD Way und unter WRL-10534 und WRL-10532 bei SparkFun. In unseren Projekten verwenden wir die am häufigsten eingesetzten Typen, die eine Funkfrequenz von 433 MHz nutzen.

Bei den Kontakten unten an dem Modul in Abbildung 16–2 handelt es sich von links nach rechts um den 5-Volt-Anschluss, den Masseanschluss (*GND*), den Dateneingang und den Anschluss für eine externe Antenne. Als Antenne können Sie einfach ein Stück Draht nehmen, auf Kurzstrecken können Sie auch ganz darauf verzichten. Da die Module je nach Hersteller anders aufgebaut sein können, müssen Sie genau prüfen, wie die Anschlüsse bei Ihrem Modell belegt sind.

In Abbildung 16–3 sehen Sie das Empfangsmodul, das etwas größer ist als das Sendemodul.

Abb. 16–1 *RF-Link-Set*

Abb. 16–2 *RF-Link-Sendemodul*

Abb. 16–3 *RF-Link.-Empfangsmodul*

Die Kontakte am Empfänger sind ganz unkompliziert: Die Pins *V+* und *V–* werden mit dem 5-Volt-Anschluss bzw. *GND* verbunden und *DATA* mit dem Arduino-Pin, der für den Datenempfang vorgesehen ist. Diese Pins sind für gewöhnlich auf der anderen Seite des Moduls gekennzeichnet. Falls das bei Ihnen jedoch nicht der Fall ist oder Sie unsicher sind, können Sie auch einen Blick in das Datenblatt des Moduls werfen oder den Händler kontaktieren.

Bevor Sie die Module nutzen können, müssen Sie die neueste Version der Bibliothek `VirtualWire` von *http://www.airspayce.com/mikem/arduino/VirtualWire/* herunterladen und installieren. Danach können Sie mit dem nächsten Abschnitt fortfahren.

HINWEIS

Die RF-Link-Module sind zwar preisgünstig und leicht zu verwenden, bringen aber keine Fehlerprüfung mit, um sicherzustellen, dass die Daten auch korrekt empfangen werden. Daher sollten Sie sie nur für einfache Aufgaben wie die im Folgenden vorgestellte elementare Fernsteuerung verwenden. Wenn Sie eine genauere und zuverlässigere Datenübertragung benötigen, müssen Sie stattdessen Geräte wie die LoRa-Module verwenden, die wir uns später in diesem Kapitel ansehen.

Projekt Nr. 46: Eine drahtlose Fernbedienung konstruieren

In diesem Projekt werden wir zwei digitale Ausgänge fernsteuern. Dabei betätigen Sie Drucktasten, die mit einem Arduino verbunden sind, um dadurch digitale Ausgänge an einem anderen, entfernt davon aufgestellten Arduino zu steuern. Daran können Sie erkennen, wie Sie die RF-Link-Module handhaben müssen, und ein Gefühl dafür entwickeln, über welche Entfernungen hinweg eine solche Fernsteuerung wirkt, bevor Sie sich an kompliziertere Aufgaben wagen. (Im Freien beträgt die Reichweite im Allgemeinen um 100 m, in Innenräumen und bei Hindernissen ist sie geringer.)

Die Hardware des Senders

Für die Senderschaltung sind folgende Teile erforderlich:

- eine AA-Batteriepackung mit Kabel für den Anschluss (wie in Kapitel 14)
- ein 433-MHz-RF-Link-Sendemodul
- zwei 10-kΩ-Widerstände (R1 und R2)
- zwei 100-nF-Kondensatoren (C1 und C2)
- zwei Drucktasten

- eine Steckplatine
- Verbindungsdrähte
- Arduino und USB-Kabel

Der Schaltplan des Senders

Wie Sie in Abbildung 16–4 sehen, besteht die Senderschaltung aus zwei Drucktasten mit Entprellerstromkreis, die an die Digitalpins 2 und 3 angeschlossen sind, sowie dem Sendemodul, das wie zuvor beschrieben verdrahtet ist.

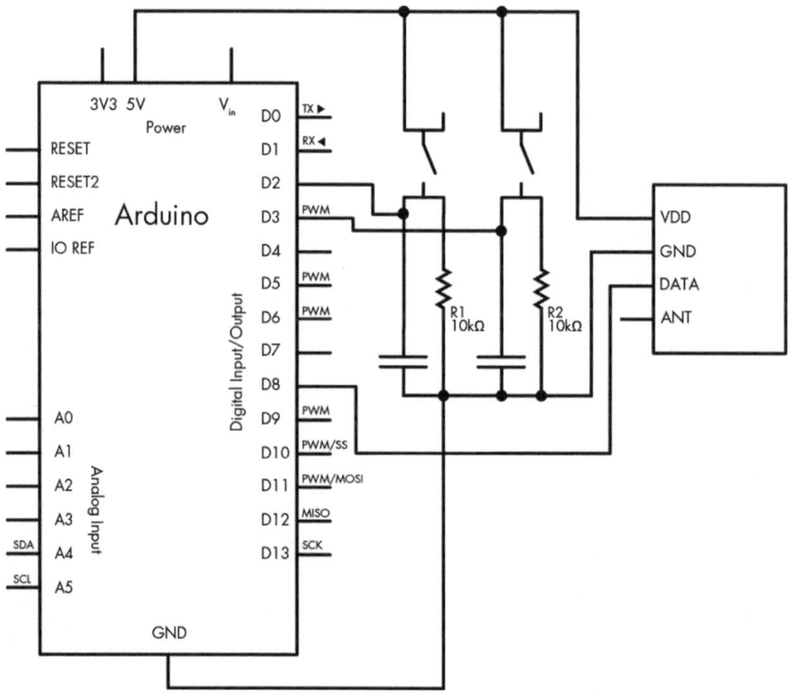

Abb. 16–4 *Senderschaltplan für Projekt 46*

Die Hardware des Empfängers

Für die Empfängerschaltung sind folgende Teile erforderlich:

- eine 9-Volt-Batterie mit Kabel für den Anschluss an den Gleichstromeingang des Arduino (wie in Kapitel 14)
- ein 433-MHz-RF-Link-Empfangsmodul (z. B. Bestell-Nr. WRL-10532 von SparkFun)
- zwei LEDs Ihrer Wahl
- zwei 560-Ω-Widerstände (R1 und R2)

- eine Steckplatine
- Verbindungsdrähte
- Arduino und USB-Kabel

Der Schaltplan des Empfängers

Wie Sie in Abbildung 16–5 sehen, besteht die Empfängerschaltung aus zwei LEDs an den Digitalpins 6 und 7 sowie dem Empfangsmodul, das an Digitalpin 8 angeschlossen ist.

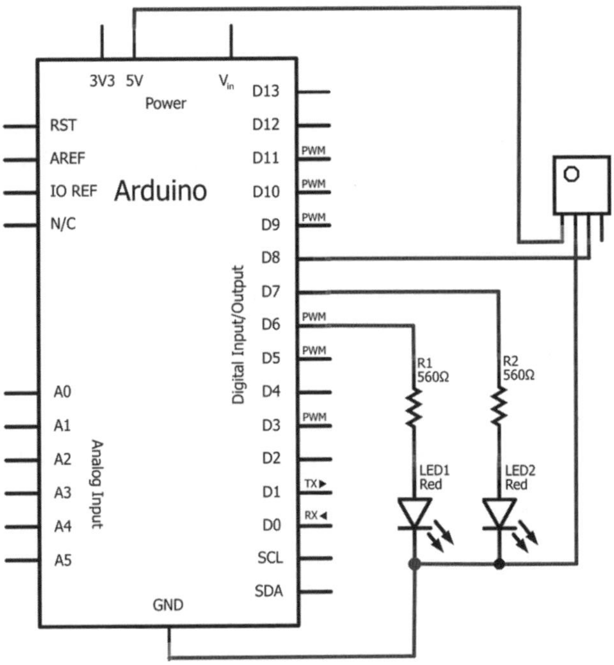

Abb. 16–5 *Empfängerschaltplan für Projekt 46*

Anstelle der Steckplatine mit LEDs, Widerständen und Empfangsmodul können Sie auch den 433-MHz-Empfänger-Shield von Freetronics verwenden, den Sie in Abbildung 16–6 sehen.

Abb. 16–6 *Der 433-MHz-Empfänger-Shield von Freetronics*

Der Sketch des Senders

Als Nächstes sehen wir uns den Sketch für den Sender an. Geben Sie den folgenden Code ein und laden Sie ihn auf den Arduino in der Senderschaltung hoch:

```
// Projekt 46: Eine drahtlose Fernbedienung konstruieren, Sendersketch

#include <VirtualWire.h>  ❶
uint8_t buf[VW_MAX_MESSAGE_LEN];
uint8_t buflen = VW_MAX_MESSAGE_LEN;

const char *on2 = "a";  ❷
const char *off2 = "b";
const char *on3 = "c";
const char *off3 = "d";

void setup()
{
  vw_set_ptt_inverted(true); // Erforderlich für RF-Link-Module  ❸
  vw_setup(300);             // Legt die Übertragungsgeschwindigkeit fest
  vw_set_tx_pin(8);  ❹
  pinMode(2, INPUT);
  pinMode(3, INPUT);
}

void loop()
{
  if (digitalRead(2)==HIGH)  ❺
  {
    vw_send((uint8_t *)on2, strlen(on2)); // Sendet die Daten
                                          // nach draußen
    vw_wait_tx();                         // Wartet einen Augenblick
```

```
                                                   // lang
      delay(200);
    }
    if (digitalRead(2)==LOW)
    {
      vw _ send((uint8 _ t *)off2, strlen(off2));    ❻
      vw _ wait _ tx();
      delay(200);
    }
    if (digitalRead(3)==HIGH)
    {
      vw _ send((uint8 _ t *)on3, strlen(on3));
      vw _ wait _ tx();
      delay(200);
    }
    if (digitalRead(3)==LOW)
    {
      vw _ send((uint8 _ t *)off3, strlen(off3));
      vw _ wait _ tx();
      delay(200);
    }
}
```

Um die RF-Link-Module nutzen zu können, verwenden wir im Sketch bei ❶ und ❸ die `VirtualWire`-Funktionen. Bei ❹ richten wir Digitalpin 8 ein, der dazu dient, den Arduino mit dem Datenpin des Sendemoduls zu verbinden und die Übertragungsgeschwindigkeit zu regeln. (Bei Bedarf können Sie auch einen der anderen Digitalpins dazu verwenden, allerdings nicht 0 und 1, da es sonst zu Störungen der seriellen Verbindung kommt.)

Der Sendersketch liest den Status der beiden Tasten, die an die Digitalpins 2 und 3 angeschlossen sind, und sendet ein einzelnes Textzeichen zur Angabe dieses Zustands an das RF-Link-Modul. Hat die Taste an Pin 2 den Status `HIGH`, sendet der Arduino das Zeichen `a`, bei `LOW` dagegen `b`. Die vier möglichen Zustände werden ab ❷ deklariert.

Die Übertragung des Textzeichens erfolgt über eine der vier `if`-Anweisungen, die in dem Bereich ab ❺ stehen, z.B. in ❻. Die übertragene Variable wird zweimal verwendet, wie Sie im folgenden Beispiel anhand von `on2` sehen:

```
vw _ send((uint8 _ t *)on2, strlen(on2));
```

Die Funktion `vw _ send` sendet den Inhalt der Variable `on2`, muss dazu aber deren Länge, also die Anzahl der Zeichen kennen. Dazu verwenden wir `strlen()`.

Der Sketch des Empfängers

Jetzt fügen wir den Empfängersketch hinzu. Geben Sie folgenden Code ein und laden Sie ihn auf den Arduino in der Empfängerschaltung hoch:

```
// Projekt 46: Eine drahtlose Fernbedienung konstruieren, Empfängersketch
#include <VirtualWire.h>

uint8_t buf[VW_MAX_MESSAGE_LEN];
uint8_t buflen = VW_MAX_MESSAGE_LEN;

void setup()
{
  vw_set_ptt_inverted(true); // Erforderlich für RF-Link-Module    ❶
  vw_setup(300);
  vw_set_rx_pin(8);   ❷
  vw_rx_start();
  pinMode(6, OUTPUT);
  pinMode(7, OUTPUT);
}

void loop()
{
  if (vw_get_message(buf, &buflen))   ❸
  {
    switch(buf[0])   ❹
    {
      case 'a':
      digitalWrite(6, HIGH);
      break;
      case 'b':
      digitalWrite(6, LOW);
      break;
      case 'c':
      digitalWrite(7, HIGH);
      break;
      case 'd':
      digitalWrite(7, LOW);
      break;
    }
  }
}
```

Wie bei der Senderschaltung verwenden wir die VirtualWire-Funktionen bei ❶, um das RF-Link-Empfängermodul einzurichten und die Datengeschwindigkeit einzustellen. Bei ❷ richten wir den digitalen Arduino-Pin ein, an den der Datenausgangspin angeschlossen ist (Pin 8).

Wenn der Sketch läuft, werden die von der Senderschaltung gesendeten Zeichen vom RF Link-Modul empfangen und an den Arduino gesendet. Die Funktion `vw_get_message()` bei ❸ übernimmt die vom Arduino empfangenen Zeichen, die von der switch case-Anweisung bei (4) interpretiert werden. Wenn Sie zum Beispiel die Taste S1 auf dem Senderschaltkreis drücken, wird das Zeichen a gesendet. Dieses Zeichen wird vom Sender empfangen, der den digitalen Pin 6 auf *HIGH* setzt und die LED einschaltet.

Sie können dieses einfache Paar von Beispielschaltungen verwenden, um komplexere Steuerungen für Arduino-Systeme zu erstellen, indem Sie Codes als einfache Zeichen senden, die von einer Empfängerschaltung interpretiert werden.

LoRa-Funkdatenmodule für größere Reichweite und höhere Geschwindigkeit

Wenn Sie eine drahtlose Verbindung mit größerer Reichweite und höherer Datengeschwindigkeit benötigen, als sie die bisher verwendeten Funkmodule bieten können, sind LoRa-Datenmodule möglicherweise die richtige Wahl. LoRa ist die Abkürzung für »Long Range« (große Reichweite), und diese Module arbeiten mit großer Reichweite bei geringem Stromverbrauch. Bei den Modulen handelt es sich um Transceiver, also Geräte, die sowohl Daten senden als auch empfangen können, sodass Sie keinen separaten Sender und Empfänger benötigen. Ein weiterer Vorteil der Verwendung von LoRa-Modulen ist, dass verschiedene Modultypen miteinander kommunizieren können, sodass Sie als Designer Steuerungs- und Datennetzwerke erstellen können, die von einfach bis komplex reichen. In diesem Kapitel werden Sie mehrere Basismodule erstellen, die sich für verschiedene Zwecke eignen.

Der Einfachheit halber werden wir zwei LoRa-Shields für Arduino verwenden, z.B. das PMD-Way-Shield mit der Artikelnummer 14290433, das in Abbildung 16–7 gezeigt wird.

Abb. 16–7 *Ein LoRa-Shield für den Arduino*

Wenn Sie Ihre LoRa-Shields kaufen, müssen Sie eine Betriebsfrequenz auswählen. Die richtige Frequenz hängt von dem Land ab, in dem Sie Ihr Gerät benutzen. Damit stellen Sie sicher, dass Ihre Datenübertragungen andere Geräte in Ihrer Umgebung nicht stören. LoRa-Produkte sind in drei Betriebsfrequenzbändern erhältlich:

- 433 MHz Wird in den Vereinigten Staaten und Kanada verwendet
- 868 MHz Für Großbritannien und Europa
- 915 MHz Verwendet in Australien und Neuseeland

Eine vollständige Liste der Länder und der Frequenzbereiche, die Sie in jedem Land verwenden müssen, finden Sie unter *https://www.thethingsnetwork.org/docs/lorawan/frequencies-by-country.html.*

Schließlich müssen Sie noch die Arduino-Bibliothek herunterladen und installieren, die Sie unter *https://github.com/sandeepmistry/arduino-LoRa/archive/master.zip* finden.

Projekt Nr. 47: Fernsteuern über LoRa Wireless

Dieses Projekt demonstriert die einfache Datenübertragung von einem mit LoRA ausgestatteten Arduino zu einem anderen, um die Fernsteuerung eines digitalen Ausgangspins zu ermöglichen. Unser Sender hat zwei Tasten, mit denen Sie den Ausgangspin des Empfängers ein- und ausschalten können.

Die Hardware des Senders

Die folgende Hardware wird für die Senderschaltung benötigt:

- Arduino und USB-Kabel
- LoRa Shield für Arduino
- zwei 10-kΩ-Widerstände (R1 und R2)
- zwei 100-nF-Kondensatoren (C1 und C2)

- zwei Drucktasten
- AA-Batteriehalter und Verkabelung (wie in Kapitel 14 verwendet)

Der Schaltplan des Senders

Die in Abbildung 16–8 gezeigte Senderschaltung besteht aus zwei Drucktasten mit Entprellungsschaltungen, die an die digitalen Pins 2 und 3 angeschlossen sind. Das LoRa-Shield wird auf den Arduino Uno aufgesetzt. Sobald der Sketch hochgeladen ist, wird er über den AA-Batteriehalter und die Verkabelung mit Strom versorgt.

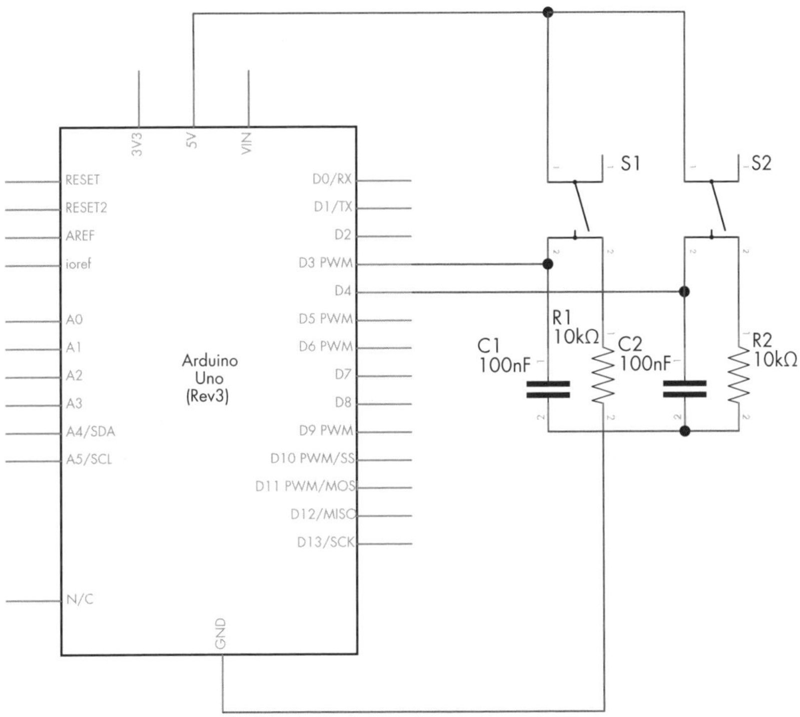

Abb. 16–8 *Schaltplan des Senders für Projekt 47*

Bevor Sie Ihr LoRa-Shield verwenden können, müssen Sie die drei in Abbildung 16–9 gezeigten Jumper vom Shield entfernen. Wenn Sie sie nicht entfernen, stören sie andere digitale Pins. Sie können sie komplett entfernen oder die Steckbrücken nur mit einem der beiden Pins verbinden.

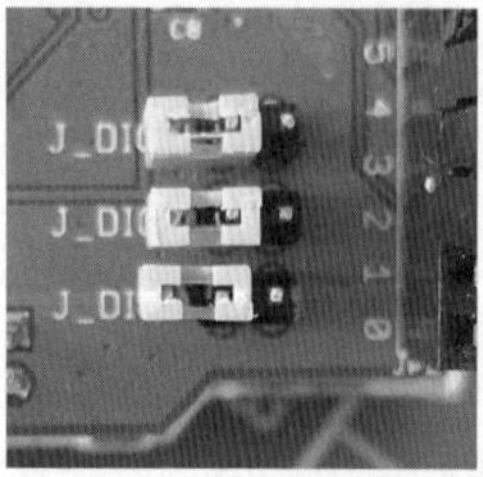

Abb. 16–9 *Zu entfernende Jumper auf dem LoRa Shield*

Die Hardware des Empfängers

Die folgende Hardware wird für den Empfängerschaltkreis benötigt:

- Arduino und USB-Kabel
- LoRa-Shield für Arduino
- eine LED
- ein 560 Ω-Widerstand (R1)

Der Schaltplan des Empfängers

Der in Abbildung 16–10 gezeigte Empfänger besteht aus einer LED und einem Strombegrenzungswiderstand, der zwischen dem digitalen Pin 7 und GND angeschlossen ist. Wir lassen ihn über USB mit dem PC verbunden, sodass keine externe Stromversorgung erforderlich ist.

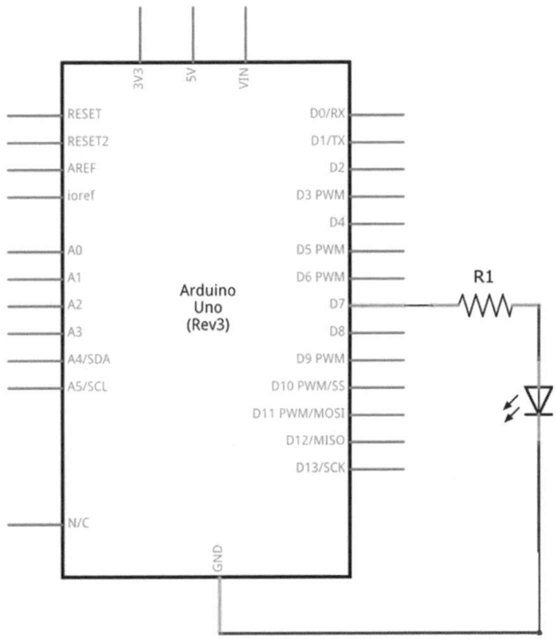

Abb. 16–10 *Empfänger-Schaltplan für Projekt 47*

Der Sketch des Senders

Lassen Sie uns nun den Sketch für den Sender untersuchen. Geben Sie den folgenden Sketch für den Sender ein oder laden Sie ihn hoch:

```
// Projekt 47 - Fernsteuern über LoRa Wireless, Sketch für den Sender
❶ #define LORAFREQ (915000000L)
❷ #include <LoRa.h>
#include <SPI.h>
❸ void loraSend(int controlCode)
{
❹   LoRa.beginPacket();        // start sending data
  LoRa.print("ABC");         // "ABC" is our three-character code for
receiver
  LoRa.print(controlCode); // send our instructions (controlCode codes)
❺   LoRa.endPacket();          // finished sending data
❻   LoRa.receive();            // start listening
}
void setup()
{
  pinMode(4, INPUT);     // on button
```

```
  pinMode(3, INPUT);        // off button
❻  LoRa.begin(LORAFREQ); // start up LoRa at specified frequency
}
void loop()
{
  // check for button presses to control receiver
  if (digitalRead(4) == HIGH)
  {
    loraSend(1); // '1' is code for turn receiver digital pin 5 HIGH
    delay(500);  // allow time to send
  }
  if (digitalRead(3) == HIGH)
  {
    loraSend(0); // '0' is code for turn receiver digital pin 5 LOW
    delay(500);  // allow time to send
  }
}
```

Die Betriebsfrequenz wird bei ❶ ausgewählt. In unserem Beispiel verwenden wir 915 MHz, sodass Sie dies je nach Land und Shield entweder auf 433000000L oder 868000000L ändern müssen. Wir binden die Arduino LoRa-Bibliothek bei ❷ ein und aktivieren sie bei (4). Die SPI-Bibliothek ist ebenfalls enthalten, da das LoRa-Shield den SPI-Bus zur Kommunikation mit dem Arduino verwendet. Bei 6 wird der LoRa-Transceiver mit der entsprechenden Frequenz aktiviert, nachdem die digitalen Pins als Eingänge für die Tasten vorbereitet wurden.

Bei ❸ haben wir die benutzerdefinierte Funktion loraSend(int controlCode). Diese Funktion wird aufgerufen, wenn eine Taste gedrückt wird. Sie sendet zunächst einen dreistelligen Code - in diesem Fall ABC - über die LoRa-Funkfrequenz, gefolgt von einem Steuercode. Der Zeichencode ermöglicht es Ihnen, die Steuerung an einen bestimmten Empfängerkreis zu richten. Wenn Sie zwei oder mehr Empfänger verwenden, wäre es sonst verwirrend zu bestimmen, welcher Empfänger vom Sender gesteuert wird. Sie werden sehen, dass der Empfänger nur dann aktiv wird, wenn ABC gesendet wird. Die Steuercodes in unserem Beispiel sind 1 und 0 (um den digitalen Ausgang des Empfängers ein- bzw. auszuschalten).

Bei ❹ wird das LoRa-Modul in den Sendemodus geschaltet, und dann werden die Zeichen- und Steuercodes über den Äther gesendet. Bei ❺ wird das LoRa-Modul angewiesen, mit dem Senden aufzuhören und wird wieder auf den Empfang von Daten umgeschaltet. Sobald Sie den Sketch für den Sender hochgeladen haben, können Sie die Hardware des Senders vom Computer trennen und mit dem Akkupack mit Strom versorgen.

Der Sketch des Empfängers

Lassen Sie uns nun den Sketch für den Empfänger untersuchen. Geben Sie den folgenden Sketch für Empfängerschaltung ein oder laden Sie ihn auf den Arduino:

```
// ProjeLt 47 - Fernsteuerung über LoRa Wireless, Sketch für den
Empfänger
❶ #define LORAFREQ (915000000L)
❷ #include <LoRa.h>
#include <SPI.h>
void takeAction(int packetSize)
// was beim Empfang von Daten über LoRa Wireless zu tun ist
{
❸   char incoming[4] = "";
  int k;
  for (int i = 0; i < packetSize; i++)
  {
    k = i;
    if (k > 6)
    {
      k = 6; // nicht über das Stringende hinaus schreiben
    }
    incoming[k] = (char)LoRa.read();
❹   }
  // prüfen, ob der vom Sender gesendete dreistellige Code korrekt ist
❺   if (incoming[0] != 'A')
  {
    return; // wenn nicht 'A' Funktion beenden und zurück zu void loop()
  }
❺   if (incoming[1] != 'B')
  {
    return; // falls nicht 'B', Funktion stop und zurück zu void loop()
  }
❺   if (incoming[2] != 'C')
  {
```

```
      return; // wenn nicht 'C', Funktion stop und zurück zu void loop()
    }
    // Wenn Sie es bis hierher geschafft haben, haben Sie den richtigen
Code vom Sender erhalten.
    // Jetzt können Sie etwas tun...
    if (incoming[3] == '1')
    {
      digitalWrite(7, HIGH);
    }
    if (incoming[3] == '0')
    {
      digitalWrite(7, LOW);
    }
}

void setup()
{
  pinMode(7, OUTPUT);
❻   LoRa.begin(LORAFREQ);         // LoRa mit der angegebenen Frequenz
beginnen
❼   LoRa.onReceive(takeAction); // Funktion "takeAction" aufrufen, wenn
Daten empfangen werden
❽   LoRa.receive();               // Empfang starten
}
void loop()
{
}
```

Auch hier wird die Arduino LoRa-Bibliothek bei ❷ eingebunden und bei ❻ aktiviert. Die Betriebsfrequenz wird ebenfalls bei 1 ausgewählt. Unser Beispiel verwendet 915 MHz, sodass Sie dies je nach Land und Shield entweder auf 433000000L oder 868000000L ändern müssen. Die SPI-Bibliothek ist ebenfalls enthalten, da das LoRa-Shield den SPI-Bus zur Kommunikation mit dem Arduino verwendet. Bei ❼ teilen wir dem Sketch mit, dass er eine bestimmte Funktion ausführen soll – in diesem Fall `void takeAction()`-, wenn Daten über Funk empfangen werden. Bei ❽ wird das LoRa-Modul dann in den Empfangsmodus geschaltet.

Im Betrieb wartet der Empfänger einfach auf den Empfang von Daten durch das LoRa-Modul. An diesem Punkt wird die Funktion `takeAction()`

aufgerufen. Diese nimmt alle Zeichen vom Sender und legt sie in einem Array namens `incoming[4]` zwischen ❸ und ❹ ab. Als nächstes prüft der Empfänger jedes Zeichen des Codes (in unserem Fall ABC) bei ❺, um sicherzustellen, dass die Übertragung für diesen speziellen Empfänger bestimmt ist. Wenn dies erfolgreich war, wird schließlich das Steuerzeichen geprüft. Wenn es eine 1 ist, wird der digitale Pin 7 auf *HIGH* gesetzt, und wenn es eine 0 ist auf *LOW*.

Jetzt haben Sie das Grundgerüst für eine Fernsteuerung über größere Entfernungen. Indem Sie mehreren Empfängern unterschiedliche Zeichencodes zuweisen, können Sie Ihr System so erweitern, dass Sie mehr als eine Empfängereinheit von einem Sender aus steuern können.

Für ernsthafte Anwendungen möchten Sie jedoch vielleicht eine Bestätigung, dass eine Übertragung des Senders vom Empfänger erfolgreich ausgeführt wurde. Daher werden wir im nächsten Projekt eine Bestätigungsfunktion hinzufügen.

Projekt Nr. 48: Fernsteuern über LoRa mit Bestätigung

Dieses Projekt führt ein Bestätigungssystem für das in Projekt 47 erstellte Empfänger-Sender-Gespanns ein und schafft so ein Zwei-Wege-Datensystem. Eine LED an der Senderschaltung leuchtet auf, wenn der Empfängerausgang auf HIGH gesetzt ist, und schaltet sich aus, wenn der Empfängerausgang auf LOW gesetzt wird.

Die Hardware des Senders

Die folgende Hardware wird für den Senderschaltkreis benötigt:

- Arduino und USB-Kabel
- LoRa Shield für Arduino
- zwei 10-kΩ-Widerstände (R1 und R2)
- ein 560-Ω-Widerstand (R3)
- eine LED
- zwei 100-nF-Kondensatoren (C1 und C2)
- zwei Taster
- AA-Batteriehalter und Verkabelung (wie in Kapitel 14 verwendet)

Der Schaltplan des Senders

Die in Abbildung 16–11 gezeigte Senderschaltung besteht aus zwei Tastern mit Entprellungsschaltungen, die an die digitalen Pins 3 und 4 angeschlossen sind, sowie einer LED und einem Strombegrenzungswiderstand am digitalen Pin 6. Das LoRa Shield wird auf den Arduino Uno aufgesetzt. Sobald der Sketch hochgeladen ist, wird die Stromversorgung über den AA-Batteriehalter und die Verkabelung sichergestellt.

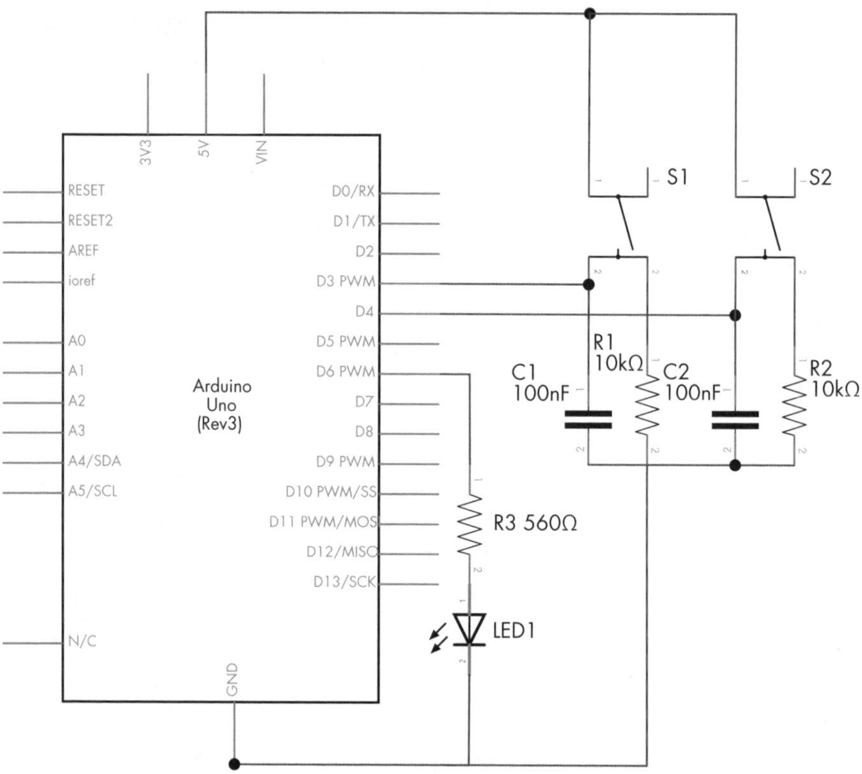

Abb. 16–11 *Schaltplan des Senders für Projekt 48*

Die Empfängerschaltung und der Schaltplan für dieses Projekt sind identisch mit denen, die für Projekt 47 verwendet wurden.

Der Sketch des Senders

Lassen Sie uns nun den Sketch für den Sender untersuchen. Geben Sie den folgenden Sketch für den Sender ein und laden Sie ihn auf den Arduino:

```
// Projekt 48 - Fernsteuern über LoRa mit Bestätigung,
// Sketch für den Sender
#define LORAFREQ (915000000L)
#include <SPI.h>
#include <LoRa.h>
void loraSend(int controlCode)
{
  LoRa.beginPacket(); // mit dem Senden von Daten beginnen
  LoRa.print("DEF");  // ""DEF" ist unser dreistelliger Code für den
Empfänger.
                      // Muss beim Empfang abgeglichen werden.
  LoRa.print(controlCode); // unsere Anweisungen senden
  LoRa.endPacket();   // das Senden der Daten fertig stellen
  LoRa.receive();     // Empfangen
}
❶ void takeAction(int packetSize)
// wenn Daten über LoRa empfangen werden
{
  char incoming[4] = "";
  int k;
  for (int i = 0; i < packetSize; i++)
  {
    k = i;
    if (k > 6)
    {
      k = 18; // sicherstellen, dass wir nicht über das Stringende
hinaus schreiben
    }
    incoming[k] = (char)LoRa.read();
  }
  // Prüfen, ob der vom Empfänger gesendete dreistellige Code korrekt
ist
  if (incoming[0] != 'D')
```

```
  {
    return; // wenn nicht 'D', beenden wir die Funktion und gehen zurück
zu void loop()
  }
  if (incoming[1] != 'E')
  {
    return; // falls nicht 'E', beenden wir die Funktion und gehen zurück
zu void loop()
  }
  if (incoming[2] != 'F')
  {
    return; // wenn nicht 'F', Funktion stoppen und zurück zu void
loop()
  }
  // Wenn Sie es bis hierher geschafft haben, haben Sie den richtigen
Code vom Empfänger erhalten.
  // Jetzt können Sie etwas tun...
❷   if (incoming[3] == '1')
  {
    digitalWrite(6, HIGH);
    // Der Empfänger hat die Ausgabe eingeschaltet und ein Signal
gesendet, das dies bestätigt
  }
❷   if (incoming[3] == '0')
  {
    digitalWrite(6, LOW);
    // Der Empfänger hat den Ausgang ausgeschaltet und ein Signal zur
Bestätigung gesendet
  }
}
void setup()
{
  pinMode(4, INPUT);            // Einschalten
  pinMode(3, INPUT);            // Ausschalten
```

```
  pinMode(6, OUTPUT);          // Status-LED
  LoRa.begin(LORAFREQ);        // Startet LoRa mit der angegebenen
Frequenz
  LoRa.onReceive(takeAction); // Aufruf der Funktion "takeAction" bei
Empfang von Daten
                               // über LoRa
}
void loop()
{
  // Prüfung auf Tastendruck zur Steuerung des Empfängers
  if (digitalRead(4) == HIGH)
  {
    loraSend(1); // '1' is code for turn receiver digital pin 7 HIGH
    delay(500);  // Tastenentprellung
  }
  if (digitalRead(3) == HIGH)
  {
    loraSend(0); // '0' ist der Code, um den digitalen Pin 7 des
Empfängers auf LOW zu schalten
    delay(500);  // Tastenentprellung
  }
}
```

Unser Sender arbeitet auf die gleiche Weise wie in Projekt 47, indem er zuerst einen Zeichencode zur Identifizierung und dann einen Steuercode sendet, um den Ausgang des Empfängers ein- oder auszuschalten. In diesem Projekt hört der Sender jedoch auf ein Signal des Empfängers. Sobald der Empfänger die Anweisung des Senders ausgeführt hat, sendet er einen Zeichencode und einen Steuercode zurück an den Sender.

Bei ❶ haben wir also eine neue Funktion, `takeAction()`, die auf den Zeichencode DEF von der Empfängerschaltung prüft. Der Empfänger sendet dann eine 1, wenn er seinen Ausgangspin eingeschaltet hat oder eine 0, wenn der Ausgang ausgeschaltet wurde. Unsere Senderschaltung kann dann diesen Status anzeigen, indem sie die LED am digitalen Pin 6 über den Code bei ❷ steuert.

Der Sketch des Empfängers

Lassen Sie uns nun den Sketch für den Empfänger untersuchen. Geben Sie den folgenden Sketch für den Empfänger ein und laden Sie ihn auf den Arduino:

```
// Projekt 48 - Fernsteuern über LoRa mit Bestätigung, Empfänger
// Sketch
#define LORAFREQ (915000000L)
#include <SPI.h>
#include <LoRa.h>
void loraSend(int controlCode)
{
  LoRa.beginPacket();          // mit dem Senden von Daten beginnen
  LoRa.print("DEF");           // "DEF" ist unser dreistelliger Code für den
                               // Sender
  LoRa.print(controlCode); // unsere Anweisung (controlCode Codes) senden
  LoRa.endPacket();            // Senden von Daten beenden
  LoRa.receive();              // Empfangen
}
void takeAction(int packetSize)
// was zu tun ist, wenn Daten über LoRa empfangen werden
{
  char incoming[4] = "";
  int k;
  for (int i = 0; i < packetSize; i++)
  {
    k = i;
    if (k > 6)
    {
      k = 18; // sicherstellen, dass wir nicht über das Ende des Strings
hinaus schreiben
    }
    incoming[k] = (char)LoRa.read();
```

```
  }
  // Prüfen, ob der vom Sender gesendete dreistellige Code korrekt ist
  if (incoming[0] != 'A')
  {
    return; // falls nicht 'A', Funktion beenden und zu void loop()
zurückkehren
  }
  if (incoming[1] != 'B')
  {
    return; // falls nicht 'B', Funktion stoppen und zurück zu void
loop()
  }
  if (incoming[2] != 'C')
  {
    return; // wenn nicht 'C', Funktion stoppen und zu void loop()
  }
  // Wenn Sie es bis hierher geschafft haben, haben Sie den richtigen
Code vom Sender erhalten.
  // Jetzt können Sie etwas tun...
  if (incoming[3] == '1')
  {
    digitalWrite(7, HIGH);
❶     loraSend(1); // Teilen Sie dem Sender mit, dass der Ausgang
eingeschaltet wurde
  }
  if (incoming[3] == '0')
  {
    digitalWrite(7, LOW);
❶     loraSend(0); // Teilen Sie dem Sender mit, dass der Ausgang
ausgeschaltet ist
  }
}
void setup()
```

```
{
  pinMode(7, OUTPUT);
  LoRa.begin(LORAFREQ);         // LoRa mit der angegebenen Frequenz
starten
  LoRa.onReceive(takeAction); // Aufruf der Funktion "takeAction" bei
Empfang von Daten
                                // über LoRa
  LoRa.receive(); // Empfangen
}
void loop()
{
}
```

Unser Empfänger arbeitet auf die gleiche Weise wie der für Projekt 47, nur dass er in diesem Fall den Zeichencode DEF an den Sender zurücksendet, gefolgt von einer 1 oder einer 0, um anzuzeigen, dass der Ausgangspin ein- oder ausgeschaltet wurde. Dies geschieht bei ❶ mithilfe der Funktion `loraSend()`.

Jetzt haben Sie zwei Beispielprojekte, die zeigen, wie Sie nicht nur digitale Ausgangspins drahtlos über eine größere Entfernung als bei den früheren Projekten steuern können, sondern auch bestätigen, dass die Aktionen stattgefunden haben. Sie können diese Beispiele nun ausbauen, um Ihre eigenen Fernsteuerungsprojekte zu erstellen. Als nächstes werden wir mit Projekt 49 mit dem Senden von Sensordaten über eine drahtlose LoRa Verbindung experimentieren.

Projekt Nr. 49: Übertragung von Sensordaten über eine drahtlose LoRa-Verbindung

Dieses Projekt baut auf unseren früheren Versuchen auf und verwendet Ihren Computer, um Temperaturdaten von einem entfernten Sensor abzufragen.

Die Hardware des Senders

Die folgende Hardware wird für die Senderschaltung benötigt:

- Arduino und USB-Kabel
- LoRa-Shield für Arduino

Dieses Projekt verwendet den seriellen Monitor auf Ihrem PC zur Steuerung. Die Senderschaltung besteht also einfach aus dem Arduino und dem LoRa-Shield, die über das USB-Kabel mit dem PC verbunden sind.

Die Hardware des Empfängers

Die folgende Hardware wird für den Empfänger benötigt:

- Arduino und USB-Kabel
- LoRa-Shield für Arduino
- TMP36 Temperatursensor
- Lötfreies Breadboard
- Externe Stromversorgung für Arduino
- Stecker-zu-Stecker-Jumper-Drähte

Der Schaltplan des Empfängers

Unsere Schaltung besteht einfach aus dem TMP36-Temperatursensor, der an den analogen Pin A0 angeschlossen ist, und dem LoRa-Shield auf dem Arduino, wie in Abbildung 16–12 dargestellt.

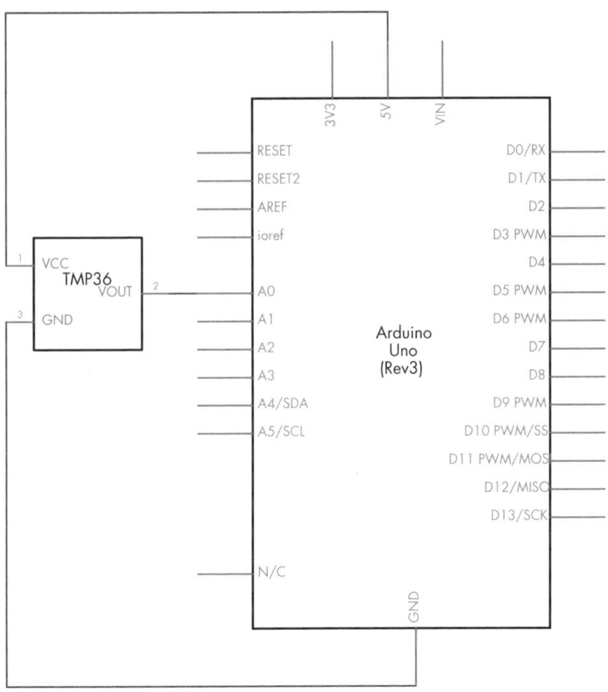

***Abb. 16–12** Empfängerschaltplan für Projekt 49*

Die Empfängerschaltung kann sich in einiger Entfernung vom Computer befinden, sodass Sie eine USB-Stromversorgung oder die in früheren Projekten verwendete Batterielösung nutzen können.

Der Sketch des Senders

Lassen Sie uns nun den Sketch für den Sender untersuchen. Geben Sie den folgenden Sketch für die Senderschaltung ein und laden Sie ihn auf den Arduino:

```
// Projekt 49 - Übertragung von Sensordaten über LoRa, Sender-
// Sketch
#define LORAFREQ (915000000L)
#include <SPI.h>
#include <LoRa.h>
char command;
void loraSend(int controlCode)
{
  LoRa.beginPacket();         // mit dem Senden von Daten beginnen
❶   LoRa.print("ABC");         // "ABC" ist unser dreistelliger Code für
den
                              // Sender
  LoRa.print(controlCode); // unsere Anweisung senden (controlCode Codes)
  LoRa.endPacket();           // das Senden der Daten beenden
  LoRa.receive();             // Empfangen
}
void takeAction(int packetSize)
// vom Sensor empfangenen Text über LoRa an den seriellen Monitor senden
{
  char incoming[31] = "";
  int k;
  for (int i = 0; i < packetSize; i++)
  {
    k = i;
    if (k > 31)
    {
      k = 31; // sicherstellen, dass wir nicht über das Ende des Strings
hinaus schreiben
    }
    incoming[k] = (char)LoRa.read();
```

```
    Serial.print(incoming[k]); // Anzeige der Temperaturdaten vom Sensor
  }
  Serial.println();
}
void setup()
{
❷   LoRa.begin(LORAFREQ);        // LoRa mit der angegebenen Frequenz
starten
  LoRa.onReceive(takeAction); // Funktion "takeAction" aufrufen, wenn
Daten empfangen werden
                               // über LoRa Wireless
  LoRa.receive();              // mit dem Empfang beginnen
  Serial.begin(9600);
}
void loop()
{
❸   Serial.print("Enter 1 for Celsius or 2 for Fahrenheit then Enter:
");
  Serial.flush(); // jeglichen "Müll" aus dem seriellen Puffer löschen,
bevor gewartet wird.
❹   while (Serial.available() == 0)
  {
    // nichts tun, bis etwas in den seriellen Puffer eingegeben wird
  }
  while (Serial.available() > 0)
  {
    command = Serial.read() - '0';
    // Zahl im seriellen Puffer lesen,
    // entfernen des ASCII-Text-Offset für Null: '0'
  }
  Serial.println();
❺   loraSend(command);
  delay(2000);
}
```

Wie bei den früheren Projekten in diesem Kapitel initialisieren wir die LoRa-Hardware und den seriellen Monitor bei ❷. Anstelle von Hardware-Tastern verwenden wir jedoch den Seriellen Monitor, um Befehle vom Benutzer anzunehmen und diese an die Empfängerhardware zu senden. In diesem

Projekt wird der Benutzer aufgefordert, 1 oder 2 in die Box des seriellen Monitors einzugeben, um die Temperatur von der Empfängerhardware in Celsius bzw. Fahrenheit abzurufen. Dies geschieht bei ❸. Der Computer wartet auf die Benutzereingabe bei ❹ und sendet dann einen der beiden Befehle über `loraSend()` bei ❺ an die Empfängerhardware. Auch hier verwenden wir einen dreistelligen Code, um die Übertragung ausschließlich für die Empfängerplatine bei ❶ zu gewährleisten.

Der Sketch des Empfängers

Lassen Sie uns nun den Sketch für den Empfänger untersuchen. Geben Sie den folgenden Sketch für die Empfängerschaltung ein und laden Sie ihn auf den Arduino:

```
// Projekt 49 - Übertragung von Sensordaten über LoRa, Empfänger
// Sketch
#define LORAFREQ (915000000L)
#include <SPI.h>
#include <LoRa.h>

float sensor = 0;
float voltage = 0;
float celsius = 0;
float fahrenheit = 0;

void loraSendC()
{
  LoRa.beginPacket(); // mit dem Senden von Daten beginnen
  sensor = analogRead(0);
  voltage = ((sensor * 5000) / 1024);
  voltage = voltage - 500;
  celsius = voltage / 10;
  fahrenheit = ((celsius * 1.8) + 32);
❶ LoRa.print("Temperature: ");
  LoRa.print(celsius, 2);
  LoRa.print(" degrees C");
❷ LoRa.endPacket(); // Daten gesendet
  LoRa.receive();    // Empfangen
}
```

```
void loraSendF()
// Temperatur in Fahrenheit senden
{
  LoRa.beginPacket(); // mit dem Senden von Daten beginnen
  sensor = analogRead(0);
  voltage = ((sensor * 5000) / 1024);
  voltage = voltage - 500;
  celsius = voltage / 10;
  fahrenheit = ((celsius * 1.8) + 32);
❶   LoRa.print("Temperature: ");
  LoRa.print(fahrenheit, 2);
  LoRa.print(" degrees F");
❷   LoRa.endPacket(); // Daten fertig gesendet
  LoRa.receive();    // Empfangen
}
void takeAction(int packetSize)
// was zu tun ist, wenn Daten über LoRa empfangen werden
{
  char incoming[6] = "";
  int k;
  for (int i = 0; i < packetSize; i++)
  {
    k = i;
    if (k > 6)
    {
      k = 6; // sicherstellen, dass wir nicht über das Ende des Strings
hinaus schreibe
    }
    incoming[k] = (char)LoRa.read();
  }
❸   // prüfen, ob der gesendete dreistellige Code korrekt ist
  if (incoming[0] != 'A')
  {
    return; // wenn nicht 'A', Funktion beenden und zu void loop()
  }
  if (incoming[1] != 'B')
  {
    return; // wenn nicht 'B', Funktion stoppen und zu void loop()
```

```
  }
  if (incoming[2] != 'C')
  {
    return; // wenn nicht 'C', Funktion stoppen und zuück zu void loop()
  }
  // Wenn Sie es bis hierher geschafft haben, haben Sie den richtigen
Code
  if (incoming[3] == '1')
  {
❹     loraSendC();
  }
  if (incoming[3] == '2')
  {
❺     loraSendF();
  }
}
void setup()
{
  LoRa.begin(LORAFREQ);         // Startet LoRa mit der angegebenen
Frequenz
  LoRa.onReceive(takeAction); // Funktion "takeAction" aufrufen, wenn
Daten empfangen werden
  LoRa.receive();               // mit dem Empfang beginnen
}
void loop()
{
}
```

Mit der gleichen Methode wie in Projekt 48 dekodiert unsere Empfängerhardware die Übertragung vom Sender, um sicherzustellen, dass die Daten für sie bestimmt sind, indem sie den bei ❸ gesendeten Zeichencode überprüft. Wenn dieser korrekt ist, ruft die Empfängerplatine entweder `loraSendC()` oder `loraSendF()` bei ❹ bzw. 5 auf. Diese beiden Funktionen berechnen die Temperatur des TMP36-Sensors und senden zwischen ❶ und ❷ eine Textzeichenfolge an die Senderplatine zurück, die die Temperatur und die Maßeinheit enthält.

Sobald Sie die Hardware für beide Schaltungen zusammengebaut und beide Sketches hochgeladen haben, platzieren Sie die mit Strom versorgte Empfängerschaltung (mit dem Sensor) dort, wo Sie die Temperatur von

Ihrem Computer aus messen möchten. Stellen Sie sicher, dass die Senderschaltung mit dem Computer verbunden ist. Öffnen Sie den Serial Monitor in der IDE und folgen Sie den Anweisungen, um die Temperatur zu überprüfen. Ein Beispiel finden Sie in Abbildung 16–13.

```
Enter 1 for Celsius or 2 for Fahrenheit then Enter:
Temperature: 19.34 degrees C
Enter 1 for Celsius or 2 for Fahrenheit then Enter:
Temperature: 65.93 degrees F
Enter 1 for Celsius or 2 for Fahrenheit then Enter:
Temperature: 18.85 degrees C
Enter 1 for Celsius or 2 for Fahrenheit then Enter:
Temperature: 19.34 degrees C
Enter 1 for Celsius or 2 for Fahrenheit then Enter:
Temperature: 66.80 degrees F
Enter 1 for Celsius or 2 for Fahrenheit then Enter:
```

Abb. 16–13 *Beispielhafte Ausgabe für Projekt 49*

Ausblick

Dieses Kapitel hat gezeigt, wie einfach es ist, mehrere Arduino-Systeme aus der Ferne zu steuern. Sie können zum Beispiel digitale Ausgänge steuern, indem Sie Zeichen von einem Arduino zu einem anderen senden, und Sie können die LoRa-Technologie nutzen, um komplexere Arduino-Steuerungssysteme zu entwerfen, die eine Datenrückgabe vorsehen. Mit dem Wissen, das Sie bisher erworben haben, stehen Ihnen viele kreative Möglichkeiten zur Verfügung.

Aber es gibt noch viel mehr zu erforschen, was die drahtlose Datenübertragung angeht. Lesen Sie also weiter und arbeiten Sie mit den Beispielen, wenn Sie im nächsten Kapitel lernen, einfache Fernbedienungen für Fernseher mit dem Arduino zu verwenden.

17

Infrarot-Fernbedienungen

In diesem Kapitel lernen Sie Folgendes:

- Bauen und Testen eines einfachen Infrarot-Empfangsgeräts
- Fernsteuern der digitalen Ausgangspins des Arduino
- Fernsteuerung des Raupenfahrzeugs aus Kapitel 14

Durch die Ergänzung um ein preisgünstiges Empfangsmodul ist der Arduino in der Lage, Signale von einer Infrarot-Fernbedienung zu empfangen und danach zu handeln.

Was ist Infrarot?

Wir verwenden zwar jeden Tag Infrarot-Fernbedienungen für verschiedene Zwecke, aber die wenigsten wissen, wie sie funktionieren. Bei Infrarotsignalen (IR) handelt es sich um Lichtstrahlen einer Wellenlänge, die das menschliche Auge nicht wahrnehmen kann. Wenn Sie auf die kleine Leuchtdiode schauen, die vorn aus einer solchen Fernbedienung herausragt, und eine der Tasten betätigen, sehen Sie daher nicht, dass die LED aufleuchtet.

IR-Fernbedienungen enthalten eine oder mehrere besondere LEDs, die Infrarotlicht erzeugen. Wenn Sie eine Taste auf der Fernbedienung drücken, blinkt die LED in einem charakteristischen Muster für die betreffende Taste. Das Signal wird dann von einem IR-Empfänger aufgefangen und in elektrische Pulse umgewandelt, die die Elektronik des Empfängers anschließend in Daten konvertiert. Wenn Sie die Muster erkennen wollen, können Sie sie sich ansehen, indem Sie sich die IR-LED auf der Fernbedienung durch den Sucher einer Handy- oder Digitalkamera anschauen.

Vorbereitung für die Infrarotübertragung

Als Erstes brauchen Sie die Arduino-Bibliothek für die Infrarotübertragung. Laden Sie alle erforderlichen Dateien von *https://github.com/z3t0/Arduino-IRremote/archive/master.zip* herunter und installieren Sie sie nach der Anleitung im Abschnitt »Sketche durch Bibliotheken erweitern« von Kapitel 7.

Der IR-Empfänger

Der nächste Schritt besteht darin, den IR-Empfänger einzurichten und zu prüfen. Dazu können Sie entweder einen eigenständigen Empfänger wie den aus Abbildung 17–1 verwenden oder ein vorverdrahtetes Modul wie in Abbildung 17–2, was die einfachere Vorgehensweise darstellt.

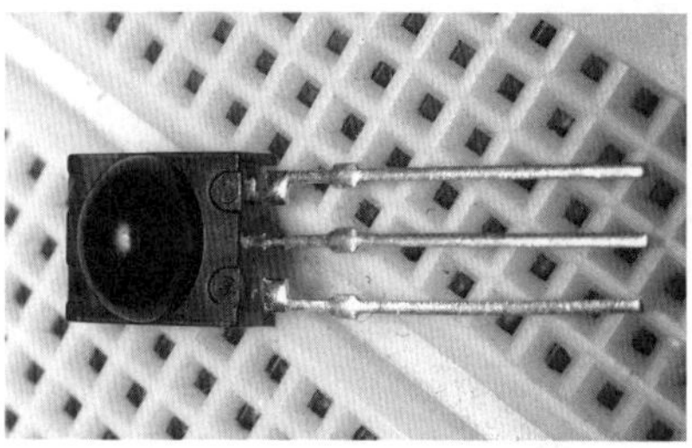

Abb. 17–1 *IR-Empfänger*

Abb. 17–2 *Vorverdrahtetes IR-Empfangsmodul*

Der eigenständige IR-Empfänger in Abbildung 17–1 ist ein Vishay TSOP4138, den Sie bei Anbietern wie Newark (Bestell-Nr. 59K0287) bekommen. Das in der Abbildung unten liegende Bein wird mit einem Digitalpin am Arduino verbinden, das mittlere mit *GND* und das obere mit dem 5-Volt-Anschluss.

In Abbildung 17–2 sehen Sie ein vorverdrahtetes IR-Empfangsmodul, wie es bei PMD Way und anderen Anbietern erhältlich ist. Der Vorteil dieser Bauteile besteht darin, dass sie bereits über Verbindungsdrähte verfügen und beschriftet sind, was den Anschluss erleichtert.

Unabhängig vom Empfängertyp wird in allen folgenden Beispielen der Kontakt C (die Datenleitung) mit dem digitalen Pin 2 des Arduino verbunden, VCC mit dem 5-Volt-Anschluss und GND mit GND.

Die Fernbedienung

Schließlich benötigen Sie noch eine Fernbedienung. In diesen Projekten verwenden wir eine Fernbedienung für Sony-Fernseher wie die aus Abbildung 17–3. Stattdessen können Sie aber auch jede handelsübliche Universalfernbedienung nehmen, müssen sie allerdings zunächst auf die Sony-Codes einstellen. Wie man dabei vorgeht, erfahren Sie in der mitgelieferten Anleitung.

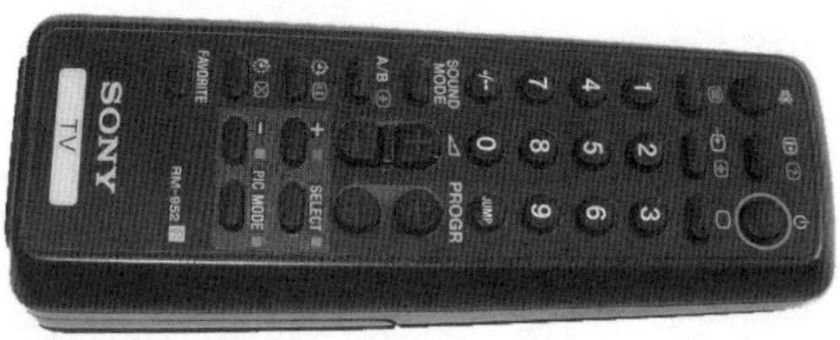

Abb. 17–3 *Ein Beispiel für eine Sony-Fernbedienung*

Der Testsketch

Um sicherzustellen, dass alles funktioniert, schließen Sie den IR-Empfänger an den Arduino an, geben den Sketch aus Listing 17–1 ein und laden ihn hoch.

```
// Listing 17-1

❶ #include <IRremote.h>        // Die Bibliothek verwenden

❷ IRrecv irrecv(receiverpin); // Instanz von irrecv erzeugen
❸ decode_results results;
int receiverpin = 2;          // pPin 1 des IR-Empfängers Digitalpin 2 des
Arduino

void setup()
{
  Serial.begin(9600);
  irrecv.enableIRIn();        // IR-Empfänger starten
}

void loop()
{
❹   if (irrecv.decode(&results))         // Empfangen wir ein IR-Signal?
  {
❺      Serial.print(results.value, HEX); // IR-Code im Serial Monitor
anzeigen
```

```
        Serial.print(" ");
        irrecv.resume();                    // nächsten Wert empfangen
    }
}
```

Listing 17–1 *Test des IR-Empfängers*

Der Sketch ist ziemlich einfach, da die meiste Arbeit im Hintergrund von der IR-Bibliothek erledigt wird. Bei ❹ prüfen wir, ob ein Signal von der Fernbedienung eingegangen ist. Wenn ja, wird es bei ❺ in hexadezimaler Form auf dem seriellen Monitor angezeigt. Die Zeilen ❶, ❷ und ❸ schließen die IR-Bibliothek ein und erstellen eine Instanz der Bibliotheksfunktion, auf die im Rest des Sketches verwiesen wird.

Den Sketch testen

Laden Sie den Sketch hoch, öffnen Sie den seriellen Monitor, zielen Sie mit der Fernbedienung auf den Empfänger und drücken Sie beliebige Tasten. Jedes Mal, wenn Sie eine Taste drücken, wird anschließend der zugehörige Code auf dem seriellen Monitor angezeigt. In Abbildung 17–4 sehen Sie beispielsweise das Ergebnis der Betätigung von Taste [1], [2] und [3].

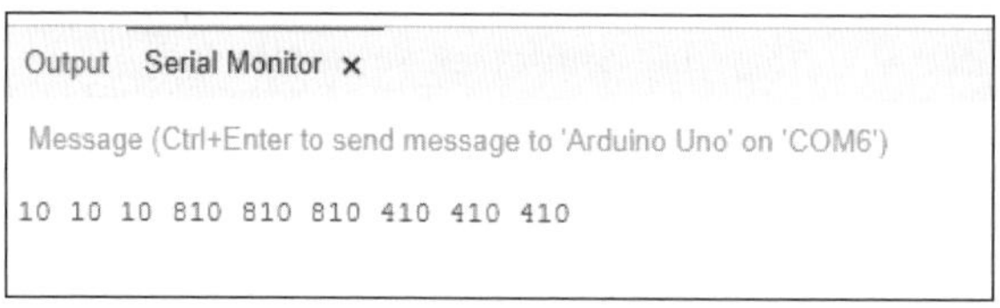

Abb. 17–4 *Anzeige von Listing 17–1 bei der Betätigung von Tasten*

Tabelle 17–1 führt die Codes für die einfache Sony-Fernbedienung auf, die wir in den folgenden Sketchen verwenden. Wenn Sie Listing 17–1 ausführen, werden Sie jedoch feststellen, dass jeder Code dreimal ausgegeben wird. Das ist eine Eigentümlichkeit der IR-Systeme von Sony, die den Code bei jeder Betätigung einer Taste dreimal senden. Mit geschickter Programmierung können Sie diese Wiederholungen verwerfen, wie Sie im nächsten Projekt sehen.

Taste	Code
Ein/Aus	A90
Stummschalten	290
1	10
2	810
3	410
4	C10
5	210
6	A10
7	610
8	E10
9	110
0	910
Lauter	490
Leiser	C90
Einen Kanal weiter	90
Einen Kanal zurück	890

Tab. 17–1 *Codes für Sony-Fernbedienungen*

Projekt Nr. 50: Den Arduino fernsteuern

Dieses Projekt zeigt Ihnen, wie Sie die digitalen Ausgangspins mithilfe einer IR-Fernbedienung steuern. In unserem Beispiel verwenden wir die Pins 3 bis 7 und die entsprechenden Zahlentasten auf der Sony-Fernbedienung. Wenn Sie eine dieser Tasten drücken, ändert der entsprechende Pin seinen Zustand eine Sekunde lang auf `HIGH` und fällt dann wieder auf `LOW` zurück. Dieses Projekt können Sie als Grundlage oder Richtschnur für andere Projekte heranziehen, in denen Sie eine Fernbedienung einsetzen möchten.

Die Hardware

- Arduino und USB-Kabel
- fünf LEDs
- fünf 560-Ω-Widerstände
- ein Infrarot-Empfänger oder -Modul

- eine Steckplatine
- mehrere Überbrückungskabel

Der Schaltplan

Die Schaltung besteht aus dem Infrarotempfänger, dessen Ausgang an den Digitalpin 2 angeschlossen ist, und fünf LEDs mit Strombegrenzungswiderständen, die an die Digitalpins 3 bis einschließlich 7 angeschlossen sind (siehe Abbildung 17–5).

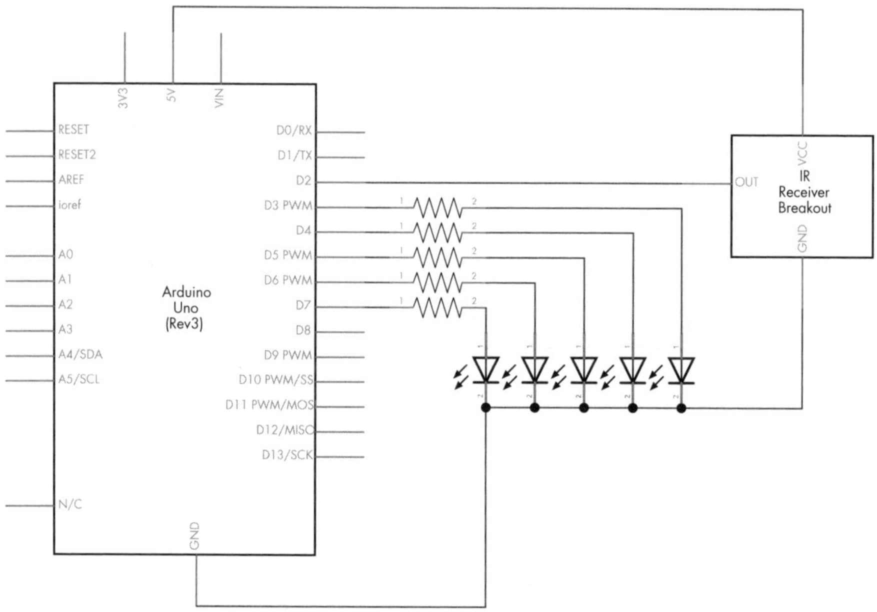

Abb. 17–5 *Der Schaltplan für Projekt 50*

Der Sketch

Geben Sie den folgenden Sketch ein und laden Sie ihn hoch:

```
// Projekt 50 – Den Arduino fernsteuern

#include <IRremote.h>
IRrecv irrecv(receiverpin); // Instanz von irrecv erzeugen
decode_results results;
int receiverpin = 2;        // Pin 1 des IR-Empfängers an Digitalpin2
des Arduino
void setup()
{
```

```
  irrecv.enableIRIn();       // Den Empfänger starten
  for (int z = 3 ; z < 8 ; z++) // Digitalpins einrichten
  {
    pinMode(z, OUTPUT);
  }
}

❶ void translateIR()
// Löst Funktion entsprechend des empfangenen Codes aus
// verwendet Sony-IR-Ccodes
{
  switch(results.value)
  {
❷     case 0x410:  pinOn(3); break; // 3
    case 0xC10:  pinOn(4); break; // 4
    case 0x210:  pinOn(5); break; // 5
    case 0xA10:  pinOn(6); break; // 6
    case 0x610:  pinOn(7); break; // 7
  }
}

❸ void pinOn(int pin) // Schaltet Digitalpin 1 eine Sekunde lang ein
{
  digitalWrite(pin, HIGH);
  delay(1000);
  digitalWrite(pin, LOW);
}

void loop()
{
❹  if (irrecv.decode(&results))      // Empfangen wir ein IR-Signal?
  {
    translateIR();
❺     for (int z = 0 ; z < 2 ; z++) // iDie 2. und 3.
Codewiederholungen ignorieren
    {
      irrecv.resume();              // Den nächsten Wert empfangen
```

```
            }
        }
}
```

Der Sketch besteht aus drei Hauptteilen. Zunächst wartet er bei ❹ auf ein Signal von der Fernbedienung. Wenn eines eingeht, wird es in der Funktion bei ❶ untersucht, um zu bestimmen, welche Taste gedrückt wurde und welche Aktion ausgeführt werden soll.

Beachten Sie, wie wir ab ❷ die von der IR-Bibliothek zurückgegebenen Codes mit den möglichen Fällen vergleichen. Es handelt sich dabei um die gleichen Codes, die wir auch beim Test in Listing 15–1 erhalten haben. Gehen die Codes für die Tasten 2 bis 7 ein, wird die Funktion `pinOn()` aufgerufen, die Sie bei ❸ sehen. Sie schaltet den zugehörigen Digitalpin eine Sekunde lang ein.

Wie bereits erwähnt, senden Sony-Fernbedienungen den Code für jede Taste dreimal, weshalb wir bei ❺ eine kleine Schleife verwenden, um das zweite und das dritte Vorkommen zu verwerfen. Beachten Sie außerdem das Präfix `0x` vor den Hexadezimalzahlen in den `case`-Anweisungen bei ❷.

HINWEIS

Hexadezimalzahlen sind Zahlen zur Basis 16, die aus den Ziffern 0 bis 9 sowie den Buchstaben A bis F aufgebaut sind. Der Wechsel zur nächsthöheren Stelle erfolgt erst, wenn der Wert fünfzehn (also F) überschritten ist. Der Dezimalwert 10 entspricht in hexadezimaler Form also A, der Dezimalwert 15 dem hexadezimalen F, der Dezimalwert 16 dem hexadezimalen 10 usw. In einem Sketch müssen Sie Hexadezimalzahlen das Präfix `0x` *voranstellen.*

Den Sketch erweitern

Führen Sie noch Tests auf weitere Tasten durch, um die Möglichkeiten für die Fernsteuerung zu erweitern. Bestimmen Sie anhand von Listing 17–1, welche Tasten welchen Code hervorrufen, und fügen Sie die zusätzlichen Codes zu der `switch`-`case`-Anweisung hinzu.

Projekt Nr. 51: Ein Raupenfahrzeug fernsteuern

Um Ihnen zu zeigen, wie Sie die IR-Fernbedienung auch für ein bereits vorhandenes Projekt einsetzen können, erweitern wir das in Projekt 39 beschriebene Raupenfahrzeug um eine Fernsteuerung. Anstatt Fahrtrichtung und Entfernung vorzugeben, ermöglicht es Ihnen der Sketch aus diesem Projekt, den Roboter mit einer einfachen Sony-Fernbedienung zu steuern.

Die Hardware

An Geräten benötigen Sie das Raupenfahrzeug aus Projekt 39 sowie den zuvor in diesem Kapitel verwendeten IR-Empfänger und die Fernbedienung. Der Sketch sorgt dafür, dass das Fahrzeug auf die Betätigung folgender Tasten auf der Fernbedienung reagiert: [2] für Vorwärtsfahrt, [8] für Rückwärtsfahrt, [4] für Drehung nach links und [6] für Drehung nach rechts.

Der Sketch

Nachdem Sie den IR-Empfänger an dem Raupenfahrzeug montiert haben, geben Sie folgenden Sketch ein und laden ihn hoch:

```
// Projekt 51 - Ein ferngesteuertes Raupenfahrzeug bauen
int receiverpin = 2; // Pin 1 des IR-Empfängers an Digitalpin 11 des
Arduino
#include <IRremote.h>
IRrecv irrecv(receiverpin); // Instanz von irrecv erzeugen
decode_results results;
#include <AFMotor.h>
AF_DCMotor motorl(1); // Für jeden Motor Instanzen erzeugen
AF_DCMotor motor2(2);
AF_DCMotor motor3(3);
AF_DCMotor motor4(4);
void goForward(int speed, int duration)
{
  motorl.setSpeed(speed);
  motor2.setSpeed(speed);
  motor3.setSpeed(speed);
```

```
  motor4.setSpeed(speed);
  motor1.run(FORWARD);
  motor2.run(FORWARD);
  motor3.run(FORWARD);
  motor4.run(FORWARD);
  delay(duration);
  motor1.run(RELEASE);
  motor2.run(RELEASE);
  motor3.run(RELEASE);
  motor4.run(RELEASE);
}

void goBackward(int speed, int duration)
{
  motor1.setSpeed(speed);
  motor2.setSpeed(speed);
  motor3.setSpeed(speed);
  motor4.setSpeed(speed);
  motor1.run(BACKWARD);
  motor2.run(BACKWARD);
  motor3.run(BACKWARD);
  motor4.run(BACKWARD);
  delay(duration);
  motor1.run(RELEASE);
  motor2.run(RELEASE);
  motor3.run(RELEASE);
  motor4.run(RELEASE);
}

void rotateLeft(int speed, int duration)
{
  motor1.setSpeed(speed);
```

```
  motor2.setSpeed(speed);
  motor3.setSpeed(speed);
  motor4.setSpeed(speed);
  motor1.run(FORWARD);
  motor2.run(BACKWARD);
  motor3.run(BACKWARD);
  motor4.run(FORWARD);
  delay(duration);
  motor1.run(RELEASE);
  motor2.run(RELEASE);
  motor3.run(RELEASE);
  motor4.run(RELEASE);
}

void rotateRight(int speed, int duration)
{
  motor1.setSpeed(speed);
  motor2.setSpeed(speed);
  motor3.setSpeed(speed);
  motor4.setSpeed(speed);
  motor1.run(BACKWARD);
  motor2.run(FORWARD);
  motor3.run(FORWARD);
  motor4.run(BACKWARD);
  delay(duration);
  motor1.run(RELEASE);
  motor2.run(RELEASE);
  motor3.run(RELEASE);
  motor4.run(RELEASE);
}

// translateIR takes action based on IR code received, uses Sony IR
```

```
codes
void translateIR()
{
  switch (results.value)
  {
    case 0x810:
      goForward(255, 250);
      break; // 2
    case 0xC10:
      rotateLeft(255, 250);
      break; // 4
    case 0xA10:
      rotateRight(255, 250);
      break; // 6
    case 0xE10:
      goBackward(255, 250);
      break; // 8
  }
}

void setup()
{
  delay(5000);
  irrecv.enableIRIn();          // start IR receiver
}

void loop()
{
  if (irrecv.decode(&results)) // Empfangen wir ein IR-Signal?
  {
    translateIR();
    for (int z = 0 ; z < 2 ; z++) // Wiederholte Codes ignorieren
```

```
      {
        irrecv.resume();              // den nächsten Wert empfangen
      }
    }
  }
```

Der Sketch sollte Ihnen vertraut vorkommen. Anstatt die Digitalpins einzuschalten, ruft er die Funktionen zur Motorsteuerung auf, die wir bereits in Kapitel 12 verwendet haben.

Ausblick

Beim Durcharbeiten der Projekte in diesem Kapitel haben Sie gelernt, wie Sie mit einer Infrarot-Fernbedienung Befehle an einen Arduino senden können. Zusammen mit den Kenntnissen, die Sie bereits erworben haben (und mit denen, die Sie in kommenden Projekten noch erwerben), können Sie damit Eingabegeräte wie Drucktasten durch eine Fernbedienung ersetzen.

Aber der Spaß hört noch nicht auf. Im nächsten Kapitel setzen wir den Arduino für etwas ein, was für den Laien erstaunlich und futuristisch wirkt: Funkidentifizierungssysteme, besser bekannt als RFID.

18

RFID-Transponder lesen

In diesem Kapitel lernen Sie Folgendes:

- Konstruktion eines RFID-Lesegeräts mit dem Arduino
- Speichern von Variablen im EEPROM des Arduino
- Grundgerüst eines Arduino-gestützten RFID-Steuerungssystems

RFID (*Radio-Frequency Identification*, also »Identifizierung über Funkfrequenzen«) ist ein drahtloses System, bei dem Daten über elektromagnetische Felder berührungsfrei von einem Objekt zu einem anderen übertragen werden. Sie können mit dem Arduino gebräuchliche RFID-Etiketten und -Karten lesen, um darüber die digitalen Ausgänge zu steuern oder um ein Zutrittskontrollsystem zu bauen. Möglicherweise haben Sie schon einmal eine RFID-Karte verwendet, beispielsweise eine Zugangskarte, um eine Tür zu öffnen, oder eine Karte für den öffentlichen Personennahverkehr, die Sie im Bus vor ein Lesegerät halten. Abbildung 18–1 zeigt einige Beispiele für RFID-Etiketten und -Karten.

Abb. 18–1 *Beispiele für RFID-Transponder*

Das Innenleben von RFID-Transpondern

Innerhalb eines RFID-Transponders befindet sich ein winziger integrierter Schaltkreis, dessen Speicher über ein besonderes Lesegerät zugänglich ist. Die meisten Transponder haben keine Batterie, sondern werden durch die Energie eines elektromagnetischen Feldes angetrieben, das das Lesegerät hervorruft. Das Feld wird über eine feine Drahtspule übertragen, die auch als Antenne für die Übermittlung von Daten zwischen Transponder und Lesegerät dient. Abbildung 18–2 zeigt die Antennenspule des RFID-Lesegeräts, das wir in diesem Kapitel verwenden.

Abb. 18–2 *Ein RFID-Lesegerät*

Den Kartenleser, den wir in diesem Kapitel einsetzen, können Sie unter der Bestellnummer 113990014 bei PMD Way erwerben. Er ist preisgünstig und einfach zu verwenden. Seine Betriebsfrequenz liegt bei 125 kHz. Achten Sie beim Kauf von RFID-Transpondern darauf, dass sie für dieselbe Frequenz ausgelegt sind. Beispielsweise können Sie die Transponder verwenden, die Sie unter *https://pmdway.com/collections/rfid-tags/.* bekommen.

Die Hardware testen

In diesem Abschnitt schließen Sie das RFID-Lesegerät an den Arduino an und prüfen mit einem einfachen Sketch, ob es funktioniert. Dabei liest der Sketch die RFID-Transponder und sendet die Daten an den seriellen Monitor.Um einen Konflikt mit der seriellen Schnittstelle zwischen dem PC und dem Arduino zu vermeiden, wird die RFID an andere digitale Pins angeschlossen und SoftwareSerial benutzt, wie es auch in Kapitel 15 mit dem GPS-Empfänger-Modul der Fall war.

Der Schaltplan

Abbildung 18–3 zeigt ein Diagramm mit den Anschlüssen des RFID-Moduls, wenn Sie von oben auf eben jenes schauen.

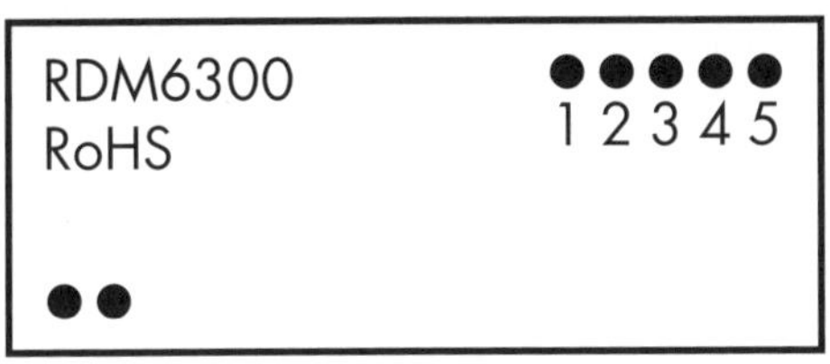

Abb. 18–3 *Anschlüsse des RFID-Moduls*

Die Schaltung prüfen

Beachten Sie bitte folgende Schritten, um das RFID-Lesegerät an den Arduino anzuschließen. Benutzen Sie hierfür ein Überbrückungskabel (weiblich auf männlich).

1. Schließen Sie den mitgelieferten Spulenstecker an die Antennen-Pins auf der unteren rechten Seite des RFID-Lesegeräts.
2. Verbinden Sie den GND-Anschluss des Lesegeräts, also Pin 2, mit dem GND-Anschluss des Arduino.

3. Verbinden Sie den 5-Volt-Anschluss (Pin 1) des Lesegeräts mit dem 5-Volt-Anschluss des Arduino.
4. Verbinden Sie den RX-Anschluss (Pin 4) des Lesegeräts mit dem Arduino-Pin D3.
5. Verbinden Sie den TX-Anschluss (Pin 5) des Lesegeräts mit dem Arduino-Pin D2.

Der Test-Sketch

Geben Sie jetzt den Code aus Listing 18–1 ein und laden Sie ihn hoch.

```
// Listing 18-1
#include <SoftwareSerial.h>
SoftwareSerial Serial2(2, 3);
int data1 = 0;

void setup()
{
  Serial.begin(9600);
  Serial2.begin(9600);
}

void loop()
{
  if (Serial2.available() > 0) {
    data1 = Serial2.read();
    // display incoming number
    Serial.print(" ");
    Serial.print(data1, DEC);
  }
```

Listing 18–1 *RFID-Testsketch*

Anzeigen der ID-Nummer der RFID-Transponder

Öffnen Sie den seriellen Monitor und bewegen Sie einen RFID-Transponder über die Spule. Dadurch erhalten Sie ein Ergebnis wie in Abbildung 18–4.

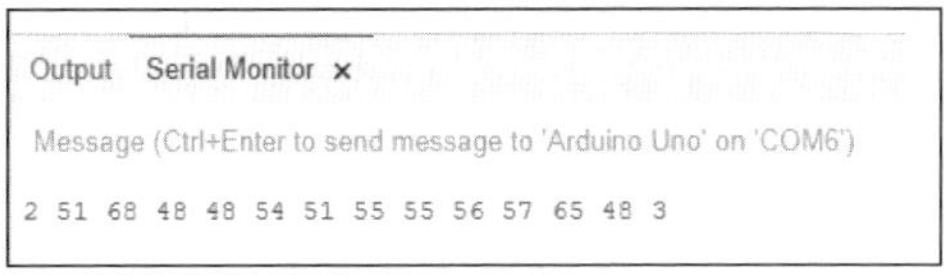

Abb. 18–4 *Beispielausgabe von Listing 18–1*

Die 14 Zahlen, die im seriellen Monitor angezeigt werden, stellen die eindeutige ID des RFID-Transponders dar, die wir in künftigen Sketchen zu dessen Identifizierung verwenden. Notieren Sie sich die Zahlen, die bei Ihren Transpondern jeweils angezeigt werden. Sie werden sie in den nächsten Projekten noch brauchen.

Projekt Nr. 52: Ein einfaches RFID-Steuerungssystem konstruieren

Als Nächstes werden wir das RFID-System praktisch einsetzen. In diesem Projekt lernen Sie, wie Sie beim Lesen eines bestimmten Transponders ein Arduino-Ereignis auslösen. Der Sketch speichert zwei Nummern von RFID-Karten. Wird die eine davon vom Lesegerät erfasst, so wird auf dem seriellen Monitor *Accepted* angezeigt, bei der anderen dagegen *Rejected*. Dies können Sie als Grundlage nutzen, um Ihren Projekten eine RFID-Zugriffssteuerung hinzuzufügen.

Der Sketch

Geben Sie den folgenden Sketch ein und laden Sie ihn hoch. Ersetzen Sie die Xe in den Arrays bei ❶ und ❷ jedoch durch die Nummern der RFID-Transponder, die Sie zuvor in diesem Kapitel bestimmt haben. (Arrays wurden in Kapitel 6 behandelt.)

```
// Projekt 52 – Ein einfaches RFID-Steuerungssystem
#include <SoftwareSerial.h>
SoftwareSerial Serial2(2, 3);
int data1 = 0;
int ok = -1;
// mit Listing 18-1 die Tag-Nummern herausfinden

❶ int tag1[14] = {x, x, x, x, x, x, x, x, x, x, x, x, x, x};
❷ int tag2[14] = {x, x, x, x, x, x, x, x, x, x, x, x, x, x};
int newtag[14] = {0, 0, 0, 0, 0, 0, 0, 0, 0, 0, 0, 0, 0, 0};
```

```
// used for read comparisons

❸ boolean comparetag(int aa[14], int bb[14])
{
  boolean ff = false;
  int fg = 0;
  for (int cc = 0 ; cc < 14 ; cc++)
  {
    if (aa[cc] == bb[cc])
    {
      fg++;
    }
  }
  if (fg == 14)
  {
    ff = true;
  }
  return ff;
}
❹ void checkmytags() // vergleicht das Tag mit dem gerade gelesenen
{
  ok = 0;          // Die Variable hilft bei der Entscheidung
  // Bei 1 gibt es eine Übereinstimung, bei 0 nicht
  // -1 bedeutet, dass kein Leseversuch stattgefunden hat
  if (comparetag(newtag, tag1) == true)
  {
❺     ok++;
  }
  if (comparetag(newtag, tag2) == true)
  {
❻     ok++;
  }
}

void setup()
{
  Serial.begin(9600);
  Serial2.begin(9600);
```

```
  Serial2.flush(); // Seriellen Puffer leeren
                   // sonst könnte der erste Lesevorgang felherhaft
sein
}

void loop()
{
  ok = -1;
  if (Serial2.available() > 0)      // Wenn gelesen wurde
  {
              // eingehende Nummer am seriellen Anschluss lesen
    delay(100); // Pause, um die Daten aus dem seriellen
              // Puffer auszulesen
❼    for (int z = 0 ; z < 14 ; z++) // den Rest des Tags lesen
    {
      data1 = Serial2.read();
      newtag[z] = data1;
    }
    Serial2.flush(); // Mehrfachauslesungen verhindern
    // jetzt die Tags vergleichen
❽    checkmytags();
  }
❾  // Abhängig vom Tag-Typ etwas tun
  if (ok > 0)         // bei Übereinstimmung
  {
    Serial.println("Accepted");
    ok = -1;
  }
  else if (ok == 0)  // Wenn es keine Übereinstimmung gibt
  {
    Serial.println("Rejected");
    ok = -1;
  }
}
```

Funktionsweise

Ein Transponder, der dem RFID-Lesegerät präsentiert wird, sendet seine Nummer über den seriellen Port. Bei ❼ erfassen wir alle 14 Ziffern dieser Nummer und stellen sie in das Array `newtag[]`. Als Nächstes wird dieses Array in der Funktion `checkmytags()` bei ❹ und ❽ mit den beiden Transpondernummern verglichen, die in ❶ und ❷ gespeichert wurden. Der eigentliche Vergleich wird `comparetag()` bei ❸ überlassen.

Die Funktion `comparetag()` nimmt zwei Zahlen-Arrays als Parameter entgegen und gibt in Form eines booleschen Werts zurück, ob die Arrays identisch sind (`true`) oder nicht (`false`). Bei einer Übereinstimmung wird die Variable `OK` bei ❺ und ❻ auf 1 gesetzt. Schließlich stehen bei ❾ die Aktionen, die in Abhängigkeit vom Ergebnis des Lesevorgangs ausgeführt werden sollen.

Laden Sie den Sketch hoch, stellen Sie die Verbindung zwischen *D0* auf dem Arduino und *RX* auf dem RFID-Lesegerät wieder her (siehe Abb. 18–3), öffnen Sie den seriellen Monitor und halten Sie einige Transponder vor das Lesegerät. Die Ergebnisse werden wie in Abbildung 18–5 angezeigt.

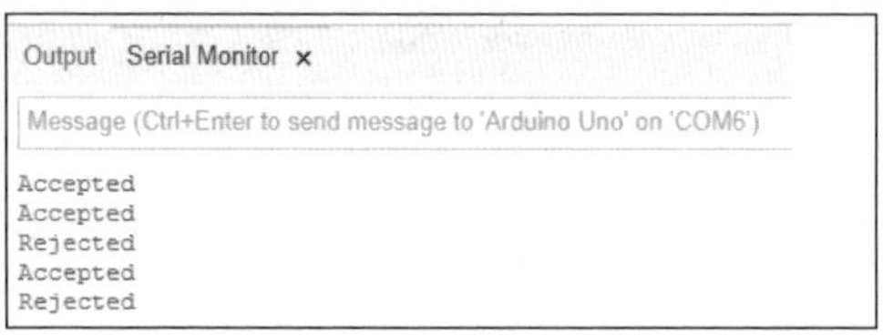

Abb. 18–5 *Das Ergebnis von Projekt 52*

Daten im eingebauten EEPROM des Arduino speichern

Wenn Sie in Arduino-Sketchen Variablen definieren, bleiben die darin gespeicherten Daten nur bis zum Zurücksetzen oder Abschalten des Arduino erhalten. Was aber, wenn Sie die Werte für die weitere Verwendung aufbewahren möchten, z. B. die Geheimzahl für das Tastenfeld in Kapitel 9? Hier kommt der *EEPROM* (*Eletrically Erasable Read-Only Memory*, also »elektrisch löschbarer, programmierbarer schreibgeschützter Speicher«) ins Spiel. Er hält Variablen im Speicher des ATmega328-Mikrocontrollers fest, sodass sie auch dann nicht verloren gehen, wenn der Strom abgeschaltet wird.

Der EEPROM des Arduino kann 1024 Bytevariablen in den Positionen von 0 bis 1023 speichern. Wenn Sie bedenken, dass ein Byte einen Integer mit einem Wert zwischen 0 und 255 aufnehmen kann, dürfte klar werden, warum dies ideal für die Speicherung von RFID-Transpondernummern geeignet ist. Um den EEPROM in einem Sketch verwenden zu können, müssen Sie zunächst die zugehörige Bibliothek (die in der Arduino-IDE enthalten ist) wie folgt einschließen:

```
#include <EEPROM.h>
```

Um einen Wert in den EEPROM zu schreiben, verwenden Sie einfach folgenden Code:

```
EEPROM.write(a, b);
```

Hier ist `a` die Position (zwischen 0 und 1023), in der der Wert gespeichert wird, und `b` die Variable mit dem Datenbyte, das an der EEPROM-Position `a` abgelegt werden soll.

Um Daten vom EEPROM abzurufen, verwenden Sie folgende Funktion:

```
value = EEPROM.read(Position);
```

Dadurch werden die Daten abgerufen, die sich an der angegebenen EEPROM-Position befinden, und in der Variable `value` gespeichert.

HINWEIS

Der EEPROM hat eine begrenzte Lebensdauer und ist irgendwann abgenutzt. Laut Angabe des Herstellers Atmel kann er 100.000 Schreib-/Löschvorgänge für jede Position überstehen. Die Anzahl der Lesevorgänge ist dagegen unbegrenzt.

Lesen und Schreiben im EEPROM

Das folgende Beispiel zeigt, wie Sie Daten in den EEPROM schreiben und von ihm lesen. Geben Sie den Code aus Listing 18–2 ein und laden Sie ihn hoch.

```
#include <EEPROM.h>
int zz;

void setup()
{
   Serial.begin(9600);
   randomSeed(analogRead(0));
}
```

```
void loop()
{
   Serial.println("Writing random numbers...");
   for (int i = 0; i < 1024; i++)
   {
      zz = random(255);
      EEPROM.write(i, zz);     ❶
   }
   Serial.println();
   for (int a = 0; a < 1024; a++)
   {
      zz = EEPROM.read(a);     ❷
      Serial.print("EEPROM position: ");
      Serial.print(a);
      Serial.print(" contains ");
      Serial.println(zz);     ❸
      delay(25);
   }
}
```

Listing 18–2 *Sketch zur Veranschaulichung des EEPROM*

In der Schleife bei ❶ wird an jeder EEPROM-Position eine Zufallszahl zwischen 0 und 255 gespeichert. Diese Werte werden dann in der zweiten Schleife bei ❷ abgerufen und bei ❸ im seriellen Monitor angezeigt.

Laden Sie den Sketch hoch und öffnen Sie den seriellen Monitor. Dort können Sie dann eine Anzeige wie in Abbildung 18–6 beobachten.

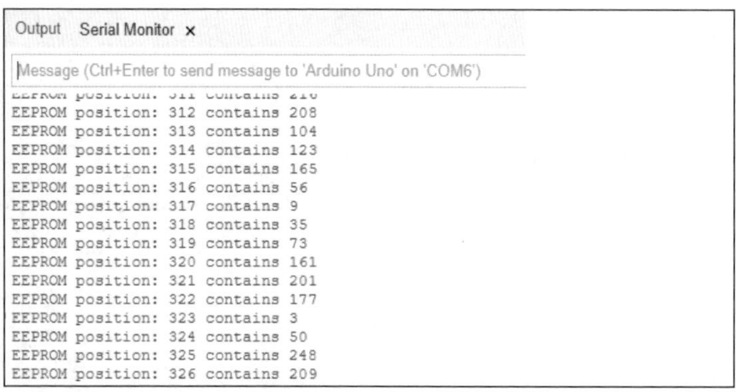

Abb. 18–6 *Beispielausgabe von Listing 18–2*

Nun sind Sie bereit für ein Projekt, in dem Sie den EEPROM verwenden.

Projekt Nr. 53: Ein RFID-Steuerungssystem konstruieren, das sich die letzte Aktion merkt

In Projekt 52 haben wir zwar den Zugriff auf eine beliebige Einrichtung gesteuert, z. B. eine Lampe oder ein elektrisches Türschloss, allerdings kann sich das System den Zustand nicht merken, wenn es zurückgesetzt wird oder der Strom ausfällt. Wenn beispielsweise das Licht eingeschaltet war, als der Strom ausging, würde es nach dem Wiederanlaufen der Stromversorgung ausgeschaltet sein. Es wäre natürlich besser, wenn sich der Arduino den Zustand merken und ihn später wiederherstellen könnte. Darum kümmern wir uns jetzt.

In diesem Projekt wird die letzte Aktion (z. B. »geschlossen« oder »geöffnet«) im EEPROM gespeichert. Wenn der Sketch nach einem Stromausfall oder einem Zurücksetzen des Arduino neu gestartet wird, kehrt das System zu dem vorherigen, im EEPROM festgehaltenen Zustand zurück.

Der Sketch

Geben Sie den folgenden Sketch ein und laden Sie ihn hoch. Auch hier müssen Sie wieder die Xe bei ❶ und ❷ durch die Nummern von zweien Ihrer RFID-Transponder ersetzen, wie Sie es schon in Projekt 52 getan haben.

```
// Projekt 53 – RFID-Steuerungssystem, das sich die letzte Aktion merkt
#include <SoftwareSerial.h>
SoftwareSerial Serial2(2, 3);
#include <EEPROM.h>
int data1 = 0;
int ok = -1;
int lockStatus = 0;
// Mit Listing 18-1 die Tag-Nummern herausfinden
❶ int tag1[14] = {
  x, x, x, x, x, x, x, x, x, x, x, x, x, x
};
❷ int tag2[14] = {
  x, x, x, x, x, x, x, x, x, x, x, x, x, x
};
int newtag[14] = {
  0, 0, 0, 0, 0, 0, 0, 0, 0, 0, 0, 0, 0, 0
}; // für Lese-Vergleiche
```

```
// comparetag vergleicht zwei Arrays und gibt bei Gleichheit TRUE
zurückl
// gut zum Vergleichen von Tags
boolean comparetag(int aa[14], int bb[14])
{
  boolean ff = false;
  int fg = 0;
  for (int cc = 0; cc < 14; cc++)
  {
    if (aa[cc] == bb[cc])
    {
      fg++;
    }
  }
  if (fg == 14)
  {
    ff = true;
  }
  return ff;
}
void checkmytags()
// Vergleicht das Tag mit dem gerade gelesenen
{
  ok = 0;
  if (comparetag(newtag, tag1) == true)
  {
    ok++;
  }
  if (comparetag(newtag, tag2) == true)
  {
    ok++;
  }
}
❸ void checkLock()
{
  Serial.print("System Status after restart ");
  lockStatus = EEPROM.read(0);
  if (lockStatus == 1)
```

```
  {
    Serial.println("- locked");
    digitalWrite(13, HIGH);
  }
  if (lockStatus == 0)
  {
    Serial.println("- unlocked");
    digitalWrite(13, LOW);
  }
  if ((lockStatus != 1) && (lockStatus != 0))
  {
    Serial.println("EEPROM fault - Replace Arduino hardware");
  }
}
void setup()
{
  Serial.begin(9600);
  Serial2.begin(9600);
  Serial2.flush(); // leert den seriellen Puffer
  pinMode(13, OUTPUT);
❹ checkLock();
}
void loop()
{
  ok = -1;
  if (Serial2.available() > 0)    // wurde Leseversuch unternommen
  {
    // Eingehende Nummer am seriellen Anschluss lesen
    delay(100);
    for (int z = 0; z < 14; z++) // den Rest des Tags lesen
    {
      data1 = Serial2.read();
      newtag[z] = data1;
    }
    Serial2.flush();                // verhindert Mehrfachauslesungen
    // now to match tags up
    checkmytags();
  }
```

```
❺ if (ok > 0)                    // wenn es einen Treffer gibt
  {
    lockStatus = EEPROM.read(0);
    if (lockStatus == 1)         // wenn verschlossen, öffnen
    {
❻     Serial.println("Status - unlocked");
      digitalWrite(13, LOW);
      EEPROM.write(0, 0);
    }
    if (lockStatus == 0)
    {
❼     Serial.println("Status - locked");
      digitalWrite(13, HIGH);
      EEPROM.write(0, 1);
    }
    if ((lockStatus != 1) && (lockStatus != 0))
    {
❽     Serial.println("EEPROM fault - Replace Arduino hardware");
    }
  }
  else if (ok == 0)              // keine Übereinstimmung
  {
    Serial.println("Incorrect tag");
    ok = -1;
  }
  delay(500);
}
```

Funktionsweise

Dieser Sketch ist eine Variante von Projekt 52. Um den Status einer Einrichtung (z. B. eines Schlosses) zu simulieren, die beim Lesen eines akzeptierten RFID-Transponders ein- oder ausgeschaltet werden soll, verwenden wir die eingebaute LED. Nachdem der Transponder gelesen und überprüft wurde, wird der Status des »Schlosses« bei ❺ geändert. Den neuen Status speichern wir in Form einer Zahl an der ersten Position des EEPROM: Dabei steht 0 für geöffnet und 1 für geschlossen. Nach jedem erfolgreichen Transponder-Lesevorgang wird der Status bei ❻ oder ❼ geändert (von »geschlossen« in »geöffnet« und umgekehrt).

Außerdem haben wir eine Vorsichtsmaßnahme für den Fall getroffen, dass der EEPROM abgenutzt ist. Wenn der beim Lesen des EEPROM zurückgegebene Wert weder `0` noch `1` lautet, werden wir bei ❽ darüber benachrichtigt. Des Weiteren wird der Status bei jedem Neustart nach einem Reset durch die Funktion `checkLock()` bei ❶, ❷, ❸ und ❹ überprüft. Sie liest den EEPROM-Wert, bestimmt den letzten Status und richtet das Schloss entsprechend ein (d.h. öffnet oder schließt es).

Ausblick

Auch hier haben wir eine sehr kompliziert wirkende Einrichtung mithilfe des Arduino auf einfache Weise nachgestellt. Jetzt verfügen Sie über eine Grundlage, um Ihren Projekten eine professionelle RFID-Zugriffssteuerung hinzuzufügen und um die digitalen Ausgänge dadurch zu steuern, dass Sie einfach eine RFID-Karte vor ein Lesegerät halten. Diese Möglichkeiten werden wir in Kapitel 18 noch weiter vorführen.

19

Datenbusse

In diesem Kapitel lernen Sie Folgendes:

- Grundlagen des I²C-Busses
- Verwendung eines EEPROM und einer Porterweiterung am I²C-Bus
- Grundlagen des SPI-Busses
- Verwendung eines Digitalpotenziometers am SPI-Bus

Ein Arduino kommuniziert mit anderen Geräten über einen *Datenbus*. Dabei handelt es sich um ein System aus Verbindungen, über die zwei oder mehr Geräte Daten auf geordnete Weise austauschen können. Ein Datenbus kann eine Verbindung zwischen dem Arduino und verschiedenen Sensoren, E/A-Erweiterungsgeräten oder anderen Bauteilen herstellen.

Für den Arduino spielen vor allem zwei Busse eine wichtige Rolle: der *SPI-Bus* (*Serial Peripheral Interface*) und der *I²C-Bus* (*Inter-Integrated Circuit*). Viele nützliche Sensoren und externe Geräte kommunizieren über diese beiden Busse.

Der I²C-Bus

Der I²C-Bus ist ein einfaches und leicht zu nutzendes Gerät für die Datenkommunikation. Die Daten werden zwischen dem Arduino und anderen Geräten über zwei Drähte übertragen (daher auch die Bezeichnung *TWI-Bus* für *Two Wire Interface*), die als *SDA* und *SCL* bezeichnet werden und bei denen es sich um die Daten- und die Taktleitung (»clock«) handelt. Beim Arduino Uno ist A4 der SDA-Pin und A5 der SCL-Pin (siehe Abb. 19–1).

Einige neuere R3-Platinen weisen für den bequemen Zugriff auf den Bus auch zweckbestimmte I^{2}C-Kontakte in der oberen linken Ecke auf, wie in Abbildung 19–2 gezeigt. Wenn Sie diese Pins verwenden, können Sie die Pins A4 und A5 nicht für andere Zwecke einsetzen.

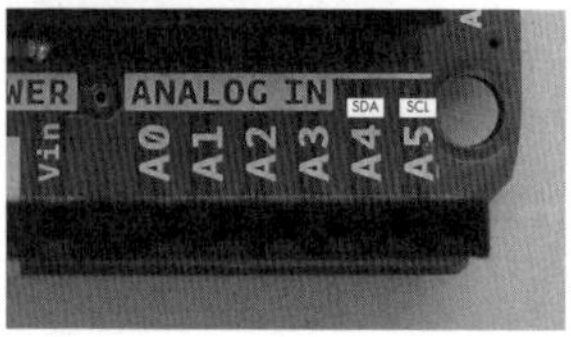

Abb. 19–1 *Anschlüsse für den I^{2}C-Bus am Arduino Un*

Abb. 19–2 *Zusätzliche I^{2}C-Pins*

Abb. 19–3 *Beschriftungen für die zusätzlichen Pins*

Da die sechs Pins, die für die Umprogrammierung des USB-Interface-Mikrocontrollers verwendet werden, den Platz belegen, der normalerweise für die Pin-Beschriftung verwendet wird, können Sie die Beschriftungen auf der Rückseite des Arduino sehen, wie in Abbildung 19–3 dargestellt.

Der Arduino gilt am I^{2}C-Bus als *Master-Gerät*, alle anderen ICs am Bus als *Slave*. Jeder Slave verfügt über seine eigene Adresse in Form einer Hexadezimalzahl, mit der der Arduino die Geräte ansprechen und mit ihnen kommunizieren kann. Gewöhnlich bringt jedes Gerät einen Bereich von 7 I^{2}C-Busadressen zur Auswahl mit. Einzelheiten werden im Datenblatt des Herstellers angegeben. Welche Adressen zur Verfügung stehen, hängt von der Verdrahtung der IC-Pins ab.

HINWEIS

Da der Arduino eine Betriebsspannung von 5 V hat, müssen auch die angeschlossenen I^{2}C-Geräte mit 5 V arbeiten oder eine solche Spannung verkraften. Lassen Sie sich das vor Inbetriebnahme vom Händler oder Hersteller bestätigen.

Um den I²C-Bus zu nutzen, brauchen Sie die Bibliothek `Wire` (die in der Arduino-IDE enthalten ist):

```
#include <Wire.h>
```

Danach aktivieren Sie den Bus wie folgt in `void setup()`:

```
Wire.begin();
```

Die Daten werden Byte für Byte über den Bus übertragen. Um ein Byte Daten vom Arduino an ein Gerät am Bus zu senden, sind drei Funktionen erforderlich:

1. Die erste Funktion leitet die Kommunikation mit der folgenden Codezeile ein. (Dabei steht *Adresse* für die hexadezimale Busadresse des Slave-Geräts, z. B. `0x50`.)

   ```
   Wire.beginTransmission(Adresse);
   ```

2. Die zweite Funktion sendet ein Byte an Daten vom Arduino an das von der vorherigen Funktion angesprochene Gerät. (*Daten* ist hierbei eine Variable, die ein Byte an Daten enthält. Sie können auch größere Datenmengen senden, müssen dabei aber für jedes Byte eine eigene `Wire.write()`-Funktion verwenden.)

   ```
   Wire.write(Daten);
   ```

3. Wenn wir mit dem Senden von Daten an das betreffende Gerät fertig sind, müssen wir die Übertragung schließlich wie folgt beenden:

   ```
   Wire.endTransmission();
   ```

Um die Übertragung von Daten vom I²C-Gerät an den Arduino anzufordern, beginnen Sie mit `Wire.beginTransmission(`*Adresse*`)` und geben dann die folgende Anweisung (wobei *x* angibt, wie viele Bytes an Daten Sie anfordern):

```
Wire.requestFrom(Adresse,x);
```

Danach speichern Sie das eingehende Byte mit der folgenden Funktion in einer Variable:

```
incoming = Wire.read();       // incoming ist die Variable,
                              // die das empfangene Datenbyte bekommt
```

Abermals müssen Sie die Übertragung mit `Wire.endTransmission()` abschließen. Im folgenden Projekt sehen Sie diese Funktionen im Einsatz.

Projekt Nr. 54: Einen externen EEPROM verwenden

Abb. 19–4
Der EEPROM 24LC512 von Microchip Technology

In Kapitel 16 haben wir den internen EEPROM des Arduino verwendet, um zu verhindern, dass Variablendaten bei einem Zurücksetzen der Platine oder bei einem Stromausfall verloren gehen. Dieser interne EEPROM kann aber nur 1024 Bytes an Daten festhalten. Um mehr Daten zu speichern, können Sie einen externen EEPROM verwenden, wie Sie in diesem Projekt sehen werden.

Als externen EEPROM verwenden wir den 24LC512 von Microchip Technology, der bis zu 64 KB (65.536 Bytes) an Daten aufnehmen kann (siehe Abb. 19–4). Sie können ihn bei Anbietern wie Digi-Key (Bestell-Nr. 24LC512-I/P-ND) oder PMD Way (Bestell-Nr. 24LC512A) erwerben.

Die Hardware

Für dieses Projekt brauchen Sie folgende Teile:

- einen EEPROM 24LC512 von Microchip Technology
- zwei 4,7-kΩ-Widerstände
- einen 100-nF-Keramikkondensator
- eine Steckplatine
- Verbindungsdrähte
- Arduino und USB-Kabel

Der Schaltplan

Fügen Sie die beiden 4,7-kΩ-Widerstände wie in Abbildung 19–5 gezeigt zwischen dem 5-Volt-Anschluss und *SCL* bzw. *SDA* ein.

Die Busadresse des 24LC512 hängt teilweise von der Verdrahtung des EEPROM-ICs im Schaltkreis ab. Die letzten drei Bits der Adresse werden vom Status der Pins A2, A1 und A0 bestimmt. Sind diese Pins an Masse gelegt, haben sie den Wert 0, sind sie dagegen mit dem 5-Volt-Anschluss verbunden, beträgt der Wert 1.

Die ersten vier Bits sind auf 1010 voreingestellt. In unserem Schaltkreis lautet die Busadresse binär 1010000, hexadezimal 0x50. Der Grund hierfür liegt darin, dass A0, A1 und A2 alle mit GND verbunden sind.

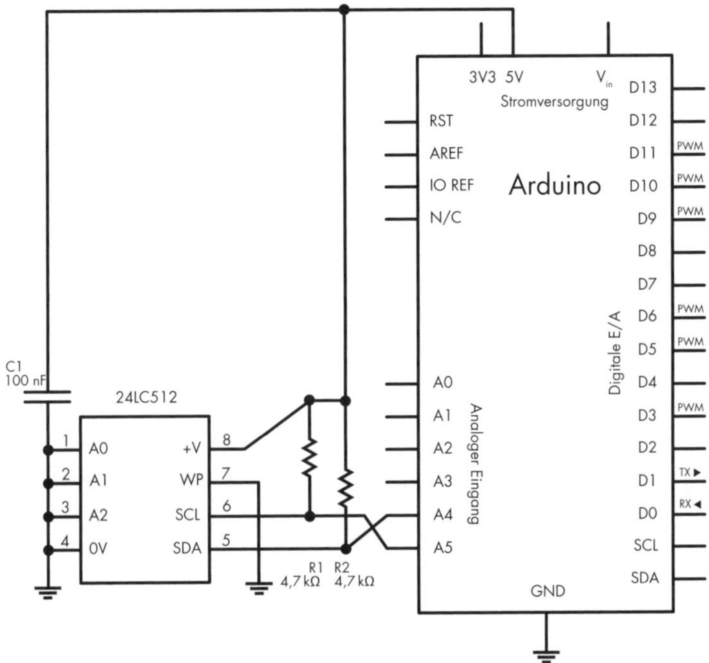

Abb. 19–5 *Schaltplan für Projekt 54*

Der Sketch

Der externe EEPROM kann zwar bis zu 64 KB an Daten speichern, aber in diesem Sketch wollen wir nur einen Bruchteil davon vorführen, indem wir lediglich in den ersten 20 Speicherpositionen Bytes ablegen und abrufen.

Geben Sie den folgenden Sketch ein und laden Sie ihn hoch:

```
// Projekt 54: Einen externen EEPROM verwenden
#include <Wire.h>    ❶
#define chip1 0x50

unsigned int pointer;
byte d=0;

void setup()
{
   Serial.begin(9600);    ❷
   Wire.begin();
}
```

```
void writeData(int device, unsigned int address, byte data)
// Schreibt das Datenbyte "data" im EEPROM mit der I2C-Adresse "device"
// am Speicherort 'address'
{
   Wire.beginTransmission(device);   ❸
   Wire.write((byte)(address >> 8));      // Linker Teil der Zeigeradresse
   Wire.write((byte)(address & 0xFF));    // Rechter Teil
   Wire.write(data);
   Wire.endTransmission();
   delay(10);
}

byte readData(int device, unsigned int address)   ❹
// Liest das Datenbyte am Speicherort "address"
// im Chip an der I2C-Adresse "device"
{
   byte result;                           // Zurückgegebener Wert
   Wire.beginTransmission(device);
   Wire.write((byte)(address >> 8));      // Linker Teil der Zeigeradresse
   Wire.write((byte)(address & 0xFF));    // Rechter Teil
   Wire.endTransmission();
   Wire.requestFrom(device,1);   ❺
   result = Wire.read();
   return result;      // Gibt das Byte als Ergebnis
                       // der Funktion readData zurück
}

void loop()
{
   Serial.println("Writing data...");
   for (int a=0; a<20; a++)
   {
      writeData(chip1,a,a);
   }
   Serial.println("Reading data...");
   for (int a=0; a<20; a++)
   {
      Serial.print("EEPROM position ");
      Serial.print(a);
      Serial.print(" holds ");
      d=readData(chip1,a);
      Serial.println(d, DEC);
   }
}
```

Gehen wir diesen Sketch nun Schritt für Schritt durch. Bei ❶ aktivieren wir die Bibliothek und definieren die I²C-Busadresse `chip1` für den EEPROM. Anschließend starten wir bei ❷ den seriellen Monitor und dann den I²C-Bus. Die beiden selbst geschriebenen Funktionen `writeData()` und `readData()` helfen Zeit zu sparen und können außerdem bei zukünftigen Arbeiten mit dem EEPROM-IC wiederverwendet werden. Sie dienen dazu, Daten auf den EEPROM zu schreiben bzw. von ihm zu lesen.

Die Funktion `writeData()` bei ❸ leitet die Übertragung zum EEPROM ein. In den nächsten beiden `Wire.write()`-Funktionen sendet sie die Speicheradressen, an denen die Datenbytes im EEPROM abgelegt werden soll, schickt dann das zu schreibende Datenbyte und beendet die Übertragung.

Ebenso wie `writeData()` nutzt auch die Funktion `readData()` bei ❹ den I²C-Bus, sendet aber keine Datenbytes an den EEPROM, sondern liest bei ❺ Daten mithilfe von `wire.requestFrom()`. Das vom EEPROM empfangene Byte wird schließlich in der Variable `result` abgelegt und von der Funktion zurückgegeben.

Das Ergebnis

In `void loop()` durchläuft der Sketch 20 Mal eine Schleife und schreibt dabei immer einen Wert in den EEPROM. Dann tritt das Programm in eine weitere Schleife ein, die die Werte abruft und im seriellen Monitor anzeigt (siehe Abb. 19–6).

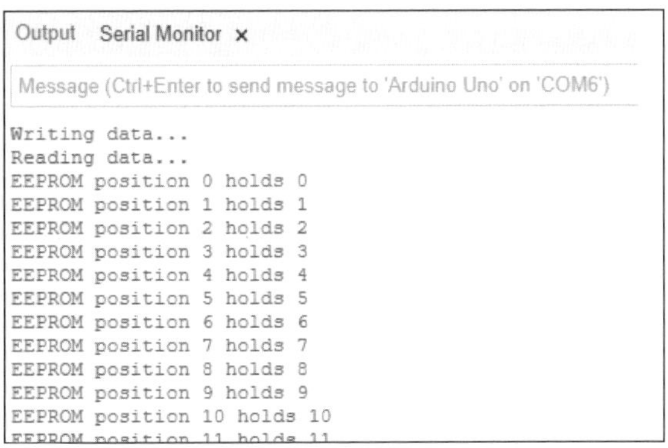

Abb. 19–6 *Die Ergebnisse von Projekt 54*

Projekt Nr. 55: Einen IC zur Porterweiterung verwenden

Eine *Porterweiterung* ist eine weitere nützliche Art von ICs, die über den I^2C-Bus gesteuert wird und dazu dient, zusätzliche digitale Ausgänge bereitzustellen. In diesem Projekt verwenden wir die 16-Bit-Porterweiterung MCP23017 von Microchip Technology (siehe Abb. 19–7), die über 16 digitale Ausgänge verfügt. Erhältlich ist dieser IC bei Anbietern wie Digi-Key (Bestell-Nr. MCP23017-E/SP-ND) und PMD Way (Bestell-Nr. MCP23017A).

Abb. 19–7 *Der Porterweiterungs-IC MCP23017 von Microchip Technology*

In diesem Projekt schließen Sie den MCP23017 an den Arduino an und lernen, wie Sie die 16 Erweiterungsausgänge über den Arduino steuern. Jeder dieser Zusatzausgänge kann wie ein regulärer digitaler Ausgang des Arduino behandelt werden.

Die Hardware

Für dieses Projekt brauchen Sie folgende Teile:

- einen Porterweiterungs-IC MCP20317 von Microchip Technology
- zwei 4,7-kΩ-Widerstände
- LEDs und 560-Ω-Widerstände in jeweils gleicher Anzahl (optional)
- eine Steckplatine
- Verbindungsdrähte
- Arduino und USB-Kabel

Der Schaltplan

Abbildung 19–8 zeigt den grundlegenden Schaltplan für einen MCP23017. Wie bei dem EEPROM aus Projekt 54 können wir die I^2C-Busadresse über die Verkabelung festlegen. Beim MCP23017 verbinden wir die Pins 15 bis 17 mit *GND*, um die Adresse auf `0x20` zu setzen.

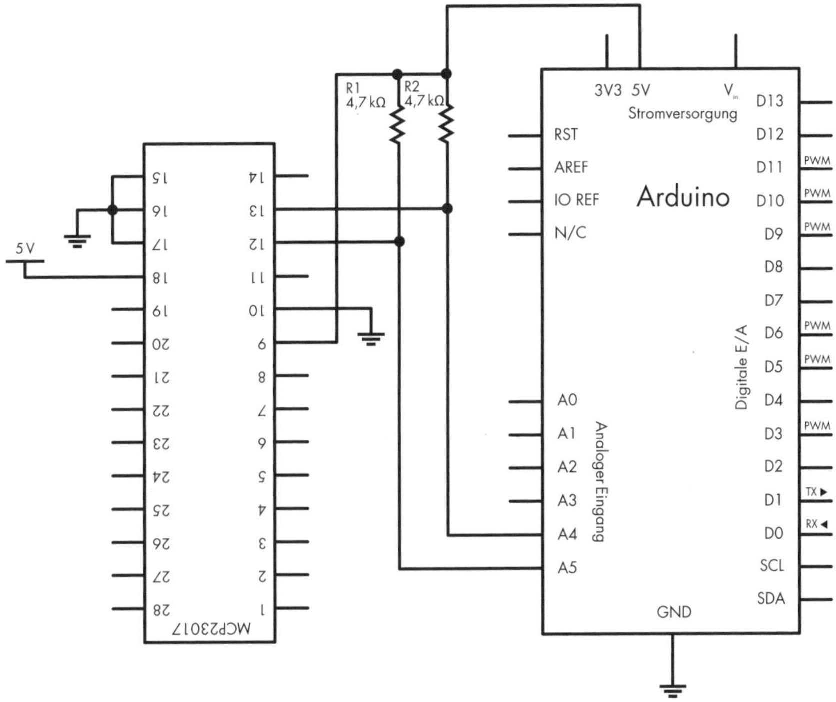

Abb. 19–8 *Grundschaltplan für Projekt 55*

Für die Arbeit mit dem MCP23017 ist das Pindiagramm im Datenblatt des ICs sehr hilfreich (siehe Abb. 19–9). Beachten Sie, dass die 16 Ausgänge in zwei Reihen aufgeteilt sind, *GPA7* bis *GPA0* auf der rechten Seite und *GPB0* bis *GPB7* auf der linken. Um eine Anzeige dafür zu haben, wann die Ausgänge aktiviert werden, können Sie an alle oder einige von ihnen LEDs mit vorgeschalteten 560-Ω-Widerständen anschließen.

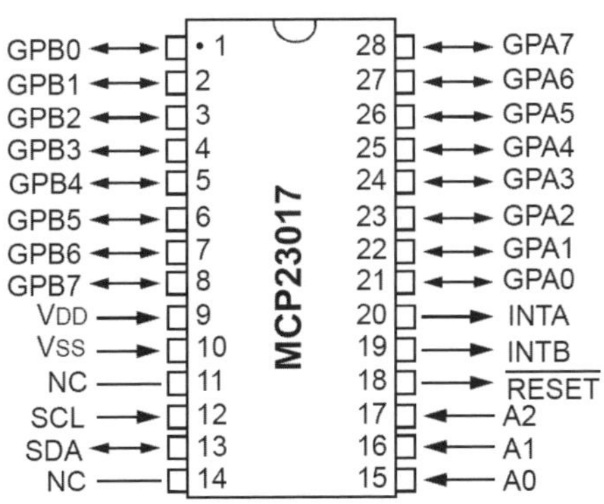

Abb. 19–9 *Pindiagramm für MCP23017*

Der Sketch

Geben Sie folgenden Sketch ein und laden Sie ihn hoch:

```
// Projekt 55: Einen IC zur Porterweiterung verwenden

#include "Wire.h"
#define mcp23017 0x20

void setup()
{
   Wire.begin(); // Aktiviert den I2C-Bus
   // Richtet den MCP23017 ein   ❶
   // Richtet die E/A-Pins als Ausgänge ein
   Wire.beginTransmission(mcp23017);
   Wire.write(0x00); // IODIRA-Register
   Wire.write(0x00); // Richtet alle Anschlüsse von Reihe A als Ausgänge ein
   Wire.write(0x00); // Richtet alle Anschlüsse von Reihe B als Ausgänge ein
   Wire.endTransmission();   ❷
}

void loop()
{
   Wire.beginTransmission(mcp23017);
   Wire.write(0x12);
   Wire.write(255); // Reihe A   ❸
   Wire.write(255); // Reihe B   ❹
   Wire.endTransmission();
   delay(1000);

   Wire.beginTransmission(mcp23017);
   Wire.write(0x12);
   Wire.write(0); // Reihe A
   Wire.write(0); // Reihe B
   Wire.endTransmission();
   delay(1000);
}
```

Die Zeilen in `void setup()` zwischen ❶ und ❷ dienen dazu, den MCP23017 einzurichten. Um die Ausgänge der Reihen ein- und auszuschalten, senden wir nacheinander ein Byte für jede Reihe, zuerst für die Reihe mit den Ausgängen *GPA0* bis *GPA7* und dann für *GPB0* bis *GPB7*.

Um einzelne Pins einzurichten, müssen Sie sich die Reihe als Binärzahl vorstellen (siehe den Abschnitt »Schnellkurs in Binärzahlen« in Kapitel 6). Wollen Sie also beispielsweise die Pins 7 bis 4 aktivieren, müssen Sie die

Binärzahl `11110000` (dezimal 240) senden. Dies geschieht in der Funktion `Wire.write()`, die Sie bei ❸ für die Reihe mit den Ausgängen *GPA0* bis *GPA7* und bei ❹ für *GPB0* bis *GPB7* sehen.

Hunderte von Geräten nutzen den I²C-Bus zur Kommunikation. Da Sie jetzt Grundkenntnisse in der Verwendung dieses Busses haben, können Sie all diese Geräte zusammen mit Ihrem Arduino einsetzen.

Der SPI-Bus

Der SPI-Bus unterscheidet sich vom I²C-Bus dadurch, dass darüber gleichzeitig Daten zu einem Gerät gesendet und vom ihm empfangen werden können, wobei die Übertragungsgeschwindigkeit vom verwendeten Microcontroller abhängt und in beiden Richtungen unterschiedlich sein kann. Auch hier erfolgt die Kommunikation nach dem Prinzip Main/Secondary – wobei der Arduino Main darstellt und das Secondary bestimmt, mit dem dieser jeweils kommunizieren möchte.

Die Anschlüsse

SPI-Geräte verwenden zur Kommunikation mit dem Main die vier Pins MOSI (Main Out, Secondary In), MISO (Main In, Secondary Out), SCK («Clock», Takt) und SS oder CS (Secondary Select oder Chip Select).

Abb. 19–10 *SPI-Pins auf einem Arduino Uno*

Den allgemeinen Aufbau einer Verbindung zwischen einem Arduino und einem einzelnen SPI-Gerät sehen Sie in Abbildung 19–11. Die Arduino-Pins *D11* bis *D13* sind für SPI reserviert. Den *SS*-Anschluss können Sie jedoch auf jeden beliebigen anderen Digitalpin legen. (Häufig wird *D10* verwendet, da dieser Kontakt gleich neben den SPI-Pins liegt.)

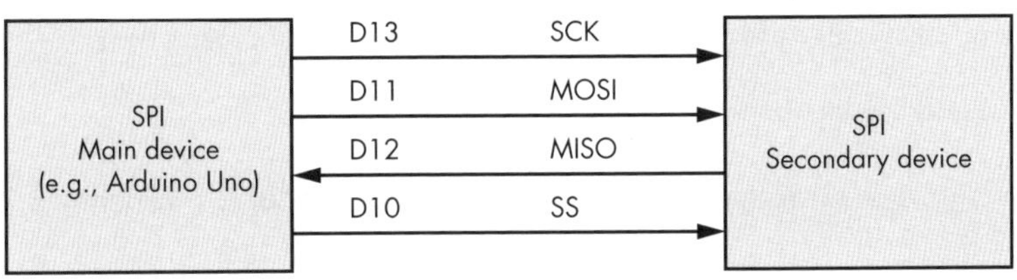

Abb. 19–11 *Allgemeiner Aufbau einer Verbindung zwischen Arduino und SPI-Gerät*

HINWEIS

Wie I²C-Geräte müssen auch SPI-Geräte eine Betriebsspannung von 5 V verwenden oder zumindest eine Spannung von 5 V verkraften können, da der Arduino mit 5 V läuft. Lassen Sie sich das vor Gebrauch vom Händler oder Hersteller bestätigen.

Den SPI-Bus nutzen

Als Nächstes wollen wir uns ansehen, wie wir den SPI-Bus in einem Sketch nutzen können. Zuvor jedoch sehen wir uns die verwendeten Funktionen im Einzelnen an. Zu Beginn des Sketches müssen wir die Bibliothek `SPI` einschließen (die in der Arduino-IDE enthalten ist):

```
#include "SPI.h"
```

Danach wählen Sie den Pin aus, den Sie für den *SS*-Anschluss verwenden möchten, und legen ihn in `void setup` als digitalen Ausgang fest. Da wir in unserem Beispiel nur ein SPI-Gerät verwenden, nehmen wir *D10*. Bei den meisten SPI-Geräten ist der *SS*-Pin im aktiven Zustand `LOW`, weshalb wir *D10* zu Anfang auf `HIGH` setzen:

```
pinMode(10, OUTPUT);
digitalWrite(10, HIGH);
```

Zum Aktivieren des SPI-Busses verwenden wir folgende Funktion:

```
SPI.begin();
```

Schließlich müssen wir in dem Sketch noch angeben, in welcher Bitreihenfolge die Daten gesendet und empfangen werden sollen. Bei manchen SPI-Geräten ist es erforderlich, dass die Daten mit dem signifikantesten Bit (Most Significant Bit, MSB) zuerst übertragen werden, bei anderen dagegen muss dieses Bit als letztes gesendet werden. (Mehr über die Bitreihenfolge erfahren Sie im Abschnitt »Schnellkurs in Binärzahlen« in Kapitel 6.) Daher verwenden wir in `void setup` hinter `SPI.begin` folgende Funktion:

```
SPI.setBitOrder(Bitreihenfolge);
```

Bitreihenfolge kann dabei die Werte `MSBFIRST` und `MSBLAST` annehmen.

Daten an ein SPI-Gerät senden

Um Daten an ein SPI-Gerät senden zu können, müssen Sie als Erstes den *SS*-Pin auf `LOW` setzen, um dem Gerät mitzuteilen, dass der Master (also der Arduino) mit ihm kommunizieren möchte. Danach übertragen Sie die Datenbytes mit der folgenden Zeile an das Gerät. Da dabei immer nur ein Byte gesendet wird, müssen Sie diese Anweisung so oft verwenden wie nötig:

```
SPI.transfer(Byte);
```

Wenn Sie mit der Übertragung fertig sind, setzen Sie den *SS*-Pin wieder auf `HIGH`, um dem Gerät mitzuteilen, dass der Arduino die Kommunikation beendet hat.

Für jedes angeschlossene SPI-Gerät benötigen Sie einen eigenen *SS*-Pin. Wenn Sie also zwei solcher Geräte verwenden, können Sie als dessen *SS*-Pin beispielsweise *D9* verwenden und die Verbindung wie in Abbildung 19–12 herstellen.

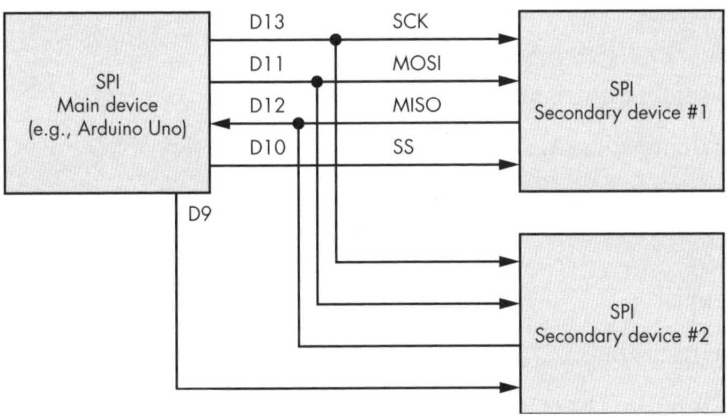

Abb. 19–12 *Anschluss zweier SPI-Geräte an den Arduino*

Projekt Nr. 56: Ein Digitalpotenziometer verwenden

Ein *Digitalpotenziometer* hat die gleiche Funktion wie die Potenziometer, die wir uns in Kapitel 4 angesehen haben, verfügt aber über zwei Anschlüsse: einen für den »Schleifer« (die Ansteuerung) und den zweiten für den zurückgegebenen Strom. In diesem Projekt verwenden Sie ein Digitalpotenziometer, um den Widerstand über den Sketch zu regeln, anstatt selbst an einem Einstellknopf zu drehen. Wenn die Lautstärkeregelung an einem Audiogerät über Tasten statt über einen Drehknopf erfolgt, steckt meistens ein Digitalpotenziometer dahinter. Die Toleranz von Digitalpotenziometern ist sehr viel höher als die von Festwiderständen und kann sogar um 20 % liegen.

Abb. 19–13
Das Digitalpotenziometer MCP4162 von Microchip Technology

Für Projekt 56 verwenden wir das Digitalpotenziometer MCP4162 von Microchip Technology, das Sie in Abbildung 19–13 sehen. Es ist mit verschiedenen Widerstandswerten erhältlich, wobei wir die 10-kΩ-Version verwenden. Beziehen können Sie es bei Anbietern wie Digi-Key (Bestell-Nr. MCP4162-103E/P-ND) und element14 (Bestell-Nr. 1840698). Der Widerstand kann in 255 Stufen zu je 40 Ω geregelt werden. Um eine Stufe auszuwählen, senden wir zwei Datenbytes, das Befehlsbyte (0) und das Wertbyte (0 bis 256). Der Speicher des MCP4162 ist nicht flüchtig. Wird die Stromversorgung nach einem Ausfall wiederhergestellt, ist der zuletzt ausgewählte Wert daher immer noch in Kraft.

Mit diesem Digitalpotenziometer werden wir die Helligkeit einer LED steuern.

Die Hardware

Für dieses Projekt brauchen Sie folgende Teile:

- ein Digitalpotenziometer MCP4162 von Microchip Technology
- einen 560-Ω-Widerstand
- eine LED
- eine Steckplatine
- Verbindungsdrähte
- Arduino und USB-Kabel

Der Schaltplan

Abbildung 19–14 zeigt den Schaltplan. Die Nummerierung der Pins am CP4162 beginnt oben links auf dem Gehäuse, wobei Pin 1 durch die runde Einkerbung links neben dem Microchip-Logo auf dem IC gekennzeichnet ist (siehe Abb. 19–13).

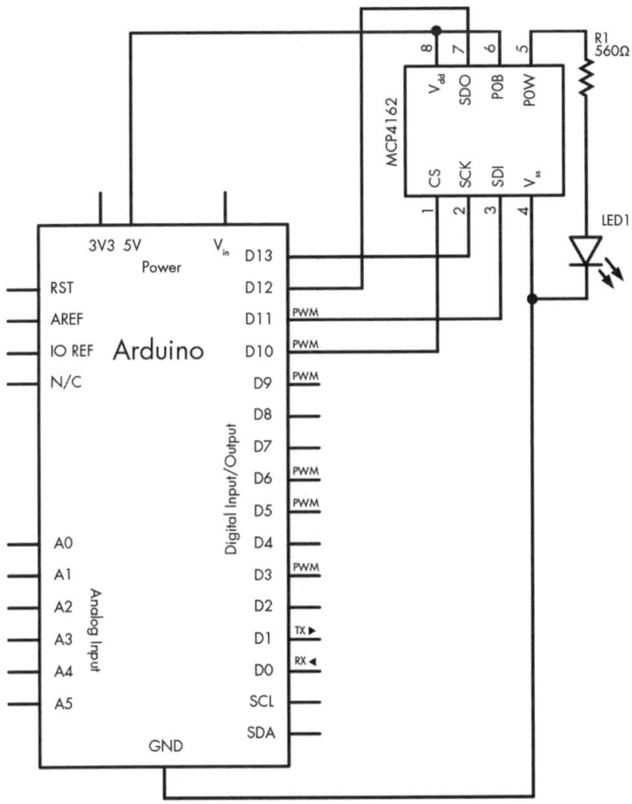

Abb. 19–14 *Schaltplan für Projekt 56*

Der Sketch

Geben Sie den folgenden Sketch ein und laden Sie ihn hoch:

```
// Projekt 56: Ein Digitalpotenziometer verwenden

#include "SPI.h"      // Erforderliche Bibliothek  ❶
int ss=10;            // Verwendet Digitalpin 10 als
                      // Slave-Select-Anschluss für SPI
int del=200;          // Sorgt für eine Verzögerung der einzelnen Schritte
                      // in der Helligkeitsregelung der LED

void setup()
{
   SPI.begin();  ❷
   pinMode(ss, OUTPUT);      // Wird für den SS-Pin verwendet
   digitalWrite(ss, HIGH);   // Der SS-Pin ist im aktiven Zustand LOW,
                             // weshalb wir ihn zu Anfang auf HIGH setzen
   SPI.setBitOrder(MSBFIRST);  ❸
```

```
    // Beim MCP4162 müssen die Daten mit dem MSB (signifikantestes Byte)
    // zuerst gesendet werden
}

void setValue(int value)    ❹
{
    digitalWrite(ss, LOW);
    SPI.transfer(0);           // Sendet das Befehlsbyte
    SPI.transfer(value);       // Sendet den Wert (0 to 255)
    digitalWrite(ss, HIGH);
}

void loop()
{
    for (int a=0; a<256; a++)
    {
        setValue(a);
        delay(del);
    }
    for (int a=255; a>=0; a--)
    {
        setValue(a);
        delay(del);
    }
}
```

Gehen wir den Code im Einzelnen durch. Als Erstes richten wir den SPI-Bus bei ❶ und ❷ ein, dann legen wir bei ❸ die Bitreihenfolge passend für das MPC4162 fest. Um den Widerstand leichter regeln zu können, verwenden wir die selbst geschriebene Funktion bei ❹, die den Wert für die gewünschte Widerstandsstufe (0 bis 255) annimmt und an das MCP4162 übergibt. Schließlich führt der Sketch zwei Schleifen durch, um das Digitalpotenziometer durch alle Stufen zu schalten – von null zum Maximum bei ❺ und dann wieder zurück zu null bei ❻. Dadurch wird dafür gesorgt, dass die LED abwechselnd heller und dunkler leuchtet, solange der Sketch läuft.

Ausblick

In diesem Kapitel haben Sie zwei wichtige Kommunikationsmethoden des Arduino kennengelernt und ausprobiert. Damit können Sie den Arduino nun mit einer Vielfalt von Sensoren und anspruchsvollen Komponenten ausstatten und sind auch schon auf den Anschluss von Elementen vorbereitet, die erst noch auf den Markt kommen. Eines der beliebtesten Bauteile ist zurzeit ein IC mit einer Echtzeituhr, mit dem Sie Ihre Projekte um eine Zeitüberwachung und -steuerung ergänzen können. Das werden wir uns in Kapitel 20 ansehen.

20

Echtzeituhren

In diesem Kapitel lernen Sie Folgendes:

- Einstellen und Abrufen von Datum und Uhrzeit mit einem Echtzeitmodul
- Weitere Möglichkeiten zum Anschluss von Geräten an den Arduino
- Bau einer Digitaluhr
- Bau einer RFID-Stechuhr

Ein *Echtzeit-IC-Modul* (*Real-Time Clock*, *RTC*) ist ein kleines Gerät zur Zeitmessung, das viele neue Möglichkeiten für Arduino-Projekte eröffnet. Wenn Sie das RTC-Modul auf die aktuelle Uhrzeit und das Datum eingestellt haben, gibt es auf Anfrage genaue Zeitdaten aus.

Auf dem Markt gibt es viele verschiedene RTC-ICs mit unterschiedlicher Genauigkeit. In diesem Kapitel verwenden wir das Maxim DS3231, das außer einer Pufferbatterie keine externen Elemente benötigt, unglaublich genau geht und in seiner Modulbauweise auch sehr robust ist. Sie können es auf einer Breakout-Platine von verschiedenen Anbietern erwerben, unter anderem von PMD Way (Bestell-Nr. 883422). Dieses Modell sehen Sie in Abbildung 20–1.

Abb. 20–1 *Echtzeit-IC-Modul*

Der Anschluss des RTC-Moduls

Das RTC-Modul lässt sich ganz einfach an den Arduino anschließen, da es den I²C-Bus nutzt (siehe Kapitel 19). Sie brauchen lediglich vier Kabel: Verbinden Sie *GND* und *VCC* mit dem *GND*- und dem 5-Volt-Anschluss auf dem Arduino und *SDA* und *SCL* mit den Arduino-Pins *A4* und *A5*. Dank der Konstruktion des Moduls ist auf dem I²C-Bus kein zusätzlicher Pullup-Widerstand erforderlich, es sei denn, das Modul und der Arduino sind über ein langes Kabel verbunden. In diesem Fall verlöten Sie die Felder an der Unterseite, die mit *Pullups: SDA and SCL* gekennzeichnet sind, um die eingebauten I²C-Pullup-Widerstände zuzuschalten.

Um sich die Arbeit zu erleichtern, sollten Sie das Modul auf einem leeren ProtoShield montieren, sodass Sie es leichter mit anderer Hardware kombinieren können. Denken Sie daran, die Pufferbatterie anzuschließen, da die Zeitdaten sonst beim Ausschalten verloren gehen!

Projekt Nr. 57: Datum und Uhrzeit mit einem RTC-Modul einstellen und anzeigen

In diesem Projekt lernen Sie, wie Sie Datum und Uhrzeit auf dem RTC-Modul einstellen, anschließend abrufen und auf dem seriellen Monitor anzeigen. Solche Zeitangaben sind für viele Projekte nützlich, z. B. für die Aufzeichnung des Temperaturverlaufs oder für Wecker.

Die Hardware

Für dieses Projekt benötigen Sie folgende Teile:

- ein RTC-Modul Maxim DS 3231
- eine CR2032-Batterie (falls keine mit dem DS3231-Modul geliefert wird)
- Verbindungsdrähte
- Arduino und USB-Kabel

Der Sketch

Verbinden Sie das Modul wie zuvor beschrieben mit dem Arduino und geben Sie dann den folgenden Sketch ein, *laden Sie ihn aber noch nicht hoch!*

```
// Projekt 57: Datum und Uhrzeit mit einem RTC-Modul einstellen
// und anzeigen
#include "Wire.h"  ❶
#define DS3231_I2C_ADDRESS 0x68

// Rechnet normale Dezimalzahlen in binärkodierte Dezimalzahlen um
byte decToBcd(byte val)  ❷
{
   return( (val/10*16) + (val%10) );
}

// Rechnet binärkodierte Dezimalzahlen in Dezimalzahlen um
byte bcdToDec(byte val)
{
   return( (val/16*10) + (val%16) );
}

void setup()
{
   Wire.begin();
   Serial.begin(9600);
   // Legt die Startzeit in folgender Reihenfolge fest:
   // Sekunden, Minuten, Stunden, Wochentag, Tag im Monat, Monat, Jahr
   setDS3231time(0, 56, 23, 3, 30, 10, 12);  ❸
}

void setDS3231time(byte second, byte minute, byte hour,
byte dayOfWeek, byte
                  dayOfMonth, byte month, byte year)  ❹
{
   // Legt Uhrzeit und Datum im DS3231 fest
   Wire.beginTransmission(DS3232_I2C_ADDRESS);
```

```
  Wire.write(0); // Sorgt dafür, dass die nächste Eingabe
                 // mit dem Sekundenregister beginnt
  Wire.write(decToBcd(second));       // Legt die Sekunden fest
  Wire.write(decToBcd(minute));       // Legt die Minuten fest
  Wire.write(decToBcd(hour));         // Legt die Stunden fest
  Wire.write(decToBcd(dayOfWeek));    // Legt den Wochentag fest
                                      // (1 = Sonntag, 7 = Samstag)
  Wire.write(decToBcd(dayOfMonth));   // Legt den Tag im Monat fest
                                      // (1 bis 31)
  Wire.write(decToBcd(month));        // Legt den Monat fest
  Wire.write(decToBcd(year));         // Legt das Jahr fest (0 bis 99)
  Wire.endTransmission();
}

void readDS3231time(byte *second, byte *minute, byte *hour,
                    byte *dayOfWeek, byte *dayOfMonth,
                    byte *month, byte *year)   ❺
{
  Wire.beginTransmission(DS3231_I2C_ADDRESS);
  Wire.write(0); // Stellt den DS3231-Registerzeiger auf 00h
  Wire.endTransmission();
  Wire.requestFrom(DS3231_I2C_ADDRESS, 7);

  // Fordert sieben Bytes an Daten vom DS3231 beginnend mit Register 00h an
  *second = bcdToDec(Wire.read() & 0x7f);
  *minute = bcdToDec(Wire.read());
  *hour = bcdToDec(Wire.read() & 0x3f);
  *dayOfWeek = bcdToDec(Wire.read());
  *dayOfMonth = bcdToDec(Wire.read());
  *month = bcdToDec(Wire.read());
  *year = bcdToDec(Wire.read());
}

void displayTime()
{
  byte second, minute, hour, dayOfWeek, dayOfMonth, month, year;

  // Ruft Daten vom DS3231 ab
  readDS3231time(&second, &minute, &hour, &dayOfWeek, &dayOfMonth,
                 &month, &year);   ❻

  // Sendet sie an den seriellen Monitor
  Serial.print(hour, DEC);
  // Rechnet die Bytevariable zur Anzeige in eine Dezimalzahl um
  Serial.print(":");
  if (minute<10)
  {
```

```
      Serial.print("0");
    }
    Serial.print(minute, DEC);
    Serial.print(":");
    if (second<10)
    {
      Serial.print("0");
    }
    Serial.print(second, DEC);
    Serial.print(" ");
    Serial.print(dayOfMonth, DEC);
    Serial.print("/");
    Serial.print(month, DEC);
    Serial.print("/");
    Serial.print(year, DEC);
    Serial.print(" Day of week: ");
    switch(dayOfWeek){
    case 1:
      Serial.println("Sunday");
      break;
    case 2:
      Serial.println("Monday");
      break;
    case 3:
      Serial.println("Tuesday");
      break;
    case 4:
      Serial.println("Wednesday");
      break;
    case 5:
      Serial.println("Thursday");
      break;
    case 6:
      Serial.println("Friday");
      break;
    case 7:
      Serial.println("Saturday");
      break;
    }
}

void loop()
{
    displayTime(); // Zeigt die Echtzeitdaten auf dem seriellen Monitor an,
    delay(1000);   // und zwar jede Sekunde
}
```

Funktionsweise

Der Sketch sieht zwar kompliziert aus, ist aber gar nicht so schwer zu verstehen. Bei ❶ importieren wir die I²C-Bibliothek und setzen die Busadresse des RTC-Moduls auf `0x68`. Da das DS3231 Werte im binärkodierten Dezimalformat (BCD) speichert, verwenden wir bei ❷ zwei selbst geschriebene Funktionen, um Dezimal- in BCD-Zahlen umzurechnen und umgekehrt.

Bei ❸ übergeben wir in der Funktion `setDS3211time` die Informationen über Uhrzeit und Datum wie folgt an den RTC-IC:

```
setDS3231time(Sekunde, Minute, Stunde, Wochentag,
              Tag im Monat, Monat, Jahr)
```

Die erforderlichen Daten geben Sie einfach in die entsprechenden Parameter ein. Beim Wochentags-Parameter handelt es sich um eine Zahl zwischen 1 und 7, die für Sonntag bis Samstag steht. Die Jahreszahl wird nur zweistellig angegeben, z. B. durch `13` für 2013. (Es wird stillschweigend angenommen, dass 20 vorausgeht.) Sie können entweder feste Werte eingeben (wie es in diesem Sketch geschieht) oder Bytevariablen, die die Werte für die Parameter enthalten.

Um die Zeit im RTC-Modul einzustellen, geben Sie daher bei ❹ die aktuelle Uhrzeit und das Datum in die Funktion `setDS3231time` ein. Laden Sie jetzt den Sketch hoch, kommentieren Sie die Funktion dann aus, indem Sie // voranstellen, und laden Sie den Sketch erneut hoch. Damit ist sichergestellt, dass die Zeit nicht bei jedem Start des Sketches wieder auf den ursprünglichen Wert zurückgestellt wird.

Die Funktion `readDS3231time` bei ❺ liest schließlich Datum und Uhrzeit vom RTC-Modul und fügt die Daten in Bytevariablen ein. Bei ❻ greifen wir darauf zurück, denn hier gibt die Funktion `displayTime` den Inhalt dieser Variablen aus, um die Informationen auf dem seriellen Monitor anzuzeigen.

Wenn Sie den seriellen Monitor öffnen, sehen Sie eine Anzeige wie in Abbildung 20–2. Die Ergebnisse sollten denen von Abbildung 20–2 ähneln, jedoch werden sie sich sowohl im Datum als auch in der Uhrzeit unterscheiden.

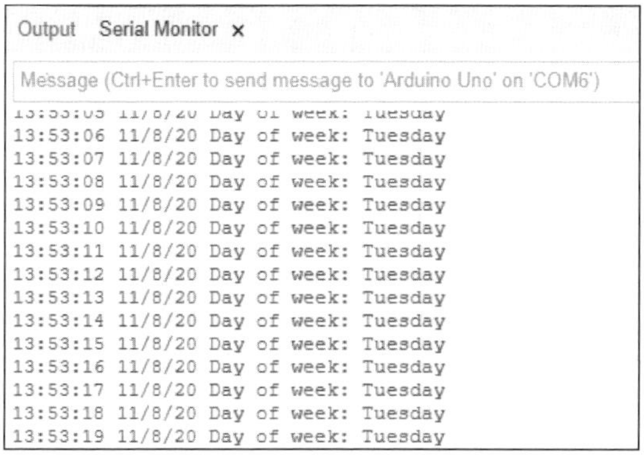

Abb. 20–2 *Das Ergebnis von Projekt 57*

Den Sketch von Projekt 57 können Sie als Grundlage für andere Projekte mit Zeiterfassung nutzen. Die Funktionen `decToBcd`, `bcdToDec`, `readDS3231time` und `setDS3231time` lassen sich in anderen Projekten übernehmen. Das ist einer der Vorteile der Arduino-Plattform: Wenn Sie einmal ein nützliches Programm geschrieben haben, können Sie es später mit kleinen oder gar keinen Änderungen wiederverwenden!

Projekt Nr. 58: Eine einfache Digitaluhr bauen

In diesem Projekt verwenden wir die Funktionen aus Projekt 57, um Uhrzeit und Datum auf einem LCD-Zeichenmodul wie dem auszugeben, das wir für den GPS-Empfänger in Projekt 43 verwendet haben.

Die Hardware

Für dieses Projekt brauchen Sie folgende Teile:

- einen ProtoScrewShield oder ein ähnliches Produkt
- ein LCD-Modul oder LCD-Shield von Freetronics
- ein RTC-Modul (wie zuvor in diesem Kapitel verwendet)
- eine Steckplatine
- Verbindungsdrähte
- Arduino und USB-Kabel

Als Grundlage nehmen Sie den Aufbau von Projekt 57. Wenn Sie das RTC-Modul über Kabel mit dem Arduino verbunden haben, verwenden Sie hier stattdessen einen ProtoScrewShield. Stecken Sie dann den LCD-Shield darauf auf.

Der Sketch

Geben Sie den folgenden Sketch ein, *laden Sie ihn aber noch nicht hoch!*

```
// Projekt 58: Eine einfache Digitaluhr bauen

#include "Wire.h"
#define DS3231_I2C_ADDRESS 0x68

#include <LiquidCrystal.h>   ❶
LiquidCrystal lcd( 8, 9, 4, 5, 6, 7 );

// Rechnet normale Dezimalzahlen in binärkodierte Dezimalzahlen um
byte decToBcd(byte val)
{
  return( (val/10*16) + (val%10) );
}

// Rechnet binärkodierte Dezimalzahlen in Dezimalzahlen um
byte bcdToDec(byte val)
{
  return( (val/16*10) + (val%16) );
}

void setup()
{
  Wire.begin();
  lcd.begin(16, 2);   ❷
  // Legt die Startzeit in folgender Reihenfolge fest:
  // Sekunden, Minuten, Stunden, Wochentag, Tag im Monat, Monat, Jahr
  // setDS3232time(0, 27, 0, 5, 15, 11, 12);   ❸
}

void setDS3231time(byte second, byte minute, byte hour, byte dayOfWeek,
                   byte dayOfMonth, byte month, byte year)
{
  // Legt Uhrzeit und Datum im DS3231 fest
  Wire.beginTransmission(DS3231_I2C_ADDRESS);
  Wire.write(0); // Sorgt dafür, dass die nächste Eingabe mit dem
                 // Sekundenregister beginnt
  Wire.write(decToBcd(second));      // Legt die Sekunden fest
  Wire.write(decToBcd(minute));      // Legt die Minuten fest
  Wire.write(decToBcd(hour));        // Legt die Stunden fest
  Wire.write(decToBcd(dayOfWeek));   // Legt den Wochentag fest
                                     // (1 = Sonntag, 7 = Samstag)
  Wire.write(decToBcd(dayOfMonth));  // Legt den Tag im Monat fest
```

```
                                        // (1 bis 31)
  Wire.write(decToBcd(month));          // Legt den Monat fest
  Wire.write(decToBcd(year));           // Legt das Jahr fest (0 bis 99)
  Wire.endTransmission();
}

void readDS3231time(byte *second, byte *minute, byte *hour,
                    byte *dayOfWeek, byte *dayOfMonth,
                    byte *month, byte *year)
{
  Wire.beginTransmission(DS3231_I2C_ADDRESS);
  Wire.write(0); // Setzt den Registerzeiger des DS3232 auf 00h
  Wire.endTransmission();
  Wire.requestFrom(DS3231_I2C_ADDRESS, 7);

  // Fordert sieben Bytes an Daten vom DS3231 beginnend
  // mit Register 00h an
  *second = bcdToDec(Wire.read() & 0x7f);
  *minute = bcdToDec(Wire.read());
  *hour = bcdToDec(Wire.read() & 0x3f);
  *dayOfWeek = bcdToDec(Wire.read());
  *dayOfMonth = bcdToDec(Wire.read());
  *month = bcdToDec(Wire.read());
  *year = bcdToDec(Wire.read());
}

void displayTime()
{
  byte second, minute, hour, dayOfWeek, dayOfMonth, month, year;

  // Ruft Daten vom DS3231 ab
  readDS3231time(&second, &minute, &hour, &dayOfWeek,
                 &dayOfMonth, &month, &year);
  // Sendet sie an den LCD-Shield
  lcd.clear();
  lcd.setCursor(4,0);
  lcd.print(hour, DEC);
  lcd.print(":");
  if (minute<10)
  {
    lcd.print("0");
  }
  lcd.print(minute, DEC);
  lcd.print(":");
  if (second<10)
  {
    lcd.print("0");
```

```
    }
    lcd.print(second, DEC);
    lcd.setCursor(0,1);
    switch(dayOfWeek){
    case 1:
      lcd.print("Sun");
      break;
    case 2:
      lcd.print("Mon");
      break;
    case 3:
      lcd.print("Tue");
      break;
    case 4:
      lcd.print("Wed");
      break;
    case 5:
      lcd.print("Thu");
      break;
    case 6:
      lcd.print("Fri");
      break;
    case 7:
      lcd.print("Sat");
      break;
    }
    lcd.print(" ");
    lcd.print(dayOfMonth, DEC);
    lcd.print("/");
    lcd.print(month, DEC);
    lcd.print("/");
    lcd.print(year, DEC);
}

void loop()
{
    displayTime(); // Zeigt die Echtzeitdaten auf dem seriellen Monitor an,
    delay(1000);   // und zwar jede Sekunde
}
```

Funktionsweise

Der Sketch läuft so ab wie der von Projekt 57, allerdings haben wir die Funktion displayTime so geändert, dass sie Datum und Uhrzeit nicht an den seriellen Monitor sendet, sondern an einen LCD-Bildschirm. Bei ❶ und ❷ haben wir die erforderlichen Zeilen für die Einrichtung der Flüssigkristallanzeige hinzugefügt. (Ausführlichere Informationen über LCD-Module finden Sie in Kapitel 9.)

Denken Sie daran, dass Sie den Sketch zunächst mit Datums- und Uhrzeitangaben bei ❸ hochladen und dann erneut mit auskommentierter `setDS3232time`-Funktion. Abbildung 20–3 zeigt das Ergebnis.

Abb. 20–3 *Anzeige von Projekt 58*

Die Projekte 57 und 58 haben Ihnen ein Gefühl dafür vermittelt, wie Sie in Ihren Sketchen Daten vom RTC-IC abrufen und an ihn senden. Im Folgenden wollen wir das Gelernte in einem Projekt mit echtem Gebrauchswert umsetzen.

Projekt Nr. 59: Eine Stechuhr konstruieren

In diesem Projekt bauen wir eine Stechuhr. Dabei können Sie sehen, wie mehrere Arduino-Shields zusammenwirken und wie der ProtoScrewShield Ihnen hilft, elektronische Geräte anzuschließen, die nicht auf einem Shield montiert sind. Die Stechuhr kann von zwei Personen mit RFID-Karten oder -Etiketten genutzt werden, die diese beim Betreten oder Verlassen eines bestimmten Bereichs (z. B. Arbeitsplatz) vor das Lesegerät halten. Uhrzeit und Identifizierung der Karte werden zur späteren Analyse auf einer microSD-Karte gespeichert.

Die Protokollierung von Daten auf einer microSD-Karte haben wir in Kapitel 15 behandelt, RFID in Kapitel 18 und das RTC-Modul in diesem Kapitel. Jetzt kombinieren wir alle diese Einzelteile zu einem großen Ganzen!

Die Hardware

Für dieses Projekt brauchen Sie folgende Teile:

- ein RTC-Modul (wie zuvor in diesem Kapitel verwendet)
- ein LCD-Modul oder LCD-Shield von Freetronics
- ein microSD-Shield und eine microSD-Karte (siehe Kapitel 15)
- einen ProtoScrewShield oder ein ähnliches Produkt
- ein RFID-Lesemodul und zwei Transponder (siehe Kapitel 18)

- eine Steckplatine
- Verbindungsdrähte
- Arduino und USB-Kabel

Beginnen Sie die Montage, indem Sie auf den Arduino Uno den ProtoScrewShield aufsetzen, darauf den microSD-Shield und schließlich den LCD-Shield. Schließen Sie das RFID-Lesegerät nach der Anleitung in Kapitel 18 an und das RTC-Modul so, wie Sie es in diesem Kapitel gelernt haben. Den Gesamtaufbau sehen Sie in Abbildung 20–4.

Abb. 20–4 *Aufbau der Stechuhr*

Der Sketch

Geben Sie den folgenden Sketch ein und laden Sie ihn hoch. Denken Sie daran, dass Sie die Verbindung zwischen dem *RX*-Anschluss des RFID-Lesegeräts und dem Arduino-Pin *D0* vor dem Hochladen trennen und anschließend wiederherstellen müssen.

```
// Projekt 59: Eine Stechuhr konstruieren

#include "Wire.h" // Für das RTC-Modul   ❶
#define DS3231_I2C_ADDRESS 0x68
#include "SD.h" // Für die SD-Karte   ❷

#include <LiquidCrystal.h>
LiquidCrystal lcd( 8, 9, 4, 5, 6, 7 );
int data1 = 0;

// Bestimmen Sie die Transpondernummern anhand von Listing 16-1   ❸
int Mary[14] = {
  2, 52, 48, 48, 48, 56, 54, 67, 54, 54, 66, 54, 66, 3};
```

```
int John[14] = {
   2, 52, 48, 48, 48, 56, 54, 66, 49, 52, 70, 51, 56, 3};
int newtag[14] = {
   0,0,0,0,0,0,0,0,0,0,0,0,0,0}; // Dient zu Lesevergleichen

// Rechnet normale Dezimalzahlen in binärkodierte Dezimalzahlen um
byte decToBcd(byte val)
{
   return( (val/10*16) + (val%10) );
}

// Rechnet binärkodierte Dezimalzahlen in Dezimalzahlen um
byte bcdToDec(byte val)
{
   return( (val/16*10) + (val%16) );
}

void setDS3231time(byte second, byte minute, byte hour, byte dayOfWeek,
                   byte dayOfMonth, byte month, byte year)
{
   // Legt Uhrzeit und Datum im DS3231 fest
   Wire.beginTransmission(DS3231_I2C_ADDRESS);
   Wire.write(0); // Sorgt dafür, dass die nächste Eingabe
                 // mit dem Sekundenregister beginnt
   Wire.write(decToBcd(second));      // Legt die Sekunden fest
   Wire.write(decToBcd(minute));      // Legt die Minuten fest
   Wire.write(decToBcd(hour));        // Legt die Stunden fest
   Wire.write(decToBcd(dayOfWeek));   // Legt den Wochentag fest
                                      // (1 = Sonntag, 7 = Samstag)
   Wire.write(decToBcd(dayOfMonth));  // Legt den Tag im Monat fest
                                      // (1 bis 31)
   Wire.write(decToBcd(month));       // Legt den Monat fest
   Wire.write(decToBcd(year));        // Legt das Jahr fest (0 bis 99)
   Wire.endTransmission();
}

void readDS3231time(byte *second, byte *minute, byte *hour,
                    byte *dayOfWeek, byte *dayOfMonth,
                    byte *month, byte *year)
{
   Wire.beginTransmission(DS3231_I2C_ADDRESS);
   Wire.write(0); // Setzt den Registerzeiger des DS3231 auf 00h
   Wire.endTransmission();
   Wire.requestFrom(DS3231_I2C_ADDRESS, 7);

   // Fordert sieben Bytes an Daten vom DS3232 beginnend
   // mit Register 00h an
```

```
  *second = bcdToDec(Wire.read() & 0x7f);
  *minute = bcdToDec(Wire.read());
  *hour = bcdToDec(Wire.read() & 0x3f);
  *dayOfWeek = bcdToDec(Wire.read());
  *dayOfMonth = bcdToDec(Wire.read());
  *month = bcdToDec(Wire.read());
  *year = bcdToDec(Wire.read());
}

void setup()
{
  Serial.flush(); // Der serielle Puffer muss geleert werden
  Serial.begin(9600);
  Wire.begin();
  lcd.begin(16, 2);
  // Legt die Startzeit in folgender Reihenfolge fest:
  // Sekunden, Minuten, Stunden, Wochentag, Tag im Monat, Monat, Jahr
  // setDS3231time(0, 27, 0, 5, 15, 11, 12);
  // Prüft, ob die microSD-Karte vorhanden und verwendbar ist
  if (!SD.begin(8))  ❹
  {
    lcd.print("uSD card failure");
    // Hält die Ausführung des Sketches an
    return;
  }
  lcd.print("uSD card OK");
  delay(1000);
  lcd.clear();
}

// Vergleicht zwei Arrays und gibt true zurück, wenn sie identisch sind.
// Das ist ideal für den Vergleich von Transpondernummern geeignet.
boolean comparetag(int aa[14], int bb[14])
{
  boolean ff=false;
  int fg=0;
  for (int cc=0; cc<14; cc++)
  {
    if (aa[cc]==bb[cc])
    {
      fg++;
    }
  }
  if (fg==14)
  {
    ff=true; // Alle 14 Elemente im Array müssen übereinstimmen
```

```
   }
   return ff;
}

void wipeNewTag()
{
   for (int i=0; i<=14; i++)
   {
      newtag[i]=0;
   }
}

void loop()
{
   byte second, minute, hour, dayOfWeek, dayOfMonth, month, year;
   if (Serial.available() > 0) // Wenn ein Leseversuch unternommen wurde
   {
      // Liest die eingehende Nummer am seriellen RX-Eingang
      delay(100);  // Räumt Zeit ein, damit die Daten vom seriellen
                   // Puffer eingehen können
      for (int z=0; z<14; z++) // Liest den Rest der Transponderdaten
      {
         data1=Serial.read();
         newtag[z]=data1;
      }
      Serial.flush(); // Verhindert mehrfache Lesevorgänge
      // Ruft Daten vom DS3232 ab
      readDS3231time(&second, &minute, &hour, &dayOfWeek,
                     &dayOfMonth, &month, &year);
   }

   // Führt je nach Transponder eine bestimmte Aktion durch
   if (comparetag(newtag, Mary) == true)   ❺
   {
      lcd.print("Hello Mary ");
      File dataFile = SD.open("DATA.TXT", FILE_WRITE);
      if (dataFile)
      {
         dataFile.print("Mary ");
         dataFile.print(hour);
         dataFile.print(":");
         if (minute<10) { dataFile.print("0"); }
         dataFile.print(minute);
         dataFile.print(":");
         if (second<10) { dataFile.print("0"); }
         dataFile.print(second);
```

```
            dataFile.print(" ");
            dataFile.print(dayOfMonth);
            dataFile.print("/");
            dataFile.print(month);
            dataFile.print("/");
            dataFile.print(year);
            dataFile.println();
            dataFile.close();
        }
        delay(1000);
        lcd.clear();
        wipeNewTag();
    }
    if (comparetag(newtag, John)==true)
    {
        lcd.print("Hello John ");
        File dataFile = SD.open("DATA.TXT", FILE_WRITE);
        if (dataFile)
        {
            dataFile.print("John ");
            dataFile.print(hour);
            dataFile.print(":");
            if (minute<10) { dataFile.print("0"); }
            dataFile.print(minute);
            dataFile.print(":");
            if (second<10) { dataFile.print("0"); }
            dataFile.print(second);
            dataFile.print(" ");
            dataFile.print(dayOfMonth);
            dataFile.print("/");
            dataFile.print(month);
            dataFile.print("/");
            dataFile.print(year);
            dataFile.println();
            dataFile.close();
        }
        delay(1000);
        lcd.clear();
        wipeNewTag();
    }
}
```

Funktionsweise

In diesem Sketch wartet das System zunächst darauf, dass ein RFID-Transponder vor das Lesegerät gehalten wird. Wird ein Transponder erkannt, so werden der Name seines Besitzers, die Uhrzeit und das Datum an eine Textdatei auf der microSD-Karte angehängt.

Bei ❶ befinden sich die für den I²C-Bus und das RTC-Modul erforderlichen Funktionen, bei ❷ wird der microSD-Shield eingerichtet. Der Zustand der microSD-Karte wird bei ❹ geprüft und gemeldet. Bei ❺ wird die gerade gelesene Transpondernummer mit den gespeicherten Nummern für die registrierten Benutzer verglichen, in unserem Fall John und Mary. Bei einer Übereinstimmung werden Daten auf die microSD-Karte geschrieben. Um das System um Transponder für weitere Personen zu erweitern, müssen Sie lediglich bei ❸ die zugehörigen Transpondernummern unter den bereits vorhandenen ergänzen und dafür Vergleichsfunktionen wie die in Zeile ❺ hinzufügen.

Wenn Sie die aufgezeichneten Daten untersuchen wollen, kopieren Sie einfach die Datei `Data.txt` von der microSD-Karte. Sie können sie sich dann in einem Texteditor ansehen oder zu einer ausführlicheren Analyse in ein Tabellenkalkulationsprogramm importieren. Die Daten sind in einem lesefreundlichen Format gegliedert, wie Sie in Abbildung 20–5 sehen.

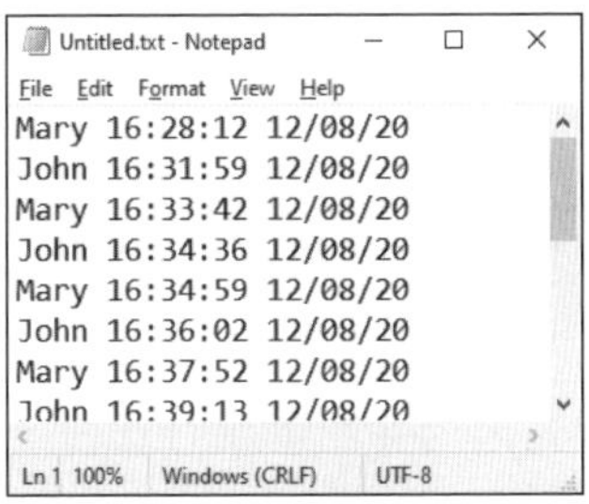

Abb. 20–5 *Von Projekt 59 ausgegebene Beispieldaten*

Ausblick

In diesem Kapitel haben Sie gesehen, wie Sie mithilfe des RTC-ICs mit Datums- und Uhrzeitwerten arbeiten können. Das in Projekt 59 beschriebene RFID-System stellt ein Grundgerüst dar, mit dem Sie eine eigene Zeiterfassungsanlage bauen oder sogar kontrollieren können, wann Ihre Kinder nach Hause kommen. In den beiden letzten Kapiteln beschäftigen wir uns mit Projekten, in denen wir den Arduino zur Kommunikation über das Internet und das Mobilfunknetz verwenden.

21

Das Internet

In diesem Kapitel lernen Sie Folgendes:

- Bau eines Webservers zur Anzeige von Daten auf einer Webseite
- Senden von Tweets mit dem Arduino
- Fernsteuern der digitalen Ausgänge des Arduino über einen Webbrowser

In diesem Kapitel lernen Sie, wie Sie mit dem Arduino über das Internet eine Verbindung zur Außenwelt herstellen. Damit können Sie Daten vom Arduino senden und umgekehrt den Arduino auch von einem Webbrowser aus fernsteuern.

Erforderliches Material

Als Grundlage für sämtliche Internetprojekte sind einige bestimmte Bauteile, Kabel und Daten erforderlich.

Fangen wir mit der Hardware an. Sie benötigen einen Ethernet-Shield mit dem Controllerchip W5100. Dabei haben Sie zwei Möglichkeiten: Sie können den Ethernet-Shield der Marke Arduino verwenden, den Sie in Abbildung 21–1 sehen, aber auch eine Arduino-Uno-kompatible Platine mit eingebauter Ethernet-Hardware, z. B. den PMD Way 328497 aus Abbildung 21–2.

Letzterer ist eine gute Wahl, wenn Sie neue Projekte angehen oder Geld und Bauraum sparen wollen. Wie Sie sehen, verfügt der EtherTen über Anschlüsse für Arduino-Shields, einen USB-Port, eine Ethernet-Buchse und einen Anschluss für microSD-Karten.

Abb. 21–1 *Der Arduino-Ethernet-Shield*

Abb. 21–2 *Ein Uno-kompatibles Board mit integriertem Ethernet*

Daneben brauchen Sie in jedem Fall ein standardmäßiges 10/100-Netzwerkkabel der Kategorie CAT 5, CAT 5E oder CAT 6, um den Ethernet-Shield an Ihren Netzwerkrouter oder Ihr Internetmodem anzuschließen.

Des Weiteren benötigen Sie noch die IP-Adresse des Router-Gateways für Ihr Netzwerk oder des Modems sowie die Ihres Computers. Beide

Adressen weisen eine Form wie `192.168.0.1` auf. Des Weiteren muss die IP-Adresse im gleichen Format sein wie die Ihres Netzwerkrouters.

Wenn Sie von außerhalb Ihres Heimnetzwerks oder LANs mit Ihrem Arduino kommunizieren möchten, benötigen Sie außerdem noch eine statische, öffentliche IP-Adresse. Dabei handelt es sich um eine feste Adresse, die Ihrem physischen Internetanschluss von Ihrem Internetprovider zugewiesen wird. Wahrscheinlich hat Ihre Internetverbindung noch keine statische IP-Adresse. Wenden Sie sich an Ihren Provider, um sich eine zuweisen zu lassen. Wenn er das nicht kann oder zu viel Geld dafür haben will, können Sie eine solche Adresse auch über einen Drittanbieter wie No-IP (*http://www.noip.com/*) oder Dyn (*(https://account.dyn.com/*) beziehen. Diese Anbieter versehen Sie mit einer festen Webadresse und leiten Benutzer zu Ihrer aktuellen IP-Adresse um.

Die Hardware werden wir mit dem folgenden einfachen Projekt auf die Probe stellen.

Projekt Nr. 60: Eine Fernüberwachungsstation konstruieren

In verschiedenen Projekten vorhergehender Kapitel haben wir Daten von Sensoren abgerufen, um Temperaturen zu messen. Jetzt wollen wir solche Messdaten auf einer einfachen Webseite ausgeben, sodass wir von praktisch jedem webfähigen Gerät aus darauf zugreifen können. Als Grundlage für eine Fernüberwachungsanlage zeigen wir in diesem Projekt den Wert der analogen Eingangspins und den Status der digitalen Eingangspins 0 bis 9 auf der Webseite an.

Dieses Grundgerüst können Sie um Sensoren für Temperatur, Licht usw. mit analogen und digitalen Ausgängen erweitern, um ihre Messwerte auf einer Webseite auszugeben.

Die Hardware

Für dieses Projekt brauchen Sie folgende Hardware:

- ein USB-Kabel
- ein Netzwerkkabel
- Einen Arduino Uno mit Ethernet-Shield oder eine Arduino Uno-kompatible Platine mit eingebauter Ethernet-Hardware

Der Sketch

Geben Sie den folgenden Sketch ein, aber *laden Sie ihn noch nicht hoch!*

```
/* Projekt 60 – Eine Fernüberwachungsstation
 erstellt am 18 Dez. 2009 von David A. Mellis, geändert 9 Apr 2012
 Tom Igoe, geändert August 2020 von John Boxall
 */

#include <SPI.h>
#include <Ethernet.h>

❶ IPAddress ip(xxx,xxx,xxx,xxx); // Hier die eigenen IP-Adresse einsetzen
❷ byte mac[] = { 0xDE, 0xAD, 0xBE, 0xEF, 0xFE, 0xED };
EthernetServer server(80);

void setup()
{
  // Ethernet-Verbindung und Server starten
  Ethernet.begin(mac, ip);
  server.begin();
  for (int z=0; z<10; z++)
  {
    pinMode(z, INPUT);          // Digitalpins 0-9 als Eingang
  }
}

void loop()
{
  // Auf eingehende Anfragen lauschen (Seitenanfragen von Clients)
  EthernetClient client = server.available();
  if (client) {
    // eine HTTP-Anfrage endet mit einer leeren Zeile
    boolean currentLineIsBlank = true;
    while (client.connected()) {
      if (client.available()) {
        char c = client.read();
        if (c == '\n') && currentLineIsBlank) {
          client.println("HTTP/1.1 200 OK");
          client.println("Content-Type: text/html");
```

```
          client.println("Connection: close");
          client.println();
          client.println("<!DOCTYPE HTML>");
          client.println("<html>");
          // Refresh-Tag anfügen, so dass der Browser alle 5 sek. lädt
❸           client.println("<meta http-equiv=\"refresh\" content=\"5\">");
          // Den Wert aller Analogpins auf der Webseite ausgeben
          for (int analogChannel = 0; analogChannel < 6;
analogChannel++) {
            int sensorReading = analogRead(analogChannel);
❹             client.print("analog input ");
            client.print(analogChannel);
            client.print(" is ");
            client.print(sensorReading);
            client.println("<br />");
          }
          // Den Wert aller Digitalpins auf der Webseite ausgeben
          for (int digitalChannel = 0; digitalChannel < 10;
digitalChannel++)
          {
            boolean pinStatus = digitalRead(digitalChannel);
            client.print("digital pin ");
            client.print(digitalChannel);
            client.print(" is ");
            client.print(pinStatus);
            client.println("<br />");
          }
          client.println("</html>");
          break;
        }
        if (c == '\n') {
          // Neue Zeile beginnen
          currentLineIsBlank = true;
        }
        else if (c != '\r') {
          // In der aktuellen Zeile ist ein Zeichen
          currentLineIsBlank = false;
        }
      }
```

```
    }
    // Zeit für den Browser um Daten zu empfangen
    delay(1);
    // close the connection:
    client.stop();
   }
}
```

Die Einzelheiten dieses Sketches sehen wir uns weiter hinten noch genauer an. Zunächst jedoch müssen Sie, bevor Sie den Sketch hochladen können, eine IP-Adresse für den Ethernet-Shield eingeben, sodass er in Ihrem lokalen Netzwerk oder über Ihr Modem gefunden werden kann. Die ersten drei Teile der Adresse bestimmten Sie anhand der IP-Adresse Ihres Routers. Wenn sie beispielsweise 192.168.0.1 lautet, ändern Sie die letzte Stelle in einen beliebigen Wert zwischen 2 und 254, der noch nicht von anderen Geräten in Ihrem Netzwerk verwendet wird. Geben Sie diese Adresse nun bei ❶ wie folgt in den Sketch ein:

```
IPAddress ip(192, 168, 0, 69); // IP-Adresse des Ethernet-Shields
```

Nach dieser Änderung speichern Sie den Sketch und laden ihn hoch. Stecken Sie nun den Ethernet-Shield auf den Arduino auf (falls nötig), verbinden Sie den Router oder das Modem über das Netzwerkkabel mit dem Ethernet-Anschluss und schalten Sie den Arduino ein.

Warten Sie etwa 20 Sekunden lang und geben Sie dann auf einem beliebigen Gerät oder Computer im Netzwerk die IP-Adresse von ❶ in den Webbrowser ein. Wenn Sie daraufhin eine Ausgabe wie in Abbildung 21–3 sehen, funktioniert Ihre Grundlage für eine Überwachungsstation korrekt.

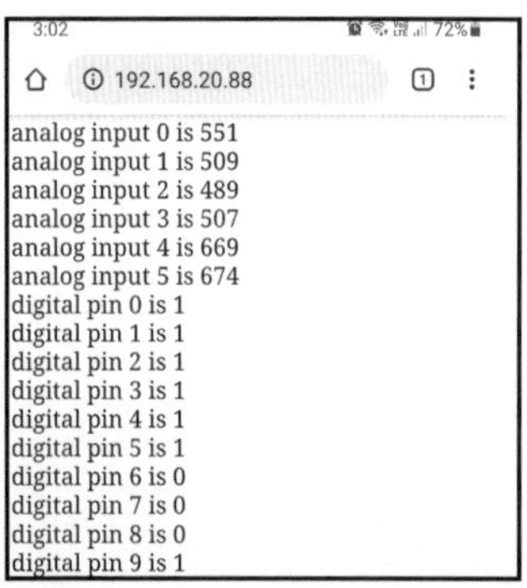

Abb. 21–3 *Die Werte der von der Station überwachten Pins werden als Webseite im Webbrowser eines mit dem Internet verbundenen Geräts angezeigt.*

Fehlersuche

Wenn das Projekt nicht funktioniert, probieren Sie Folgendes aus:

- Stellen Sie sicher, dass Sie die IP-Adresse bei ❶ richtig in den Sketch eingegeben haben.
- Überprüfen Sie, ob der Sketch korrekt ist und auf den Arduino hochgeladen wurde.
- Überprüfen Sie sorgfältig das lokale Netzwerk. Probieren Sie aus, ob Sie mit einem der daran angeschlossenen Computer ins Internet gelangen können. Wenn ja, schauen Sie nach, ob der Arduino mit Strom versorgt wird und mit dem Router oder Modem verbunden ist.
- Wenn Sie die Projektwebseite von einem Smartphone aus öffnen, müssen Sie darauf achten, dass Sie auf Ihr lokales WLAN zugreifen und nicht auf das Funknetzwerk des Telefonanbieters.
- Wenn der Arduino mit Strom versorgt wird und der Ethernet-Shield über das Ethernet-Kabel mit dem Router oder Modem verbunden ist, aber keine der LEDs auf dem Shield leuchtet, versuchen Sie es mit einem anderen Verbindungskabel.

Funktionsweise

Wenn der Sketch funktioniert, können wir uns seine wichtigsten Teile jetzt genauer ansehen. Der Code vom Anfang bis zu ❸ ist nötig, um die erforderlichen Bibliotheken zu laden und um die Ethernet-Hardware zu aktivieren und in `void setup` zu starten. Die `client.print`-Anweisungen vor ❸ dienen dazu, die Webseite einzurichten, sodass sie vom Browser gelesen werden kann. Ab ❸ werden weitere `client.print`- und `client.println`-Funktionen dazu verwendet, Informationen auf der Webseite wie auf dem seriellen Monitor auszugeben. Der folgende Code beispielsweise zeigt die ersten sechs Zeilen der Webseite an, die Sie in Abbildung 19–3 sehen:

```
client.print("analog input ");
client.print(analogChannel);
client.print(" is ");
client.print(sensorReading);
```

Bei ❹ sehen Sie in dem Sketch ein Beispiel dafür, wie Text und Inhalt einer Variable auf die Webseite geschrieben werden. Solange Sie den Arbeitsspeicher des Arduino nicht überlasten, können Sie HTML verwenden, um das Aussehen der angezeigten Webseite zu steuern. Das heißt, Sie können so viel HTML-Code verwenden, wie die maximale Sketchgröße zulässt, die wiederum vom verfügbaren Arbeitsspeicher des Arduino abhängt. (Die Größen für die einzelnen Platinenmodelle sind in Tabelle 13–2 aufgeführt.)

Beachten Sie auch die MAC-Adresse, mit der einzelne Hardwaregeräte in einem Netzwerk identifiziert werden können. Jedes Netzwerkgerät verfügt über eine eindeutige MAC-Adresse, die Sie über die Hexadezimalwerte bei ❷ ändern können. Wenn Sie in einem Netzwerk mehrere Arduino-Projekte verwenden, müssen Sie an dieser Stelle für jedes Gerät eine eigene MAC-Adresse eingeben.

Wenn Sie die Webseite auf einem Gerät ansehen wollen, das sich nicht in Ihrem lokalen Netzwerk befindet, z. B. auf Tablet-Computern oder Smartphones mit Mobilfunkverbindung, müssen Sie in Ihren Netzwerkrouter oder Modem die Technik der *Portweiterleitung* für die öffentliche IP-Adresse einsetzen, die Sie von einer Organisation wie No-IP (*http://www.no-ip.com/*) oder Dyn (*https://account.dyn.com/*) bezogen haben. Wie das abläuft, hängt stark vom Hersteller und Modell des Routers ab. Um weitere Informationen darüber zu erhalten, können Sie im Internet nach »Router«, »Portweiterleitung« oder »Port Forwarding« suchen oder eine Website mit einer Anleitung wie *http://www.wikihow.com/Port-Forward/* aufsuchen.

Nachdem wir nun wissen, wie wir Text und Variablen an eine Webseite senden können, wollen wir den Arduino benutzen, um Tweets zu verschicken.

Projekt Nr. 61: Einen Arduino-Tweeter konstruieren

In diesem Projekt lernen Sie, wie Sie mit dem Arduino Tweets an Twitter senden. Damit können Sie mit jedem Gerät, das auf Twitter zugreifen kann, alle Arten von Informationen abrufen, die sich mit einem Sketch bereitstellen lassen. Wenn Sie beispielsweise im Urlaub stündlich die Temperaturwerte bei sich zu Hause in Erfahrung bringen oder benachrichtigt werden möchten, wenn die Kinder nach Hause kommen, bietet diese Vorgehensweise eine kostengünstige Lösung.

Da Ihr Arduino sein eigenes Twitter-Konto braucht, müssen Sie zur Vorbereitung Folgendes tun:

1. Suchen Sie *http://twitter.com/* auf und legen Sie ein Twitter-Konto für den Arduino an. Merken Sie sich Benutzername und Passwort.
2. Besorgen Sie sich von einem Drittanbieter wie *http://arduino-tweet.appspot.com/* ein »Token«, das als Brücke zwischen dem Arduino und dem Dienst Twitter fungiert. Dazu müssen Sie auf der angegebenen Website nur Schritt 1 ausführen.

3. Kopieren Sie das Token (sowie die Angaben zum neuen Twitter-Konto Ihres Arduino) in eine Textdatei auf Ihrem Computer.
4. Laden Sie die Arduino-Bibliothek für Twitter von *https://github.com/NeoCat/Arduno-Twitter-library/archive/master.zip.* herunter und installieren Sie sie.

Die Hardware

Für dieses Projekt brauchen Sie Folgendes:

- ein USB-Kabel
- ein Netzwerkkabel
- einen Arduino Uno mit Ethernet-Shield oder eine Arduino Uno-kompatible Platine mit eingebauter Ethernet-Hardware

Der Sketch

Geben Sie den folgenden Sketch ein, aber *laden Sie ihn noch nicht hoch!*

```
// Projekt 61 - Ein Arduino-Tweeter
#include <SPI.h>
#include <Ethernet.h>
#include <Twitter.h>
// Ethernet shield settings
❶ IPAddress ip(192,168,0,1); // Verwenden Sie hier Ihre eigene IP-Adresse
❷ byte mac[] = { 0xDE, 0xAD, 0xBE, 0xEF, 0xFE, 0xED };
❸ Twitter twitter("insertyourtokenhere");

// Zu sendende Nachricht
❹ char msg[] = "I'm alive!";

void setup()
{
  delay(1000);
    Ethernet.begin(mac, ip);
  // oder Sie lassen sich die Adresse mit DHCP zuweisen
  // Ethernet.begin(mac);
  Serial.begin(9600);
  Serial.println("connecting ...");
}

void loop()
```

```
{
❺ if (twitter.post(msg)) {
    int status = twitter.wait(&Serial);
    if (status == 200) {
      Serial.println("OK.");
    } else {
      Serial.print("failed : code ");
      Serial.println(status);
    }
  } else {
    Serial.println("connection failed.");
  }
  while (1);
}
```

Wie bei Projekt 60 müssen Sie auch hier die IP-Adresse bei ❶ eingeben und ggf. bei ❷ die MAC-Adresse ändern. Fügen Sie dann zwischen den Anführungszeichen bei ❸ das Twitter-Token ein und schließlich den gewünschten Text des Tweets bei ❹. Laden Sie jetzt den Sketch hoch und verbinden Sie Ihre Hardware mit dem Netzwerk. (Vergessen Sie nicht, von Ihrem eigenen Konto aus dem Twitter-Konto des Arduino zu folgen!) Wenn Sie nach etwa einer Minute die Twitter-Seite aufsuchen, sehen Sie dort wie in Abbildung 21–4 die Nachricht.

Abb. 21–4 *Der Tweet vom Arduino*

Denken Sie daran, dass Sie mit einem Arduino-Tweeter immer nur einen Tweet pro Minute senden können und dass jede Nachricht einzigartig sein muss. (Das sind die Regeln von Twitter.) Wenn Sie einen Tweet senden, antwortet Twitter mit einem Statuscode. Mit dem Code bei ❺ empfängt der Sketch diesen Code und zeigt ihn im seriellen Monitor an. Ein Beispiel dafür sehen Sie in Abbildung 21–5. Der dort gezeigte Code »403« bedeutet, dass entweder Ihr Token ungültig ist oder Sie die Tweets zu schnell hintereinander senden. (Eine vollständige Liste von Twitter-Fehlercodes finden Sie auf *https://finderrorcode.com/twitter-error-codes.html*)

```
connecting ...
HTTP/1.1 403 Forbidden
Content-Type: text/html; charset=utf-8
Cache-Control: no-cache
X-Cloud-Trace-Context: 31e34e66928b59e94cda735e0944674d;o=1
Date: Thu, 13 Aug 2020 06:02:00 GMT
Server: Google Frontend
Content-Length: 73
Connection: close

Error 403 - {"errors":[{"code":187,"message":"Status is a duplicate."}]}
failed : code 403
```

Abb. 21–5 *Fehlermeldung bei zu schneller Abfolge von gesendeten Tweets*

Den Arduino vom Web aus steuern

Es gibt verschiedene Möglichkeiten, um den Arduino von einem Webbrowser aus zu steuern. Nachdem ich mich umgesehen habe, bin ich auf eine zuverlässige, sichere und kostenlose Methode gestoßen: Teleduino.

Teleduino ist ein gebührenfreier Dienst, den der neuseeländische Arduino-Fan Nathan Kennedy gegründet hat. Es handelt sich dabei um ein leistungsstarkes Instrument für die Interaktion mit dem Arduino über das Internet. Dafür sind keine besonderen Sketche und auch keine Anpassungen erforderlich. Geben Sie einfach einen bestimmten URL in den Webbrowser ein, um den Arduino zu steuern. Damit können Sie u. a. digitale Ausgangspins oder Stellmotoren regeln und I²C-Befehle senden, und es kommen ständig neue Funktionen hinzu. In Projekt 62 lernen Sie, wie Sie Teleduino einrichten, um die digitalen Ausgangspins von einem webfähigen Gerät aus fernzusteuern.

Projekt Nr. 62: Eine Fernsteuerung für den Arduino einrichten

Bevor Sie mit einem ersten Teleduino-Projekt loslegen können, müssen Sie sich erst bei Teleduino registrieren und einen eindeutigen Schlüssel zur Identifizierung Ihres Arduino anfordern. Suchen Sie dazu *https://www.teleduino.org/tools/request-key/* auf und geben Sie die verlangten Informationen ein. Anschließend sollten Sie eine E-Mail mit dem Schlüssel erhalten, der eine Form wie beispielsweise `187654321Z9AEFF952ABCDEF8534B2BBF` aufweist.

Wandeln Sie den Schlüssel anschließend in eine Array-Variable um. Das können Sie auf *https://www.teleduino.org/tools/arduino-sketch-key/* tun. Wenn Sie dort den Schlüssel eingeben, wird auf der Seite wie in Abbildung 21–6 das Array angezeigt.

```
byte key[] = { 0x65, 0x9A, 0xCE, 0xB1,
               0xA7, 0x5E, 0x57, 0x2B,
               0x8F, 0xFE, 0xA4, 0x40,
               0x9E, 0x7B, 0x7A, 0xBC };
```

Abb. 21–6 *Ein Teleduino-Schlüssel in Array-Form*

Jeder Schlüssel ist eindeutig einem einzelnen Arduino zugewiesen. Wenn Sie mehrere Teleduino-Projekte gleichzeitig ausführen wollen, können Sie jedoch jederzeit weitere Schlüssel abrufen.

Die Hardware

Für das Projekt benötigen Sie folgende Teile:

- einen 560-Ω-Widerstand
- eine LED beliebiger Farbe
- eine Steckplatine
- Verbindungsdrähte
- ein USB-Kabel
- ein Netzwerkkabel
- einen Arduino Uno mit Ethernet-Shield oder eine Arduino Uno-kompatible Platine mit eingebauter Ethernet-Hardware

Bauen Sie die Teile zusammen und schließen Sie die LED dabei wie in Abbildung 21–7 gezeigt an Digitalpin 8 an.

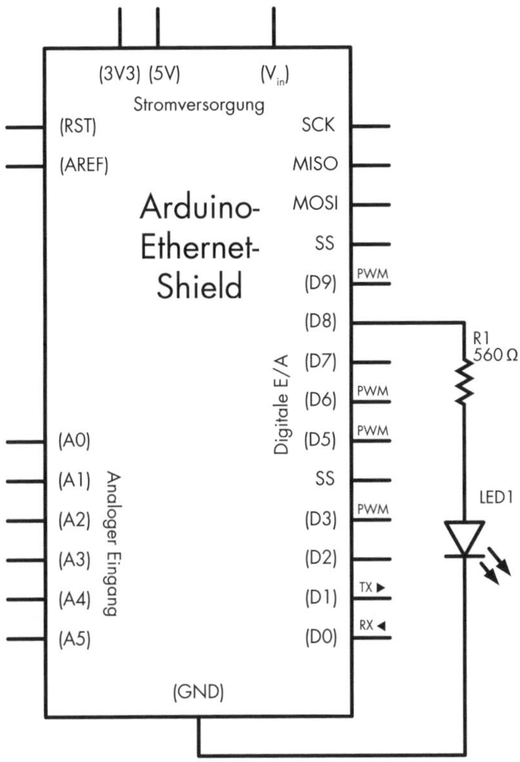

Abb. 21–7 *Schaltplan für Projekt 62*

Der Sketch

Für Teleduino-Projekte wird nur ein Sketch verwendet, der sich in der Teleduino-Bibliothek befindet. Sie können ihn wie folgt abrufen:

1. Laden Sie die Teleduino-Bibliothek von *https://www.teleduino.org/downloads/* herunter und installieren Sie sie.
2. Starten Sie die Arduino-IDE neu und wählen Sie *File* > *Examples* > *Teleduino328* > *TeleduinoEthernetClientProxy*.
3. Jetzt wird der Teleduino-Sketch angezeigt. Bevor Sie ihn auf Ihren Arduino hochladen, müssen Sie in Zeile 36 den voreingestellten Schlüssel durch Ihr Schlüsselarray ersetzen. Speichern Sie den Sketch und laden Sie ihn hoch.

Schließen Sie Ihre Hardware an das Netzwerk an und beobachten Sie die LED. Nach etwa einer Minute sollte sie blinken und dann Ruhe geben. An der Anzahl der Blinkvorgänge können Sie mithilfe von Tabelle 21–1 den Status des Teleduino-Dienstes ablesen.

Anzahl Blinkvorgänge	Bedeutung
1	Initialisierung
2	Netzwerkverbindung wird gestartet
3	Verbindung zum Teleduino-Server wird hergestellt
4	Authentifizierung erfolgreich
5	Sitzung ist bereits vorhanden
6	Ungültiger oder nicht autorisierter Schlüssel
10	Verbindung abgebrochen

Tab. 21–1 *Blinkcodes für den Teleduino-Status*

Blinkt die LED fünfmal, ist bereits ein anderer Arduino mit Ihrem Schlüssel programmiert worden und mit dem Teleduino-Server verbunden. Bei zehnmaligem Blinken sollten Sie Ihre Hardware und die Internetverbindung prüfen. Wenn die Verbindung hergestellt ist, blinkt die LED ungefähr alle fünf Sekunden. Da die Leuchtdiode über Digitalpin 8 gesteuert wird, können Sie diesen Pin während der Verwendung von Teleduino nicht für andere Zwecke nutzen.

Den Arduino fernsteuern

Zur Fernsteuerung Ihres Arduino über Teleduino können Sie jedes beliebige Gerät verwenden, das über einen Webbrowser verfügt. Die Steuerbefehle geben Sie in Form des URL nach dem Muster `http://us01.proxy.teleduino.org/api/1.0/328.php?k={IHRSCHLÜSSEL}&r=definePinMode&pin=<X>&mode=<Y>` ein.

In diesem URL müssen Sie drei Parameter ändern. Ersetzen Sie als Erstes `<IHRSCHLÜSSEL>` durch den langen alphanumerischen Schlüssel, den Sie von Teleduino erhalten haben. Anstelle von <*X*> geben Sie dann die Nummer des Digitalpins an, den Sie steuern möchten, und anstelle von <*S*> den Wert `0` für `LOW` oder `1` für `HIGH`. Wenn Sie beispielsweise Digitalpin 7 auf `HIGH` setzen wollen, verwenden Sie den URL `http://us01.proxy.teleduino.org/api/1.0/328.php?k={IHRSCHLÜSSEL}&r=setDigitalOutput&pin=<X>&output=<S>`.

Wenn der Befehl erfolgreich ausgeführt wurde, wird eine Meldung wie die folgende im Webbrowser angezeigt:

```
{"status":200,"message":"OK","response"
{"result":0,"time":0.22814512252808,"values":[]}}
```

Schlägt der Befehl fehl, sehen Sie eine Fehlermeldung:

```
{"status":403,"message":"Key is offline or invalid.","response":[]}
```

Durch Änderung des URL können Sie also Befehle senden, mit denen die Digitalpins auf `HIGH` oder `LOW` geschaltet werden. Falls ein digitaler Pin in der Lage ist, eine Pulsdauermodulation (PWM) durchzuführen, können Sie die PWM-Ausgabe von einem Pin kontrollieren:

http://us01.proxy.teleduino.org/api/1.0/328.php?k={YOURKEY}&r=setPwmOutput&pin=<X>&output=<Y>

Hierbei ist <X> der digitale Ausgabe-Pin und <Y>s der PWM-Level, der wiederum zwischen 0 und 255 sein kann.

Nachdem Sie die benötigten URLs für Ihr Projekt erstellt haben, sollten Sie in Ihrem Browser Lesezeichen dafür anlegen oder eine lokale Webseite erstellen, auf denen die Links als Schaltflächen stehen. Beispielsweise können Sie ein Lesezeichen für den URL einrichten, der Digitalpin 7 auf `HIGH` setzt, und ein anderes für den URL, der ihn wieder auf `LOW` schaltet.

In einigen Fällen ist der Status der Arduino-Ausgänge von entscheidender Bedeutung. Als Sicherheitsvorkehrung für den Fall, dass sich der Arduino aufgrund eines Stromausfalls oder einer anderen Störung zurücksetzt, sollten Sie einen Standardstatus für die Digitalpins festlegen. Wenn Sie den Teleduino-Dienst nutzen, besuchen Sie dazu *https://www.teleduino.org/tools/manage-presets/*. Nachdem Sie Ihren eindeutigen Schlüssel eingegeben haben, werden Ihnen wie in Abbildung 21–8 Optionen angezeigt, um Modus und Wert für die Digitalpins auszuwählen.

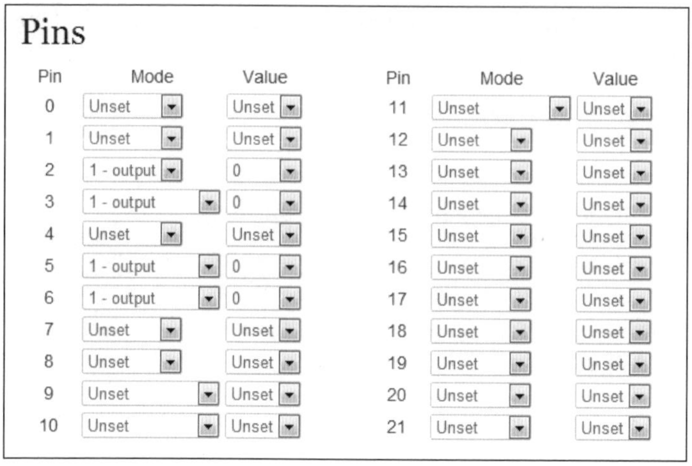

Abb. 21–8 *Webseite zur Einrichtung eines Standardstatus für die Pins*

Ausblick

Sie können jetzt nicht nur den Arduino über das Internet überwachen und mit ihm Tweets an Twitter senden, sondern Ihre Arduino-Projekte auch über das Internet steuern – und das alles ohne komplizierte Sketche schreiben zu müssen, ohne umfassende Kenntnisse über Netzwerke mitzubringen oder hohe monatliche Gebühren zahlen zu müssen. Mit der Fernsteuerung über das Web können Sie von überall aus auf den Arduino zugreifen und die Reichweite für die Datenübertragung erhöhen. Die drei Projekte in diesem Kapitel bilden eine Grundlage, auf der Sie aufbauen können, um eigene Fernsteuerungsprojekte zu gestalten.

Im nächsten Kapitel – dem letzten in diesem Buch – lernen Sie, wie Sie mit dem Arduino Befehle über eine Mobilfunkverbindung senden und empfangen.

22

Mobilfunkkommunikation

In diesem Kapitel lernen Sie Folgendes:

- Automatisches Wählen einer Telefonnummer bei Eintritt eines Ereignisses
- Senden von Textnachrichten an ein Mobiltelefon
- Steuern von Geräten, die an den Arduino angeschlossen sind, mithilfe von Textnachrichten von einem Mobiltelefon

Sie können Ihre Arduino-Projekte mit einem Mobilfunknetz verknüpfen, um eine einfache Kommunikation zwischen dem Arduino und einem Mobiltelefon oder einem Festnetzanschluss zu ermöglichen. Mit ein wenig Vorstellungskraft werden Ihnen sicherlich viele Verwendungszwecke für eine solche Art der Kommunikation einfallen. In den Projekten dieses Kapitels stellen wir einige Möglichkeiten vor.

Lesen Sie dieses Kapitel erst gründlich durch, bevor Sie irgendwelche Hardware kaufen, denn der Erfolg hängt vom Mobilfunknetz ab. Es muss folgende Eigenschaften aufweisen:

- Betrieb mit UMTS (3G), 850 MHz, 900 MHz, 1900 MHz oder 2100 MHz
- Die Verwendung von Geräten, die nicht vom Netzbetreiber bereitgestellt werden, muss zugelassen sein.

Um diese Projekte zu verwenden, sollten Sie entweder einen Prepaid-Tarif oder einen Tarif wählen, der viele Textnachrichten enthält, für den Fall, dass ein Fehler in Ihrem Sketch dazu führt, dass das Projekt viele SMS-Nachrichten

(Short Message Service) versendet. Vergewissern Sie sich außerdem, dass die PIN-Eingabe für die Verwendung der SIM-Karte ausgeschaltet ist. (Sie können dies ganz einfach tun, indem Sie die SIM-Karte in ein normales Mobiltelefon einlegen und die Einstellung im Sicherheitsmenü ändern.)

Die Hardware

Alle Projekte verwenden eine gemeinsame Hardwarekonfiguration, also richten wir diese zuerst ein. Für die Projekte in diesem Kapitel benötigen Sie spezielle Hardware. Wir beginnen mit einem 3G-GSM-Shield vom Typ SIM5320 und einer Antenne, wie in Abbildung 22–1 gezeigt. Dieses Shield ist bei TinySine (*https://www.tinyosshop.com/*) und seinen Vertriebspartnern erhältlich. Es gibt zwei Arten von SIM5320-Shields: SIM5320A und SIM5320E.

Die E -Version verwendet die UMTS/HSDPA 900/2100 MHz Frequenzbänder (hauptsächlich für europäische Nutzer) und die A-Version verwendet das UMTS/HSDPA 850/1900 MHz Frequenzband (hauptsächlich für Nutzer in den USA und Australier, die das Telstra Netzwerk nutzen).

Abb. 22–1 *3G-Shield mit Antenne*

Sie benötigen auch eine Stromversorgung. In manchen Situationen kann das 3G-Shield bis zu 2 A Strom benötigen (mehr als der Arduino liefern kann) und Ihren Arduino beschädigen, wenn es ohne externe Stromversorgung verwendet wird. Daher benötigen Sie eine externe Stromversorgung. Dies kann ein Steckernetzteil oder ein anderes Netzteil sein (oder ein großer 7,2 V-Akku, ein Solarmodul/eine Batteriequelle, eine 12 V-Batterie o.ä., solange die Spannung 12 V DC nicht übersteigt), das bis zu 2 A Strom liefern kann.

Hardware-Konfiguration und -Test

Lassen Sie uns nun die Hardware konfigurieren und testen, indem wir sicherstellen, dass das 3G-Shield mit dem Mobilfunknetz und dem Arduino kommunizieren kann. Zunächst müssen wir die Jumper für die serielle Kommunikation einrichten, denn das 3G-Shield kommuniziert mit dem Arduino über einen seriellen Port, genau wie die in Kapitel 15 verwendeten GPS-Module. Mit den Jumpern oben rechts auf dem Shield können wir einstellen, welche digitalen Pins es für die Kommunikation mit dem Arduino verwenden soll. Bei allen unseren Projekten wird der digitale Pin 2 für die Übertragung und der digitale Pin 3 für den Empfang verwendet. Um dies zu konfigurieren, stecken Sie Jumper über die Pins TX2 und RX3, wie in Abbildung 22–2 gezeigt.

Abb. 22–2 *Jumper für die serielle Konfiguration des Shields*

Drehen Sie nun das Shield um und setzen Sie Ihre SIM-Karte in die Halterung ein, wie in Abbildung 22–3 gezeigt.

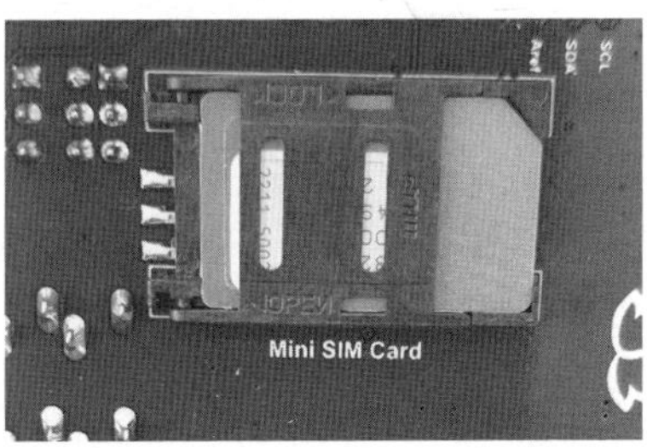

Abb. 22–3 *Eingesetzte SIM-Karte*

Setzen Sie nun das 3G-Shield vorsichtig in den Arduino ein. Schließen Sie die externe Stromversorgung und das USB-Kabel zwischen dem Arduino und dem PC an. Zum Schluss müssen Sie, wie bei einem Mobiltelefon, das SIM-Modul mit der Einschalttaste oben links auf dem Shield ein- und ausschalten, wie in Abbildung 22–4 gezeigt. Drücken Sie die Taste für zwei Sekunden und lassen Sie sie dann los. Nach einem Moment leuchten die LEDs P (für Power) und S (für Status) auf, und die blaue LED beginnt zu blinken, sobald sich das 3G-Shield im Mobilfunknetz registriert hat.

Für die Zukunft: Der Einschaltknopf des Shields ist mit dem digitalen Pin 8 verbunden, sodass Sie die Stromversorgung über Ihren Sketch steuern können, anstatt den Knopf manuell ein- oder auszuschalten.

Abb. 22–4 *Einschaltknopf und Status-LEDs des 3G Shields*

Geben Sie nun den in Listing 22–1 gezeigten Sketch ein und laden Sie ihn hoch.

```
// Listing 22-1

❶ #include <SoftwareSerial.h> // Virtueller serieller Port
❷ SoftwareSerial cell(2,3);
char incoming_char = 0;

void setup()
{
  // Initialisierung der seriellen Schnittstellen für die Kommunikation
  Serial.begin(9600);
❸   cell.begin(4800);
  Serial.println("Starting SIM5320 communication...");
}
```

```
void loop()
{
  // Wenn ein Zeichen vom 3G-Shield eintrifft
  if( cell.available() > 0 )
  {
    // Abrufen des Zeichens von der seriellen Schnittstelle des Moduls
    incoming_char = cell.read();
    // Ausgabe des eingehenden Zeichens im seriellen Monitor
    Serial.print(incoming_char);
  }
  // Wenn ein Zeichen vom Terminal an den Arduino gesendet wird...
  if( Serial.available() > 0 )
  {
    incoming_char = Serial.read(); // Abrufen des Zeichens vom Terminal
    cell.print(incoming_char); // Zeichen an das Mobilfunkmodul senden
  }
}
```

Listing 22-1 *Test-Sketch für das 3G-Shield*

Dieser Sketch gibt einfach alle Informationen, die vom 3G-Shield kommen, an den seriellen Monitor weiter. Das 3G-Shield hat eine serielle Software-Verbindung zu den digitalen Pins 2 und 3 des Arduino, damit es die normale serielle Verbindung zwischen dem Arduino und dem PC, die über die digitalen Pins 0 und 1 läuft, nicht stört. Wir richten einen virtuellen seriellen Port für das 3G-Shield bei ❶, ❷ und ❸ ein. Standardmäßig kommuniziert das 3G-Shield über die serielle Schnittstelle mit 4.800 bps, und das ist für unsere Projekte völlig ausreichend.

Sobald Sie den Sketch hochgeladen haben, öffnen Sie den seriellen Monitor und warten etwa 10 Sekunden. Rufen Sie dann von einem anderen Telefon aus die Nummer Ihres 3G-Shields an. Sie sollten Daten sehen, die denen in Abbildung 22-5 ähneln.

```
Starting SIM5320 communication...
RING
RING
RING
RING
RING
MISSED_CALL: 00:05AM 04
```

Abb. 22–5 *Beispielausgabe aus Listing 22–1*

Die `RING`-Benachrichtigungen kommen vom Shield, wenn Sie es anrufen, und die Benachrichtigung über verpasste Anrufe wird angezeigt, wenn Sie den Anruf an das Shield beenden. Wenn Ihr Mobilfunknetz die Anruferkennung unterstützt, wird die Nummer des Anrufers nach der Uhrzeit angezeigt. (Die Nummer wurde in Abbildung 22–5 aus Gründen des Datenschutzes geschwärzt.) Jetzt, da das 3G–Shield in Betrieb ist, können wir verschiedene Funktionen für unsere Projekte nutzen.

Projekt Nr. 63: Bau eines Arduino-Wählers

Am Ende dieses Projekts wird Ihr Arduino eine Telefonnummer wählen, wenn ein Ereignis eintritt, das von Ihrem Arduino Sketch festgelegt wurde. Wenn z. B. die Temperatur in Ihrem Gefrierschrank über einen bestimmten Wert steigt oder Ihre Alarmanlage aktiviert wird, können Sie den Arduino veranlassen, Sie von einer voreingestellten Nummer anzurufen, 20 Sekunden zu warten und dann aufzulegen. Die Anruferkennung Ihres Telefons erkennt, dass es sich bei der Nummer um den Arduino handelt.

Die Hardware

Dieses Projekt verwendet die zu Beginn des Kapitels beschriebene Hardware sowie zusätzliche Komponenten, die Sie für Ihre Anwendung auswählen. Zu Demonstrationszwecken verwenden wir eine Taste, um den Anruf auszulösen.

Zusätzlich zu der bereits besprochenen Hardware benötigen Sie für dieses Projekt folgende Teile:

- Einen Taster
- Einen 10 kΩ-Widerstand
- Einen 100-nF-Kondensator

- Verschiedene Anschlussdrähte
- Eine Lochrasterplatine

Der Schaltplan

Schließen Sie die externen Schaltkreise an, wie in Abbildung 22–6 gezeigt.

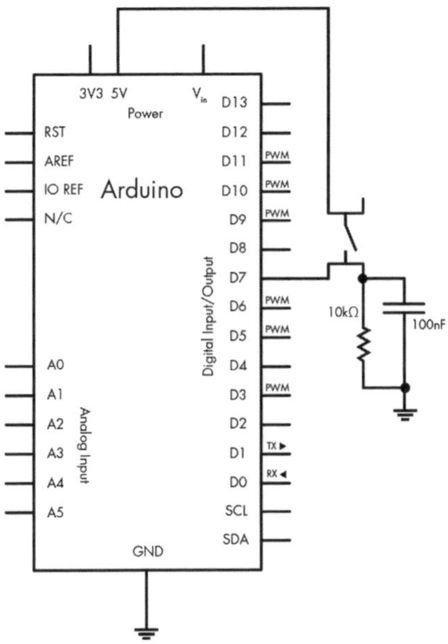

Abb. 22–6 *Schaltplan für Projekt 63*

Der Sketch

Geben Sie den folgenden Sketch ein, aber laden Sie ihn nicht hoch:

```
// Projekt 63 - Ein Arduino-Wähler

#include <SoftwareSerial.h> // Virtuelle serielle Schnittstelle
SoftwareSerial cell(2,3);
char incoming_char = 0;

void setup()
{
  pinMode(7, INPUT);          // für Taste
  pinMode(8, OUTPUT);         // Shield-Stromversorgung
  // Initialisierung der seriellen Schnittstellen für die Kommunikation
  Serial.begin(9600);
  cell.begin(4800);
```

```
}

void callSomeone()
{
  // Shield einschalten
❶  Serial.println("Turning shield power on...");
  digitalWrite(8, HIGH);
  delay(2000);
  digitalWrite(8, LOW);
  delay(10000);
❷  cell.println("ATDxxxxxxxxxx"); // wählt die Telefonnummer xxxxxxxxxx
  // ändern Sie xxx in die gewünschte Telefonnummer (mit Vorwahl)
  Serial.println("Calling ...");
  delay(20000);                    // 20 Sekunden warten
❸  cell.println("ATH");            // Anruf beenden
  Serial.println("Ending call, shield power off.");
  // Shield ausschalten, um Strom zu sparen
❹  digitalWrite(8, HIGH);
  delay(2000);
  digitalWrite(8, LOW);
}
void loop()
{
❺  if (digitalRead(7) == HIGH)
  {
❻    callSomeone();
  }
}
```

Den Sketch verstehen

Nach dem Einrichten der seriellen Software- und der regulären seriellen Schnittstelle wartet der Sketch bei ❺ auf das Drücken der Taste, die an den digitalen Pin 7 angeschlossen ist. Sobald sie gedrückt wird, wird die Funktion `callSomeone()` bei ❻ ausgeführt. Bei ❶ wird der digitale Pin 8 für 2 Sekunden auf *HIGH* geschaltet, wodurch das Shield eingeschaltet wird, und 10 Sekunden gewartet, damit das Shield Zeit hat, sich beim Mobilfunknetz zu registrieren. Als nächstes sendet der Sketch bei ❷ den Befehl zum

Wählen einer Telefonnummer. Nachdem der Anruf bei ❸ beendet wurde, wird das Shield bei ❹ ausgeschaltet, um Strom zu sparen.

Sie ersetzen xxxxxxxxxx durch die Nummer, die Ihr Arduino anrufen soll. Verwenden Sie die gleiche Wählmethode, die Sie auch von Ihrem Mobiltelefon aus verwenden würden. Wenn Sie zum Beispiel möchten, dass der Arduino die Nummer 212.555.1212 anruft, fügen Sie Folgendes ein:

```
cell.println("ATD2125551212");
```

Nachdem Sie die Telefonnummer eingegeben haben, können Sie den Sketch hochladen, eine Minute warten, um dem 3G-Modul Zeit zu geben, sich mit dem Netz zu verbinden, und ihn dann durch Drücken der Taste testen. Es ist sehr einfach, die Wählfunktion in einen bestehenden Sketch zu integrieren, denn sie wird einfach bei Bedarf bei ❷ aufgerufen. Ab hier liegt es an Ihnen, einen Grund zu finden - möglicherweise ausgelöst durch einen Temperatursensor, einen Lichtsensor oder einen anderen Eingang, der einen bestimmten Wert erreicht -, damit Ihr Arduino eine Telefonnummer wählt.

Lassen Sie uns nun Ihren Arduino ins 21. Jahrhundert holen, indem wir eine Textnachricht senden.

Projekt Nr. 64: Bau eines Arduino SMS-Senders

In diesem Projekt wird der Arduino eine Textnachricht an ein anderes Mobiltelefon senden, wenn ein Ereignis eintritt. Um den Code zu vereinfachen, verwenden wir die Arduino-Bibliothek SerialGSM , die unter *https://github.com/meirm/SerialGSM/archive/master.zip* erhältlich ist. Nachdem Sie die Bibliothek installiert haben, starten Sie die Arduino-IDE neu.

Die Hardware, die Sie für dieses Projekt benötigen, ist identisch mit der von Projekt 63.

Der Sketch

Geben Sie den folgenden Sketch in die Arduino IDE ein, aber laden Sie ihn noch nicht hoch:

```
// Project 64 - Bau eines Arduino SMS-Senders
#include <SerialGSM.h>
#include <SoftwareSerial.h> // Virtuelle serielle Schnittstelle
❶ SerialGSM cell(2, 3);

void sendSMS()
```

```
{
❷   cell.Message("The button has been pressed!");
  cell.SendSMS();
}

void setup()
{
  pinMode(7, INPUT);  // für Taste
  pinMode(8, OUTPUT); // Shield Stromsteuerung
  // Shield einschalten
  Serial.println("Turning shield power on...");
  digitalWrite(8, HIGH);
  delay(2000);
  digitalWrite(8, LOW);
  // Initialisierung der seriellen Schnittstellen für die Kommunikation
  Serial.begin(9600);
  cell.begin(4800);
  cell.Verbose(true);
  cell.Boot();
  cell.FwdSMS2Serial();
❸   cell.Rcpt("xxxxxxxxxxx");
  delay(10000);
}

void loop()
{
❹   if (digitalRead(7) == HIGH)
  {
    sendSMS();
  }
}
```

Den Sketch verstehen

Das 3G-Shield wird wie üblich bei ❶ und in `void setup()` eingerichtet. Tastendrucke werden bei ❹ erkannt und die Funktion `sendSMS()` aufgerufen. Diese einfache Funktion sendet eine Textnachricht an die unter ❸ gespeicherte Handynummer.

Bevor Sie den Sketch hochladen, ersetzen Sie xxxxxxxxxxx durch die Handynummer des Empfängers; geben Sie die Vorwahl und die Nummer ein, ohne Leerzeichen oder Klammern. Um zum Beispiel eine SMS an (040) 123456 i zu senden, würden Sie 040123456 speichern.

Die zu versendende Textnachricht wird bei ❷ gespeichert. (Beachten Sie, dass die maximale Länge einer Nachricht 160 Zeichen beträgt).

Nachdem Sie eine Beispiel-Textnachricht und eine Zielnummer gespeichert haben, laden Sie den Sketch hoch, warten 30 Sekunden und drücken dann die Taste. Nach kurzer Zeit sollte die Nachricht auf dem Zieltelefon ankommen, wie in Abbildung 22–7 dargestellt.

Projekt 64 kann ganz einfach in andere Sketche integriert werden, und verschiedene Textnachrichten können durch den Vergleich von Daten mit einem Parameter mit einer `switch case`-Anweisung gesendet werden.

HINWEIS

Denken Sie daran, dass sich die Kosten für Textnachrichten schnell summieren können. Achten Sie daher beim Experimentieren darauf, dass Sie einen Flat-Tarif oder einen Prepaid-Tarif verwenden.

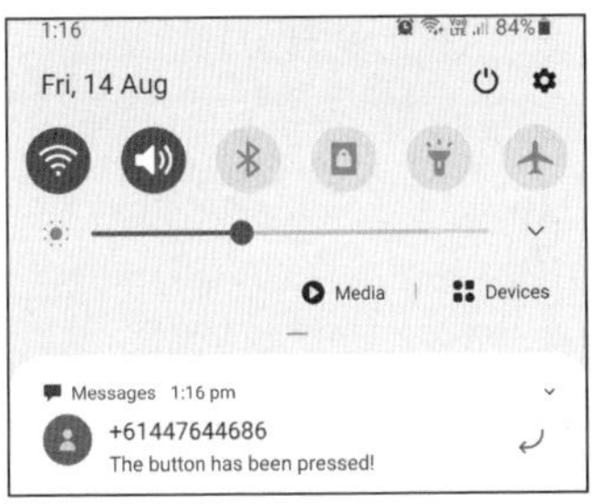

Abb. 22–7 *Ein Beispiel für eine empfangene Textnachricht*

Projekt Nr. 65: Eine SMS Fernbedienung bauen

In diesem Projekt werden Sie die digitalen Ausgangspins Ihres Arduino über eine SMS-Nachricht von Ihrem Handy aus steuern. Sie sollten in der Lage sein, Ihr vorhandenes Wissen zu nutzen, um verschiedene Geräte zur Steuerung hinzuzufügen. Wir werden vier separate digitale Ausgänge vorsehen, aber Sie können je nach Bedarf mehr oder weniger steuern.

Um vier digitale Ausgänge (in diesem Beispiel die Pins 10 bis 13) ein- oder auszuschalten, würden Sie eine Textnachricht mit folgendem Wortlaut an Ihren Arduino senden: #axbxcxdx, wobei Sie x entweder durch eine 0 für aus oder eine 1 für ein ersetzen. Um zum Beispiel alle vier Ausgänge einzuschalten, würden Sie #a1b1c1d1 senden.

Die Hardware

In diesem Projekt wird die zu Beginn des Kapitels beschriebene Hardware verwendet, sowie alle zusätzlichen Schaltungen, die Sie wünschen. Wir werden vier LEDs verwenden, um den Status der gesteuerten digitalen Ausgänge anzuzeigen. Daher wird für dieses Beispiel die folgende zusätzliche Hardware benötigt:

- Vier LEDs
- Vier 560 Ω Widerstände
- Verschiedene Anschlussdrähte
- Ein Breadboard

Der Schaltplan

Schließen Sie die externen Komponenten wie in Abbildung 22–8 gezeigt an.

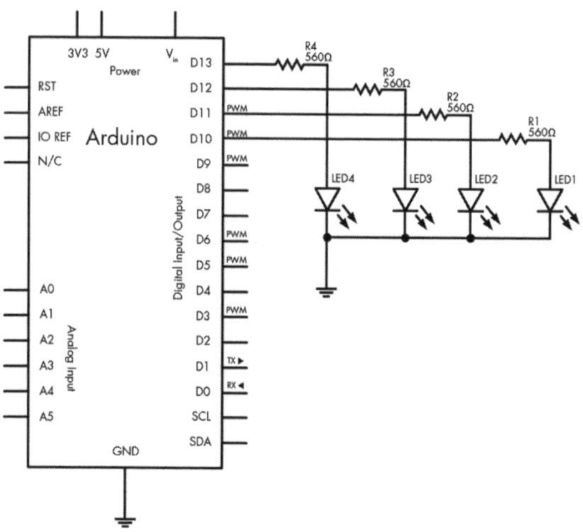

Abb. 22–8 Schaltplan für Projekt 65

Der Sketch

Für dieses Projekt wird die 3G-Shield-Bibliothek nicht verwendet. Stattdessen verlassen wir uns auf die Direktbefehle zur Steuerung des Moduls. Außerdem schalten wir das Shield während des Sketches nicht ein oder aus, da es eingeschaltet sein muss, um auf eingehende Textnachrichten zu warten. Geben Sie den folgenden Sketch ein und laden Sie ihn hoch:

```
// Projekt 65 - Eine SMS-Fernbedienung
#include <SoftwareSerial.h>
SoftwareSerial cell(2,3);
char inchar;

void setup()
{
  // digitale Ausgangspins zur Steuerung einrichten
  pinMode(10, OUTPUT);
  pinMode(11, OUTPUT);
  pinMode(12, OUTPUT);
  pinMode(13, OUTPUT);
  digitalWrite(10, LOW); // Standardzustand für I/O-Pins beim Einschalten
oder Zurücksetzen,
  digitalWrite(11, LOW); // nach Belieben ändern
  digitalWrite(12, LOW);
  digitalWrite(13, LOW);
  // Serielle Schnittstelle des 3G Shields initialisieren
  cell.begin(4800);
  delay(30000);
❶   cell.println("AT+CMGF=1");
  delay(200);
❷   cell.println("AT+CNMI=3,3,0,0");
  delay(200);
}

void loop()
{
  // wenn ein Zeichen vom Mobilfunkmodul eingeht...
❸   if(cell.available() > 0)
  {
    inchar = cell.read();
❹     if (inchar == '#') // the start of our command
    {
      delay(10);
      inchar = cell.read();
```

```
❺      if (inchar == 'a')
    {
      delay(10);
      inchar = cell.read();
      if (inchar == '0')
      {
        digitalWrite(10, LOW);
      }
      else if (inchar == '1')
      {
        digitalWrite(10, HIGH);
      }
      delay(10);
      inchar = cell.read();
      if (inchar == 'b')
      {
        inchar = cell.read();
        if (inchar == '0')
        {
          digitalWrite(11, LOW);
        }
        else if (inchar == '1')
        {
          digitalWrite(11, HIGH);
        }
        delay(10);
        inchar = cell.read();
        if (inchar == 'c')
        {
          inchar = cell.read();
          if (inchar == '0')
          {
            digitalWrite(12, LOW);
          }
          else if (inchar == '1')
          {
            digitalWrite(12, HIGH);
          }
```

```
                        delay(10);
                        inchar = cell.read();
                        if (inchar == 'd')
                        {
                          delay(10);
                          inchar = cell.read();
                          if (inchar == '0')
                          {
                            digitalWrite(13, LOW);
                          }
                          else if (inchar == '1')
                          {
                            digitalWrite(13, HIGH);
                          }
                          delay(10);
                        }
                      }
                      cell.println("AT+CMGD=1,4"); // delete all SMS
                    }
                  }
                }
              }
            }
```

Den Sketch verstehen

In diesem Projekt überwacht der Arduino jedes Textzeichen, das vom 3G-Shield gesendet wird. Bei ❶ weisen wir also das Shield an, eingehende SMS-Nachrichten in Text umzuwandeln und den Inhalt an den virtuellen seriellen Anschluss bei ❷ zu senden. Als nächstes wartet der Arduino auf eine Textnachricht, die vom Shield bei ❸ kommt.

Da die vom Mobiltelefon gesendeten und vom 3G-Modul an die Steuerpins des Arduino weitergeleiteten Befehle mit einem # beginnen, wartet der Sketch auf ein Rautezeichen (#) in der Textnachricht ❹. Bei ❺ wird der erste Ausgangsparameter a überprüft – wenn ihm eine 0 oder 1 folgt, wird der Pin aus- bzw. eingeschaltet. Der Vorgang wiederholt sich für die nächsten drei Ausgänge, die mit b, c und d bezeichnet sind.

Lassen Sie Ihrer Fantasie freien Lauf und stellen Sie sich vor, wie einfach es wäre, mit diesem Projekt eine Fernsteuerung für alle möglichen Dinge zu erstellen – Licht, Pumpen, Alarme und vieles mehr.

Ausblick

Mit den drei Projekten in diesem Kapitel haben Sie einen guten Rahmen geschaffen, auf dem Sie Ihre eigenen Projekte aufbauen können, die über ein Mobilfunknetz kommunizieren. Ihrer Fantasie sind dabei keine Grenzen gesetzt. Sie könnten zum Beispiel eine Textnachricht erhalten, wenn Ihr Keller überflutet wird, oder Ihre Klimaanlage von Ihrem Mobiltelefon aus einschalten. Denken Sie auch hier daran, die Gebühren für das Netz zu beachten, bevor Sie Ihre Projekte in die Freiheit entlassen.

Nachdem Sie die 65 Projekte in diesem Buch gelesen (und hoffentlich auch selber gebaut) haben, sollten Sie nun das nötige Verständnis, Wissen und Selbstvertrauen haben, um Ihre eigenen Arduino-basierten Projekte zu entwickeln. Sie kennen die grundlegenden Bausteine, mit denen sich viele Projekte konstruieren lassen, und ich bin sicher, dass Sie die Technologie anwenden können, um alle möglichen Probleme zu lösen und dabei Spaß zu haben.

Ich freue mich immer über Feedback zu diesem Buch, das Sie mir über die Kontaktdaten auf der Webseite des Buches zukommen lassen können: *https://nostarch.com/arduino-workshop-2nd-edition/*.

Aber denken Sie daran – dies ist nur der Anfang. Es gibt noch viele weitere Arten von Hardware, mit denen Sie experimentieren können, und mit etwas Überlegung und Planung können Sie mit allen arbeiten. Im Internet finden Sie eine riesige Gemeinschaft von Arduino-Benutzern (z. B. im Arduino-Forum unter *http://forum.arduino.cc/*) und sogar in einem lokalen Hacker-Netzwerk oder Club.

Sitzen Sie also nicht einfach nur da – machen Sie etwas!

Index

Symbole

A

E

F

Q

R

S

T

U

V

W

Z